国家林业和草原局普通高等教育"十三五"规划教材

测 量 学

（第3版）

谷达华　朱小利　主编

中国林业出版社

内 容 简 介

全书共分 11 章，分别介绍了测量的基本知识、水准测量、经纬仪与角度测量、距离测量与直线定向、全站仪及其使用、测量误差及数据处理的基本知识、小地区控制测量、GPS 定位技术及应用、地形图的基础知识与应用、模拟地形图测绘及数字地形图测绘、施工测量一般方法及土地整治测量等内容。在编写中尽可能反映常规测绘手段与现代测绘技术的新成果和新发展，体现教材的成熟性和先进性。

本书可作为高等院校的建筑工程、土地资源管理、城乡规划与管理、水文与水资源管理、水利工程、水土保持、林学、环境工程、农业资源与环境等专业测量学课程的教材，还可供测绘工程技术人员学习参考。

图书在版编目（CIP）数据

测量学/谷达华，朱小利主编. –3 版. –北京：中国林业出版社，2020. 12
国家林业和草原局普通高等教育"十三五"规划教材
ISBN 978-7-5038-9955-3

Ⅰ. ①测…　Ⅱ. ①谷… ②朱…　Ⅲ. ①测量学—高等学校—教材　Ⅳ. ①P2

中国版本图书馆 CIP 数据核字（2019）第 023674 号

中国林业出版社教育分社

策划编辑： 高兴荣　范立鹏　　　　　　**责任编辑：** 高兴荣　范立鹏
电话：（010）83143552　　　　　　　**传真：**（010）83143561

出版发行	中国林业出版社（100009　北京市西城区刘海胡同 7 号） E-mail：jiaocaipublic@163. com 网　址：http：//www. forestry. gov. cn/lycb. html
经　销	新华书店
印　刷	河北京平诚乾印刷有限公司
版　次	2004 年 2 月第 1 版（共印 5 次） 2011 年 1 月第 2 版（共印 9 次） 2020 年 12 月第 3 版
印　次	2020 年 12 月第 1 次印刷
开　本	850mm×1168mm　1/16
印　张	24. 5
字　数	590 千字
定　价	56. 00 元

《测量学》（第 3 版）
编写人员

主　　编：谷达华　朱小利

副 主 编：徐丽华　谭家兵　孟二从

编写人员：（以姓氏笔画为序）

王永东　四川农业大学

朱小利　重庆工程学院

谷达华　西南大学

孟二从　西南大学

姜华根　西南林业大学

袁士才　长江师范学院

徐丽华　西南大学

谭家兵　重庆大学

《测量学》（第 2 版）
编 写 人 员

主　　编：谷达华

副 主 编：夏友福　蔡学成　王永东　杨朝现

编写人员：(以姓氏笔画为序)

　　　　　王永东　四川农业大学

　　　　　艾　晏　四川农业大学

　　　　　李　兵　西南大学

　　　　　谷达华　西南大学

　　　　　杨朝现　西南大学

　　　　　陈附图　湖南农业大学

　　　　　姜华根　西南林学院

　　　　　夏友福　西南林学院

　　　　　蔡学成　贵州大学

　　　　　谭家兵　重庆大学

第3版前言

本次修订主要考虑到传统的模拟地形图测绘正在被目前生产上广泛使用的数字地形图测绘所取代，将第2版的第8章、第9章、第10章的内容进行整合后合并成地形图的基础知识与应用和大比例尺地形图测绘2章，即对地形图的比例尺、地形图的分幅与编号、地物地貌在地形图上表示方法、地形图的识读及地形图的应用等内容融合为地形图的基础知识与应用一章；原数字化测图的内容作为大比例尺地形图测绘的一种方法融合到大比例尺地形图测绘一章。这样能使教材的知识结构体系更加紧凑，教学也更加方便。

除此之外，对其余章节的个别内容也作了相应的修订，具体为：第1章增加了正高高程和正常高高程的概念；第2章对常用水准测量的精度按现行的规范要求进行了修改；第3章增加了天顶距的概念和竖直角观测中竖盘指标差变化限差的相关内容；第6章重新建立了无定向导线平差的计算模型，对三、四等水准测量记录计算的内容重新梳理后在实际操作中更具实用性，并增加了应用数字水准仪进行三、四等水准测量的相关内容；第7章引入了全球导航卫星系统（GNSS）定位的基本概念；原第11章（现为第10章）删除了偏角法、切线支距法等传统方法测设曲线的相关内容，并根据全站仪、GPS RTK测设曲线的要求，建立了获取曲线上待测设点测量坐标的计算模型；对线路纵、横断面测量部分内容修改后，实现了图、表数据的有机融合。

对第2版所有章节发现的错误或欠妥之处都进行了纠正。

本次修订编写的具体具体分工：谷达华：第1章、第11章；朱小利：第8章、第9章；孟二从：第2章；徐丽华：第5章；谭家兵：第6章、第7章；王永东：第4章；袁士才：第3章；姜华根：第10章。全书由谷达华统一修改定稿。

由于作者水平有限，第3版还可能出现某些问题或错误，敬请广大读者批评指正。

谷达华

2020年4月

第 2 版前言

《测量学》第 1 版自 2004 年出版以来，迄今已重印多次，在高等农林院校测量学课程教学中发挥了非常积极的作用，并得到了广大授课师生的认同。他们在首肯该教材特色的同时，对教材的不足也提出了宝贵的修改意见，这为本教材的修订再版提供了重要参考意见。

近年来，测绘科学的发展突飞猛进，测绘的技术手段也日新月异，这就要求培养现代化测绘技术人才的《测量学》教材内容也应跟上时代的步伐。基于本教材第 1 版在使用中发现的问题与教学内容更新的要求，在中国林业出版社的主持下，于 2008 年 12 月在重庆西南大学召开了由 6 所高校教师参加的教材修订讨论会，通过大家的建言献策、集思广益，精心设计教材修订方案，在广泛征求意见的基础上确定教材结构体系与增减内容。

本次修订时，力求保持原有教材简明扼要、通俗易懂、图文并茂、逻辑推理严密、结构严谨的特色，认真订正第 1 版存在的缺点和错误。在保持教材基础内容完整的同时，并对近年来测绘生产中采用的新仪器、新技术方面的内容进行进一步的充实，更加体现了教材的成熟性与先进性。

修订后教材体系基本不变，而各章节的内容根据各院校实际教学的需要进行了适当的整合与增减。考虑到房产测量已出版有专门的教材，又因为各院校测量学课程教学学时数的限制而较少涉及房产测量的内容，为了减少教材的篇幅，将原教材第 12 章的内容不再列入修订后的教材，教材的体系由原 13 章变为 12 章。修改较大的章节有：第 1 章增加了大地经、纬度坐标与高斯平面直角坐标之间的转换及中国 2000 大地坐标系的内容；第 2、3 章删除了仪器检验校正方面的内容，而增加了水准仪、经纬仪的几何轴系与其测量误差关系的内容；第 4 章删除了应用较少的钢尺量距及视距测量误差分析的内容，同时增加了测绘生产中应用广泛的全站仪测量技术方面的内容；第 5 章删除了普通测量学教学中不常涉及的条件平差的内容；第 6 章对导线测量平差计算的思路进行了重新设计，将有利于培养学生通过电算编程实现导线平差计算的能力；第 7 章与第 9 章分别增加了 GPS RTK 定位技术及数字化测图中 CASS 软件的具体应用，使教材在测绘新技术应用方面的内容得到进一步的充实；第 11 章增加了 GPS RTK 放样及竣工测量方面的内容，使施工测量的内容体系更加完整。同时对第 1 版教材中部分插图进行了更新和修改，使之更能方便教学。

本教材修订编写的具体分工：

谷达华：第1章、第10章、第12章；夏友福：第2章；陈附图：第3章；王永东：第4章；杨朝现：第5章；蔡学成：第6章；谭家兵：第7章；艾宴：第8章；李兵：第9章；姜华根：第11章。全书由谷达华教授统一修改定稿，杨朝现副教授负责全书的校订工作。

由于作者水平有限，对于第2版中出现的缺点和错误，敬请广大读者批评指正。

谷达华

2010 年 2 月

目 录

第 1 章

绪论

【本章学习目标】

知识要求：

（1）了解测绘学的基本概念、分支学科及发展状况。

（2）理解测量的基准面、基准线，椭球定位和我国目前常用的坐标系，地球曲率对测量工作的影响，测量工作应遵循的原则和程序。

（3）掌握地面点位置表示的方法和高斯分带投影的原理与方法。

1.1 测绘学的分支学科及作用

1.1.1 测绘学的基本概念

测绘学研究的对象是地球整体及其表面和外层空间的各种自然物体和人工物体的有关信息。它研究的内容是对这些与地理空间有关的信息进行采集、处理、管理、更新和利用。由此，测绘学可定义为：测绘学是研究测定和推算地面及其外层空间点的几何位置，确定地球形状和地球重力场，获取地球表面自然形态和人工设施的几何分布以及与其属性有关的信息，并结合某些社会信息和自然信息，编制全球或局部地区各种比例尺的普通地图和专题地图的理论和技术的学科，是地球科学的重要组成部分。

1.1.2 测绘学的分支学科

测绘学按照研究范围、研究对象及采用技术手段的不同，可分为大地测量学、摄影测量学、地图制图学、工程测量学及海洋测绘学等学科。

1.1.2.1 大地测量学

大地测量学是研究和确定地球的形状、大小和地球重力场，测定地面点几何位置和地球整体与局部运动的理论和技术的学科。大地测量学由于是将地球表面的一个大范围作为一个整体来研究，必须考虑地球曲率的影响。大地测量学的基本任务是在全国范围内布设大地控制网和重力网，精密测定一系列点的空间位置和重力，为地球科学、空间科学、地形图测绘及工程施工提供控制依据，为研究地球的形状、大小、重力场及其变化，地壳形变及地震预报提供信息。由于人造地球卫星的发射及遥感技术的发展，大地测量学的研究对象已从地球延伸到宇宙空间，可将其进一步分成几何大地测量学、物理大地测量学和卫星大地测量学。几何大地测量是通过几何观测量(距离、角度、方向、高差)来精密测定地面点的平面位置和高程；物理大地测量是用地球的重力等物理观测量通过地球重力场的理论和方法来推求大地水准面相对于地球椭球的距离、地球的扁率(地球的形状)等；卫星大地测量是通过人造地球卫星观测方法和运动规律来解决大地测量问题的现代大地测量。

1.1.2.2 摄影测量学

摄影测量学是以获取地表摄影像片和辐射能的各种图像记录为手段，经过图像的处理、量测、判释和研究，以测得物体的形状、大小和位置，并判断其属性的一门学科。按获取像片的方法不同，分为地面摄影测量学、航空摄影测量学及航天摄影测量学，其主要任务是测绘地形图。但随着科学技术特别是遥感技术的发展，摄影方式和研究对象日趋多样化，摄影测量还可用于矿产资源勘察、地球板块运动研究、大型工程建筑物及环境污染的监测、农业估产和农林业灾害预防等。因此，摄影测量与遥感已成为非常活跃和富有生命力的一个独立学科。

1.1.2.3 地图制图学

地图制图学是研究模拟和数字地图的基础理论、地图设计、地图编制与复制的技术方法及其应用的学科。地图是经济建设、国防建设及相关科学研究工作中一种重要的基础图件，也是测绘工作的重要产品形式。地图制图学由地图的基础理论、制图的方法与技术和地图应用三部分组成。

1.1.2.4 工程测量学

工程测量学是研究各种工程建设和资源开发中，在规划、设计、施工和运营管理阶段所进行的各种测量工作的学科。其主要内容包括工程控制网的建立、地形测绘、施工放样、设备安装测量、竣工测量、变形观测和维修养护测量的理论、技术和方法。

工程测量学是一门应用学科，按其研究对象可分为建筑工程测量、矿山测量、水利工程测量、公路工程测量、铁路工程测量、桥梁工程测量、隧道工程测量、输电线与输油管道测量、三维工业测量等；按工程要求的测量精度不同，有精密工程测量、特种精密工程测量之分。

1.1.2.5 海洋测绘学

海洋测绘学是研究以海洋水体和海底为对象所进行的测量和海图编制理论、技术与方法的学科。其主要内容包括海洋大地测量、海洋工程测量、海道测量、海底地形测量和海图编制等。

普通测量学(亦称为测量学或地形测量学)是各门测绘学科的公共基础。主要研究地球表面局部区域测绘工作的基本理论、技术、方法及应用。测量学是以地球表面小区域为研究对象，因地球曲率半径很大(平均半径为 6 371km)，可视小区域的球面为平面而不必顾及地球曲率的影响，其结果使测量的理论和方法都得到简化。普通测量学研究的内容主要包括测绘的基本技术、地形图测绘与地形图应用、一般工程测量等。

本教材属于普通测量学的范畴。其主要讲述测量的基本知识、测量工作的基本技术、测量误差及数据处理的基本知识、图根控制测量、地形图的基础知识与应用、大比例尺地形图测绘、一般工程施工测量的基本原理与方法等内容。

1.1.3 测绘学发展状况

1.1.3.1 测绘学发展简史

科学技术是生产力。现代科学技术是人类世世代代同自然界斗争的结晶。测绘科学也不例外，早在远古时代就有夏禹治水时使用的"准、绳、规、矩"四种测量工具和埃及尼罗河泛滥后农田边界整理工作中所产生的原始测量技术。

在天文测量方面，远在颛顼高阳氏时就开始观测日、月、五星来定一年的长短。战国时编制了四分历，一年为 365.25d，与罗马人采用的儒略历相同，但比其早四、五百年。南北朝时祖冲之所测的朔望月为 29.530 588d，与现代值相比仅差 0.3s。宋代《信天历》，一年为 365.242 5d，与现今采用的值也只差 26s。可见，天文测量在古代已有很大的发展。

汉代张衡改进的浑天仪和他提出的"浑天说"更是加快了天文测量仪器和技术前进的步伐。

在研究地球形状和大小方面，在公元前已有人提出丈量子午线上的弧长，以推算地球的形状和大小。其中最著名的是在公元720年前后，由唐代僧人一行主持的用弧度测量的方法丈量了自滑县经浚仪、扶沟到上蔡，直接丈量了长达300km的子午线弧长，以此推算出子午线1°所对的弧长为132.31km，并用日圭测太阳的阴影来定纬度，为人类认识地球作出了贡献。17世纪末，牛顿和惠更斯从力学的观点提出了地球是两极略扁的地扁说，从此与地圆说展开了一场大讨论，直至1739年经过弧长测量才证实了地扁说的正确性，为正确认识地球奠定了理论基础。1743年，法国克莱洛论证了地球几何扁率与重力扁率之间的关系，为物理大地测量打下了基础。1849年，斯托克斯提出利用重力观测资料确定地球形状的理论，他后来提出了用大地水准面来表示地球的形状，从而使人们对地球的形状才有了真正的认识。

17世纪，荷兰人汉斯发明了望远镜，斯纳尔创造了三角测量的方法。之后，法国人将望远镜装置在全圆分度器上用于角度测量，创造了世界上最早的经纬仪，为大地测量创造了条件。18世纪中叶出现了水准测量。法国地理学家毕阿土在总结前人成果的基础上，提出了用等高线表示地形起伏的高低，绘制地形图。19世纪，德国人高斯提出了最小二乘法原理和横圆柱正形投影。1859年，法国人洛斯达开创摄影测量，并制成了第一台地形摄影仪，用于地面摄影成图。1899年，摄影测量的理论研究取得进展，并在1903年飞机发明后，开创了航空摄影测量的先河。

地形图是测绘工作的重要成果，是生产和军事活动的重要工具。在早于公元前20世纪之前，就有人用陶片作为载体，用柳条做模型制作地图，说明地图早已被人们所重视。我国最早的记载是夏禹将地图铸于九鼎上，这已是地图的雏形。公元前7世纪，春秋时期管仲著的《管子》一书中已论述地图，平山县发掘出土的春秋战国时期的"兆域图"，已经表示了比例和符号的概念；在长沙马王堆发现公元前168年的长沙国地图和驻军图，地物、军事要素都进行了表示。公元224—271年，我国西晋的裴秀总结了前人的经验，拟定了《制图六体》，成为世界上最早的小比例地图制图规范之一。此后，历代都编制过多种地图，使地图制图技术有了较大的发展。

1.1.3.2 测绘科学发展现状

20世纪中叶，由于电子学、信息学、计算机科学和空间科学的迅猛发展，微电子技术、激光技术、遥感技术的应用，极大地推动着测绘科学的变革和进步。测绘科学的发展很大部分是从测绘仪器开始的，20世纪40年代光电测距仪的问世，使长期以来艰苦的手工测距工作发生了根本性的变化，高精度高效率的光电测距改变了控制网传统布网方法，三角网已被三边网、边角网、测距导线网所代替，光电测距三角高程测量可代替四等水准测量。数字化测角仪器——电子经纬仪的出现，逐步将传统的光学经纬仪测角改变为数字化电子测角。光电测距仪与电子经纬仪集成为一体的全站仪，具有自动测角、测距、记录、计算的功能，将传统的点位平面位置与高程位置分离测量转变为融为一体的三维坐标测量。电动全站仪的研制，实现了地面测量技术向数字化和智能化方向发展。激光水准仪、全自动数字水准仪的应用，也实现了几何水准测量的数字化和自动化。

20 世纪 80 年代，全球定位系统(GPS)问世，采用卫星直接进行空间点的三维定位，引起测绘工作的重大变革，由于卫星定位具有全球、全天候、快速、高精度和无需相邻控制点通视的优点，在大地测量、工程测量、地形测量及军事与民用的导航定位中有着广泛的应用。世界上许多国家为了使用全球定位技术，迅速进行了 GPS 信号接收仪器的研制。从 70 年代以来，各国仪器厂家已生产出多种不同精度不同型号的 GPS 信号接收机。到目前，已生产出第五代具有体积更小、重量更轻、功能更全的 GPS 定位仪器乃至现今推出的 GPS 连续运行参考站系统(简称 CORS)技术及多个单基站通过组网而成的网络 CORS 技术，标志着测绘定位技术迈进了高科技时代。

数字化测绘技术在测量中有着广泛的应用，常规的大比例尺地形图测绘，通常采用的是野外手工图解测图法，具有野外工作量大、测绘产品单一、产品更新难度大的缺点。由于全站仪数字化测量技术及高效率的 GPS 定位技术的广泛应用和数字化测图软件研制的日益成熟，通过借助计算机、数控绘图仪等辅助设备，将形成一个从野外或室内数据采集、数据处理和绘图的数字化自动测图系统，测绘行业已全面进入了信息化时代。

随着测绘科学理论的发展与技术的进步，特别是"5S"技术即 GIS，GPS，RS，DPS(数字摄影测量技术)和 ES(专家系统)的迅猛发展，为测绘科学带来了一场深刻的变革，它将在国民经济建设各领域中发挥更大作用。

1.1.4　测绘科学的作用

1.1.4.1　测绘科学在国民经济建设中的作用

测绘科学应用范围广泛，在国民经济和社会发展规划中，测绘信息是最重要的基础信息之一。各种工程建设的规划和土地资源管理需要测绘地形图和地籍图，工程建设的施工、竣工阶段及国防建设都需要进行大量的测绘工作。因此测绘工作者常被人们称为各项工程建设的尖兵。测绘工作在国民经济建设中起着十分重要的作用，其主要体现为以下 6 个方面：

①为科学研究、地形图测绘和工程施工提供所需点的大地坐标、高程和重力值。

②提供多种比例尺地形图和地图，作为规划、工程设计、施工和编制各种专用图的基础。

③在工程竣工、大型设备安装和工程运营中提供定位依据，确保工程质量和工程建筑物的安全运营。

④在国防建设方面，测绘科学为军事提供地形信息及攻击目标的定位和远程导弹、空间武器的发射提供测绘保障。

⑤为人造卫星发射、宇宙航行等空间探索活动提供定位基础。

⑥为信息高速公路、空间信息基础设施与数字地球提供基础地理信息。

1.1.4.2　测绘科学在相关专业知识结构中的作用

测绘科学在资源与环境、城乡规划、土地资源管理、林学、水土保持、水利工程、建筑工程等专业领域中有广泛的应用，并且与各专业结合得越来越紧密。这些专业对测绘知识的需求体现在以下 6 个方面：

①利用测绘获得的地形图进行各种工程的规划与设计。

②借助于相关测绘技术进行各种资源的调查与专题地图的绘制。

③将规划设计图纸通过测量的手段标定到实地。

④利用测量手段标定取样点的位置、监控工程施工质量等。

⑤绘制工程竣工平面图或更新施工区域地形图等。

⑥为各种信息系统提供基础地理信息。

1.2 地球形状和大小

1.2.1 形状和大小

地球的形状与大小，自古以来为人类所关注，对它的研究从来没有停止过。认识地球形状和大小是通过测量工作进行的。

地球自然表面是极不规则的，有陆地、海洋、高山和平原。地球上最高的山是我国境内的珠穆朗玛峰，其高程为 8 844.43m，而在太平洋西部的马里亚纳海沟深达 11 022m，地形起伏很大，但这样的高低起伏相对于地球的平均半径 6 371km 相比，是可以忽略不计的，仍可把地球看作为圆滑的球体。

地心有引力，地球上每个质点都受到地心引力而不能脱离地球。地球的自转又使每个质点受到离心力的作用。因地球上每个质点都受到这两个力的作用，其合力称为重力，如图 1-1 所示。重力的方向线称为铅垂线，铅垂线是测量工作的基准线。

地球表面的海洋面积达到 71%，陆地面积仅为 29%。设想将静止的海水面向陆地延伸，形成一个封闭的曲面，称为水准面。与水准面相切的平面称为水平面。由物理学可知，同一水准面上各点的重力位能相等，水准面又称为重力等位面，水准面具有处处与铅垂线相垂直的特性。在地球表面重力的作用空间，通过任何高度的点都有一个水准面，因

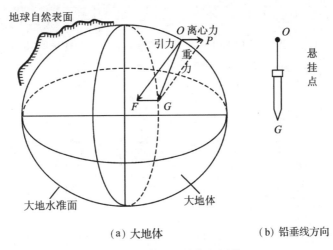

（a）大地体　　　　　　　（b）铅垂线方向

图 1-1　大地体、重力与铅垂线

而水准面有无限多个,其中通过平均海水面的水准面,称为大地水准面,大地水准面是测量工作的基准面。大地水准面所包围的地球形体称为大地体,它表示了地球的形状和大小。

由于地球内部的质量分布不均匀,引起地面上各点沿垂线方向产生不规则的变化,因而大地水准面成为一个有微小起伏的不规则曲面,大地体也并非是一个规则的几何球体,其表面也是一个不规则的数学曲面,测量数据在这个不规则的曲面上是无法运算的,因此,必须寻找一个与大地体十分接近的规则数学球体,才能解决地面点投影、计算的问题。

地球实际上是一个南北极略扁,非常接近数学上的旋转椭球的球体(图 1-2)。旋转椭球的大小和形状由长半径 a、短半径 b 及由长、短半径确定的扁率 $\alpha=(a-b)/a$ 三个参数来确定。几个世纪以来,许多学者曾利用局部资料分别推算出了表达椭球形状大小的参数见表 1-1。

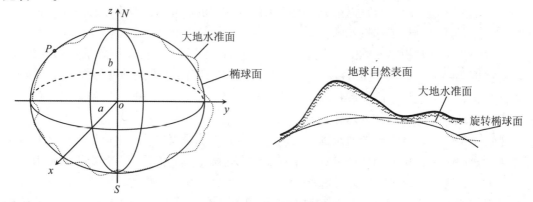

图 1-2 大地水准面与旋转椭球面

表 1-1 各国学者推算的椭球参数

参数推算者	长半轴 a(m)	短半轴 b(m)	扁率 $\alpha=(a-b)/a$	推算年代和国家(或组织)
德兰布尔	6 375 653	6 356 564	1:334	1800 年,法国
贝塞尔	6 377 397	6 356 079	1:299.2	1841 年,德国
克拉克	6 378 249	6 356 515	1:293.5	1880 年,英国
海福特	6 378 388	6 356 912	1:297.0	1909 年,美国
克拉索夫斯基	6 378 245	6 356 863	1:298.3	1940 年,苏联
IUGG	6 378 140	6 356 755.3	1:298.257	1975 年,国际大地测量与地球物理联合会
IUGG	6 378 137	6 356 752	1:298.257	1980 年,国际大地测量与地球物理联合会
中国	6 378 143	6 356 758	1:298.255	1978 年,中国

注:IUGG 为国际大地测量与地球物理联合会的英文缩写。

由于这些参数都具有一定的局限性,只能作为确定地球形状、大小的参考,故称参考椭球。在测量学中,将参考椭球面代替大地水准面作为测量计算和制图的基准面。

1.2.2 椭球定位

确定了椭球的形状和大小后，还必须进一步确定椭球与大地体、椭球面与大地水准面的相关位置，使椭球与大地体间达到最好的密合，才能将地面上的观测成果归算到椭球面上。最简单是单点定位，如图 1-3 所示，在一个国家的合适地方选择一点 P，设想在该点把椭球体和大地体相切，切点 P' 位于 P 点的铅垂线上，此时，过椭球面上 P' 点的法线与该点对大地水准面的铅垂线相重合，这样，椭球体与大地体的相关位置就确定了。这项工作称为椭球定位，切点称为大地原点，

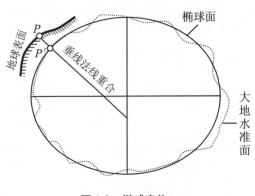

图 1-3　椭球定位

P 点的球面位置——大地经度 L 与大地纬度 B 就作为全国其他点球面位置的起算数据。

世界各国都采用适合本国的椭球参数和定位方法。

我国之前采用海福特椭球，中华人民共和国成立后一直用克拉索夫斯基椭球，大地原点在苏联普尔科沃（现俄罗斯境内）。20 世纪 80 年代，我国采用了 IUGG 推荐的总地球椭球，其参数见表 1-1。大地原点选在位于我国中部的陕西省泾阳县永乐镇。

由于地球的扁率很小，接近圆球，因此在测量精度要求不高的情况下，可以视椭球为圆球，其半径采用曲率半径平均值，即：

$$R = \frac{1}{3}(a + a + b) = 6\ 371\ \text{km} \tag{1-1}$$

1.3 地面点位置的表示

1.3.1 地面点位置的确定

由于地球表面的高低起伏和地物的占地轮廓都是由地面点位置确定的，因此测量工作的基本任务就是确定地面点的位置。要确定地面点的位置，必须首先对地面点的位置进行表示。地面点的位置由坐标和高程表示。坐标是地面点沿着铅垂线在投影基准面（大地水准面、椭球面或平面）上的位置；高程是地面点沿着铅垂线到投影面的距离。如图 1-4 所示，地面点 A，B 沿铅垂线投影到基准面上为 a，b 两点，可以得到在投影面坐标系的坐标。沿铅垂线量出高程 H_A，H_B，由此可确定地面点的空间位置。

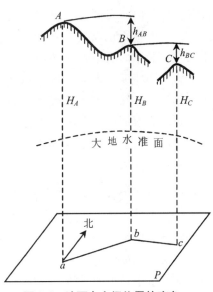

图 1-4　地面点空间位置的确定

1.3.2　地面点在常用测量坐标系中的表示

地面点的空间位置是相对一定的坐标系统而言的。测量中常用的坐标系有天文坐标系、大地坐标系、高斯平面直角坐标系和独立平面直角坐标系等。

1.3.2.1　天文坐标系

天文坐标又称天文地理坐标，用天文经度 λ 和天文纬度 φ 表示地面点的位置。它是以铅垂线为基准线，以大地水准面为基准面。如图 1-5 所示，过地面点与地轴的平面称为子午面，该子午面与格林尼治子午面（首子午面）间的二面角为经度 λ。过 P 点的铅垂线与赤道平面的交角为纬度 φ。由于地球离心力的作用，过 P 点的铅垂线不一定经过地球中心。地面点的天文坐标是由天文测量获得的。由于天文测量定位精度不高，并且天文坐标之间在以大地水准面为基准面上推算困难，它在精确定位中较少使用，常用于导弹发射、天文大地网或独立工程控制网起始点定向。

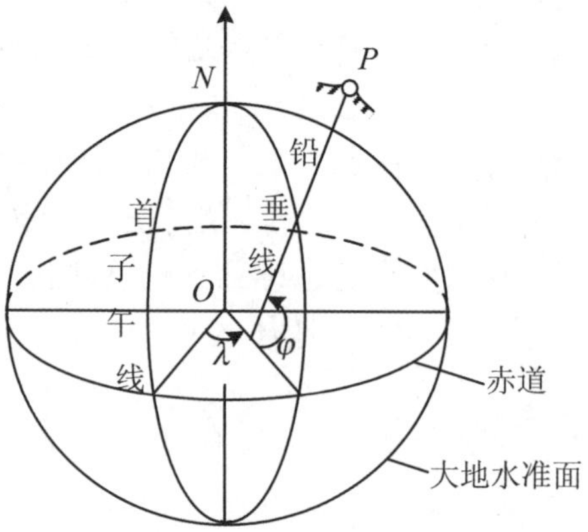

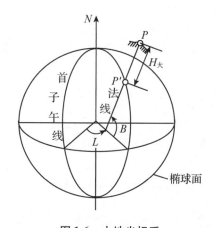

图 1-5　天文坐标系

1.3.2.2　大地坐标系

大地坐标系是以大地经度 L、大地纬度 B、大地高 H 表示地面点的空间位置。大地坐标系以法线为基准线，以椭球面为基准面。如图 1-6 所示，地面点 P 沿着法线投影到椭球面上为 P'。过 P' 点的子午面和首子午面的二面角为 P 点大地经度 L。过 P 点的法线与赤道面的交角为该点的大地纬度 B，P 点沿法线到椭球面的距离 $H_大$ 称为大地高。

大地经纬度是根据大地原点在该点将天文经纬度作为大地经纬度的大地坐标，按大地测量所得的数据推算而得的。由于天文坐标系与大地坐标系选用的基准线、基准面有所不同，所以同一点的天文坐标与大地坐标不同。同一点法线与铅垂线的偏差称为垂线偏差。

图 1-6　大地坐标系

1.3.2.3　高斯平面直角坐标系

大地坐标系是大地测量的基本坐标系，它对于大地问题的解算、研究地球的形状与大小和编制地形图都十分有用。但它不能直接用来地形测图。若将球面上的大地坐标按一定的数学法则归算到平面上，在平面上进行数据运算，这将对用平面图纸来表示地表形态的地形测图带来很大的方便。将球面上的图形、数据转换到平面上的方法，称为地图投影。用地图投影建立椭球体上的点与平面上的点之间的函数关系式为：

$$x = f_1(L,B) \atop y = f_2(L,B) \Bigg\} \tag{1-2}$$

式中 (L,B)——某点在椭球面上的大地坐标；

(x,y)——该点投影到平面上的直角坐标。

由于旋转椭球面是一个不可展开的曲面，无论 f_1，f_2 以什么函数关系式将其投影至平面，都会产生投影变形。

投影变形的形式有正形投影、等面积投影和任意投影三种。在测量上，一般要求投影后的角度保持不变，使地形图上的任何图形都与实地图形相似，这对地形图的测绘和使用都带来的很大的方便。而这几种投影方式中正形投影能满足这一要求。

所谓正形投影，就是高等数学中所讲的保角变换（也称保角映射）。它具有两个特性：一是保角性，即投影后角度保持不变；二是伸长的固定性，即长度投影后会产生变形，但在同一点的各个方向上的微分线段，投影后长度比为一常数。

高斯投影是正形投影的一种。除满足正形投影的两个特性外，高斯投影还必须满足本身的特定条件，即：中央子午线投影后为一直线，且长度不变。设想有一个椭圆柱面横套在地球椭球的外面，如图 1-7 所示，并与一子午线相切，此子午线称为中央子午线或轴子午线，椭圆柱的中心轴通过椭球体赤道面及椭球中心。然后将椭球面上中央子午线附近有限范围的点线按正形投影条件向椭圆柱面上投影，再将椭圆柱面通过南、北极的母线切开，并展开为平面，此平面称为高斯投影平面（图 1-8）。在此平面上，中央子午线和赤道的投影都是直线，并且正交，其他子午线和纬线都是曲线，投影后中央子午线的长度不变，离开中央子午线越远的子午线变形越大，并凹向中央子午线，各纬圈投影后凸向赤道。

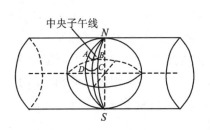

图 1-7 横切椭圆柱投影

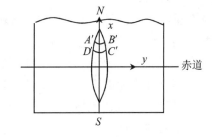

图 1-8 高斯平面

由于高斯投影除中央子午线投影长度不变外，其他子午线长度投影后均有变形，且离中央子午线愈远，这种变形愈大。当变形超过一定限度后，就会影响测图、施工的精度。因此，必须控制这种变形在一定的范围内，控制的方法是将投影区域限制在靠近中央子午线两侧的狭长地带内，即确定投影宽度的投影方法称为分带投影。

投影宽度是以相邻两条中央子午线的经度差 l 来划分的，其划分的方法有 6°带和 3°带两种。6°带是从 0°子午线起，自西向东每隔 6°为一带，编号为 1~60，中央子午线的经度 L_n^6 依次为 3°，9°，15°，…，357°。3°带是自东经 1.5°开始以经度差 3°划分的，编号为 1~120，各带中央子午线经度 L_k^3 依次为 3°，6°，9°，…，360°，如图 1-9 所示。在我国领土范围内，6°带是从 13 ~ 23 带共 11 带，而 3°带是从 25 ~ 45 带共 21 带。两种分带的带号与中央子午线经度的关系为：

$$\left. \begin{array}{l} L_n^6 = 6n - 3 \\ L_k^3 = 3k \end{array} \right\} \tag{1-3}$$

式中　L_n^6，L_k^3——分别为 6°带和 3°带的中央子午线经度；
　　　n，k——各自代表 6°带和 3°带的带号。

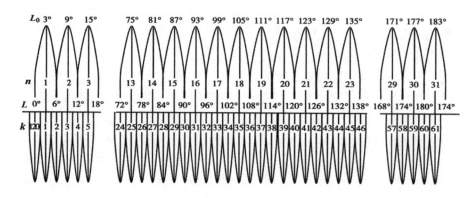

图 1-9　分带投影

不难看出，分带愈多，各带包含的范围越小，投影变形也就越小。但分带过多，在工程中要进行相邻带之间的坐标换算工作量也增加。因此，为了减少换带计算，分带不宜过多。根据我国测图精度要求，用 6°分带投影后，其边缘部分变形能满足 1:25 000 或更小比例尺地形图的精度要求，而 1:10 000 及其以上的大比例尺测图，只有采用 3°分带法才能满足其精度要求。

高斯分带投影后，每一个投影带就形成了一个高斯投影平面直角坐标系。如图 1-10所示，投影后的中央子午线与赤道为两条正交的直线，其交点 O 为坐标原点，中央子午线为纵坐标轴 x，赤道为横坐标轴 y，并规定 x 轴正方向指向北，y 轴正方向指向东。我国位于北半球，纵坐标均为正值。为了避免横坐标出现负值，规定把纵坐标轴向西平移 500km（图 1-11）。将地面点在纵坐标轴 x 平移以前的高斯平面直角坐标系中的坐标值称为该点坐标的自然值；将地面点在纵坐标轴 x 平移以后的高斯平面直角坐标系中的坐标值称为该点坐标的通用值。同时为了区分点位于哪一带，通用值要求在横坐标值前面冠以带号。例如，P 点位于 6°带第 20 带，其平面坐标自然值为：

$$x_p' = 3\ 278\ 324.836\text{m} \qquad y_p' = -327\ 876.382\text{m}$$

则该点平面坐标的通用值为：

$$x_p = 3\ 278\ 324.836\text{m} \qquad y_p = 20\ 172\ 123.618\text{m}$$

国家基本地形图上的坐标值及测绘部门提供的坐标成果均为通用值。

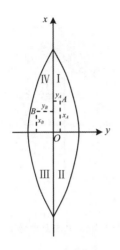 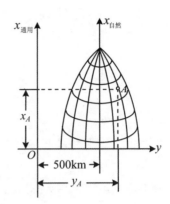

图 1-10 高斯平面直角坐标系   **图 1-11 x 轴平移后的高斯平面直角坐标系**

高斯平面直角坐标系与数学上的笛卡儿平面直角坐标系的差异表现在以下三个方面：

①坐标轴不同，高斯平面直角坐标系中纵坐标为 x，正方向指向北，横坐标轴为 y，正方向指向东，而笛卡儿平面直角坐标系的纵坐标为 y，横坐标为 x，正好相反。

②表示直线方向的方位角定义不同，高斯平面直角坐标系以纵坐标轴 x 的北端起算，顺时针旋转到直线所夹的水平角，而笛卡儿坐标系以横轴 x 东端起算，逆时针旋转计值。

③坐标系象限不同，高斯平面直角坐标系，以北东区（NE）为第一象限，顺时针旋转划分为四个象限；而笛卡儿坐标系也是以北东为第一象限，逆时针旋转划分成四个象，如图 1-12 所示。

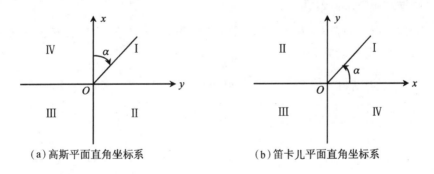

（a）高斯平面直角坐标系   （b）笛卡儿平面直角坐标系

图 1-12 两个坐标系的比较

高斯平面直角坐标系的如此规定是为了定向方便及直接将数学中的三角公式应用到测量计算中。

1.3.2.4 假定平面直角坐标系

当测量区域较小（如半径不大于 10km 的区域）时，可以不考虑地球曲率的影响，用测区中心点 A 的切平面 P 来代替椭球体面作为基准面（图 1-13）。在该切平面上建立独立平面直角坐标系，以该地区真子午线或磁子午线为 x 轴，正向指北，顺时针方向旋转构成右手系

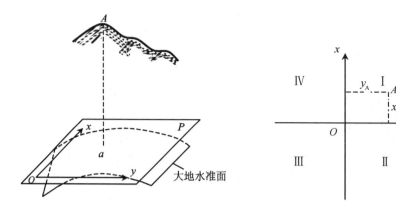

图 1-13　水平面代替大地水准面　　　　图 1-14　平面直角坐标系

坐标系(图 1-14)。为了避免坐标出现负值，该坐标系的原点应选在测区西南角(图 1-13)。地面点 A 在椭球面的投影位置，就可利用该平面直角坐标中坐标值 x_A，y_A 来确定。

1.3.3　大地经、纬度坐标与高斯平面直角坐标之间的转换

大地经、纬度坐标 (L, B) 与高斯平面直角坐标 (x, y) 之间的转换通过高斯投影的正、反算公式来实现，其转换公式的理论推导较繁琐，在这里不在赘述，具体可参阅《椭球大地测量学》或《地图投影学》的相关内容，下面仅列出高斯投影变换的正、反算的实用计算公式。

1.3.3.1　高斯投影的正算公式

将大地经、纬度坐标 (L, B) 转换成高斯平面直角坐标 (x, y) 的计算公式称为高斯投影的正算公式。其基本公式为：

$$
\begin{aligned}
x &= X + \frac{N}{2\rho''^2}\sin B\cos B \times l''^2 + \frac{N}{24\rho''^4}\sin B\cos^3 B \cdot (5 - t^2 + 9\eta^2 + 4\eta^4) \times l''^4 + \\
&\quad \frac{N}{720\rho''^6}\sin B\cos^5 B \times (61 - 58t^2 + t^4) \times l''^6 \\
y &= \frac{N}{\rho''}\cos B \cdot l'' + \frac{N}{6\rho''^3}\cos^3 B \times (1 - t^2 + \eta^2) \times l''^3 + \frac{N}{120\rho''^5}\cos^5 B \times \\
&\quad (5 - 18t^2 + t^4 + 14\eta^2 - 58\eta^2 t^2) \times l''^5
\end{aligned} \right\} \quad (1\text{-}4)
$$

上式中常数 $\rho'' = \dfrac{360 \times 60 \times 60''}{\pi} = 206\,265''$，即 1 弧度 $= \rho'' = 206\,265''$，大地经度 L 与投影带中央子午线经度 L_0 的经差 $l = L - L_0$ 以秒为单位。公式中的其它参数按以下公式计算：

$$\left.\begin{array}{l} t = \tan B \\[2mm] e = \left(\dfrac{a^2 - b^2}{a^2} \right)^{\frac{1}{2}} \qquad e' = \left(\dfrac{a^2 - b^2}{b^2} \right)^{\frac{1}{2}} \\[3mm] \eta = e' \cos B \qquad W = \sqrt{1 - e^2 \sin^2 B} \\[2mm] M = a \times (1 - e^2)/W^3 \qquad N = a/W \end{array}\right\} \tag{1-5}$$

垂足的子午线长 X 为：

$$X = a(1 - e^2)\left(A \frac{B}{\rho''} - \frac{Q}{2}\sin 2B + \frac{C}{4}\sin 4B - \frac{D}{6}\sin 6B \right) \tag{1-6}$$

上式中 A，Q，C，D 由椭球第一扁心率 e 算出的常数，即：

$$\left.\begin{array}{l} A = 1 + 3e^2/4 + 45e^4/64 + 350e^6/512 + 11\,025e^8/16\,384 \\[2mm] Q = 3e^2/4 + 60e^4/64 + 525e^6/512 + 17\,640e^8/16\,384 \\[2mm] C = 15e^4/64 + 210e^6/512 + 8\,820e^8/16\,384 \\[2mm] D = 35e^6/512 + 2\,520e^8/16\,384 \end{array}\right\} \tag{1-7}$$

通过以上几个公式可将大地经、纬度坐标 (L, B) 转换成高斯平面直角坐标 (x, y)。

1.3.3.2　高斯投影的反算公式

将高斯平面直角坐标 (x, y) 转换成大地经、纬度坐标 (L, B) 的计算公式称为高斯投影的反算公式。其基本公式为：

$$\left.\begin{array}{l} B = B_f - \dfrac{\rho'' t_f}{2M_f N_f} \times y^2 + \dfrac{\rho'' t_f}{24 M_f N_f^3} \times (5 + 3t_f^2 + \eta_f^2 - 9t_f^2 \times \eta_f^2) \times y^4 - \\[3mm] \qquad \dfrac{\rho'' t_f}{720 M_f N_f^5} \times (61 + 90t_f^2 + 45t_f^4) \times y^6 \\[3mm] l = \dfrac{\rho''}{N_f \cos B_f} \times y - \dfrac{\rho''}{6 N_f^3 \cos B_f}(1 + 2t_f^2 + \eta_f^2) \times y^3 + \dfrac{\rho''}{120 N_f^5 \cos B_f} \times \\[3mm] \qquad (5 + 28t_f^2 + 24t_f^4 + 6\eta_f^2 + 8\eta_f^2 t_f^2) \times y^5 \end{array}\right\} \tag{1-8}$$

上式中 B_f 为垂足纬度，它的初始近似值可用 $B_f = x\rho''/R$ 计算，先由式(1-5)至式(1-8) 经三次迭代后求出 B_f 数值，然后再由这两组公式解算出大地纬度 B 和经度差 l，经度差 l 加上投影带中央子午线的经度 L_0 即为所求的大地经度 L。

大地经、纬度坐标 (L, B) 与高斯平面直角坐标 (x, y) 之间的转换计算比较复杂，实际工作中应根据其转换模型，编制相应的计算机程序，利用计算机来实现它们之间的转换会非常容易，目前，常用的控制测量平差软件中的大地解算就能很方便地解决这一问题。

1.3.4　我国目前常用的坐标系

1.3.4.1　1954 年北京坐标系

在中华人民共和国成立初期采用克拉索夫斯基椭球参数，将我国东北地区的呼玛、吉拉林、东宁三个点与苏联大地网联测后的坐标作为我国天文大地网起算数据，然后通过天文大地网坐标，推算出北京一点的坐标，故命名为 1954 年北京坐标系。该坐标实际上是苏联的 1942 年坐标系，原点不在北京，而在普尔科沃。中华人民共和国成立以来，1954 年北京坐标在我国经济建设和国防建设中发挥了重要作用。但这个坐标系存在以下一些问题：

①参考椭球长半轴偏长，比地球总椭球的长半轴长了一百多米。

②椭球基准轴定向不明确。

③椭球面与我国境内的大地水准面不太吻合，东部高程异常值（沿参考椭球面的法线方向，由似大地水准面上的点量测至参考椭圆面的距离）可达 +68m，西部新疆地区高程异常值为零。

④点位精度不高。

1.3.4.2　1980 国家大地坐标系

为了克服 1954 年北京坐标系的缺陷，利用我国原有天文大地网的潜在精度，对原大地网进行重新平差，在 1980 年建立了国家大地坐标系。

该坐标系采用了 IUGG – 75 地球椭球参数，大地原点选在我国中部地区陕西省永乐镇，椭球面与我国镜内的大地水准面达到了最佳密合。平差后，其大地水准面与椭球面差距在 ±20m 之内，边长精度为 1/500 000。

1.3.4.3　WGS –84 坐标系

WGS –84 是由美国国防制图局于 20 世纪 80 年代中期建立的，正式成为 GPS 的新坐标参照系。它是采用 WGS – 84 地球椭球参数的一个地心坐标系，其原点与各坐标轴定义为：

①WGS – 84 的原点是地球的质心。

②Z 轴指向国际时间局 1984 年定义的协议地球极点方向。

③X 轴指向国际时间局 1984 年定义的零度子午面和协议地球极赤道的交点。

④Y 轴和 Z 轴、X 轴构成右手坐标系。

⑤WGS – 84 坐标参照系的原点也被当作 WGS – 84 椭球的几何中心，而 Z 轴作为该旋转椭球的自转轴。

1.3.4.4　2000 中国大地坐标系

在人类进入空间时代的今天，测绘也进入了空间时代。1980 国家大地坐标系虽然是经典大地测量成果的归算及其应用，但它仍是一个二维参心局部坐标系，这会导致用 GPS 定位技术获得的高精度三维坐标与参心局部坐标系的低精度二维坐标成果之间产生无法调和的矛盾，因此建立我国自己的地心坐标系已成必然。

2000 中国大地坐标系（China Geodetic Coordinate System 2000，CGCS2000）是以地心为原点的一个右手地心直角坐标系，它的原点和坐标轴定义如下：

①原点在地球质量中心。

②Z 轴指向 IERS（国际地球自转和参考系服务）协议参考极方向。

③X 轴为 IERS 参考子午面与通过原点且同 Z 轴正交的赤道面的交线。

④Y 轴与 Z，X 轴构成右手直角坐标系。

⑤参考椭球的几何中心与坐标系的原点重合，其旋转轴与坐标系的 Z 轴重合。

⑥正常椭球与参考椭球一致。

CGCS2000 与 WGS-84 采用的几何物理参数除参考椭球短半径值相差 0.1mm 以外，其他完全相同。鉴于两种坐标系的原点与坐标轴的定义和所采用几何物理参数都具有很高的相容性，因此可以认为 CGCS2000 和 WGS-84 是非常吻合的。在坐标系的实现精度范围内，CGCS2000 坐标和 WGS-84 坐标是一致的。因此 CGCS2000 将使测绘定位应用 GPS 技术越来越方便。

经国务院批准，从 2008 年 7 月起，我国启用 2000 中国大地坐标系。

1.3.5 地面点的高程

1.3.5.1 绝对高程与相对高程

地面点沿铅垂线到大地水准面的距离称为该点的绝对高程，或称海拔高度，记为 H。地面点沿垂线到任意水准面的距离称为该点的相对高程，记为 H'。如图 1-15 所示，A 点的绝对高程为 H_A，其相对高程为 H'_A。

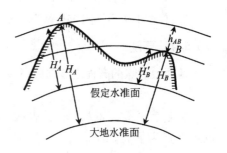

图 1-15 地面点的高程

1.3.5.2 正高高程与正常高高程

地面点沿铅垂线到大地水准面的距离亦称为该点的正高高程（简称正高），大地水准面是正高的基准面。由于确定大地水准面的地球重力位因地球内部质量分布不均而无法精确计算，地面一点的正高高程也就不能精确求得。大地测量学或地球物理学科在研究地球重力位时引入一个函数关系简单、不涉及地球形状及内部密度的，可以计算得到与地球重力位非常接近的辅助重力位，称为地球正常重力位，由此获得的水准面称为似大地水准面，似大地水准面在海洋上同大地水准面一致，在陆地上却有所差异。似大地水准面是正常高高程的基准面，即地面点沿铅垂线到似大地水准面的距离称为该点的正常高高程（简称正常高）。正高与和正常高都属于绝对高程。我国目前采用的法定高程系统为正常高高程系统。

1.3.5.3 国家高程基准

海洋水面因受潮夕、风浪的影响，是个动态的曲面。通过在海边设立验潮站，长期观测水面涨落情况，取其平均高度作为高程零点，通过该点的大地水准面称为高程基准面。我国之前采用的高程基准面十分混乱。中华人民共和国成立后，国家测绘局统一了高程基准面，以设在青岛市国家验潮站 1950—1956 年收集的验潮资料，推算的黄海平均海水面作为我国高程起算面，并在青岛市观象山建立了国家水准原点，用精密高程测量的方法测出国家水程原点到验潮站平均海水面的高程为 72.289m。这个高程系统称为"1956 年黄海高程系"。全国各地的高程都是由它作为已知高程数据引测推算而得。

20 世纪 80 年代初，国家又根据青岛验潮站 1953—1979 年的观测资料，推算出新的黄海平均海水面位置，并以此为起算面，测得青岛国家水准原点的高程为72.260 4m，称为"1985年国家高程基准"。并从1985年1月1日起执行这一高程基准。

为了将"1985年国家高程基准"与以前使用过的"1956年黄海高程系"成果进行换算，将"1985年国家高程基准"与"1956年黄海高程系"的水准点进行联测比较，得出两种高程系的零点差为δ，零点差δ值在不同的区域由于对似大地水准面不断的精化处理后有一定的差异，但在一定的区域范围内，δ可以当成一个常数，在国家水准原点处两种高程系的零点差为$\delta = 72.260\ 1 - 72.289 = -0.028\ 6m$。"1985年国家高程基准"与"1956年黄海高程系"成果进行换算的公式为：

$$H_{85} = H_{56} + \delta \tag{1-9}$$

式中　　H_{85}——地面点在1985年国家高程基准中的高程；

　　　　H_{56}——地面点在1956年黄海高程系统中的高程。

通过式(1-9)可将1956黄海高程系的高程换算成1985年国家高程基准的高程。

1.3.5.4 高差

地面上两点的高程之差称为高差，用h表示。如图1-15所示，A，B两点的高差表示为：

$$h_{AB} = H_B - H_A \tag{1-10}$$

高差有正负，如$h_{AB} > 0$，表示B点高程大于A点的高程，A点到B点为上坡，反之A点到B点为下坡。

1.4　地球曲率对测量工作的影响

在普通测量中，将大地水准面近似看作圆球面。若将地面投影到球面上，然后再投影到平面的图纸上，这是很复杂的。在实际测量工作中，若测区小、工程对测量精度要求不高的情况下，通常用水平面代替水准面，将地面上的点投影到该水平面上，以确定其位置，可以简化一些复杂的投影计算。但必须通过地球面代替水准面的限度。

1.4.1　地球曲率对距离测量的影响

如图1-16所示，在测区中部选一点A，A点沿铅垂线投影到水准面P上为a，过a点作切平面P'。地面上A，B两点投影到水准面上的弧长为s，在水平面上距离为t，则A，B两点投影到水准面与投影到水平面引起的距离误差为：

$$\Delta s = t - s = R\tan\theta - R\theta = R(\tan\theta - \theta) \tag{1-11}$$

上式按级数展开，因θ很小，略去五次方以上的各项，并以$\theta = s/R$代入可导出下式：

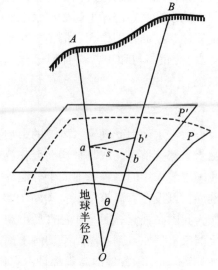

图1-16　地球曲率对测量的影响

$$\Delta s = \frac{s^3}{3R^2} \qquad (1\text{-}12)$$

上式两端同除 s 得相对误差为：

$$\frac{\Delta s}{s} = \frac{s^2}{3R^2} \qquad (1\text{-}13)$$

对上式以地球半径 $R = 6\ 371\mathrm{km}$，并取不同的大地水准面上两点的距离 s 值代入，得到表 1-2 的计算结果。

表 1-2　水平面代替水准面对距离的影响

$s(\mathrm{km})$	1	5	10	15
$\Delta s(\mathrm{cm})$	0.00	0.10	0.82	2.77
$\Delta s(s)$	—	1/5 000 000	1/1 217 700	1/541 516

由表 1-2 可知，当距离为 10km 时，以水平面代替水准面所产生的距离相对误差仅为 1/1 217 700，这样小的误差，即使对地面上精密测距的影响都可以忽略不计。因此，在以半径为 10km 的测区内，用水平面代替水准面所产生的测距投影误差是可以不考虑的。

1.4.2　地球曲率对水平角的影响

由球面三角学可知，同一个空间多边形在球面上投影的各内角之和，较其在平面上投影的内角之和多出一个球面角超 ε''。其值可用多边形的面积求得，即：

$$\varepsilon'' = \rho'' \frac{P}{R^2} \qquad (1\text{-}14)$$

式中　P——球面多边形面积；

　　　R——地球半径；

　　　ρ''——与式(1-4)含义相同。

以球面上不同的面积代入(1-14)式，分别计算出球面角超见表 1-3。

表 1-3　水平面代替水准面对角度的影响

球面面积 $P(\mathrm{km}^2)$	10	50	100	400
球面角超 ε''	0.05	0.25	0.51	2.03

计算结果表明，当测区面积为 $100\mathrm{km}^2$ 时，用水平面代替水准面时，对角度的影响仅为 $0.51''$，在普通测量中可以忽略不计。

1.4.3　地球曲率对高程的影响

由图 1-16 可知，用水平面代替水准面时，产生的高程误差为 $b'b_\circ$，设为 Δh。在 $\Delta oab'$ 中有：

$$(R + \Delta h)^2 = R^2 + t^2$$
$$2R\Delta h + \Delta h^2 = t^2$$
$$\Delta h = \frac{t^2}{2R + \Delta h}$$

因 Δh 很小，上式右端的 Δh 与 $2R$ 相比可略去，平面距离 $ab' = t$ 也可用曲面距离 $\widehat{ab} = s$ 近似代替，则上式简化为：

$$\Delta h = \frac{s^2}{2R} \tag{1-15}$$

以不同的距离 s 代入式(1-15)计算出高程误差，列入表1-4。

表1-4　地球曲率对高差的影响

$s(\mathrm{m})$	10	50	100	500	1 000
$\Delta h(\mathrm{mm})$	0.0	0.2	0.8	19.6	78.5

上述计算结果表明：地球曲率对高程的影响很大。在高程测量中，即使在很短的距离内也应顾及地球曲率的影响。

1.5　测量工作的基本内容和程序

1.5.1　测量工作的基本内容

测量工作的任务很多，其应用领域也十分广泛，但归结起来有两个方面：一方面是测出地面点的位置，并在图纸上表示出来称为测图或测定；另一方面是把图纸上设计的点标定到地面上称为测设或放样。实施这两项任务的核心工作就是确定地面点的位置。

如图 1-17 所示，设 A，B 为已知坐标点，P 为待定点。在 $\triangle ABP$ 中，除已知边 AB 外，只要测出一

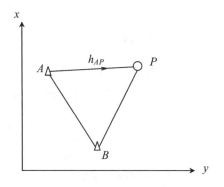

图 1-17　测定点位的基本工作

边一角、两个角或两条边长，就可以推算出 P 点的平面坐标。如果再测出 A 点至 P 点的高差 h_{AP}，即可推算出 P 点的高程。因此，角度测量、距离测量和高程测量是确定地面点位置的三大测量基本工作。观测、计算和绘图是测量工作的基本技能。

1.5.2　测量工作应遵循的原则

在测绘地形图时，需要测定很多碎部点(地物点和地貌点)的位置。由于任何一种测量工作都会产生不可避免的误差，若从一个已知点开始，逐点施测，将会出现前一点的测量误差，传递给下一点，这样积累起来，最后可能达到不可容许的程度。为防止误差的积累，在实际测量工作中，都是先在测区内选择一定数量有控制意义的点子作为控制点。如图 1-18(a)所示，A，B，$\cdots$，F 为在测区选择的控制点，全部控制点组成的网称为控制网，测定控制点位置的工作称为控制测量。控制点的数量不多，可以通过较精密的测量方法及增加具有检核条件的多余观测，保证控制点位置测定的准确性。然后再把已经具有精确位置的控制点作为已知点施测它们附近的碎部点，如图 1-18(b)所示。碎部测量的精度虽比控制测量的精度低，但由于碎部点位置都是从控制点测定的，所以误差就不会从一个

碎部点传递到另外一个碎部点，在一定的观测条件下，各个碎部点都能保证应有的精度。

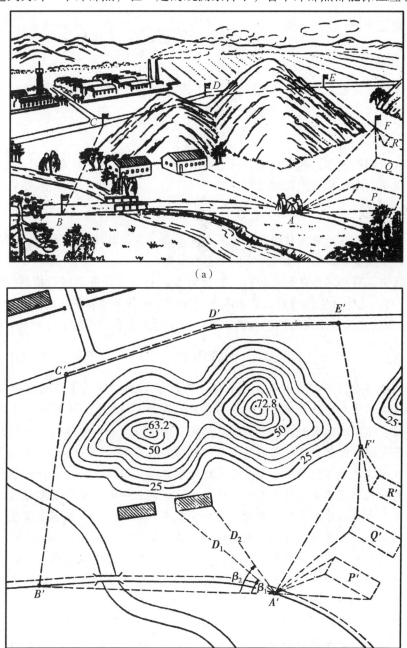

（a）

（b）

图1-18 地形图测绘

同时，测绘工作的每项成果必须经过检核，保证无误后，才能进行下一步工作，中间环节只要一步有错误，后续的工作是不能进行下去的。只有这样，才能保证测绘成果的正确性。

综上所述，测量工作应遵循的基本原则：在布局上"从整体到局部"；在程序上"先控制，后碎部"；在精度上"由高级到低级"；对具体工作而言"应步步有检核"。

1.5.3 测量工作的实施步骤

1.5.3.1 技术设计

技术设计是从技术上的可行、实践上的可能和经济上合理三方面，对测绘工作进行总体策划，选定出优化方案、安排好实施计划。

1.5.3.2 控制测量

根据测区范围的大小，确定测区首级控制网等级，布设首级控制网及各级加密控制网，测定各级控制点的平面位置和高程。

1.5.3.3 碎部测量

以控制点作为已知点测定其附近的碎部点的平面位置及其高程，用多个碎部点的空间位置，就可真实地描述地物、地貌的空间形态和分布。

上述步骤中，有些工作在野外进行，称为外业，其主要任务是进行信息(数据、图像等)的采集；有些工作在室内进行，称为内业，它的主要任务是将采集的信息加工(数据处理和绘图)。现代测绘技术发展的总趋势，是逐步实行外业和内业的一体化和自动化。

本章小结

作为研究地球表面局部范围测量基本理论与技术的测量学是各门测绘学科的公共基础。测量要解决的根本问题是确定地面点的位置，地面点的位置是采用一定方法投影到基准面上而言的。研究地球的形状和大小就是研究大地水准面和大地体的形状和大小。大地水准面是一个有微小起伏的不规则曲面，由此包围的地球形体(大地体)也是一个不规则的球体，测量数据在这个不规则曲面上是无法进行运算的，因此，必须选择一个与大地体非常接近的规则的几何球体来代替大地体。为确定地球形状和大小提供参考的几何球体称为参考椭球体，参考椭球体的表面为参考椭球面，参考椭球面代替大地水准面作为确定地面点平面位置的基准面。大地水准面是确定地面点高程位置的基准面，而地面点一般是沿铅垂线方向或基准面的法线方向投影到基准面上，因此，铅垂线或法线是测量的基准线。在一定条件下，确定参考椭球体与大地体位置关系的工作称为椭球定位。椭球定位的基准不同，由此建立的坐标系也不同。目前采用的1980国家大地坐标系，椭球定位的大地原点位于我国中部地区的西安永乐镇，并采用了IUGG-75地球椭球参数。

地面点的平面位置可用曲面坐标经纬度表示，也可用平面坐标 x、y 表示。通过高斯分带投影的方法实现曲面坐标与平面坐标之间的转换。地面点的高程是该点沿投影基准线到基准面的距离。国家现行法定的高程系统是以似大地水准面为基准面的正常高高程系统，高程基准为"1985国家高程基准"。

为确定地面点的位置，常需进行角度测量、距离测量和高程(差)测量三项基本测量工作。测量工作的两个基本任务是测定和测设。测定是把固定的地面标志点或地物地貌特征点用坐标表示的位置测出来的工作。若将测定的点表示在图上，这一过程就称为测图。测设就是把设计图上建(构)物的特征点根据其平面坐标和高程在实地进行标定，这项工作常在工程施工中进行，也称为施工放样。测定和测设的过程正好相反。

任何测量工作都不可避免地产生误差，为了限制测量误差的传递和累积，保证测量结果具有要求的精度，测量工作应遵循"从整体到局部"的布局；"先控制测量，后碎部测量"的程序；"由控制测量的高精度到碎部测量的低精度"的原则。

复习思考题

1. 名词解释

(1)水准面　(2)大地水准面　(3)地图投影　(4)绝对高程

(5)相对高程　(6)正高　(7)正常高　(8)高差

2. 填空题

(1)在一个国家的合适地方选择一点 P，设想在该点把椭球体和大地体相切，切点 P' 位于 P 点的铅垂线上，此时，过椭球面上 P' 点的法线与该点对大地水准面的铅垂线相重合，这样，椭球体与大地体的相关位置就确定了。这项工作称为＿＿＿＿＿＿＿＿＿＿，切点称为＿＿＿＿＿＿。

(2)测量工作的基准线有＿＿＿＿＿＿、＿＿＿＿＿＿，测量工作的基准面有＿＿＿＿＿＿＿＿、＿＿＿＿＿＿＿＿，＿＿＿＿＿＿＿＿＿＿所包围的球体称为大地体，表示了地球的形状和大小。

(3)地面点的空间位置是相对一定的坐标系而言的。测量中常用的坐标系有天文坐标系、＿＿＿＿＿＿、＿＿＿＿＿＿和假定平面直角坐标系等。

(4)某地的地理坐标为 $L_{东经}=106°25'$，$\varphi_{北纬}=29°48'$，按高斯投影 $6°$ 和 $3°$ 投影带划分，则分别在第＿＿＿＿和第＿＿＿＿投影带内，此 $6°$ 和 $3°$ 投影带的中央子午线的经度分别为＿＿＿＿和＿＿＿＿。

(5)地面点的位置通常用＿＿＿＿＿＿和高程表示。

(6)大地坐标系是以大地经度 L、大地纬度 B 和大地高 H 表示地面点的空间位置。大地坐标系是以＿＿＿＿＿＿＿＿为基准线，以＿＿＿＿＿＿为基准面，＿＿＿＿＿＿＿＿＿＿称为大地高。

(7)测量工作在程序上应遵循＿＿＿＿＿＿＿＿＿＿＿＿＿＿的基本原则；在精度上应遵循＿＿＿＿＿＿＿＿＿＿＿＿＿＿的基本原则；对具体工作而言应"步步有检核"。

(8)确定地面点位置的三大测量基本工作是角度测量、＿＿＿＿＿＿＿＿和高程测量。

(9)已知北京某点的大地经度为 $116°20'$，则该点所在 $6°$ 带的带号为＿＿＿＿，中央子午线的经度为＿＿＿＿。

(10)为了便于测量工作的计算和分析，对大地水准面采用一个规则的数学曲面进行表示，这个数学曲面称为＿＿＿＿＿＿＿＿。

(11)高斯投影属于＿＿＿＿＿＿＿＿投影，因为＿＿＿＿＿＿＿＿＿＿＿＿＿＿＿＿＿＿＿＿＿＿＿＿。

3. 判断题

(1)测量成果的处理，距离与角度以参考椭球面为基准面，高程以大地水准面为基准面。　　　( )

(2)在以 $10km$ 为半径的范围内，平面图测量工作可以用水平面代替水准面。　　　( )

(3)在小区域进行测量时，用水平面代替水准面对距离测量的影响较大，故应考虑地球曲率的影响。

( )

(4)在小地区进行测量时，用水平面代替水准面对高程影响很小，地球曲率影响可以忽略不计。

( )

(5)地面上 A，B 两点间绝对高程之差与相对高程之差是相同的。　　　( )

(6)在测量工作中采用的独立平面直角坐标系，规定南北方向为 X 轴，东西方向为 Y 轴，象限按反

时针方向编号。　　　　　　　　　　　　　　　　　　　　　　　　　　　　　　（　　）

（7）高斯投影中，偏离中央子午线愈远变形愈大。　　　　　　　　　　　　　　（　　）

（8）6°带的中央子午线和边缘子午线均是3°带的中央子午线。　　　　　　　　（　　）

4. 单项选择题

（1）大地水准面可定义为（　　　）

A. 处处与重力方向相垂直的曲面　　　　　B. 通过静止的平均海水面的曲面

C. 把水准面延伸包围整个地球的曲面　　　D. 地球大地的水准面

（2）参考椭球面是（　　　）

A. 总地球椭球体面，与大地水准面十分接近

B. 国际大地测量协会为各国处理测量数据而提出的统一的地球椭球面

C. 各国为处理本国测量数据而采用与本国大地水准面十分接近的椭球体面

D. 用非常精确的地球长、短半径所确定的椭球体表面

（3）高斯投影，其平面直角坐标系（　　　）

A. X 轴是赤道的投影，Y 轴是投影带的中央经线

B. X 轴是测区的中央经线，Y 轴是垂直于 X 轴

C. X 轴是投影带中央经线，Y 轴是赤道

D. X 轴是投影带中央经线，Y 轴是赤道的投影

（4）大地体指的是（　　　）

A. 由水准面所包围的形体　　　　　　　　B. 地球椭球体

C. 由大地水准面所包围的形体　　　　　　D. 参考椭球体

（5）我国目前采用的法定高程及其基准面是（　　　）

A. 正高、大地水准面　　　　　　　　　　B. 大地高、参考椭球面

C. 正常高、似大地水准面　　　　　　　　D. 海拔高、似大地水准面

5. 问答题

（1）测绘学的研究对象和任务是什么？

（2）地球的形状近似于怎样的形体？大地体与参考椭球有何不同？

（3）测量中常用坐标系有哪几种？各有何特点？

（4）测绘中的点位计算及绘图，能否投影到大地水准面上进行？为什么？

（5）什么是"1954年北京坐标系"？什么是"1980国家大地坐标系"？它们的主要区别是什么？

（6）什么是"2000中国大地坐标系"？在测量工作中采用2000中国大地坐标系有什么好处？

（7）什么是1956年黄海高程系与1985年国家高程基准？两点之间的高差在这两种高程系统中是否一样？

（8）试用公式说明水平面代替水准面的限度对距离、水平角度及高程会产生什么影响，由此可得出什么结论。

（9）测量工作应遵循的原则是什么？为什么要遵循这些原则？

6. 计算题

（1）设某地面点的大地经度为东经 106°25′36″，试计算其所在6°带和3°带的带号及中央子午线的经度。

（2）若我国某处地面点 A 的高斯平面直角坐标值为 $x_A = 3\ 234\ 567.68\text{m}$，$y_A = 35\ 453\ 786.63\text{m}$，问该坐标值是按几度带投影计算而得？$A$ 点位于第几带？该带中央子午线的经度是多少？A 点在该带中央子午线的哪一侧？距离中央子午线和赤道各为多少米。

本章推荐阅读书目

1. 宁津生，陈俊勇，李德仁，等．测绘学概论．武汉：武汉大学出版社，2004.

2. 潘正风，杨正尧，程效军，等．数字测图原理与方法．武汉：武汉大学出版社，2004.

3. 王侬，过静珺．现代测量学．北京：清华大学出版社，2001.

4. 卡正富．测量学．北京：中国农业出版社，2002.

5. 陈学平．测量学试题与解答．北京：中国林业出版社，2002.

第❷章 水准测量

【本章学习目标】

1. **知识要求：**

(1)了解各种高程测量方法能达到的精度和适用范围。

(2)理解水准测量的原理，水准仪提供水平视线的原理，水准仪在构造上应满足的几何条件与水准仪提供水平视线的关系，自动安平水准仪提供精确水平视线的原理，电子水准仪获取条码标尺读数的原理，水准测量的误差及减弱措施。

(3)掌握微倾式水准仪、自动安平水准仪和电子水准仪的使用方法，水准测量的实施方法，根据水准测量外业观测数据计算待定点高程的平差方法。

2. **技能要求：**

(1)按水准测量的精度要求，能完成具有多个测段水准路线的水准测量观测、记录和计算。

(2)能运用路线水准测量成果数据处理的方法，进行待定点高程的平差计算。

为确定地面点高程所进行的测量工作，称为高程测量。高程测量根据所用仪器与施测方法不同，分为水准测量、三角高程测量、GPS 定位高程测量和气压高程测量。水准测量精度高，它适用于建立各等级高程控制网的测量。三角高程测量比精密水准测量的精度低，但观测速度快，适用于地形起伏较大地区的图根高程控制测量和山区以及位于高建筑物上平面控制点高程的测定，光电三角高程测量在精度上能达到四等水准。静态 GPS 定位高程测量其拟合高程精度能达到 5cm，GPS RTK 定位测量其高程精度能满足地形碎部点高程的精度要求。气压高程只适用于调查或普查方面的概略高程测量。本章主要介绍水准测量。

2.1　水准测量的原理

水准测量是利用水准仪提供的水平视线测定地面两点间的高差，然后根据其中一点的已知高程推算其他各点高程的一种方法。如图 2-1 所示，已知 A 点的高程为 H_A，要测出 B 点的高程 H_B，只要在 A，B 两点间安置一台能提供水平视线的仪器——水准仪，并在 A，B 两点上竖立水准尺，利用水平视线分别读出已知高程 A 点的尺上读数 a 和未知高程 B 点的尺上读数 b，在测量是由 A 向 B 方向前进的情况下，A 点称为后视点，B 点称为前视点。在后视点的尺上读数称为后视读数，在前视点的尺上读数称为前视读数。则 A，B 两点间的高差为：

$$h_{AB} = a - b \tag{2-1}$$

即两点间的高差等于后视读数 a 减去前视读数 b。高差的正或负是表示以后视点为准，前视点对后视点的高低关系，当 $a > b$ 时，h_{AB} 为正，如图 2-1(a) 所示。当 $a < b$ 时，h_{AB} 为负，如图 2-1(b) 所示。高程的计算方法：

①由高差计算 B 点高程：

$$H_B = H_A + h_{AB} = H_A + (a - b) \tag{2-2}$$

②由视线高程(亦称仪器高程)计算 B 点高程：

由图 2-1 可知，A 点的高程 H_A 加后视读数 a 等于视线高程，设为 H_i：

$$H_i = H_A + a \tag{2-3}$$

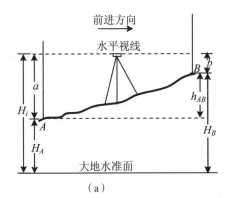
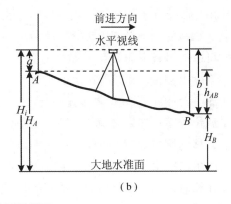

图 2-1　水准测量原理

B 点高程等于视线高程减去前视读数 b，即：

$$H_B = H_i - b = (H_A + a) - b \tag{2-4}$$

在一个测站上要同时测出许多点高程(面水准测量)时，用式(2-4)计算更为方便。由水准测量的原理可知，用水准仪测量地面两点间的高差时，水准仪的视线必须水平。如果视线不水平，上述公式不成立，测算就发生错误。因此，在水准测量中必须牢记视线水平这个最重要、最基本的要求。

2.2 水准测量的仪器和工具

水准测量所使用的仪器为水准仪，工具为水准尺和尺垫。

2.2.1 水准仪

按构造分类：水准仪按构造可分为微倾水准仪、自动安平水准仪、电子水准仪。

按精度分类：高精度仪器 $DS_{0.5}$，DS_1，主要用于精度要求较高的精密水准测量。中等精度仪器 DS_3，主要用于三、四等水准测量。一般精度仪器 DS_{10}，DS_{20}，主要用于图根水准测量。DS 分别为大地测量仪器和水准仪的汉语拼音第一个字母，0.5，1，3 等下标表示每千米水准路线长度往返测高差平均值中误差为 0.5mm，1mm，3mm 等。本节主要介绍 DS_3 级微倾式水准仪。

2.2.1.1 水准仪构造

根据水准测量原理，水准仪的作用是提供一条水平视线，并能瞄准水准尺进行读数。因此，水准仪主要由望远镜、水准器、托板及基座四部分组成。如图 2-2 所示，我国生产的 DS_3 级微倾式水准仪。

(1)望远镜

望远镜是用于瞄准目标和读数，它主要是由物镜、调焦透镜、十字丝和目镜等几个部分组成，如图 2-3（a）所示，此外还有制动螺旋、微动螺旋和微倾螺旋。

①物镜 由冕牌玻璃及火石玻璃组成，目的是消除色散像差，改善成像质量。物镜的主要作用是收集众多的光线，成一小而光强的物像，便于目镜放大，有足够的光亮度，以利观测。物镜的大小是望远镜分辨率大小的主要指标之一。因为物镜大，收集物体的光线便多，可以放得较大而又有足够的明亮度。另外，物像的清晰度，对分辨率有较大的影响，清晰度由物镜、目镜等琢磨的精度和光学质量所决定。DS_3 级水准仪望远镜的放大率一般为 30~35 倍。望远镜物镜光心与十字丝交点的连线，称为视准轴。

②调焦透镜 如果物镜与十字丝的距离不变动，则远近不同的物体，将成像在十字丝的前后，移动调焦透镜，可使物像精确地落在十字丝平面上。这种望远镜称为内调焦望远镜，我国生产的水准仪和经纬仪上的望远镜都是内调焦。如果不用调焦透镜，而使物镜对十字丝作相对运动，也可使远近不同的物像，精确落在十字丝平面上，这种望远镜称为外调焦望远镜，罗盘仪上的望远镜就属于外调焦望远镜。内调焦望远镜的优点是：密封性

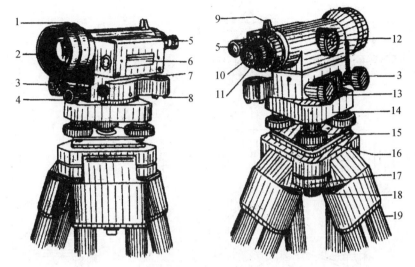

图2-2 水准仪的构造

1. 准星 2. 物镜 3. 微动螺旋 4. 制动螺旋 5. 符合水准器观测镜 6. 水准管 7. 圆水
准器 8. 校正螺丝 9. 照门 10. 目镜 11. 目镜调焦螺旋 12. 物镜调焦螺旋 13. 微倾
螺旋 14. 基座 15. 脚螺旋 16. 连接板 17. 架头 18. 连接螺旋 19. 三脚架

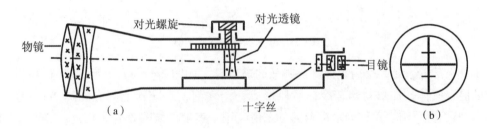

图2-3 望远镜的构造

好，灰尘和潮气不容易进入望远镜内，望远镜可以做得短些，仪器比较轻便等。

③十字丝 是刻划在玻璃板上，竖直的一条称为竖丝，横的一条称为中丝，是为瞄准目标和读数用的。中丝上下还有对称的二条短横丝，是测定距离用的，称为视距丝，如图2-3（b）所示。十字丝分划板一般用四个止头螺丝安装在镜筒上。

④目镜 主要起放大作用，将十字丝和物体在十字丝平面上的物像同时放大，以便观测。为了使十字丝的虚像在明视距离上，目镜对十字丝可作相对运动。旋转目镜，可使十字丝看得十分清晰。倒像望远镜的目镜由两个平凸透镜组成，正像望远镜的目镜由四个平凸透镜组成，因为增加了两个透镜，使镜筒变长，光线损失较多。

（2）水准器

水准仪上的水准器，是用来指示视线是否水平或竖轴是否竖直的装置。水准器分圆水准器和管水准器（又称为长水准管）两种。圆水准器一般装在基座部分上，作为概略整平用，管水准器和望远镜连在一起，供精确调平视线用。

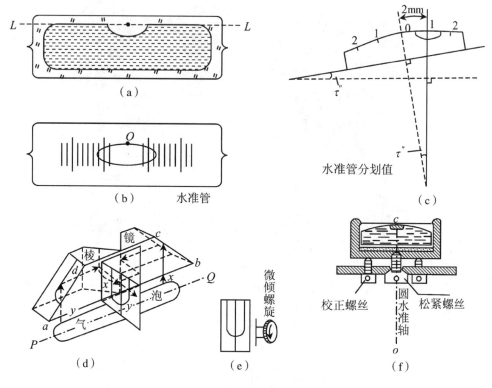

图 2-4 管水准器和圆水准器

①管水准器　是一个内表面磨成圆弧的玻璃管，如图 2-4（a）所示，管内贮满乙醚和乙醇的混合液体，加热封闭，冷却后便形成一个气泡，水准管上刻有间隔 2mm 的刻划，每 2mm 弧长所对圆心角称为水准器的分划值，用 τ 表示，如图 2-4（b）、（c）所示。水准管的分划值越小，灵敏度越高。我国生产的 DS$_3$ 级水准仪管水准器的分划管值为 20″/2mm，DS$_{10}$ 级水准仪管水准器的分划值为 45″/2mm。水准管圆弧内壁中点的切线称为水准管轴 LL。当气泡居中时，水准管轴就处于水平位置。由于水准管轴和视准轴平行，此时仪器的视线即为水平视线。

为了便于观察气泡是否居中和提高目估水准管气泡居中的精度，在水准管的上方安装一组符合棱镜和窥望镜，如图 2-4（d）所示，水准管气泡的影像，通过棱镜组 90° 的转向作用，把气泡两端点的影像反映到符合水准器的窥望镜视场内。在窥望镜内看到气泡两个一半的影像，当它们构成半圆时，气泡就完全居中了，如图 2-4（e）所示。

②圆水准器　是一个内表面磨成球面的玻璃盒，如图 2-4（f）所示，通过球面中点的法线称为圆水准轴。当气泡居中时，圆水准轴处于铅垂位置。如果圆水准轴与仪器竖轴平行，则气泡居中时，竖轴也处于铅垂位置。圆水准器的分划值为 5′/2～10′/2mm，由于精度低，故只用于仪器的概略整平。

（3）托板和基座

托板是连接望远镜和竖轴的主要部件，它是由托板和固定弹簧片将望远镜和竖轴固联在一起，它向上支撑着望远镜和水准器，下与竖轴相连接，竖轴插于基座内。托板上有圆水准器、水平制动螺旋、微动螺旋及精平用的微倾螺旋。基座是由轴座、脚螺旋和三角形底板所组成，它的作用是支撑仪器的上部并与三脚架相连接。

2.2.1.2　水准仪在构造上应满足的几何条件

根据水准测量原理，水准仪必须提供一条水平视线，才能正确地测出地面两点间的高差。为此，水准仪必须满足下列的几何条件(图 2-5)：

①圆水准轴 $L'L'$ 应平行于仪器的竖轴 VV 其目的是当圆水准器气泡居中时，圆水准轴 $L'L'$ 处于铅垂位置，仪器的竖轴也处于铅垂位置。

②十字丝的横丝应垂直于仪器的竖轴 VV 其目的是当竖轴处于铅垂位置时，横丝处于水平位置，这样就可用水平的中横丝去代替十字丝交点照准、读数，从而使水准仪照准、读数更加方便。

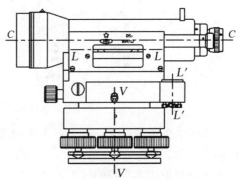

③水准管轴 LL 应平行于视准轴 CC 其目的是当水准管气泡居中时，水准管轴就是一条水平线，视准轴也是一条水平线。

图 2-5　水准仪的几何轴线

水准仪应满足的各条件，在出厂时已经过严格的检验而得到满足，但经过长途运输或长期使用等原因，各轴线间的几何关系会发生变化，若不及时检验校正，将会影响测量成果的质量。因此，在水准测量之前，即使是一台新仪器，都应通过检验校正使其满足上述的几何条件。

2.2.2　水准尺和尺垫

水准尺是水准测量所使用的标尺，其规格必须符合精度要求，水准尺有塔尺和双面尺两种，如图 2-6 所示，为几种不同注记形式的水准尺。水准尺的零点一般都是尺的底部，自零点起每隔 1cm 或 5mm 刻一刻划，为了能从远处清晰地看出刻划，尺的刻划是黑白相间，每一分米刻划处都注有数字。有的尺面字顶注记表示整分米位置，也有的是字脚注记表示整分米位置，使用时应注意分清。注记有正字和倒字两种。超过 1m 的注记加红点表示，一个点表示 1m，如∴、∷分别表示 3m、4m，目前常用的水准尺有分米直接注记，如 12、22、56 分别表示为 1.2m、2.2m、5.6m 等。

塔尺一般用于等外水准测量，其长度为 2~5m，它由 3~5 截套在一起，使用时必须注意接口位置是否正确。标准水准尺主要用于三、四等水准测量，其长度为 3m，双面刻划，黑面由零点起黑白相间刻划，红面由 4.687m 或 4.787m 起红白相间刻划，常称为 4687 和 4787 一对标准水准尺。需要红黑双面读数的水准测量必须使用成对的标准水准尺，即一根是 4687 水准尺，另一根是 4787 水准尺。

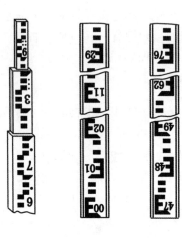

图 2-6　水准尺　　　　　　　图 2-7　尺垫

尺垫由生铁铸成，一般为三角形和圆形的底座，其下方有三只脚，中央有一突起的半球体，如图2-7所示。尺垫的作用是防止水准尺下沉或移动。为保证水准测量的精度，应在水准测量中传递高程的转点上放置尺垫(松软土质地面上放置尺垫要求踏实)，并在尺垫的半球体上竖立水准尺，这样可使水准尺在尺垫上朝不同方向转动的过程中保持高度不变。

2.3　水准仪的使用

水准仪的使用包括粗平、瞄准、精平和读数 4 个步骤。

2.3.1　粗平

在安置仪器的地方，打开三脚架，三脚架之间距离适中，架头高度应与观测者身高相适，目估架头大致水平，松软土质地面安置脚架要求将其踩入地面，然后从箱中取出仪器，一手握住基座，一手拧紧中心固定螺旋，将水准仪固定在三脚架上。转动脚螺旋使圆水准气泡居中。如图2-8所示，气泡偏离中央，首先按箭头所指方向(顺

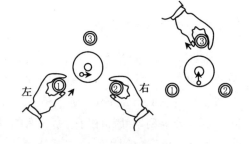

图 2-8　圆水准器整平

时针转动脚螺旋，该脚螺旋基座端位置升高；反之亦然)两手同时反方向转动脚螺旋①和②使气泡移到前后或左右的连线上，再转动脚螺旋③使气泡居中。此时仪器竖轴就大致处于铅垂位置。在整平过程中，气泡移动的方向与左手大拇指转动的方向一致。

2.3.2　瞄准

①目镜调焦　将望远镜对向明亮的背景，根据观测者的视力，转动目镜调焦螺旋，使十字丝清晰。

②粗瞄　松开制动螺旋，转动望远镜，利用望远镜上的瞄准设备，瞄准标尺，然后拧紧制动螺旋。

③精瞄　转动物镜调焦螺旋，使水准尺读数成像清晰，再转动微动螺旋使水准尺影像位于视场中央。

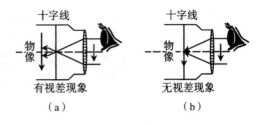

图 2-9　视差现象

④消除视差　瞄准目标时，应使物像精确落在十字丝平面上，否则当眼睛靠近目镜上下微微移动时，十字丝交点所对物像（尺上读数）会相对移动，这种现象称为视差。如图 2-9（a）所示，视差将影响目标的照准和读数的正确性，必须加以消除。

消除的方法是仔细转动物镜调焦螺旋，改变物像平面的前后位置，使其与十字丝平面重合，此时十字丝交点所对的尺上读数就不再变化，如图 2-9（b）所示，即消除视差。

2.3.3　精平

微倾式水准仪需精平后才能读数。转动微倾螺旋使气泡两端的影像符合，称为精平。如图 2-10（a）所示，方法是眼睛通过目镜左边的符合气泡观察窗查看水准管气泡，右手慢慢转动微倾螺旋，使气泡两端的影像严格符合。微倾螺旋转动的方向，同左侧气泡所应移动的方向一致，如图 2-10 中（b）、（c）箭头所指的方向。自动安平水准仪则不需精平，粗平照准后即可直接读数。

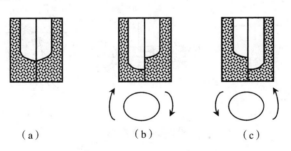

图 2-10　水准管气泡精平

2.3.4　读数

当符合水准器精平后应立即读数。读数就是读取十字丝中横丝在水准尺上所指示的数值。使用正像望远镜观测时，望远镜视场中看到的水准尺影像是正像，应由下往上读取，其读数从小到大（倒像望远镜观测，则刚好相反）。读数时，先估读出毫米数，再读其他三位数。图 2-11 为正像望远镜里观测到的红黑双面水准尺读数影像，其黑面读数为

黑面读数 1.314m

（a）

红面读数 6.100m

（b）

图 2-11　水准尺读数

1.314m，红面读数为6.100m。读数后还要检查气泡是否完全符合，如有偏差，读数作废，应重新精平，再次读数。

必须注意，当仪器转到另一方向进行观测时，仍需再次转动微倾螺旋，使管水准气泡严格符合精平后，才能读数。也就是说每次读数之前都要精平，这是微倾式水准仪的使用特点。

2.4 水准测量的实施方法

2.4.1 水准点

为了统一全国高程测量和满足地形测图、施工放样以及科学研究等方面的需要，有关部门在全国范围内埋设了许多固定的各等级的高程标志点，标志点的高程是通过水准测量获得的，则这些点称为水准点，简记为 *BM*。国家水准点的高程由专业测量单位施测。至于工矿地区、建筑工地、水利工程工地、林业工程及桥梁工程等所需埋设的水准点，其位置应选择在土质坚硬、便于长期保存和使用方便的地方。

水准点分为永久性水准点[图 2-12(a)、(b)]和临时性水准点[图 2-12(c)、(d)]两种。临时水准点一般不埋石，而是利用建筑物的下部基石、桥墩或在坚硬的大石头上刻一"十"字，并画一个圆圈表示点位，用油漆写明点号，以便寻找。水准点设置好后，应绘制草图，并附以必要的说明。

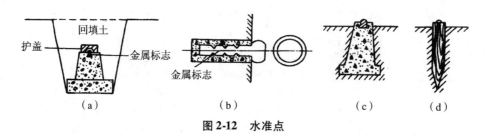

图 2-12　水准点

2.4.2 水准路线的布设形式

水准测量经过的路径称为水准路线。水准路线应尽量沿铁路、公路以及其他坡度较小的道路敷设，使其通视良好，土质坚硬，避免跨越湖泊、沼泽、山谷、河流及其他障碍物。水准路线的布设形式有如下几种。

2.4.2.1 闭合水准路线

当测区内只有一个已知水准点，而水准路线又较长时，可布设成闭合水准路线，如图 2-13(a)所示。

2.4.2.2 附合水准路线

当测区内或附近有两个或两个以上已知高级水准点时，可布设成附合水准路线，如图 2-13(b)所示。

2.4.2.3　支水准路线

当测区狭长或短距离的图根水准测量，在测区内只有一个已知水准点，无条件闭合或附合时，用往返观测的方法，测定未知点的高程，称为支水准路线，如图2-13(c)所示。

2.4.2.4　结点水准网

当测区较大，用单一水准路线无法满足精度及所需水准点的密度要求时，可布设成结点水准网的形式，如图2-13(d)所示，高等级的已知高程水准点 BM 与结点 B，C，D，E 构成环状的结点水准网。

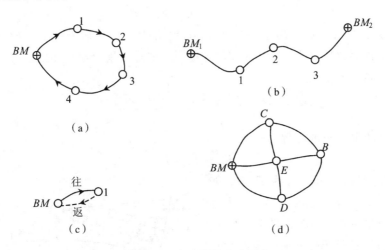

图 2-13　水准路线的布设形式

2.4.3　水准测量的方法

2.4.3.1　单站水准测量

如图 2-14 所示，测定 A，B 两点间的高差 h 或求 B 点的高程时，可将水准仪安置在与 A，B 两点相通视的等距处。仪器粗平后，先瞄准后视目标 A，精平仪器，读出 A 点的尺上读 a_1；再瞄准前视目标 B，精平仪器，读出 B 点的尺上读数 b_1。则第一次测量的高差 h_1 为 $h_1 = a_1 - b_1$，为了校核测量成果是否满足要求，再将水准仪升高或降低

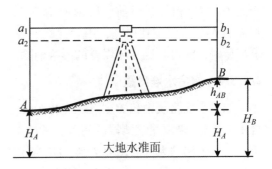

图 2-14　一个测站上的水准测量

10cm 左右，用上述同样的方法重新测量一次，得出 a_2 及 b_2，则第二次测量的高差 h_2 为 $h_2 = a_2 - b_2$，h_1 与 h_2 较差应不超过各等级水准相应的限差(三等：3.0mm，四等：5.0mm，等外：6.0mm)，不合格应重测，在 h_1，h_2 满足要求的条件下，取 h_1 与 h_2 的平均值作为本站的观测高差 h_{AB}：

$$h_{AB} = \frac{1}{2}(h_1 + h_2) \tag{2-5}$$

采用红、黑双面读数观测法时，在 A，B 两点上竖立双面水准尺，在与 A，B 两点相通视的等距处安置水准仪，瞄准后视尺 A，精平后读出黑面读数 $a_黑$ 及红面读数 $a_红$，然后瞄准前视尺 B，精平后读出黑面读数 $b_黑$ 及红面尺读数 $b_红$，红、黑面读数之差减去水准尺红、黑面基辅分划差(4.687 或 4.787)应不超过各等级水准相应的限差(三等：2.0mm；四等：3.0mm；等外：4.0mm)。A、B 两点间的黑、红面高差为：

$$\left.\begin{array}{l} h_黑 = a_黑 - b_黑 \\ h_红 = a_红 - b_红 \end{array}\right\} \tag{2-6}$$

A，B 两点间的黑、红面高差的差值与其理论值(0.1m)之较差($h_黑 - h_红 \pm 0.1$m)的数值同样要满足各等级水准两次观测高差较差的限差要求，不合格应重测。红、黑双面读数观测法测得的高差为：

$$h_{AB} = \frac{h_黑 + (h_红 \pm 0.1\text{m})}{2} \tag{2-7}$$

单站水准测量测得 B 点的高程为：

$$h_B = h_A + h_{AB} \tag{2-8}$$

单站水准测量采用前、后视距相等能消除水准管轴不平行视准轴的误差、大气折光差及地球曲率差。如图 2-15 所示，仪器的水准管轴不平行于视准轴产生的读数差(Δx)、大气折光产生的折光差(r)及地球曲率产生的曲率差(f)都与水准仪距水准尺的距离 D 呈正比，因此，若前、后视距离 D_1，D_2 相等，对前、后视所都产生相等的 Δx，f，r 三项误差，用后视减前视求高差时，就可将这三项误差的影响消除。

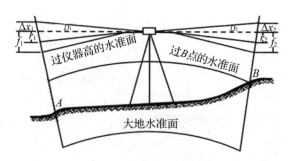

图 2-15 消除三差示意图

2.4.3.2 复合水准测量

如果水准路线中相邻测点之间相距较远或高差较大，可采用连续的单站水准测量(复合水准测量)来测量该测段的高差，各站高差的总和为测段两测点之间的高差。如图 2-16 所示，一个测站无法测出 BM_1 至 BM_2 测段的高差，则必须经过多个测站的观测才能测出 BM_1，BM_2 两点间的高差。其具体方法：在 BM_1 点和置于 TP_1($TP_1 \sim TP_n$ 为沿水准路线方向根据单站水准测量能测出最大高差及各等级水准测量的最大视线长度因素，临时选定传递高程的转点)的尺垫上分别竖立水准尺，水准仪安置于与 BM_1 和 TP_1 相通视的等距处，瞄准后视点 BM_1 的水准尺，精平后读数 a_1 为 2.357，记入表 2-1 的后视栏内，再瞄准前视 TP_1 的水准尺，精平后读数 b_1 为 2.143，记入表 2-1 的前视栏内，则第一次测量的高差为 2.357 - 2.143 = +0.214m，为了进行测站校核，再将仪器升高或降低后再测量一次，若两次测量高差较差小于规定限差，取其中数作为本站观测高差，并记入表 2-1 高差中数栏内，如此依次测量至 BM_2，完成 BM_1 至 BM_2 测段的观测。

图 2-16 的 BM_2 至 BM_3 测段用红黑双面尺观测的具体方法：在 BM_2 点及置于 $TP4$ 的尺垫上分别竖立水准尺，水准仪安置于与 BM_2，$TP4$ 相通视的等距处，瞄准后视点 BM_2 的水准尺，精平后分别读取黑、红面读数：$a_黑$ 为 1.502，$a_红$ 为 6.287，记入表 2-1 的相应栏内，再瞄准前视 TP_4 的水准尺，精平后读数 $b_黑$ 为 1.286，$b_红$ 为 5.974，记入表 2-1 的相应栏内。

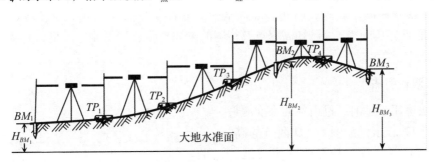

图 2-16　复合水准测量

表 2-1　水准路线测量记录手表

日期：××××年××月××日　　　仪器型号：DS₃　　　地点：主楼周围　　　天气：晴
观测者：×××　　　　　　　　记录者：×××　　　　　　　　　　　校核者：×××

测站	后视	前视	水准尺赜数（m）		高差（m）	高差中数（m）	备注
			后视	前视			
1	BM_1	TP_1	2.357	2.143	+0.214	+0.213	
			2.226	2.014	+0.212		
2	TP_1	TP_2	2.671	1.952	+0.719	+0.720	两次仪高
			2.526	1.806	+0.720		观测法
3	TP_2	TP_3	2.603	1.178	+1.425	+1.424	
			2.489	1.067	+1.422		
4	TP_3	BM_2	2.521	1.436	+1.085	+1.085	
			2.415	1.330	+1.085		
5	BM_2	TP_4	1.502	1.286	+0.216	+0.214	红黑双面
			6.287	5.974	+0.313		尺观测法
6	TP_4	BM_3	1.366	2.143	−0.777	−0.778	
			6.053	6.931	−0.878		

①后视红、黑面读数之差 6.287 − 1.502 − 4.787 = −0.002，前视红、黑面读数之差 5.974 − 1.286 − 4.687 = +0.001，前后视 红、黑面读数之差都要满足相应的限差要求。

②黑面高差 $h_黑$ = 1.502 − 1.286 = +0.216，红面高差 $h_红$ = 6.287 − 5.974 = +0.313，黑、红面高差之差（Δh = +0.216 − 0.313 + 0.1 = +0.003）也应满足相应限差要求。

上述①②两项均满足要求的条件下，该站的观测高差为 h = （ +0.216 + 0.313 − 0.1）/2 = +0.214。如此依次测量至 BM_3，完成 BM_2 至 BM_3 测段的观测。

测段高差为该测段各测站高差中数的代数和。BM_1 至 BM_2 测段的高差为 h_{12}，BM_2 至

BM_3 测段的观测高差为 h_{23} ，则 BM_2 ，BM_3 的观测高程为：

$$H_{BM_2} = H_{BM_1} + h_{12} \tag{2-9}$$

$$H_{BM_3} = H_{BM_2} + h_{23} = H_{BM_1} + h_{12} + h_{23} \tag{2-10}$$

图 2-16 中传递高程的转点 $TP_1 \sim TP_4$ 既有上一站的后视读数又有下一站的前视读数，转点的高低位置在作为前、后视的测量过程中应保持一致，否则就起不到传递高程的作用。为了在测量中固定转点，防止转点高低位置在测量中发生变化，应在转点上放置尺垫，将水准尺立于尺垫上。已知高程点及待测的未知高程点均不能放尺垫，直接将水准尺立于标志点上。

2.4.3.3 双转点法

此方法适用于过河、过山谷的水准测量。

如图 2-17 所示，欲测 C、D 两点的高差，在前、后视的等距处无法安置仪器，此时先在 C 点附近安置仪器，用变动仪器高法测得 a_{C1}、b_{C1}、a_{C2}、b_{C2} 或红、黑双面尺观测法测得 $a_{C黑}$、$a_{C红}$、$b_{C黑}$、$b_{C红}$，则在 C 点附近测得 C、D 两点的高差为 h_1：

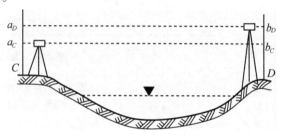

图 2-17 双转点水准测量

$$h_1 = \frac{1}{2}(a_{C1} - b_{C1} + a_{C2} - b_{C2})$$

或 $$\frac{1}{2}(a_{C黑} - b_{C黑} + a_{C红} - b_{C红} \pm 0.1) \tag{2-11}$$

将仪器搬至 D 点附近，用同样的方法测得 C、D 两点的高差 h_2：

$$h_2 = \frac{1}{2}(a_{D1} - b_{D1} + a_{D2} - b_{D2}) \text{ 或 } \frac{1}{2}(a_{D黑} - b_{D黑} + a_{D红} - b_{D红} \pm 0.1) \tag{2-12}$$

则 C、D 两点的高差为：

$$h_{CD} = \frac{1}{2}(h_1 + h_2) \tag{2-13}$$

由于两站的前视距离之和与后视距离之和相等，实质上还是保持了前、后视距相等的原理，其测量结果同样消除了三项误差的影响。水准测量因受地形条件的限制，不能严格采用前、后视距相等时，应在后一测站给予补偿，如某测站后视距离长了 10m，则在下一测站上使前视距离也长 10m。

2.5 水准测量的精度要求及高程计算

2.5.1 水准测量的精度要求

在水准测量中，由于种种原因测得的高差总是含有误差，在研究误差产生的规律和总结实践经验的基础上，经过科学分析，可以找出误差的规律，从而规定出误差的容许限度，即容许误差，用 $f_{h容}$ 表示，容许误差也称为精度要求，当测量成果的误差不超过容许误差时，认为观测精度合格，超过容许误差的应查明原因进行重测。常用水准测量的精度要求如下：

$$\left.\begin{array}{l}三等水准量精度 —— 平原、丘陵：f_{h容} = 12mm \sqrt{[L]}，山:15mm \sqrt{[L]} \\[6pt] 四等水准量精度 —— 平原、丘陵：f_{h容} = 20mm \sqrt{[L]}，山:25mm \sqrt{[L]} \\[6pt] 等外水准量精度 —— 平原、丘陵：f_{h容} = 30mm \sqrt{[L]}，山:35mm \sqrt{[L]}\end{array}\right\} \quad (2\text{-}14)$$

$$根水准量精度：f_{h容} = 40mm \sqrt{[L]} \ 或 \ 12mm \sqrt{[n]}$$

在式(2-14)中，$[L]$ 为水准路线各测段路线长度之和，以千米为单位；$[n]$ 为水准路线各测段测站数之和。山区指路线中高程大于 1 000m 或最大高差超过 400m 的地区。对于图根水准测量，山地每千米水准路线长度多于 16 站时，用测站数 $[n]$ 计算 $f_{h容}$。

2.5.2　水准测量的成果校核

在水准路线测量中，虽然每一站都进行了测站校核，把每个测站所产生的误差已限制在容许误差范围内，但就整条路线来说，有时由于误差的累积，或在转点上标尺未立在同一高度位置而产生转点高程错误，这种转点错误在测站校核中无法察觉，而在整条路线中却含有粗差。为了使测量成果不含有错误，必须进行成果校核。水准路线测得的高差与其理论值(已知值)之差称为高差闭合差 f_h，水准测量成果校核就是高差闭合差 f_h 与其相应的容许值 $f_{h容许}$ 进行比较，其结果满足 $|f_h| \leqslant f_{h容许}$，则该水准路线高差观测成果合格。否则，成果不合格，应返工重测。水准路线的形式不同，计算水准路线的高差闭合差 f_h 的方法也不同。

2.5.2.1　闭合水准路线

如图 2-13(a)所示，从水准点 BM 开始，经过 1，2，3，4 点后，又闭合到 BM 点。其所测的高差代数和的理论值应等于零，但因测量误差的存在而产生的水准路线高差闭合差 f_h 为：

$$f_h = \sum h_{测} - h_{理} = \sum h_{测} \qquad (2\text{-}15)$$

2.5.2.2　附合水准路线

附合水准路线测量的高差理论值为终点高程 $H_{终点}$ 减去起点高程 $H_{起点}$，则其高差闭合差 f_h 为：

$$f_h = \sum h_{测} - (H_{终点} - H_{起点}) \qquad (2\text{-}16)$$

2.5.2.3　支水准路线

对支水准路线进行往返测获得的高差，在理论上大小相等，符号相反，即往返测高差的代数和为零。因此，它的高差闭合差 f_h 为：

$$f_h = \sum h_{往测} + \sum h_{返测} \qquad (2\text{-}17)$$

2.5.3 路线水准测量的高程计算

2.5.3.1 高差闭合差的计算

高差闭合差等于测量值减去高差的理论值。即：

$$f_h = \sum h_{测} - h_{理} \tag{2-18}$$

当 $|f_h| \leqslant f_{h容许}$ 时，测量合格，否则应重测。$f_{h容许}$ 按式(2-11)进行计算。

2.5.3.2 高差闭合差的平差

当按式(2-18)计算的闭合差满足精度要求后，可按下述方法之一进行高差闭合差的平差计算。

①将高差闭合差 f_h 反号，按与测站数成正比计算第 i 测段观测高差的改正数 v_{h_i}。

$$v_{h_i} = -\frac{f_h}{[n]} \times n_i \tag{2-19}$$

式中　$[n]$——与式(2-14)含义相同；

　　　n_i——第 i 测段的测站数。

②将高差闭合差 f_h 反号，按与水准路线长度成正比计算 i 测段观测高差的改正数 v_{h_i}。

$$v_{h_i} = -\frac{f_h}{[L]} \times L_i \tag{2-20}$$

式中　$[L]$——与(2-14)含义相同；

　　　L_i——第 i 测段的水准路线长度。

由于 v_{h_i} 值很小，式中 $[L]$ 及 L_i 以百米或千米为单位计算。计算出的改正数以毫米为单位，因此需进行适当的取舍，使改正数之和与闭合差的绝对值相等，而符号相反。即：

$$\sum v_h = -f_h \tag{2-21}$$

2.5.3.3 改正后的高差计算公式

$$h_{i改} = h_{i测} + v_{h_i} \tag{2-22}$$

2.5.3.4 高程计算

可按下式计算各水准点的高程：

$$\left.\begin{array}{l} H_{BM_1}(已知) \\ H_1 = H_{BM_1} + h_{1改} \\ H_2 = H_1 + h_{2改} \\ \cdots\cdots \\ H_n = H_{(n-1)} + h_{(n-1)} \end{array}\right\} \tag{2-23}$$

当 $H_n = H_{BM_2}$(附合水准)或 $H_n = H_{BM_1}$(闭合水准)时，说明计算无误。

2.5.4　路线水准测量的高程计算实例

2.5.4.1　附合水准路线的计算实例（表 2-2）

（1）高差闭合差的计算

$$\sum h_{测} = +0.909 + (-0.360) + 0.118 + (-0.455) = +0.212\text{m}$$

$$h_{理} = H_{终点} - H_{起点} = 44.509 - 44.313 = +0.196\text{m}$$

$$f_h = \sum h_{测} - h_{理} = 0.212 - 0.196 = +0.016 = +16\text{mm}$$

（2）容许误差的计算

山地图根水准测量路线闭合差容许值为：

$$f_{h容许} = 12\text{mm} \times \sqrt{[n]} = 12\text{mm} \times \sqrt{16} = 48\text{mm}$$

$|f_h| \le f_{h容许}$，说明测量满足精度要求。

表 2-2　附合水准路线的高程计算表

水准路线名称：BM_1 至 BM_2 标段　　　　　　　　　　　　　计算者：×××
日期：××××年××月××日　　　　　　　　　　　　　　　检查者：×××

点号	测站数 n	高差（m）			高程（m）	备　注
		观测值	改正数	改正后值		
BM_1	6	+0.909	-0.006	+0.903	44.313	
1	4	-0.360	-0.004	-0.364	45.216	
2	4	+0.118	-0.004	+0.114	44.852	山地图根水准测量路线闭合差容许
3	2	-0.455	-0.002	-0.457	44.966	值：$f_{h容许} = 12\text{mm} \times \sqrt{[n]} = 48\text{mm}$
BM_2					44.509	
$\sum$	$[n] = 16$	+0.212	-0.016	+0.196		

（3）高差改正数的计算

$$v_{h_1} = -\frac{f_h}{[n]} \times n_1 = -\frac{+16}{16} \times 6 = -6\text{mm}$$

$$v_{h_2} = -\frac{f_h}{[n]} \times n_2 = -\frac{+16}{16} \times 4 = -4\text{mm}$$

$$v_{h_3} = -\frac{f_h}{[n]} \times n_3 = -\frac{+16}{16} \times 4 = -4\text{mm}$$

$$v_{h_4} = -\frac{f_h}{[n]} \times n_4 = -\frac{+16}{16} \times 2 = -2\text{mm}$$

改正数的校核计算：

$$\sum v_h = -f_h = (-6) + (-4) + (-4) + (-2) = -16\text{mm}$$

（4）改正后的高差及高程计算

$$h_{1改} = h_1 + v_{h_1} = +0.909 + (-0.006) = +0.903\text{m}$$

$$h_{2改} = h_2 + v_{h_2} = -0.360 + (-0.004) = -0.364\text{m}$$

$$h_{3改} = h_3 + v_{h_3} = +0.118 + (-0.004) = +0.114\text{m}$$

$$h_{4改} = h_4 + v_{h_4} = -0.455 + (-0.002) = -0.457\text{m}$$

改正后的高差校核：

$$\sum h_{改} = h_{1改} + h_{2改} + h_{3改} + h_{4改}$$

$$= +0.903 + (-0.364) + 0.114 + (-0.457) = +0.196\text{m}$$

得 $\sum h_{改} = h_{理}$，说明计算无误。

高程计算：

$$H_1 = H_{BM1} + h_{1改} = 44.313 + 0.903 = 45.216\text{m}$$

$$H_2 = H_1 + h_{2改} = 45.216 + (-0.364) = 44.852\text{m}$$

$$H_3 = H_2 + h_{3改} = 44.852 + 0.114 = 44.966\text{m}$$

校核：

$$H_{BM2} = H_3 + h_{4改} = 44.966 + (-0.457) = 44.509\text{m}$$

2.5.4.2　闭合水准路线的计算实例（表2-3）

表2-3　闭合水准路线的高程计算表

水准路线名称：东家坝测区　　　　　　　　　　　　　　　　　　　　　计算者：×××
日期：××××年××月××日　　　　　　　　　　　　　　　　　　　　检查者：×××

点号	距离（km）	高差（m）			高程（m）	备　注
		观测值	改正数	改正后值		
BM_1	0.72	+8.234	+0.009	+8.243	84.744	
1	0.52	-3.491	+0.006	-3.485	92.987	等外水准测量路线闭合差容许值：
2	0.82	-7.742	+0.010	-7.732	89.502	$f_{h容} = 30\text{mm}\sqrt{[L]}$
3	0.64	+2.966	+0.008	+2.974	81.770	$= 30\text{mm}\sqrt{2.7} = 49\text{mm}$
BM_1					84.744	
Σ	2.70	-0.033	+0.033	0.000		

（1）高差闭合差的计算

$$f_h = \sum h_{测} = h_1 + h_2 + h_3 + h_4$$

$$= +8.234 + (-3.491) + (-7.742) + 2.966$$

$$= -0.033\text{m} = -33\text{mm}$$

（2）容许误差的计算

等外水准测量路线闭合差容许值为：

$$f_{h容许} = 30\text{mm} \times \sqrt{[L]} = 30\text{mm} \times \sqrt{2.7} = 49\text{mm}$$

得 $|f_h| \leqslant f_{容许}$，说明测量满足精度要求。

（3）高差改正数的计算

$$v_{h_1} = -\frac{f_h}{[L]} \times L_1 = -\frac{-33}{2.7} \times 0.72 = +9\text{mm}$$

$$v_{h_2} = -\frac{f_h}{[L]} \times L_2 = -\frac{-33}{2.7} \times 0.52 = +6\text{mm}$$

$$v_{h_3} = -\frac{f_h}{[L]} \times L_3 = -\frac{-33}{2.7} \times 0.82 = +10\text{mm}$$

$$v_{h_4} = -\frac{f_h}{[L]} \times L_4 = -\frac{-33}{2.7} \times 0.64 = +8\text{mm}$$

改正数的校核计算：

得 $\sum v_h = -f_h = +9+6+10+8 = +33\text{mm}$，说明计算无误。

（4）改正后的高差及高程计算

$$h_{1改} = h_1 + v_{h_1} = +8.234 + 0.009 = +8.243\text{m}$$
$$h_{2改} = h_2 + v_{h_2} = -3.491 + 0.006 = -3.485\text{m}$$
$$h_{3改} = h_3 + v_{h_3} = -7.742 + 0.010 = -7.732\text{m}$$
$$h_{4改} = h_4 + v_{h_4} = +2.966 + 0.008 = +2.974\text{m}$$

改正后的高差校核：

$$\sum h_{改} = h_{1改} + h_{2改} + h_{3改} + h_{4改}$$
$$= +8.243 + (-3.485) + (-7.723) + 2.974 = 0.000\text{m}$$

得 $\sum h_{改} = h_{理}$，说明计算无误。

高程计算为：

$$H_1 = H_{BM1} + h_{1改} = 84.744 + 8.243 = 92.987\text{m}$$
$$H_2 = H_1 + h_{2改} = 92.987 + (-3.485) = 89.502\text{m}$$
$$H_3 = H_2 + h_{3改} = 89.502 + (-7.732) = 81.770\text{m}$$

校核：

$$H_{BM1} = H_3 + h_{4改} = 81.770 + 2.974 = 84.744\text{m}$$

2.6　自动安平水准仪的使用

自动安平水准仪是利用安装在望远镜内的自动补偿器，自动获得水平视线的一种仪器。使用时只需圆水准器气泡居中，在望远镜中就能读出视线水平时的尺上读数，它不仅在一个方向上提供了水平视线，而且自动地提供了一个水平面，在任何一个方向上都能读出视线水平时的读数。这种水准仪粗平后，照准标尺无需精平即可直接读数，操作使用更加方便快捷，提高了观测效率。

2.6.1　自动安平水准仪的原理和构造

自动安平水准仪测量原理如图 2-18 所示，当水准仪的视线水平时，水准尺与视线等高的点，其成像和十字丝交点 F 重合。当望远镜发生微量倾斜时，十字丝交点从 F 移到 F_1，由于望远镜内有自动补偿器对望远镜作相对移动，使水准尺上视线水平时等高点的成像，发生相应位移，也移到 F_1，从而获得视线水平时的读数。

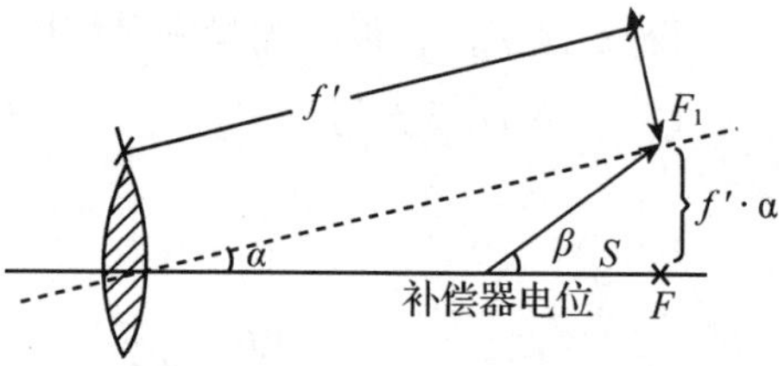

设物镜和调焦镜的组合焦距为 f'，倾斜的视准轴与水平视线的夹角为 α，补偿器到十字丝交点的距离为 S，经补偿后光线的偏角为 β，如在任何情况都满足：

图 2-18　自动安平水准仪测量原理

$$f' \times \alpha = S \times \beta \qquad 即 \frac{\beta}{\alpha} = \frac{f'}{S} \qquad\qquad (2\text{-}24)$$

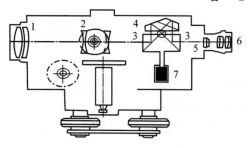

图 2-19　DZS$_{3-1}$ 自动安平水准仪

1. 双分离物镜　2. 调焦镜　3. 直角棱镜　4. 屋脊棱镜
5. 十字丝分划板　6. 对称式目镜　7. 空气阻尼器

则水准尺上视线水平时的读数，就始终落在十字丝中横丝上。因 f' 与 S 为定值，则 β/α 亦为定值，令 $\beta/\alpha = K$，则补偿器必须在任何情况下都满足 $\beta = K \times \alpha$。这就是自动安平水准仪的基本原理。K 称为补偿器的放大倍数，不同形式的补偿器，其放大倍数 K 值也有所不同。

北京光学仪器厂生产的 DZS$_{3-1}$ 和天津第二光学仪器厂生产的 FA－32 自动安平水准仪就属于上述原理制造的水准仪，图 2-19 为 DZS$_{3-1}$ 的剖面图，这两种仪器都可以用于三、四等水准测量。望远镜成像为正像，并设有金属的水平度盘，可概略测量水平角。

2.6.2　自动安平水准仪的使用

2.6.2.1　粗平

将仪器用中心连接螺旋固定在三脚架上，高度适中，转动脚螺旋使圆水准气泡居中。

2.6.2.2　瞄准

通过瞄准器瞄准标尺，转动望远镜的目镜调焦螺旋使十字丝清晰。转动物镜调焦螺旋，使目标成像清晰，注意要消除视差。

2.6.2.3　读数

用中横丝读出水准尺上的读数。一般中等精度的自动安平水准仪的补偿范围为 $\pm10'$，只要粗平就可以读数。北京光学仪器厂生产的 DZS$_{3-1}$ 自动安平水准仪，其补偿范围为 $\pm5'$，但该仪器设有警告装置，如果视准轴倾斜角大于 $\pm5'$ 时，望远镜视场中左端的警告指示窗就会出现红色，这时应重新粗平仪器。当倾斜角小于 $\pm5'$ 时，警告指示窗全部呈现绿色，此时才能进行标尺读数。

为了检查补偿机构是否起作用，可先在水准尺上读数，然后微微转动脚螺旋，如果读数不变，说明补偿性能良好，否则该仪器不能使用，需要进行检修。

2.7 电子水准仪测量

电子水准仪又称为数字水准仪，它是 20 世纪 90 年代开发的新型水准仪，具有高精度、高可靠性和操作简便等优点。它利用电子图像处理技术来获得十字丝中横丝在条形编码标尺上的读数，通过计算直接显示测站与测点的距离（视距）。观测时只要照准条形编码标尺，通过按键操作便可显示测量结果，实现了读数的自动化和数字化，并可自动存储，自动进行高差、高程和水平距离测量。它在仪器内置有测量软件包，功能包括测量高差连续计算、测量高程计算、路线水准平差、高程网平差及断面计算、多次测量平均值及测量精度计算等。

下面通过实例简要介绍电子水准仪。图 2-20 为徕卡公司生产的电子水准仪构造示意，图 2-21 为结构原理示意。图 2-22 为徕卡公司的 NA2002、NA2003 测量原理示意。

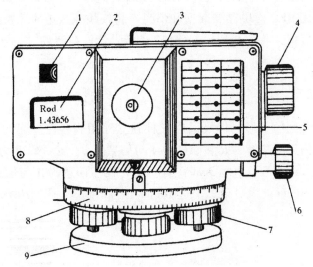

图 2-20 NA2002 电子水准仪构造示意

1. 圆水准器观测窗 2. 数据显示窗 3. 目镜及调焦螺旋 4. 物镜及调焦螺旋
5. 键盘 6. 水平制动螺旋 7. 脚螺旋 8. 水平度盘 9. 底板

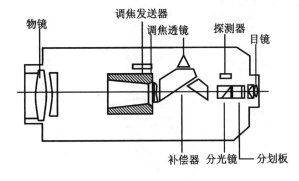

图 2-21 电子水准仪结构示意

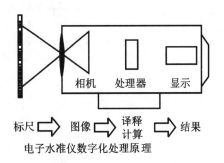

图 2-22 电子水准仪测量原理

2.7.1　电子水准仪测量原理

电子水准仪利用近代电子工程学原理由传感器识别条形编码水准尺上的条形码分划，经信息转化处理获得观测值，并以数字形式显示在显示窗口上或存储在处理器内。仪器的结构如图2-20所示，仪器带自动安平补偿器，补偿范围为±12′。与仪器配套的水准尺为条形编码尺，条形编码尺为双面分划三段折接式，每段长度为1.35m，标尺总长为4.05m，其分划分别为条形码和厘米分划。条形码分划提供电子水准仪观测时的电子扫描用途，标尺另一面的厘米分划可供光学水准仪观测时使用。

观测时，经自动调焦和自动整平后，水准尺条形码分划影像映射到分光镜上，并将它分为两部分，一部分是可见光，通过十字丝和目镜，供照准用；另一部分是红外光射向探测器并将望远镜接收到的光图像信息转换成电子影像信号，并传输给信息处理器，与机内原有的关于水准尺的条形码本源信息进行相关处理，就得出水准尺上水平视线的读数。

电子水准仪采用REC模块存储数据和信息，将模块插入电子水准仪的插槽中，便能自动记录外业观测数据，通过GIF10或GIF12阅读器读取存储数据并与外部设备(计算机、打印机)进行数据交换。

2.7.2　条形码标尺

电子水准仪所使用的条形码标尺采用三种独立互相嵌套在一起的编码尺，如图2-23所示，这三种独立信息为参考码R和信息码A与信息码B。参考码R为三道等宽的黑色码条，以中间码条的中线为准，每隔3cm就有一组R码。信息码A与信息码B位于R码的上、下两边，下边10mm处为B码，上边10mm处为A码。A码与B码宽度按正弦规律改

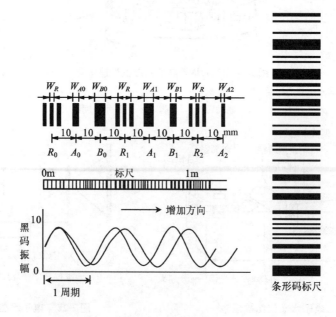

图2-23　编码水准尺

变，其信号波长分别为 33cm 和 30cm，最窄的条码宽度不到 1mm，上述三种信号的频率和相位可以通过快速傅立叶变换（FFT）获得。当标尺影像通过望远镜成像在十字丝平面上，并经过处理器译释、对比、数字化后，在显示屏上显示出中丝在标尺上的读数或距离。

2.7.3　电子水准仪的特点

2.7.3.1　电子水准仪的主要性能和指标

精度：NA2002　1.5mm/km；0.9mm/km（用铟钢条码水准尺）

　　　　NA2003　1.2mm/km；0.4mm/km（用铟钢条码水准尺）

2.7.3.2　电子水准仪的特点

电子水准仪主要有以下四个方面的特点：

①读数客观　不存在误读、误记问题，没有人为读数误差。

②精度高　视线高和视距读数都是采用大量条码分划图像经处理后取平均值得出来的，因此减弱了标尺分划误差的影响。许多仪器都有进行多次读数取平均值的功能，可以减弱外界条件的影响。不熟悉的作业人员也能进行高精度测量。

③速度快　由于省去了读数、听记、现场计算的时间以及人为出错的重测次数，测量时间与传统仪器相比可以节省约 1/3。

④效率高　只需照准、调焦和按键就可以自动读数，减轻了劳动强度。距离还能自动记录、检核、处理，并能输入电子计算机进行后续处理，实现内外业一体化。

2.7.4　电子水准仪的使用方法

电子水准仪的使用主要分为以下 5 个步骤：

①安置仪器　电子水准仪的安置与光学水准仪相同。

②整平　转动脚螺旋使圆水准气泡居中。

③输入测站参数　输入测量模式、后视点高程。

④观测　将望远镜对准条纹编码水准尺，按仪器上的测量键。

⑤读数　直接从显示窗中读取高差、距离和待测点的高程，观测数据还可进行电子记录。由于电子水准仪具有测量速度快、读数客观、精度高、测量数据便于输入计算机和容易实现水准测量内外业一体化等特点，大大减轻了外业劳动强度，使水准测量实现了自动化。

电子水准仪主要用于下列四个方面的测量工作：

①快速水准测量（用铟钢条码水准尺可进行一、二等精密水准测量），其工作效率可提高 30%～50%。

②自动沉降观测，如用微型马达驱动器附在电子水准仪上，能快速自动检测建筑物的沉降，配以应用软件可实现内外业一体化。

③机器、转台等的精密工业测量。

④仪器与计算机相连，可实现实时、自动地连续高程测量。

⑤标准测量、地形测量、线路测量及施工放样测量等。

2.8 水准测量的误差分析及减弱措施

水准测量的误差主要有仪器误差、操作误差和外界条件引起的误差。

2.8.1 仪器误差

2.8.1.1 水准管轴不平行视准轴的误差

此项误差虽经校正，但仍存有少量的残余误差。这种误差具有累积性。只要在每一测站都采用前、后视距离相等的方法，就可消除或减弱此项误差的影响。当前、后视等距安置仪器有困难时，也可以在一个测段内采用相邻几个测站的总前视距离等于总后视距离的方法来消除或减弱其影响，这种方法称为距离补偿法。

2.8.1.2 水准尺误差

水准尺误差包括刻划误差和零点误差。刻划误差包括尺长误差和刻划不均匀误差。尺长误差一般影响较小，一般通过对观测高差加改正数的方法来消除或减弱其影响。刻划不均匀误差又分为整米刻划误差和分米刻划误差，整米刻划误差一般小于 ±0.05mm，分米刻划误差一般小于 ±1.0mm。因此，在测量前应对水准尺进行检验后才能使用。对于水准尺零点不准的误差，可采用每测段设置偶数测站的观测方法来消除或减弱其影响。

2.8.2 操作误差

2.8.2.1 水准管气泡居中误差

当水准管气泡没有严格居中时，视线发生倾斜，读数必然产生误差，其误差大小与水准管分划值有关。居中误差一般为 0.15τ，由此引起在水准尺上的读数误差为：

$$m_{居中} = \frac{0.15 \times \tau}{\rho''} \times D \qquad (2\text{-}25)$$

式中　D——仪器距标尺的距离。

采用符合水准器时，气泡居中精度可提高一倍，则：

$$m_{居中} = \frac{0.15 \times \tau}{2\rho''} \times D \qquad (2\text{-}26)$$

当 $\tau = 20''$，$D = 100\text{m}$ 时：

$$m_{居中} = \frac{0.15 \times 20''}{2 \times 206\ 265''} \times 100\ 000 = 0.73\text{mm}$$

当 $\tau = 20''$，$D = 100\text{m}$，气泡偏离一格时：

$$m_{居中} = \frac{20''}{2 \times 206\ 265''} \times 100\ 000 = 4.8\text{mm}$$

因此，在使用微倾式水准仪进行水准测量时，读数前要使符合气泡严格居中。测量时日光较强，应对仪器打伞遮阴，避免日光暴晒，防止气泡假居中。

2.8.2.2　照准误差

当观测者通过望远镜在尺上读数时，由于人的眼睛的分辨能力有限，也产生读数误差。通过试验得出，人眼一般分辨率为 $60''$，但经过望远镜放大 V 倍后，相对来说分辨率也提高 V 倍，照准误差与望远镜离开尺子的距离有关。其误差为：

$$m_{照准} = \frac{60''}{v} \times \frac{D}{\rho''} \tag{2-27}$$

当 $V = 30$，仪器距标尺的距离 $D = 100$m 时：

$$m_{照准} = \frac{60''}{30} \times \frac{100\ 000}{206\ 265''} = 0.97\text{mm}$$

2.8.2.3　估读水准尺的误差

估读误差与水准尺的基本分划有关，通常水准尺分划都是以厘米为基本分划，并要求估到 1mm。估读误差与望远镜放大倍率和视线长度有关，放大倍率高，估读误差可小些，视线长，误差也大些。一般认为视线在 100m 内，估读误差约为 1mm。

2.8.2.4　水准尺倾斜的误差

由于尺子倾斜引起的误差，如图 2-24 所示，尺子没有立直，则 $a' > a$。

$$a = a' \times \cos\alpha \tag{2-28}$$

$$m_{尺倾} = a' - a = a'(1 - \cos\alpha) \tag{2-29}$$

由上式可知，$m_{尺倾}$ 的大小与倾角 α 有关，也与尺上读数 a 的大小有关。当 $a = 2$m，$\alpha = 2°$ 时，就会有 1mm 的误差，因此在实际工作中，水准尺保持竖直是很重要的，但由于它是系统性的影响（无论前视或后视都使读数偏大），在高差中会抵消一部分，只要认真扶尺，这项误差在成果中不会占主要地位。对于山区而言，下坡处的水准尺读数较大，由此产生的倾斜误差是不容忽略的，最好使用安装有圆水准器的水准尺。

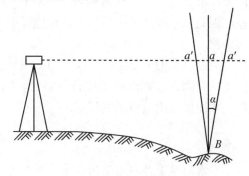

图 2-24　水准尺倾斜误差

2.8.3　外界条件引起的误差

2.8.3.1　仪器和尺垫下沉引起的误差

在观测中，由于地面松软，仪器会随观测时间的延迟而下沉，仪器视线降低而产生前视读数减小的误差。在往返测的高差中，因仪器下沉会引起正高差的数值增大，负高差的数值减小，所以仪器下沉的产生的误差可在往返测高差绝对值的平均值中抵消一部分。在一个测站上采用后、前、前、后或前、后、后、前的观测方法，也可以减弱其影响。转点尺垫上的水准尺因下沉而致其在两相邻测站观测中不等高，后一站的后视读数增大而使其正高差的数值增大，负高差的数值减小，同仪器下沉一样，采用取往返测高差绝对值中数的方法同样能减弱其影响。

为了更有效消减仪器和尺垫下沉引起的误差，观测时还要求：仪器最好安置在坚实的地面，脚架踏实，快速观测；转点上的尺垫也要踏实，观测间隔将水准尺从尺垫上取下，减少下沉量。

2.8.3.2 大气折光差和地球曲率差

如图 2-15 所示，当光线通过不同密度的大气层时就发生曲折。因此，当视准轴水平时，视线并不水平，而是向地面弯曲，这种受大气密度影响所产生的误差称为大气折光差 r。在进行水准测量时，为了减弱大气折光差，国家二等水准测量要求水准尺上中丝最小读数应不小于 0.3m，即视线离地面应有一定的高度。同时采取前后视距相等的观测措施，前后视由于大气折光产生的读数误差在观测高差中能相互抵消。

地球曲率差是由于过仪器视准轴的水平面与水准面不平行产生的读数差值 f。这项误差只要前后视距离相等，即可消除其影响。

2.8.3.3 温度的影响

温度变化不仅引起大气折光的变化，而且当烈日照射水准管时，由于水准管本身和管内液体温度的升高，气泡向着温度高的方向移动。而且影响仪器水平，产生气泡居中误差。因此在水准测量中要打伞，并选择适当的时间进行观测，中午温度高，折光强时，不宜观测。

通过以上的分析，产生误差的原因是多方面的，影响也各有不同。有些误差可以通过一定的观测方法来消除或减弱其影响。因此，必须按照测量规范中规定的细则来进行操作，才能保证测量成果的精度。

本章小结

水准测量是高程测量的精密方法。其原理是利用水准仪提供的水平视线分别切取已知高程点水准尺读数及其他待测点水准尺读数而测定其高差，然后根据已知点的高程推算其他待定点的高程。

水准仪水平视线的精度将直接影响水准测量的精度。水准管轴平行于视准轴是水准仪各轴线间应满足的主要条件，在读数之前要获得精确的水平视线，水准管轴必须要严格水平。因此，微倾式水准仪的基本操作要经过粗平→瞄准→精平→读数四个步骤。粗平是基础，精平是关键，视差要消除，读数要准确，记录计算要正确，标尺要立竖直。自动安平水准仪通过补偿器代替符合水准器精平。电子水准仪自动获取条码标尺读数。

水准测量实施的方法：路线水准测量分为多个测段进行施测，一个测段由于两固定点间的距离较长或高差太大需分成多站观测。每站的观测应将仪器安置于前后视等距处，其目的在于消除地球曲率差、大气折光和水准管轴不平行于视准轴的残余误差的影响。水准测量时，已知高程点、待定高程点立标尺时不放尺垫，而传递高程的转点应把标尺立在尺垫上。精度要求较高的水准测量，应采用红黑双面尺法或两次仪高法进行测站校核。每测段应设置成偶数站观测，以消除标尺的零点差。

在水准测量路线闭合差满足要求的条件下，将闭合差反号按与测段的路线长度或测站数成正比分配给测段的观测高差，再根据已知点的高程和各测段分配闭合差后高差推算各待定点的高程。

　　水准测量的误差主要有水准管轴不平行于视准轴的残存误差、水准尺尺长误差及其零点差等仪器误差；水准管气泡居中误差、照准误差、读数误差、立尺误差等操作误差；仪器和转点上尺垫下沉误差、大气折光差和地球曲率差等外界条件引起的误差。应分析产生这些误差的原因、规律及其对测量成果的影响，在观测中采取相应的措施将其对测量结果的影响减到最小。

复习思考题

1. 名词解释
(1)视准轴　(2)水准管轴　(3)圆水准器轴　(4)水准管分划值
(5)水准仪的仪器高程

2. 填空题
(1)水准仪粗平是旋转＿＿＿＿使＿＿＿＿的气泡居中，目的是使＿＿＿＿线铅垂，而精平是旋转＿＿＿＿使＿＿＿＿＿＿＿＿＿，目的是使＿＿＿＿＿轴线水平。

(2)内对光望远镜的构造主要包括：＿＿＿＿、＿＿＿＿、＿＿＿＿、＿＿＿＿。

(3)水准测量时，水准尺前倾会使读数变＿＿＿＿，水准尺后倾会使读数变＿＿＿＿。

(4)水准测量时，把水准仪安置在距前、后尺大约相等的位置，其目的是为了消除＿＿＿＿＿＿＿＿＿＿＿＿＿＿＿＿＿＿＿＿＿＿＿＿＿。

(5)水准仪的构造主要包括：＿＿＿＿＿＿、＿＿＿＿＿＿、＿＿＿＿＿＿、＿＿＿＿＿＿。

(6)水准测量转点的作用是＿＿＿＿＿＿＿＿＿＿＿＿＿＿，因此转点必须选在＿＿＿＿＿＿＿＿＿＿＿＿＿，通常转点处要安放＿＿＿＿＿＿。

(7)水准仪水准管的灵敏度主要取决于＿＿＿＿＿＿＿＿＿＿＿＿＿＿＿＿＿＿＿＿。

(8)圆水准器整平操作时，第一次调两个脚螺旋使气泡大约处于＿＿＿＿＿＿＿＿＿＿＿＿＿＿＿上，第二次再调第三个脚螺旋使气泡居中，如此反复二、三次即可完成。

(9)水准测量时，调微倾螺旋使水准管气泡居中，望远镜视准轴也就水平，因仪器构造的前提条件是＿＿＿＿＿＿＿＿＿＿＿＿＿＿＿＿＿。

3. 判断题
(1)水准仪的水准管轴应平行于视准轴，是水准仪各轴线间应满足的主要条件。　　　　　　（　　）
(2)通过圆水准器的零点，作内表面圆弧的纵切线称圆水准器轴线。　　　　　　　　　（　　）
(3)望远镜对光透镜的调焦目的是使目标能成像在十字丝平面上。　　　　　　　　　（　　）
(4)通过水准管零点所作圆弧纵切线称水准管轴。　　　　　　　　　　　　　　　　（　　）
(5)水准测量中观测误差可通过前、后视距离等来消除。　　　　　　　　　　　　　（　　）
(6)在一个测站水准测量过程中，如果读完后视水准尺后，转到前视水准尺时，发现圆气泡不居中，此时可以稍为调节脚螺旋，使圆气泡居中，接着再调微倾螺旋，使水准管器泡符合，最后读取前视读数。
　　　　　　　　　　　　　　　　　　　　　　　　　　　　　　　　　　　（　　）
(7)水准管圆弧半径 R 愈大，则水准管分划值愈大，整平精度愈低。　　　　　　　（　　）

4. 单项选择题
(1)水准测量时，如用双面水准尺，观测程序采用"后、前、前、后"，其目的主要是减弱（　　）。
A. 仪器下沉误差的影响　　　　　　　B. 视准轴不平行于水准管轴误差的影响
C. 水准尺下沉误差的影响　　　　　　D. 包含 A 与 C 的两项误差
(2)在一条水准线路上采用往返观测，可以减弱（　　）。
A. 水准尺未竖直的误差　　　　　　　B. 仪器下沉的误差

C. 水准尺下沉的误差　　　　　　　　　D. 包含 B 与 C 的两项误差

(3)水准仪安置在与前后水准尺大约等距之处观测，其目的是(　　　)。

A. 消除望远镜调焦引起的误差　　　　　B. 视准轴与水准管轴不平行的误差

C. 地球曲率和折光差的影响　　　　　　D. 包含 B 与 C 两项的内容

(4)双面水准尺的黑面是从零点开始注记，而红面起始刻划则是(　　　)。

A. 两根都是从 4687 开始　　　　　　　B. 两根都是从 4787 开始

C. 一根从 4687 开始，另一根从 4787 开始　　D. 一根从 4677 开始，另一根从 4787 开始

(5)水准测量时，长水准管气泡居中是说明(　　　)。

A. 视准轴水平，并且与仪器竖轴垂直　　B. 视准轴与水准管轴平行

C. 视准轴水平　　　　　　　　　　　　D. 视准轴与圆水准器轴垂直

(6)从自动安平水准仪的结构可知，当圆水准器气泡居中时，便可达到：

A. 望远镜视准轴水平

B. 在十字丝交点上可获得望远镜视准轴水平时应该得到的读数

C. 通过补偿器使望远镜视准轴水平

D. 通过补偿器使水准管轴水平

(7)水平测量记录表中，如果 $\sum h = \sum a - \sum b$，则说明下列一项是正确的(　　　)。

A. 记录　　　　B. 计算　　　　C. 观测　　　　D. 观测与计算

(8)水准测量中的转点指的是(　　　)。

A. 水准仪所安置的位置　　　　　　　　B. 水准尺的立尺点

C. 为传递高程所选的立尺点　　　　　　D. 水准线路的转弯点

5. 问答题

(1)水准仪的构造应满足哪些主要条件？

(2)解释视差的定义，并说明视差产生的原因及消除办法。

(3)水准测量中为什么要把水准仪安置在前、后尺大致等距处？

(4)粗平与精平各自的目的为何？怎样才能实现？

(5)转点在水准测量中起什么作用？它的特点是什么？

(6)水准测量中怎样进行计算校核、测站校核和路线校核？

(7)自动安平水准仪为什么能在仪器微倾的情况下获得水平视线的读数？

(8)试述电子水准仪的自动读数原理。

6. 计算题

(1)调整下列图根闭合水准路线成果，并计算各点高程。其中，水准点的高程 $H_{BM1} = 44.313\mathrm{m}$。

(2)在水准点 BM_a 和 BM_b 之间进行四等水准测量，所测得的各测段的高差和水准路线长如图 1 所示。已知 BM_a 的高程为 245.612m，BM_b 的高程为 245.400m。试将有关数据填在水准测量高差调整表中(见表 2)，最后计算水准点 1 和 2 的高程。

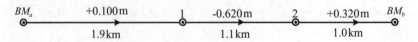

图 1

表1 水准测量成果调整表

测点	测站数	高差值			高程
		观测值（m）	改正数（mm）	改正后高差（m）	（m）
BM_1					44.313
	8	+2.134			
N_1					
	6	+1.424			
N_2					
	4	−1.787			
N_3					
	8	−1.714			
N_4					
	10	−0.108			
BM_1					44.313
Σ					

$f_h = \sum h = \qquad f_{h容许} =$

表2 水准测量高程调整表

点号	路线长（km）	实测高差（m）	改正数（mm）	改正后高差（m）	高程（m）
BM_a					245.612
1					
2					
BM_b					245.400
Σ					

$f_h = \sum h - (H_{BM_b} - H_{BM_a}) =$

$f_{h容许} =$

本章推荐阅读书目

1. 许筱阳，夏友福. 测量学. 西安：陕西科学技术出版社，1994.

2. 武汉测绘学院《测量学》编写组. 测量学. 北京：测绘出版社，1995.

3. 合肥工业大学等. 测量学. 北京：中国建筑工业出版社，1990.

4. 陈学平. 测量学试题与解答. 北京：中国林业出版社，2002.

第3章 测量

【本章学习目标】

1. 知识要求：

（1）了解经纬仪的构造及各部件的作用。

（2）理解水平角、竖直角和天顶距的基本概念，经纬仪构造上的几何条件与满足水平角和竖直角测量要求之间的关系，水平角测量的误差及消减的方法措施，竖盘指标差在竖直角测量中的校核作用。

（3）掌握水平角、竖直角测量的原理，经纬仪的使用方法，水平角、竖直角测量的观测方法和记录计算的方法。

2. 技能要求：

（1）利用测回法、方向观测法能进行水平角多测回的观测和记录计算。

（2）利用中丝法能进行竖直角多测回的观测和记录计算。

3.1　角度测量原理

角度测量是测量的基本工作之一，它包括水平角测量和竖直角测量，角度测量最常用的仪器为经纬仪。

3.1.1　水平角及测量原理

水平面上两直线间的夹角，称为水平角。而从一点至两目标的方向线间的水平角，则为这两方向线在水平面上的垂直投影所夹的角。如图 3-1 所示，方向 OP_1 和 OP_2 间的水平角，即为它们在水平面 H 上的垂直投影 Oq_1 和 Oq_2 的夹角 β。水平角 β 的范围为 $0° \sim 360°$，若式(3-1)计算出的 β 为负值，则其结果应加上 $360°$。测量中所需观测的不是倾斜面上的 $\angle P_1 OP_2$，而是它的水平角 $\angle q_1 Oq_2$。

为了量测图 3-1 中的 OP_1 与 OP_2 间的水平角，设想将一个按顺时针注记的刻度盘水平放置在 O 点，使圆心与 O 点重合，用刻度盘面代表水平面，在量角过程中，圆盘固定不动。设有一个以铅垂线 OO' 为旋转轴的竖直面 V，当它与方向线 OP_1 重合时，则在圆盘面的交线所指的度数为 a[图 3-2(a)]。旋转竖直面 V 使与 OP_2 重合，同理，交线所指的度数为 b[图 3-2(b)]。这样，就可得到 OP_1 和 OP_2 间的水平角为：

$$\beta = b - a \tag{3-1}$$

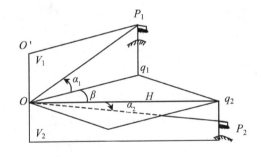

图 3-1　角度概念
$H:O$ 点的水平面；V_1,V_2：分别过 OP_1,OP_2 的竖直面

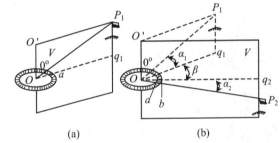

图 3-2　水平角度测量原理

3.1.2　竖直角及测量原理

在同一竖直面内，一点至目标点的方向线与水平线间的夹角，称为竖直角，一般用 α 表示。图 3-1 中的 α_1 和 α_2，分别为方向线 OP_1，OP_2 的竖直角。当方向线上倾时，称为仰角，角值为"$+$"(如 α_1)，方向线下倾时，称为俯角，角值为"$-$"(如 α_2)。竖直角的范围为 $-90° \sim +90°$。一点至目标点的方向线与天顶方向(铅垂线的反方向)所构成的夹角，称为天顶距，一般用 Z 表示，天顶距的大小从 $0° \sim 180°$，没有负值。如图 3-3 所示。天顶距与竖直角的关系为：

$$\alpha = 90° - Z \tag{3-2}$$

为了量得竖直角，设想将一个刻度圆盘竖直放置在绕铅垂线 OO' 旋转的竖直面 V 内，圆心与 O' 点重合，圆盘可随视线 $O'P$ 绕 O' 点旋转，在铅垂线 OO' 方向有一固定的指标线。当视线水平时，指标线指向圆盘的度数称为始读数，图3-4（a）中的始读数为 90°。旋转竖直面，并使视线 $O'P$ 瞄准目标点 P_1，此时指标线所指圆盘的度数设为 L，如图3-4（b）所示，则得方向线 $O'P_1$ 的竖直角：

$$\alpha = 始读数 - L。$$

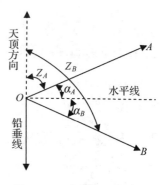

图3-3　天顶距与竖直角

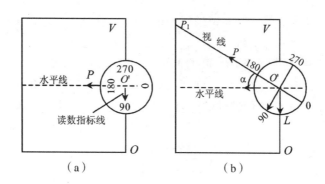

（a）　　　　　　（b）

图3-4　竖直角测量原理

3.2　光学经纬仪

从上面的叙述可以知道，用来量测角度的仪器，必须具有量测水平角的水平度盘，量测竖直角的竖直度盘，以及具有能绕一竖轴作水平方向旋转又可作上下转动形成一铅垂面的视线，此外还须有读数设备以及整平仪器的水准器等，由此构成的测角仪器，即为经纬仪。

目前各国设计制造有各种类型的经纬仪，有些设备先进且具有多种功能，但常规使用的经纬仪，按其度盘和读数设备来划分，大体上可分为光学经纬仪、电子经纬仪两类。按测角精度可分 DJ_1，DJ_2，DJ_6 等型号。

光学经纬仪精度高，密封性良好，轻巧且操作方便，价格适中，在测绘生产中有着广泛的应用。

电子经纬仪是一种数字化的测角仪器，除具有光学经纬仪的优点外，还具有能自动读数和记录的特点，利用电子经纬仪测角更加方便快捷。在目前的测绘生产中，电子经纬仪测角已得到广泛应用。

光学经纬仪与电子经纬仪在构造上除读数设备外基本相同。本节主要介绍光学经纬仪，电子经纬仪在下一节讲述。

3.2.1 光学经纬仪构造

3.2.1.1 光学经纬仪组成部分

各厂家生产的光学经纬仪的外形（见图3-8，图3-10，图3-12）虽略有差异，但它们在构造上都是由基座、水平度盘和照准部三个部分组成。如图3-5所示。

（1）基座

和水准仪相同，可用中心螺旋将基座连接在三脚架头上，基座中央为轴套，水平度盘的外轴插入轴套后，旋紧轴固定螺旋，则经纬仪上部与基座固连。使用仪器时，切勿松开这一固定螺旋。否则外轴和水平度盘会随照准部转动而不能测角，甚至引起外轴从基座中脱落而造成事故。

（2）水平度盘

这部分包括水平度盘、度盘变换手轮（在有些仪器上，该功能的部件称复测板手）和外轴等。水

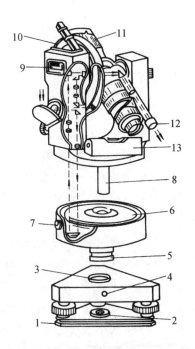

图3-5 DJ₆级光学经纬仪三个组成部分
1.底板 2.连接圆孔 3.轴套 4.轴座固定螺旋
5.外轴 6.水平度盘 7.水平度盘变换手轮
8.内轴 9.竖盘指标水准管 10.竖盘 11.望远镜 12.读数显微镜 13.照准部水准管

平度盘用光学玻璃制成，在度盘上依顺时针方向刻注有0°~360°的分划线，相邻两分划线所夹的圆心角，称为度盘的分划值。例如，DJ₆级光学经纬仪的度盘分划值为1°或0.5°，DJ₂级光学经纬仪的度盘分划值为20′。测角时，水平度盘是不动的，这样照准部转至不同的位置，可以在水平度盘上读取不同的方向值。但在对一水平角进行多个测回观测时，为了减少度盘的分划误差，测回间需变换水平度盘的位置，即望远镜照准某一方向时，通过转动水平度盘将其调到一个需要的方向值。控制水平度盘转动的装置在不同类型的经纬仪上有两种：

①通过转动度盘变换手轮 如图3-5中的7部分，观测时，扳下保险手柄，按下手轮并旋转它，可将水平度盘转至所需的读数，随即把保险手柄扳上，以防止水平度盘转动。有些光学经纬仪上的度盘变换手轮安装在水平度盘外壳下方，有一保护盖，使用时，先转动保护盖露出变换手轮，然后旋转变换手轮至需要配置的水平度盘读数，再转动保护盖至完全盖住度盘变换手轮的位置，即可防止测角过程中因碰动变换手轮而引起水平度盘的变动。

②复测装置 如图3-10中的8部分，通过复测扳手来操纵照准部与水平度盘的相互转动。扳下复测扳手，水平度盘与照准部扣在一起共同转动，水平度盘的读数不变；扳上扳手［图3-10（a）］使水平度盘与照准部分离，此时如转动照准部则水平度盘不动，度盘读数随之变化。利用这一关系，亦可达到变换水平度盘读数的目的。

外轴是一个空心的旋转轴，它与水平度盘固连。制造上要求水平度盘面与外轴的几何

中心线正交，而且外轴中心线应通过度盘的中心。

（3）照准部

经纬仪基座以上部分能绕竖轴旋转的整体，称为经纬仪的照准部。包括内轴、水准管、支架、望远镜、横轴、竖盘及竖盘指标水准管、光学对中器、读数设备及其光路系统。照准部的内轴插入水平度盘的外轴内，整个照准部借助滚珠可在水平度盘上方旋转，并用其制动螺旋和微动螺旋来控制。内轴的几何中心线，称为仪器的竖直轴，简称为竖轴（一般把内轴称为竖轴）。竖轴应与外轴的几何中心线重合一致。

照准部水准管用于整平仪器。水准管分划值表示仪器整平的精度，例如，DJ$_6$级光学经纬仪水准管分划值一般为30″/2mm。

望远镜为内对光式，与水准仪的望远镜大致相同。望远镜目镜里面的十字丝如图3-6(a)所示，中横丝和竖丝都是一半为双丝，另一半为单丝；在有的仪器上仅竖丝有一半为双丝，其余都为单

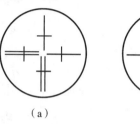

（a）　　　　　　（b）

图3-6　光学经纬仪的十字丝

丝，如图3-6(b)所示。在照准水平方向的目标时，根据目标成像的大小，将较粗的目标成像夹在竖丝的双丝中央或用竖丝的单丝去重合细小的目标成像，这样能提高照准的精度。望远镜固定在它的旋转轴上，旋转轴则安装在照准部的支架上。望远镜可绕其旋转轴旋转。当各部分关系正确时，它的视准轴在空间旋成一个竖直面。望远镜装配有制动和微动螺旋，以控制望远镜的转动。望远镜旋转轴的几何中心线，称为横轴。

用于量测竖直角的竖直度盘亦为光学玻璃制成，度盘的刻划有沿顺时针方向或逆时针方向两种注记方式，度盘的分划值与水平度盘相同。竖盘指标水准管用于固定竖直度盘读数指标的位置。光学对中器供仪器对准测站点之用。

3.2.1.2　经纬仪在构造上应满足的几何条件

如图3-7所示，经纬仪在构造上有仪器的旋转轴（竖轴）VV、照准部水准管轴LL、望远镜的视准轴CC、望远镜的旋转轴（横轴）HH四个主要轴线。根据角度测量原理，经纬仪的四个轴线在构造上应满足下列几何条件。

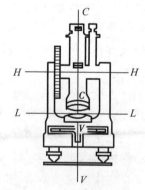

①照准部水准管轴应垂直于仪器的竖轴（$LL \perp VV$）。

②望远镜视准轴应垂直于横轴（$CC \perp HH$）。

③横轴应垂直于仪器的竖轴（$HH \perp VV$）。

④十字丝的纵丝应垂直于横轴。

当满足条件①时，水准管气泡居中，水准管轴LL处于水平，**图3-7　经纬仪的几何轴系**
从而使仪器（水平度盘）的旋转轴（竖轴）成为一条竖直线，则绕竖直线旋转的水平度盘平面为一水平面。

当满足条件②时，使望远镜的视准轴绕横轴旋转形成的面是平面，否则为一锥面，不能满足测角要求。

当满足条件③时，使横轴 *HH* 是一条水平线，从而使望远镜上、下旋转的面是竖直的，保证望远镜的视准轴上、下旋转的投影点在同一条铅垂线上。

当满足条件②③两个条件时，能使望远镜的视准轴在空间旋成一个竖直平面，符合水平角与竖直角测量的要求。

当满足条件④时，十字丝的竖丝是一条竖直线，用十字丝的竖丝不同部位去照准目标就等于十字丝交点去照准目标，从而使照准更加方便。

3.2.2　光学经纬仪读数方法

光学经纬仪的读数设备包括度盘、光路系统和测微装置。DJ$_6$级光学经纬仪读数的光路为单光路系统，水平度盘和竖直度盘的分划线都是通过同一条光路经一系列棱镜和透镜的光学作用，成像于望远镜旁的读数显微镜内，观测者可直接在读数显微镜内读取两个度盘的读数。DJ$_2$级光学经纬仪读数的光路为双光路系统，水平度盘和竖直度盘的分划线通过不同的光路进入读数显微镜内，观测者利用这类仪器上的换像装置(图 3-12 中的 10 换像手轮)，可分别在读数显微镜内读取水平度盘和竖直度盘的读数。

3.2.2.1　DJ$_6$级光学经纬仪读数方法

DJ$_6$级光学经纬仪的读数由于测微装置的不同，分为分微尺式读数和单平行玻璃板测微器读数两种类型。

（1）分微尺式读数

读数装置为分微尺式读数的光学经纬仪称为分微尺光学经纬仪。图 3-8 为 DJ$_6$级分微尺光学经纬仪的外形示意，各部件名称见图注。

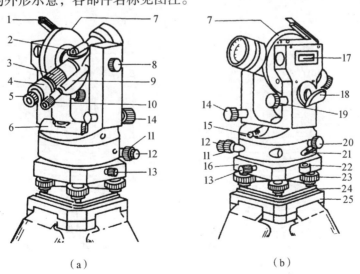

（a）　　　　　　　　　　　（b）

图 3-8　DJ$_6$级分微尺光学经纬仪的外形示意

1.竖盘指标水准管反光镜　2.瞄准器　3.望远镜调焦　4.十字丝分划板护盖　5.望远镜目镜　6.照准部水准管　7.竖盘　8.望远镜制动螺旋　9.读数显微镜　10.读数显微镜目镜　11.照准部微动螺旋　12.照准部制动螺旋　13.轴座固定螺旋　14.望远镜微动螺旋　15.光学对中器　16.基座　17.竖盘指标水准管　18.反光镜　19.竖盘指标水准管微动螺旋　20.水平度盘变换手轮　21.保险手柄　22.圆水准器　23.脚螺旋　24.底板　25.三脚架架头

打开反光镜(图3-8中的18部分)后,观测者可从读数目镜里看到如图3-9所示二个分划影像,上面窗格的 *H* 表示水平度盘及其分微尺的影像,下面窗格的 *V* 表示竖盘及其分微尺的影像。有的仪器用"一"表示水平度盘,用"⊥"表示竖直度盘。

分微尺用来读取度盘不足1°的余数,如同一把尺子,全长等于度盘影像1°的间隔长,并等分为60个小格,每小格的读数值为1′,可估读至0.1′。分微尺自0起,每十小格注记1,2,…,6等,即为0′,10′,20′,…,60′等。

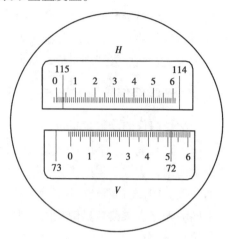

读数前应调整好反光镜,使读数窗照明均匀、明亮而不刺目。然后调整读数目镜,看清读数窗内的分划,注意消除视差。读数时,在度盘分划影像上,先读取落在分微尺上的度盘分划线上的整度数,再以所读度数的分划线为准,在分微尺上读出不足1°的读数,两者之和即为全读数。如图3-9中水平度盘的读数为115°。不足1°的余数,为分微尺0分划线量至度盘115°分划线的一段长

图3-9 分微尺式读数装置

度,可用115°分划线为指标在分微尺上读得为3.5′(3′30″),故水平度盘的全读数为:115°+03′30″=115°03′30″。同法读得竖盘的全读数为:72°+51′24″=72°51′24″。

(2)单平行玻璃板测微器读数

图3-10为DJ$_6$级单平行玻璃板测微器光学经纬仪的外形,以及各部分名称标注。该仪器控制水平度盘转动的装置是复测扳手(图3-10中的8部分),测角时,利用它可达到变换水平度盘读数的目的。

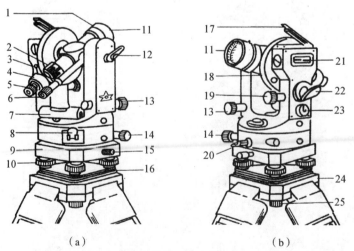

(a)　　　　　　　　　　(b)

图3-10 DJ$_6$级单平行玻璃板测微器光学经纬仪的外形示意

1.准星　2.望远镜调焦　3.照门　4.十字丝分划板护盖　5.望远镜目镜　6.读数显微镜目镜　7.照准部水准管
8.复测扳手　9.基座　10.脚螺旋　11.物镜　12.望远镜制动扳手　13.望远镜微动螺旋　14.照准部微动螺旋
15.轴座固定螺旋　16.底板　17.反光镜　18.竖盘　19.竖盘指标水准管微动螺旋　20.照准部制动扳手　21.竖盘
指标水准管　22.反光镜　23.测微轮　24.三脚架架头　25.中心螺旋

图 3-11 是从读数显微镜里看到的水平度盘、竖直度盘及测微器的影像，最上面的小窗为测微尺影像，中间窗格为竖盘分划影像，下面窗格为水平度盘分划影像。

该仪器水平度盘刻划从 0°~360°共 720 格顺时针方向递增注记，每格的分划值为 30′。测微尺刻划从 0″~30′共 90 格，每格 20″，可估读到 1/4 格（即 5″）。当测微尺由 0′转至 30′时，度盘分划线影像应恰好移动一格。

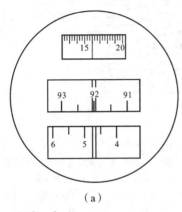

（a）

竖盘 92°

测微尺 16′00″　　全读数 92°16′00″

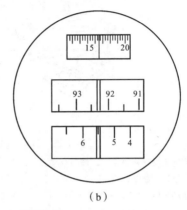

（b）

水平度盘 5°30′

测微尺 16′30″　　全读数 5°46′30″

图 3-11　测微器读数装置

读数时，先调好照明和读数目镜，然后转动测微轮，使度盘的一条分划线影像精确位于双指标线的中央，读出此分划线的读数值，再由小窗的单指标线读出测微尺的读数值，两个读数相加即可得出度盘的全读数。例如，图 3-11（a）中的竖盘读数为 92°，小窗的单指标线测微尺读数为 16′00″，由此得出竖盘的全读数为 92° + 16′00″ = 92°16′00″。同理可得出图 3-11（b）中水平度盘的全读数为 5°46′30″。

3.2.2.2　DJ$_2$级光学经纬仪读数方法

DJ$_2$级光学经纬仪由于精度要求较高，其读数设备与 DJ$_6$级光学经纬仪有明显的差异。下面以我国苏州第一光学仪器厂生产的 J$_2$光学经纬仪为例对此类仪器的读数方法作扼要介绍。

图 3-12 为该仪器的外形，以及各部分名称标注。其望远镜的放大倍数为 30 倍，物镜有效孔为 42mm。望远镜筒内装有反光板，供夜间观测照明十字丝之用；转动反光板手轮 1，可以调节望远镜内的亮度，并可同时看到目标和十字丝。照准部水准管的分划值为 20″/2mm。竖盘指标水准管则为符合水准器，从观察镜 15 可看到气泡符合情况，其水准管分划值亦为 20″/2mm。

DJ$_2$级光学经纬仪采用度盘对径分划符合读数的方式。它的度盘由光学玻璃制成，刻度为 360°式，每度注记。1°又分为三格，每格分划值为 20′。度盘直径两端分划（其读数相差 180°）被照明后，经由一系列棱镜和透镜，成像于读数窗。从读数目镜可以看到上、下两排分划影像被一条横线分隔，上排正字注记为主像，下排倒字注记为副像。左侧为测微

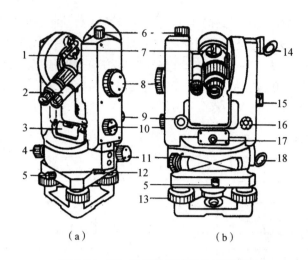

图 3-12 DJ₂ 级光学经纬仪的外形示意

1. 望远镜反光板手轮 2. 读数显微镜 3. 照准部水准管 4. 照准部制动螺旋 5. 轴座固定螺旋
6. 望远镜制动螺旋 7. 光学瞄准器 8. 测微轮 9. 望远镜微动螺旋 10. 换像手轮 11. 照准
部微动螺旋 12. 水平度盘变换手轮 13. 脚螺旋 14. 竖盘反光镜 15. 竖盘指标水准管观察镜
16. 竖盘指标水准管微动螺旋 17. 光学对中器目镜 18. 水平度盘反光镜

尺，全长读数为 10′，分为 600 小格，每小格 1″；左边的数字为分数，右边数字为 10″数。如图 3-13 所示。

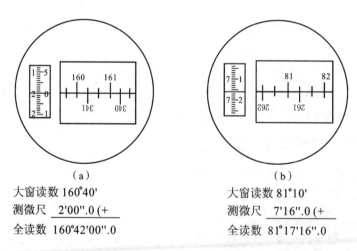

(a)	(b)
大窗读数 160°40′	大窗读数 81°10′
测微尺 2′00″.0 (+	测微尺 7′16″.0 (+
全读数 160°42′00″.0	全读数 81°17′16″.0

图 3-13 对径分划符合读数装置

DJ₂ 级光学经纬仪采用了双光路系统，水平度盘与竖直度盘的光路是相互分隔的，通过仪器上的换像手轮（图 3-12 中的 10 部分）实现水平度盘与竖直度盘光路系统的相互转换。当换像手轮旋转至其上的指示线位于水平位置时，竖盘光路被隔断，水平度盘分划影像则显示于读数窗；而旋转换像手轮使其指示线处于竖直位置时，则水平度盘的光路被隔断，读数窗内只显示竖盘分划的影像。读数的方法步骤如下所示。

①如读取水平度盘读数，先旋转换像手轮使其指示线位于水平，打开反光镜 18，调好

照明和读数目镜，看清度盘分划及测微尺的影像（如读竖盘则使指示线处于竖直，并打开反光镜 14）。

②转动测微轮（图 3-12 中的 8 部分），使主、副像分划线上、下符合，即读出上排中央或左侧主像分划线的度数，如图 3-13（a）为 160°。

③数出主像读数分划与对径分划线间的格数，每格为 10′。如图 3-13（a）所示，160°分划线与对径 340°分划线间共有四格，即为 40′。

④在测微尺上用单指标线读出不足 10′的分、秒数，与上面两项相加即得全读数。

采用度盘对径分划符合读数的方式，可以提高读数精度和消除度盘偏心差，但读数时仍易出错。为了读数方便而又准确，目前国内外生产的光学经纬仪，都已使读数数字化。如图 3-14 为我国 DJ_2 级光学经纬仪的一种读数方式。读数窗的上格，为度盘度数注记，注记下面有"冂"符号，0、1、…、5 为整 10′数。中间窗格为度盘以对径分划影像，下面窗格为测微尺。转动测微轮使度盘对径分划上下符合，即在上面窗格读出 60°及"冂"所罩的 1 字即 10′，测微尺读数为 7′22″.0，得全读数为 60°17′22″.0。图 3-15 为威特 T_2 全能经纬仪的竖盘影像，度数注记下面有"V"，用以读出整 10′数。威特 T_2 全能经纬仪的水平度盘，读数窗的影像背景为黄色，竖盘则为白色，读数方式相同。

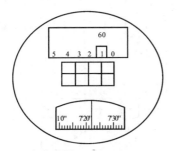

度盘读数：60°10′
测微尺：7′22″.0（+
全读数：60°17′22″.0

图 3-14　DJ_2 及光学经纬仪
数字度盘读数影像

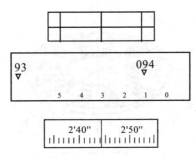

竖盘读数：94°12′44″.2

图 3-15　威特 T_2 全能经纬仪
数字度盘读数影像

3.3　电子经纬仪

自从 1968 年世界上出现了第一台电子经纬仪 Reg Elta14（西德的 OPTON 厂研制），经过 20 多年的不断发展和改进，目前的电子经纬仪已日臻完善。与传统的光学经纬仪相比，电子经纬仪采用了光电测角手法，在精度上超过了光学经纬仪，在数据自动获取和处理上，光学经纬仪是无法与之相比拟的。电子经纬仪测角已在测绘生产中得到了广泛应用。电子经纬仪的主要特点：

①自动记录测量数据。这不但可减少读数误差，而且可避免读错记错测量数据。

②电子经纬仪中的微处理机可以自动地进行各种归算改正。

③通过接口设备可将电子手簿记录的数据输入计算机，以进行数据处理和绘图。

电子经纬仪具有光学经纬仪类似的结构特征，测角的方法步骤也基本相似，它们之间的最大的区别在于电子经纬仪采用了光电测角方法，能将度盘的读数直接以数字的形式显示出来，从而使测角更加方便快捷。

光电测角分为编码度盘测角、光栅度盘测角、动态测角系统三类方法。在这三类测角方法中，动态测角系统根据度盘全部分划误差的总和等于零的原理，采用使度盘旋转，利用电子元件对全度盘分划扫描并取均值的方法来消除度盘刻划误差的影响，因此动态测角系统是一种较好的光电测角方法，在目前生产的电子经纬仪中得到了广泛的应用。下面将该方法的原理介绍如下。

如图 3-16 所示，采用动态法测角的电子经纬仪具有由微型马达带动而旋转的度盘。度盘上设置固定光栏 L_S 和随望远镜转动的活动光栅 L_R，度盘每个分划由反光和透光两部分组成。观测角度时度盘旋转，两个光栏对度盘分划扫描，把光栏输出的电信号处理后就得到角度的观测值。

角度 φ 包括 n 个整分划间隔 $n\varphi_0$ 和不足整分划间隔 $\Delta\varphi$，即 $\varphi = n\varphi_0 + \Delta\varphi$。由仪器粗测和精测两个电路分别测得。

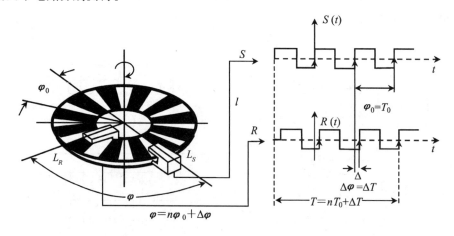

图 3-16　动态法测角原理

①粗测　在度盘上设置若干参考标志用以测定两个光栏间的整分划数 n。度盘旋转时，当某一光栏识别出一个参考标志后，计算器就开始对整分划计算，到另一光栏也识别出参考标志时停止计数，从而求得整分划数 n。

②精测　由图 3-16 可知，ΔT 是某一分划通过 L_S 与其后的另一分划通过 L_R 时间差，因度盘转速均匀，$\Delta\varphi = \Delta T / T_0 \times \varphi_0$，所以，只要测定 ΔT 就能求得角度的精测值 $\Delta\varphi$。粗测、精测数据由微处理器进行衔接处理后即得角值。

瑞士生产的 T2000 电子经纬仪(图 3-17)采用动态测角原理。T2000 的玻璃度盘分划为 1024 个区间，分划周期 φ_0 为 $21'5.625''$。水平和竖直度盘系统中各有两对在径向安装的光栏，以消除度盘偏心的误差。度盘规定转速约为 3rad/s，与分划周期 φ_0 相应的时间 T_0 为 325.5 μs(微秒)。仪器测定 ΔT 的计数脉冲频率为 1.72MHz，相应的单次测量精度为 0.65″。仪器测角时对度盘扫描一整周，实际进行 512 次量测和取平均，这样 T2000 测角可

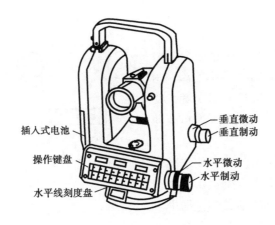

插入式电池

操作键盘

水平线刻度盘

垂直微动
垂直制动

水平微动
水平制动

图 3-17　T2000 电子经纬仪外形示意

达到的精度为一测回方向中误差 $0.5''$。

3.4　经纬仪使用方法

3.4.1　经纬仪安置

　　经纬仪的安置是指将经纬仪安置在测站点上，包括仪器的对中和整平两项基本操作。对中的目的是使仪器中心（水平度盘圆心）与测站点标志中心在同一铅垂线上。整平的目的是使仪器竖轴处于铅垂状态，水平度盘居于水平位置。

3.4.1.1　对中

　　打开三脚架安放在测站点上，架头要大致水平，其中央圆孔粗略对准测站标志，高度要适合于观测，然后将脚架尖插实土中。

　　打开仪器箱，看清其放置情况。然后两手持照准部支架（或一手持支架一手托基座）从箱内取出仪器，小心安放在三脚架架头上。一手仍持支架，一手将中心螺旋旋入基座底板的连接孔内，适度旋紧。

　　在中心螺旋下方挂垂球。如垂球尖端偏离测站标志较大，则平移脚架使垂球尖尽可能对准测站标志，架头要大致水平。当垂球尖偏离较小时，可稍放松中心螺旋，将仪器在三脚架架头上移动至垂球尖端与测站点标志的偏差不大于 3mm（图 3-18），立即旋紧中心螺旋。

　　为了加快对中工作，北京光学仪器厂生产的 TDJ$_6$ 型光学经纬仪，其基座底部装有快速对中板。安置仪器时，将滑板的两个长槽套入脚架头两个柱梢上，适度旋紧中心螺旋。用垂球作初步对中并整平仪器，然后稍松中心螺旋，两手扶基座仪器沿滑板互为垂直的两方向平移，至测站点标志落入分划圆圈中央，即适度旋紧中心螺旋。

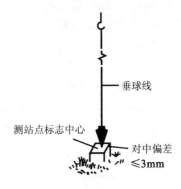

垂球线

测站点标志中心

对中偏差
≤3mm

图 3-18　测站垂球对中

3.4.1.2 整平

①转动照准部使其长水准管平行于两个脚螺旋的连线,如图3-19(a)所地示。两手同时对向或反向旋转这两个脚螺旋,使气泡居中(气泡移动方向与左手大拇指转动方向一致)。

②将照准部绕竖轴旋转90°,使水准管垂直于原来两个脚螺旋的连线,如图3-19(b)所示。转动第3个脚螺旋使气泡居中。

③按上述两步骤反复整平,直至在两位置气泡都居中为止。

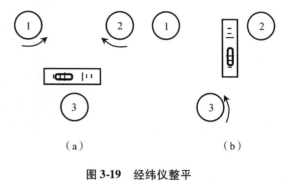

(a)　　　　　　　　(b)

图3-19　经纬仪整平

3.4.1.3 光学对中与整平

利用光学对中器对中则是对中与整平工作一起进行。张开三脚架安放在测站上,架头要大致水平,其中央圆孔粗略对准测站点标志。然后将脚架尖插实土中。

旋转对中器目镜,看清分划板的小圆,再拉伸镜筒看清测站点标志,采用激光对点的仪器应将激光对点开关调到ON,调节脚螺旋,使测站点标志落入分划板的小圆圈中央或激光点与测站点标志重合,调节脚架高度使圆水准器气泡居中,再检查测站点标志是否在分划板的小圆圈中央或与激光点是否重合,如有差异可稍松开中心螺旋,两手扶基座将仪器在脚架头平面上平移,使测站点标志落入分划板的小圆圈中央或与激光点重合,旋紧中心螺旋,再微调脚螺旋使水准管气泡居中。如此反复进行,即可完成仪器安置对中与整平工作。

3.4.2 对光和瞄准

用望远镜瞄准目标,包括目镜对光、物镜对光和瞄准等基本操作。

①目镜对光　将望远镜对向明亮的背景(如天空),旋转目镜调焦螺旋使十字丝的分划清晰。

②初步瞄准目标和物镜对光　松开照准部、望远镜的制动螺旋,转动仪器由望远镜的照门和准星(或瞄准器)瞄准目标,在望远镜内看到测点目标后,制动(即旋紧制动螺旋)照准部及望远镜。转动望远镜调焦螺旋,使目标影像清晰,并检查和消除视差。

③精确瞄准目标　转动照准部和望远镜的微动螺旋,使十字丝准确瞄准目标。图3-20为一正像光学经纬仪十字丝瞄准目标的视场影像,瞄准时要用十字丝的中央部位重合目标。如观测水平角,可视目标影像的大小情况,将目标影像夹在双纵丝内且与双丝对称,或用单纵丝与目标重合(图3-20)。为了减少目标倾斜对水平角的影响,如图3-20(b)、(c)所示,应尽可能瞄准目标底部。如用垂球线作为瞄准的目标,应注意使垂球尖准确对准测点,并瞄准垂球线的上部,如图3-20(a)所示。

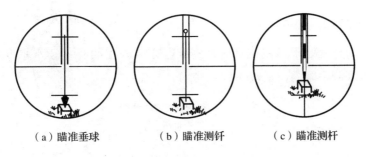

|（a）瞄准垂球|（b）瞄准测钎|（c）瞄准测杆|

图 3-20　正像经纬仪盘左位置的瞄准

3.4.3　读数

瞄准目标后，在光学经纬仪读数显微镜里读取度盘读数，读数时应先估读秒，再读度和分，分和秒读记两位数，分秒不足 10，前面应加 0。电子经纬仪度盘的读数显示在仪器的显示屏上，直接读取即可。关于电子经纬仪显示屏上各种功能键的使用将在第 4 章全站仪一节进行详细介绍。

3.5　水平角观测

当使用经纬仪在实地观测水平角时，为了防止错误和消减仪器误差，以保证观测的结果能达到所需的精度，必须按一定的操作程序进行观测。

在一个测站上，每次只观测一个水平角时，可采用"测回法"。如在一个测站上每次要同时观测相邻两个或两个以上的水平角时，可采用"方向观测法"或称为"全圆测回法"。

为了叙述方便，先对一些术语作如下解释：

①左方点和右方点　观测者立于测站点 A，面向所观测的水平角，位于左边的方向点称为左方点，位于右边的方向点称为右方点。如图 3-21 所示，对于水平角 β，测点 B 为左方点，测点 C 为右方点；而水平角 β' 的左方点为 C，右方点为 B。

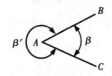

图 3-21　测回法水平角观测略图

②盘左与盘右（或正镜与倒镜）　是指观测时经纬仪竖盘相对于望远镜的位置而言。当望远镜瞄向目标时，如竖盘在望远镜的左侧，称竖盘位置为"盘左"，或称望远镜位置为"正镜"。如竖盘在望远镜的右侧，则称为"盘右"或"倒镜"。

3.5.1　测回法

如图 3-21 所示，在测站点 A（角度顶点）上安置经纬仪，同时在测点 B，C 标志上垂直竖立供瞄准的目标（如测杆、吊垂球线）。用盘左和盘右各观测水平角 β 一次，盘左观测为上半测回，盘右观测为下半测回，如两次观测角值较差不超过其容许值，则取其平均值作为一测回的结果。这一观测法，称为测回法。该方法的具体操作步骤如下：

3.5.1.1　安置仪器

在测站点 A 上安置经纬仪，对中、整平后，进行目镜对光。

3.5.1.2 上半测回（盘左观测）

①将经纬仪的竖盘处于盘左位置时，瞄准左方点 B 的目标，读水平度盘读数 $b_{盘左}$ = 12°14′24″，记入观测手簿内，见表3-1。

表3-1 水平角观测手簿（测回法）

日期：××××年××月××日　　　　　　天气：晴　　　　　　观测者：李××

仪器型号：DJ$_6$ - 202188　　　　　　　　　　　　　　　　记录者：王××

| 测站 | 目标 | 盘左观测 | | 盘右观测 | | 半测回差 (″) | 一测回平均值 (° ′ ″) | 备 注 |
		读数 (° ′ ″)	角值 (° ′ ″)	读数 (° ′ ″)	角值 (° ′ ″)			
A	B	12 14 24	54 23 48	192 15 12	54 24 18	30	54 24 03	$\Delta\beta = 30″ < 40″$，即 $\Delta\beta < \Delta\beta_容$，观测成果符合要求
	C	66 38 12		246 39 30				

②顺时针方向转动照准部，瞄准右方点的目标 C，读数得 $c_{盘左}$ = 66°38′12″。

计算上半测回角值：$\beta_{盘左} = c_{盘左} - b_{盘左}$

3.5.1.3 下半测回（盘右观测）

①倒转望远镜，逆时针方向转动照准部，在盘右位置瞄准右方点 C，读数得 $c_{盘右}$ = 246°39′30″，记录。

②逆时针方向转动照准部，瞄准左方点 B，读数得 $b_{盘右}$ = 192°15′12″，计算下半测回角值：$\beta_{盘右} = c_{盘右} - b_{盘右}$。

3.5.1.4 水平角计算

计算上、下半测回测得角值较差 $\Delta\beta$ 即为半测回差。各精度等级经纬仪半测回差均有一个容许误差，例如，DJ$_6$ 级经纬仪半测回差的容许值 $\Delta\beta_容$ = 40″。其观测结果若满足 $| \Delta\beta | \leqslant \Delta\beta_容$，成果合格，则一测回所测得的水平角为：

$$\beta = \frac{1}{2}(\beta_{盘左} + \beta_{盘右}) \tag{3-3}$$

否则，应查明原因，返工重测。

3.5.1.5 各测回间度盘位置变换

当水平角要求的精度较高，需要进行多测回观测时，为了减弱度盘的分划误差，各测回间在盘左照准左方点时，要改变水平度盘的读数，其变动值 $\Delta = 180°/n$（n 为测回数）。每测回的操作方法相同，各测回观测获得的角值的互差的容许值为24″（DJ$_6$ 级经纬仪），如符合要求则取各测回角值的平均值作为最后结果。

3.5.2 方向观测法（全圆测回法）

方向观测法是测回法的扩展，它先观测测站至各测点的方向值，然后由方向值计算所需的水平角值。在观测之前，应选择几个观测方向中便于照准、目标成像清晰的一个测点作为起始点。观测时，仍按测回进行。在一测回中也分为上半测回和下半测回。如图 3-22 所示，在测站点 O 安置仪器，对中整平后，上半测回，自起始点 A 开始，顺时针方向依次观测 B，C，D 点。当观测的目标多于 3 个时，为了检查水平度盘在半测回观测中变动是否超限，再次观测起始点 A 点，两次照准起始点读数之差称为半测回归零差，应不超过规定限差（如 DJ$_6$ 级经纬仪为 $18''$）。下半测回，逆时针方向旋转照准部，依次观测 A，D，C，B，A 点，仍要检查半测回归零差是否超限。

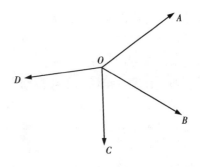

图 3-22　方向观测法水平角观测略图

如需观测 n 测回，与测回法一样，要求在各测回间上半测回照准起始点时变换水平度盘读数，其变换递增值仍为 $180°/n$。例如，观测两测回，$n = 2$，则变换递增值 $= 180°/2 = 90°$。

第一测回在盘左照准起始点时水平度盘读数应配为稍大于 $0°$ 的位置（如 $0°03'$）。

第二测回在盘左照准起始点时水平度盘读数应配为稍大于 $90°$ 的位置（如 $90°03'$）。

方向观测法的记录，见表 3-2。观测时要随记随算，发现超限则及时进行重测。现将计算的方法和限差说明如下：

表 3-2　水平角观测手簿（方向观测法）

日期：××××年××月××日上午　　　　天气：晴　　　　观测者：李××

仪器型号：DJ$_6$ – 01879　　　　记录者：陈××　　　　检查者：李××

测回数	照准点	水平度盘读数		$2c = L -$ $(R \pm$ $180°)$	平均读数 $\frac{L - c}{}$	一测回方向值	各测回平均方向值	备　注
		盘左(L)	盘右(R)					
		(° ′ ″)	(° ′ ″)	(″)	(° ′ ″)	(° ′ ″)	(° ′ ″)	
			测站：O					
			00209					
					(0　02　09)			
1	A	0　02　12	180　02　00	+12	0　02　06	0　00　00	0　00　00	
	B	82　47　36	262　47　30	+6	82　47　33	82　45　24	82　45　34	
	C	151　24　24	331　24　12	+12	151　24　18	151　22　09	151　22　17	
	D	230　50　18	50　50　00	+18	230　50　09	230　48　00	230　48　08	
	A	0　02　18	180　02　06	+12	0　02　12			
					(90　02　50)			
2	A	90　03　00	270　02　48	+12	90　02　54	0　00　00		
	B	172　48　30	352　48　36	−6	172　48　33	82　45　43		
	C	241　25　18	61　25　12	+6	241　25　15	151　22　25		
	D	320　51　12	140　51　00	+12	320　51　06	230　48　16		
	A	90　02　48	270　02　42	+6	90　02　45			

①在"水平度盘读数"栏内，盘左时的记录，依 A，B，C，D，A 的顺序自上而下记入

相应读数;盘右时则依 A,D,C,B,A 的顺序由下向上记入读数。

②在完成半测回观测后,半测回归零差如超过表 3-3 的规定,则重测这半个测回。如符合要求,继续进行观测。

例如,在第一测回的上半测回中,半测回归零差为:

$$0°02'18'' - 0°02'12'' = +6'',未超过限差 18''$$

③二倍视准轴误差($2c$)。一测回内同一方向的视准轴误差按下式计算。

$$2c = L - (R ± 180°) \tag{3-4}$$

例如,第一测回内,B 点方向的 $2c$ 为

$$2c = 82°47'36'' - (262°47'30'' - 180°) = +6''$$

同一测回内,$2c$ 的变动范围(即由最小的 $2c$ 值至最大 $2c$ 值的区间),不能超过表 3-3 规定的限差。

例如,第二测回内最小的 $2c$ 值为 B 方向的 $-6''$,最大的 $2c$ 值为 $+12''$,故变动范围为 $-6'' \sim +12''$,区间值为 $18''$。

④在计算一测回内各方向的平均读数时,各方向的 $2c$ 值都已算出,可按下式计算各方向的平均读数。

$$平均读数 = L - c \tag{3-5}$$

将起始方向的两个平均读数取其中数,记于第一行,加以圆括号,作为该测回起始方向最终的平均读数。

表 3-3　水平角观测(方向观测法)各项限差

项　　目	DJ$_6$ 级光学经纬仪	DJ$_2$ 级光学经纬仪
半测回归零差	18″	8″
一测回中二倍视准轴误差($2c$)变动范围	36″	13″
同一方向值各测回互差	24″	9″

⑤在一测回内,将各方向的平均读数减去起始方向该测回最终的平均读数(即圆括号内的数值,如第一测回为 $0°02'09''$),则得一测回方向值。

例如,B 方向第一测回方向值为:$82°47'33'' - 0°02'09'' = 82°45'24''$

第二测回方向值为:$172°48'33'' - 90°02'50'' = 82°45'43''$

⑥同一测点各测回方向值的互差,如不超过表 3-3 的规定,即取其平均值作为各测回方向值。例如,B 点两测回的互差 $19''$,未超过限差 $24''$。其余各方向亦符合要求。

3.6　竖直角观测

3.6.1　经纬仪竖盘构造

各种类型经纬仪的竖盘构造基本相近,下面以 DJ$_6$ 级光学经纬仪为例介绍经纬仪的竖盘基本构造。

图 3-23 为 DJ$_6$ 级光学经纬仪的竖盘构造示意图，竖盘 1 与横轴固连，并随望远镜绕横轴旋转。竖盘读数的光具组 8 与竖盘指标水准管 2 均固定在同一微动框架上，转动框架的微动螺旋 7，水准管及光具组均随之移动。构造上应使竖盘指标水准管轴 3 垂直于光具组的光轴 6，光具组的光轴 6 作为固定的竖盘读数指标，用以指示竖盘读数。为了能在竖盘读数时将竖盘读数指标线处于一个固定的竖直位置，读数之前，应调节竖盘水准管微动螺旋，使竖盘指标水准管作微小的俯仰运动至水准管气泡居中，水准管轴水平，光具组的光轴 6（竖盘读数指标线）便处于铅垂位置，此时才能读取正确的竖盘读数。

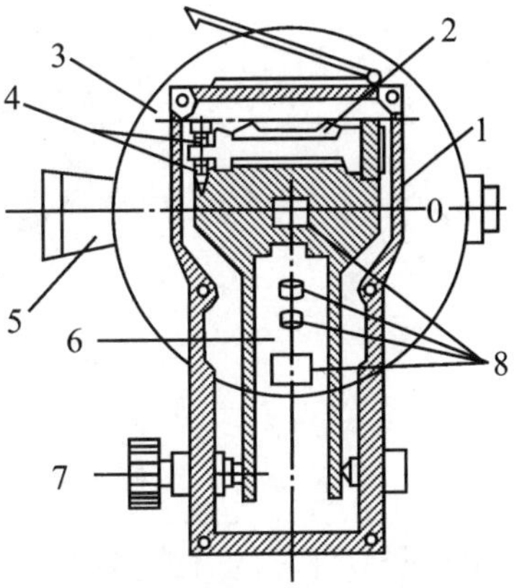

图 3-23　DJ$_6$ 级光学经纬仪竖盘构造

1. 竖盘　2. 竖盘指标水准管　3. 水准管轴
4. 水准管校正螺丝　5. 望远镜　6. 光具组光轴
7. 竖盘指标水准管微动螺旋　8. 光具组

国内外已生产了一种竖盘指标自动补偿装置的经纬仪，它安置一个自动补偿装置来代替竖盘指标水准管实现固定竖盘读数指标的功能。当仪器的竖盘有微小倾斜时，通过自动补偿装置自动调整光路，使其读数相当于竖盘水准管气泡居中时的读数。补偿的原理与自动安平水准仪相似。使用这种经纬仪观测竖直角，只需将照准部水准管整平，瞄准目标即可读取竖盘读数，从而提高测量工效。

3.6.2　竖直角计算

光学经纬仪的竖盘刻度为全圆 360°式，有顺时针方向递增注记及逆时针方向递增注记两种方式，如图 3-24 及图 3-25 所示。

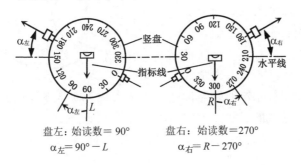

盘左：始读数=90°
$$\alpha_左 = 90° - L$$

盘右：始读数=270°
$$\alpha_右 = R - 270°$$

图 3-24　顺时针方向递增注记竖盘竖直角计算

DJ$_6$ 级光学经纬仪的竖盘与其指标线之间，应满足的条件为：当望远镜视线水平、竖盘指标水准管气泡居中时，竖盘指标所指的读数，称为竖直度盘的"始读数"。盘左时的始读数一般为 90°。盘右时的始读数一般为 270°。

设盘左瞄准目标时的竖盘读数为 L，由此算得的竖直角为 $\alpha_左$；盘右瞄准同一目标（与盘左保持同一高度）时的竖盘读数为 R，由此算得的竖直角为 $\alpha_右$。两种注记方式的竖直角计算公式，如图 3-24 竖盘顺时针方向递增注记及图 3-25 竖盘逆时针方向递增注记所示。

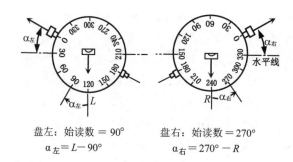

盘左：始读数 = 90°　　　　盘右：始读数 = 270°

$\alpha_{左} = L - 90°$　　　　$\alpha_{右} = 270° - R$

图 3-25　逆时针方向递增注记竖盘竖直角计算

由于竖盘注记的方式多种多样，在使用经纬仪时，可先仔细观察其构造和注记方式，并用下述规则(可通用于盘左和盘右)自行导出竖直角的计算式。

（1）望远镜视线大致放平，观察始读数(90°，270°，0°，180°)

（2）将望远镜物镜端抬高时，观察以下情况。

① 如竖盘读数递增，则竖直角 = 读数 − 始读数

② 如竖盘读数递减，则竖直角 = 始读数 − 读数

算得的值为"+"时，竖直角为仰角；为"−"时则为俯角。

3.6.3　竖盘指标差

当望远镜视线水平，竖盘指标水准管气泡居中时，竖盘读数指标线所指的读数不为始读数(90°或 270°，0°或 180°)，其偏差值即称为竖盘指标差，记为 x(图 3-26)。竖盘指标偏离正确位置的方向与竖盘注记方向一致，指标差 x 为正值，反之，指标差 x 为负值。

产生指标差的原因，对于 DJ_6 光学经纬仪来说，是由于竖盘指标水准管轴与读数光具组的光轴不正交造成的。

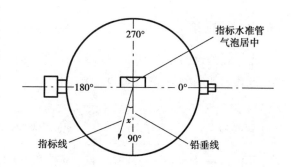

图 3-26　竖盘指标差示意图

在图 3-27 中，若所测竖直角的正确值为 α，则考虑指标差 x 时的竖直角计算公式应为：

$$\alpha = 90 + x - L = \alpha_{左} + x \tag{3-6}$$

$$\alpha = R - (270 + x) = \alpha_{右} - x \tag{3-7}$$

由式(3-6)与式(3-7)可得出如下竖盘指标差 x 的计算公式及盘左盘右测量一测回竖直角的计算公式。

$$x = \frac{1}{2}(\alpha_{左} - \alpha_{右}) = \frac{1}{2}\big[(L + R) - 360°\big] \tag{3-8}$$

$$\alpha = \frac{1}{2}(\alpha_{左} + \alpha_{右}) \tag{3-9}$$

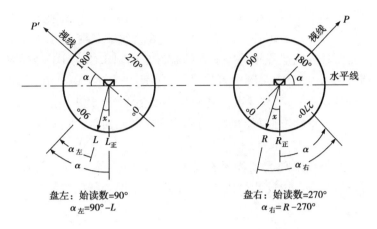

盘左：始读数=90°
$\alpha_{左}=90°-L$

盘右：始读数=270°
$\alpha_{右}=R-270°$

图3-27 考虑竖盘指标差竖直角的计算

式(3-8)表明,只要用盘左盘右一测回观测某一竖直角,根据其盘左读数 L、盘右读数 R 就能求得该仪器的竖盘指标差。而由式(3-9)可知,盘左盘右一测回观测竖直角取其平均值即可消除仪器的竖盘指标差 x。

3.6.4 竖直角观测方法

竖直角观测是用经纬仪的横丝(一般用中横丝)切取照准目标的指定高度处读取竖盘读数,并根据观测仪器竖直角的计算公式算出竖直角。其具体方法如下:

(1)在测站点安置经纬仪,进行对中、整平。

(2)盘左观测。

① 转动仪器瞄准测点的目标,用十字丝中横丝切取目标某一高度处(如图3-28中旗杆的顶部)。

② 用竖盘指标水准管的微动螺旋,使水准管气泡居中。

图3-28 竖直角观测照准示意

自动补偿装置的光学经纬仪没有竖盘指标水准管,读数之前应先旋转仪器支架上的补偿装置锁紧手轮,使轮上的 ON 转向红点,指标补偿器处于自由状态,此时转动照准部可以听到清脆的响声,表明自动补偿装置能正常发挥补偿作用。观测完毕,应旋转锁紧手轮,使轮上 OFF 转至红点锁紧补偿器,以致仪器搬动时不受振动而损坏。电子经纬仪的竖盘指标采用了电子补偿技术,竖盘指标补偿默认设置成 ON 开启状态,无需这一步的操作。

③ 读竖盘读数得 L,记录。

(3)盘右观测。

同上述方法,再瞄准同一目标点(与盘左同一高度处),得竖盘读数 R,记录。

(4)用各目标点的盘左盘右读数 L,R 计算仪器的竖盘指标差 x,根据仪器竖盘指标差 x 变化的限差判定观测成果是否合格。

用一台仪器观测竖直角时,竖盘指标差在同一段时间内的变化应该很少,可视为定值。在一个测站用仪器向各个方向以盘左、盘右位置观测竖直角后,则同一测回各方向观测结果算得的竖盘指标差 $x = [(L + R) - 360°] / 2$ 应该相等。考虑到仪器误差、观测者人为误差和外界条件的影响，根据各方向测得的 L, R 计算出的竖盘指标差会发生变化，因此规范规定了同测回各方向竖盘指标差变化的容许范围(DJ$_6$级与DJ$_2$经纬仪竖盘指标差变化的容许值分别为25″, 15″)，观测中若超限，应重测。表3-4 中，由 A, B 目标观测结果算得的竖盘指标差分别为 $-15″$ 和 $+6″$，其变化幅度为21″，对于 DJ$_6$ 级经纬仪，其观测成果是合格的。若对一个单独方向观测时，可用同方向各测回竖盘指标差变化来判定其成果是否合格。

上述即为一测回竖直角观测，若观测成果合格，由读数 L, R 分别计算出 $\alpha_{左}$ 和 $\alpha_{右}$，取其平均值作为最后结果。由此测得的 α 为瞄准目标点时视线的竖直角。其记录计算方法具体见表3-4。

表3-4　竖直角观测手簿

日期：×××年××月××日　　　　　天气：晴　　　　　观测者：黄××

仪器型号：DJ$_6$　　　　　　　　　　　　　　　　　　记录者：张××

测站	测点	竖盘位置	竖盘读数			竖直角			指标差	平均竖直角			备注
	瞄准目标		(°	′	″)	(°	′	″)	(″)	(°	′	″)	
O	*A*	左	72	23	30	+17	36	30	−15	+17	36	15	
	标旗顶	右	287	36	00	+17	36	00					
	B	左	95	22	30	−5	22	30	+6	−5	22	24	
	标旗顶	右	264	37	42	−5	22	18					

3.7　水平角观测误差及其消减方法

观测水平角时，由于仪器未臻完善，观测者的技术水平和生理上的局限，以及外界自然环境等因素的影响，使观测成果含有各种误差，其主要影响因素如下所述。

3.7.1　仪器误差

仪器误差主要包括仪器制造不完善引起的误差及校正不完善产生的残余误差。

3.7.1.1　仪器制造不完善引起的误差

仪器制造上的不完善，主要有如照准部偏心差和度盘的分划误差。

如图 3-29 所示，照准部的旋转中心 O' 如果与度盘的圆心 O 重合，指标线在水平度盘上的正确读数为 a。如果 O' 与 O 不重合，即产生照准部偏心。此时指标的读数为 $a_{左}$，与正确读数 a 有一偏心误差 x，即为照准部偏心差。它不是一个常数。当指标线在度盘上不同部位读数

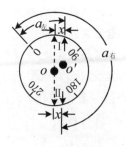

$$\alpha = \alpha_{左} - x$$
$$\alpha = (\alpha_{右} \pm 180°) + x$$
$$\alpha = 1/2 [\alpha_{左} + (\alpha_{右} \pm 180°)]$$

图3-29　照准部的旋转中心与水平度盘的圆心不重合误差

时，x 的数值亦随之变化。

对于单指标读数的 DJ$_6$ 级光学经纬仪，采用盘左读数 $a_左$ 与盘右读数 $a_右$ 取平均值的方法，可基本消除或大部分消除照准部偏心差的影响。DJ$_2$ 级光学经纬仪在制造上已采用度盘对径分划符合读数的方法消除该项误差。

至于度盘的分划误差，由于当代刻度的技术较为先进，度盘的分划误差较小。当精度要求较高时，可采用变换水平度盘位置的方法进行观测，以减弱这一误差的影响。

3.7.1.2 仪器校正不完善引起的误差

仪器校正不完善所引起的误差主要有视准轴误差、横轴倾斜误差及竖轴倾斜引起的误差。

（1）视准轴误差

视准轴误差是由于视准轴不完全垂直于横轴产生的偏差角值 c 对测角的影响。如图 3-30 所示，当视准轴不垂直于横轴时，盘左时如图 3-30（a）所示，因视准轴偏于正确位置的左侧，使 $M_左$ 比正确读数大了 c 值。盘右时如图 3-30（b）所示，因视准轴偏于正角位置的右侧，$M_右$ 比正确读数小了 c 值，因此，用盘左、盘右观测取其平均值的方法可消除该项误差的影响。

（2）横轴倾斜误差

横轴倾斜误差是由于横轴不垂直于竖轴所产生的偏差角值 i。如图 3-31 所示，由于有横轴倾斜误差，望远镜绕横轴旋转时，视准轴将旋转成一倾斜面，使观测产生误差。望远镜视线的竖直角越大，横轴倾斜误差对测角的影响也越大。在盘左盘右观测某一方向时，该误差对方向值的影响相反，因此，同样可用盘左、盘右观测取其平均值的方法可消除该项误差的影响。

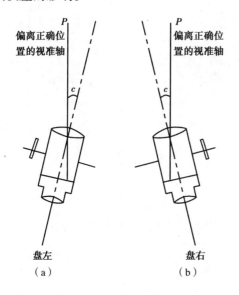

图 3-30　视准轴误差对观测方向值的影响

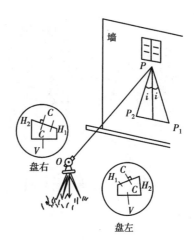

图 3-31　横轴倾斜误差对观测方向值的影响

（3）竖轴倾斜引起的误差

当照准部水准管轴垂直于仪器竖轴的几何条件不完全满足时，水准管气泡居中，水准管轴虽然水平，但仪器竖轴却不完全竖直，由此引起竖轴倾斜，从而导致水平度盘也产生一定的倾斜。照准部的转动和望远镜的俯仰都不会改变水平度盘的倾斜面，因此，由竖轴倾斜引起的观测误差，用盘左盘右观测取平均值的方法不能消除其影响，而且瞄准目标的俯仰角越大，由此产生的误差也越大，这就要求在测站点与观测目标的高差教大时，必须注意校正好照准部水准管轴，使其垂直于竖轴，并注意仪器的整平。

3.7.2 操作误差

经纬仪测角时的对中误差有仪器对中误差和观测目标对中误差。

3.7.2.1 仪器对中误差

在图 3-32 中，O 为测站点，要求测出水平角 $\angle AOB = \beta$。仪器对中时对准 O' 点，产生的偏心距 $OO' = e$。由此测得角值为 $\angle AO'B = \beta'$。由图知，$\beta = \beta' + (\varepsilon_1 + \varepsilon_2) = \beta' + \Delta\beta$

其中
$$\Delta\beta = \varepsilon_1 + \varepsilon_2$$

即为仪器对中偏差所引起的测角误差。

当 ε_1 和 ε_2 都很小，可如下计算。在图 3-33 中，自 O 作 AO' 的垂线，则有：
$$e' = e\sin\theta$$

又
$$\sin\varepsilon_1 = \frac{e'}{D_1} = \frac{e}{D_1}\sin\theta$$

当 ε_1 很小时，$\sin\varepsilon_1 \approx \varepsilon_1$（弧度），同时将 ε_1 化为（秒），故在前式的右端乘 ρ''，

得：
$$\varepsilon_1 = \frac{\rho''}{D_1}e\sin\theta \tag{3-10}$$

仿此可得
$$\varepsilon_2 = \frac{\rho''}{D_2}e\sin(\beta' - \theta) \tag{3-11}$$

则
$$\Delta\beta = \rho''\left(\frac{e\sin\theta}{D_1} + \frac{e\sin(\beta' - \theta)}{D_2}\right) \tag{3-12}$$

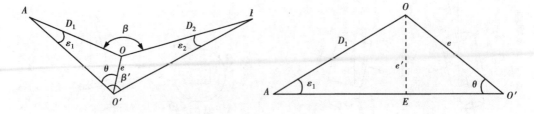

图 3-32　经纬仪对中误差对测角的影响　　　图 3-33　经纬仪对中误差计算示意

由以上各式可知，当偏心距 e 和 θ 角一定时，边长 D 越短，对中偏差引起的测角误差越大。因此，对短边的夹角观测时，更应注意对中，偏心距 e 越小越好。

此外，偏心距 e 对测角的影响亦因 θ 角值而变化。如图 3-32 所示，当 $\beta' = 180°$ 时，如 $\theta = 0°$，则 O' 点在 AO（或 BO）直线上，由式(3-10)和式(3-11)知，$\varepsilon_1 = \varepsilon_2 = 0$，影响为最

小，如 $\theta \approx 90°$，即 OO' 约垂直于 AO 或 BO，则对测角的影响为最大，此时为：

$$\varepsilon_1 = \frac{e}{D_1} \times \rho'' \qquad \varepsilon_2 = \frac{e}{D_1} \times \rho''$$

【例 3-1】设 $e = 3\text{mm}$，$D_1 = 50\text{m}$，$D_2 = 100\text{m}$，则有：

$$\varepsilon_1 = \frac{3}{50 \times 1\ 000} \times 206\ 265'' = 12.\ 4''$$

$$\varepsilon_2 = \frac{3}{100 \times 1\ 000} \times 206\ 265'' = 6.\ 2''$$

引起的测角误差为 $\qquad \Delta\beta = \varepsilon_1 + \varepsilon_2 = 12.\ 4'' + 6.\ 2'' = 18.\ 6''$

3.7.2.2 观测目标对中误差

如图 3-34 所示，在测点 B 竖立供瞄准用的目标时，如对准观测点的标志有偏差，或在观测点所竖立的标杆有倾斜，则使照准点偏离观测点，其偏心距为 $d = B'B$，由此引起水平角的测角误差为 $\Delta\beta = \beta' - \beta$。当 d 一定时，如果 $B'B \perp OB$，此时对测角的影响为最大：

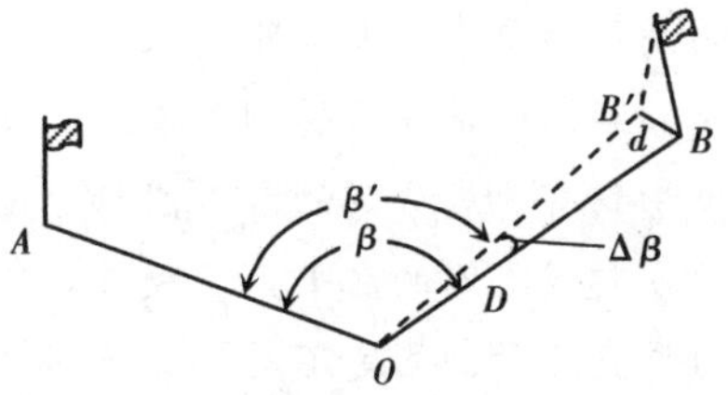

图 3-34 目标偏斜误差对测角的影响

即 $\qquad\qquad \Delta\beta = \rho'' \dfrac{d}{D}$

而且，边长 D 越短，其影响亦越大。

此外，当标杆倾斜时，瞄准标杆上的点越高，则偏心距 d 亦越大，引起的测角误差亦随之增大，因此，在观测水平角时，要注意使供瞄准的目标对准测点的标志，若在测点上用标杆作观测目标，要使标杆竖直，并尽可能瞄准标杆的底部。

3.7.2.3 整平误差

仪器整平有误差，水准管轴不完全水平而引起竖轴倾斜，它对水平角观测成果的影响与前述的竖轴倾斜相同，在此不再赘述。

3.7.2.4 瞄准误差与读数误差

瞄准误差主要与望远镜的放大倍数 V 有关，亦受对光时的视差和外界条件的影响。一般用 $60''/V$ 估算瞄准误差的大小。

读数误差与仪器的读数设备、照明和视差有关，但主要取决于读数设备的精度。例如，DJ_6 级光学经纬仪分微尺读数设备，其读数设备误差可取为 $0.1'$。但读数时应注意消除读数显微镜的视差。

3.7.3 外界条件影响

影响水平角观测的外界因素，主要来源于自然环境。例如，大气透明度差、空气对流和目标背景不良会降低瞄准精度，大风影响仪器的稳定等，这些都会造成测角误差。此外，如阳光的照射，亦会引起仪器各部位的变化，因而影响测角的精度，故在有太阳的天气，观测时要打伞，不让阳光直照仪器。自然环境的影响是复杂而多变的，当要求的精度较高时，要注意选择有利的观测时间，避免不利因素的影响。

<h2 style="text-align:center">本章小结</h2>

用于确定地面点位置的角度有水平角和竖直角两种。由一点至两目标方向线在水平面上的垂直投影所构成的夹角称为水平角。水平角是确定地面点平面位置方向的要素。水平角的取值范围为 $0°\sim360°$。同一竖直平面内测站点至观测目标的方向线与水平线之间的夹角，称为竖直角。竖直角是斜距化为平距和三角高程测量中计算高差的几何要素。竖直角取值范围为 $-90°\sim+90°$。一点至目标点的方向线与天顶方向(铅垂线的反方向)所构成的夹角，称为天顶距。同竖直角一样，天顶距也是表示测站点至观测目标的方向线在竖直平面高低的要素。天顶距的取值范围是 $0°\sim180°$。天顶距与竖直角的代数和等于 $90°$。

经纬仪是精密的测角仪器。水平角测量是利用过角度顶点不同方向的方向线分别垂直投影到有角度分划的水平圆盘上而获得不同方向线的方向值读数，其方向值读数之差即为两方向线之间的水平角。竖直角测量是利用经纬仪上与望远镜同步在竖直平面内上下旋转的竖直度盘，固定不动的读数指标在望远镜视线水平时指示的竖直度盘读数(始读数)与倾斜视线竖直度盘读数指标指示的读数之差即为该倾斜视线的竖直角。经纬仪在测量角度过程中，必须要保持水平度盘水平、角度顶点应位于水平度盘圆心的铅垂线上及竖直度盘读数指标位置固定。因此，经纬仪使用包括了对中、整平、瞄准和读数四个基本步骤。

水平角观测的方法有测回法和方向观测法。测回法适用于角度顶点只有 2 个观测方向的单角度观测，其观测结果为角度值。方向观测法能对角度顶点多于 2 个观测方向的多角度观测，其观测结果是以起始方向为基准的方向值。水平角采用盘左和盘右观测可消除仪器的视准轴误差和横轴倾斜误差，盘左和盘右观测称为一个测回的观测。水平角的计算是基于光学经纬仪水平度盘分划以顺时针递增注记模式和电子经纬仪、全站仪的 HR(顺时针旋转照准部，水平度盘读数增加)模式，因此，水平角值应为顺时针方向旋转观测水平角所确定的终点目标的方向值减去起始点目标的方向值，若其结果为负，应加上 $360°$。盘左、盘右半测回测得的角值之差是判断测回法一测回观测成果是否合格的主要依据。方向观测法一测回内的主要限差为半测回归零差和一测回各观测方向的 2c 互差。多测回观测水平角的限差是各测回测得的角值互差或以起始方向为基准的方向值互差。

竖直角测量是望远镜十字丝的横丝(中丝法采用中横丝)切取观测目标某一高度，在竖直度盘读数指标水准管气泡居中或其补偿装置开关开启的条件下读取竖盘读数。竖直角的计算应根据竖盘的始读数和竖盘分划注记，确定其计算公式。测量计算获得的竖直角应带有正、负号，为正表示仰角，反之为俯角。竖直角测量的限差是同一测回由各观测方向或同一方向相邻测回盘左、盘右读数算出的竖盘指标差的互差。

水平角观测的误差有视准轴误差、横轴倾斜误差、度盘偏心差等仪器误差；仪器对中误差、观测目标对中误差、水准管整平误差、照准误差及读数误差等操作误差；外业观测时的大气透明度、空气对流、目标背景不良及温度的变化等外界条件引起的误差。观测人员要对具体的观测分析其误差的主要来源、规律以及对测量成果的影响，采用相应的消减措施。竖直角采用盘左、盘右观测可消除竖盘指标差的影响。

复习思考题

1. 名词解释

(1)水平角　(2)竖直角　(3)经纬仪竖轴　(4)经纬仪横轴　(5)盘左观测　(6)盘右观测

(7)横轴误差　(8)视准轴误差　(9)竖盘指标差

2. 填空题

(1)经纬仪对中误差对水平角测量的影响与偏心距大小成_____，与边长的大小成_____。

(2)经纬仪的测站安置工作包_____和_____，其目的分别是_____及

_____。

(3)用测回法测量水平角时，计算角度总是用右目标读数减去左目标读数，其原因是_____

_____。

(4)竖直角观测时，无竖盘指标自动补偿器装置的经纬仪，竖盘读数之前应旋转竖盘指标水准管的

微动螺旋使其水准管气泡居中，此项操作的目的是_____。有竖盘指标自动补偿器装置

的经纬仪，测竖角前，应将_____打开。

(5)水平角观测时，采用盘左盘右观测是为了消除_____误差和_____误差对观测角度的

影响。

(6)经纬仪主要轴线之间关系应满足的条件是(a)_____；(b)_____；

(c)_____；(d)_____。

(7)水平角观测时，不同测回之间起始方向变动度盘位置，其目的是_____。

3. 判断题

(1)当经纬仪各轴间具有正确的几何关系时，观测同一方向内不同高度目标时，水平度盘的读数是

一样的。 (　　)

(2)经纬仪对中误差对水平角的影响与测站至目标的距离有关，距离越远，影响越小，但与偏心距

的方向无关。 (　　)

(3)用经纬仪瞄准同一竖直面内不同高度的两个点，在竖盘上的读数差就是竖直角。 (　　)

(4)竖直角观测中，竖盘指标差对同一目标盘左、盘右两半测回竖直角影响的绝对值相等，而符号

相反。 (　　)

(5)地面上一点到两目标的方向线间所夹的水平角，就是过该两方向线所作两竖直面间的两面角。

(　　)

(6)采用方向观测法进行水平角观测，当方向数多于3个时，每半测回均应归零。 (　　)

(7)使用光学对中器或垂球进行对中时，均要求经纬仪竖轴必须竖直。 (　　)

(8)经纬仪的水平度盘刻划不均匀误差，可以通过盘左、盘右观测取平均值的方法消除。 (　　)

(9)望远镜视准轴与横轴不垂直的误差，主要是由于十字丝交点位置不正确所造成的。 (　　)

4. 单项选择题

(1)经纬仪望远镜、竖盘和竖盘指标之间的关系是(　　)

A. 望远镜转动，指标也跟着动，竖盘不动

B. 望远镜转动，竖盘跟着动，指标不动

C. 望远镜转动，竖盘与指标都跟着动

D. 望远镜转动，竖盘与指标都不动

(2)用经纬仪正倒镜观测水平方向某一目标所得的读数差，理论上应为180°，如果每次读数差不为

180°，并且为常数，其原因主要是(   )

    A. 横轴误差大　　　　　　　　　B. 视准轴误差大

    C. 度盘带动误差　　　　　　　　D. 竖盘指标差大

(3)存在横轴误差时，对水平角测量的影响是(   )

    A. 当视线水平时，对水平角测量的影响最大

    B. 随目标竖直角的增大，横轴误差对水平角测量的影响逐渐减小

    C. 随目标竖直角的增大，横轴误差对水平角测量的影响逐渐增大

    D. 横轴误差对水平角测量的影响与目标竖直角无关

(4)经纬仪在测站上安置是先对中后整平，通过对中达到(   )

    A. 水平度盘中心与测站点在同一铅垂线上

    B. 竖盘中心与测站点在同一铅垂线上

    C. 仪器中心螺旋的中心与测站在同一铅垂线上

    D. 仪器基座中心线与测站在同一铅垂线上

(5)水平角观测时，各测回间要求变换度盘位置，其目的是(   )

    A. 改变起始方向的度盘度数　　　B. 减小度盘偏心差的影响

    C. 便于检查观测的粗差　　　　　D. 减弱度盘刻划误差的影响

(6)经纬仪测角时，采用盘左、盘右取中的观测方法，不能消除(   )

    A. 横轴误差对水平角测量的影响　　B. 视准轴误差对水平角测量的影响

    C. 竖轴倾斜对水平角测量的影响　　D. 竖盘指标差对竖直角测量的影响

5. 问答题

(1)如何正确使用测量仪器的制动螺旋与微动螺旋？

(2)经纬仪的结构有哪几条主要轴线？互相之间应满足什么关系？如果这些关系不满足会产生什么后果？

(3)经纬仪测站安置工作的内容是什么？简述其目的和步骤。

(4)叙述测回法观测水平角的操作步骤和限差要求。

(5)观测水平角时为何要用盘左、盘右观测？能否消除因竖轴倾斜引起的水平角测量误差？为什么？

6. 计算题

(1)完成表1各栏，并计算竖直角和指标差。已知该经纬仪盘左望远镜抬高时，竖盘读数是减少的，请绘图说明该经纬仪竖盘刻划的类型。

表1　竖直角观测记录表

测站	目标	盘位	竖盘读数			竖直角		指标差
			(°　　'　　")			半测回角值 (°　'　　")	测回值 (°　'　　")	(")
A	B	L	78	18	18			
		R	281	42	00			
B	C	L	96	32	48			
		R	263	27	40			

(2)完成下面方向观测法表格的计算(表2)。

表2　水平角观测记录表

测站	目标	水平盘读数						2C (″)	平均读数 (° ′ ″)	一测回归零方向值 (° ′ ″)	各测回归零方向平均值 (° ′ ″)
		盘左 (° ′ ″)			盘右 (° ′ ″)						
O	A	0	01	10	180°	01	40				
	B	95	48	15	275	48	30				
	C	157	33	05	337	33	10				
	D	218	07	30	38	07	25				
	A	0	01	20	180	01	36				

（3）用 DJ_6 级光学经纬仪按测回法在 O 点设站观测水平角 β，其观测数据如图1所示，请自行绘制表格进行记录计算。

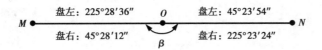

图1　观测数据

本章推荐阅读书目

1. 卡正富. 测量学. 北京：中国农业出版社，2002.

2. 徐行. 园林工程测量. 哈尔滨：哈尔滨地图出版社，1997.

3. 陈学平. 测量学试题与解答. 北京：中国林业出版社，2002.

第 **4** 章

距离测量与直线定向

【本章学习目标】

1. 知识要求：

（1）理解光学视距法测距和光电测距的基本原理。

（2）掌握钢尺丈量的一般方法和精密方法，视距测量的方法与技术，光电测距仪或全站仪测距的基本技术，全站仪的操作使用技术，确定直线方向的原理与方法。

2. 技能要求：

（1）运用钢尺丈量的一般方法和精密方法丈量地面两点间的水平距离，并评定其丈量精度。

（2）实施视距测量的观测与计算。

（3）利用光电测距仪或全站仪测定地面两点间的水平距离和高差。

（4）利用全站仪进行角度测量、距离测量、坐标测量和碎部点的数据采集。

（5）用罗盘仪测定直线方向的磁方位角。

距离是指两点间的水平距离。若测得的是倾斜距离，一般需要进行改斜计算，转换成水平距离。距离测量按所用仪器和工具的不同，一般分为钢尺量距、视距测量、光电测距等。

4.1 距离丈量

4.1.1 距离丈量工具

距离丈量是指用钢尺、皮尺等丈量工具测得地面上相邻两点间水平距离的工作。根据不同的精度要求，距离丈量常用工具包括钢尺、皮尺、测绳等量距工具以及标杆、测钎、垂球等辅助工具。另外，在精密量距中还采用弹簧秤、温度计等控制拉力和测定温度（图4-1）。

（1）钢尺

钢尺多为薄钢制成，也称为钢卷尺，一般适用于精度要求较高的距离丈量。钢尺按长度分为20m，30m，50m等几种规格；按形式分为钢带尺和带皮盒的钢尺，如图4-1所示；按零点位置的不同分为端点尺和刻线尺。端点尺的零点在尺的最外端，在丈量两实体地物间的距离时较为方便，如图4-2（a）所示。刻线尺的零点在尺面内，一般以尺前端的某一处刻线作为尺的零点，如图4-2（b）所示。在使用钢尺进行量距时一定要认清其零点位置。

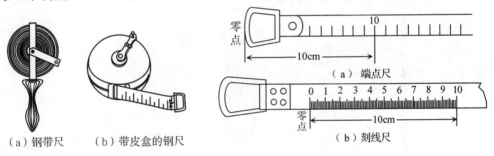

（a）钢带尺　（b）带皮盒的钢尺

图4-1　钢尺形式

（a）端点尺

（b）刻线尺

图4-2　钢尺零点分类形式

钢尺基本分划单位多为厘米，在每米和每分米处有数字注记，每米一般采用红色数字注记。为了精密距离丈量，一般在钢尺前一段内，有毫米注记，现在购买的钢尺多为整个尺面上均有毫米注记，这两类钢尺都适合于精密量距工作。在使用钢尺量距时，必须认清其尺面注记，避免读数错误。

（2）皮尺

皮尺是用麻线和金属丝制成的带状尺，因伸缩性较大，一般适合于精度较低的距离丈量工作。其基本分划单位为厘米，在每米和每分米处有数字注记，每米处的数字注记一般为红色。其长度有20m、30m、50m三种规格。它一般为端点尺，其零点由始端拉环的外侧算起。

（3）铟瓦尺（Invar）

铟瓦尺是用铁镍以及少量的锰、硅、碳等合金制成的线状尺，也称铟钢尺。因其热膨胀系数较普通钢尺小，因而温度对尺长的伸缩变化影响小，故铟瓦尺的量距精度高，可达到 1/1 000 000，适用于精密量距，但量距十分繁琐，常用于精度要求很高的基线丈量或用于检定普通钢尺。铟瓦尺全套由 4 根主尺、一根 8m 或 4m 长的辅尺组成。主尺直径为1.5mm，长度为24m，尺面上无分划和数字注记，在尺两端各连一个三棱形的分划尺，长为 8cm，其上最小分划单位为毫米。

（4）标杆

标杆也称为花杆、测杆，一般由木材、玻璃钢或铝合金制成，其直径为 3～4cm，长度为 2m 或 3m，其上用红白油漆交替漆成 20cm 的小段，杆底部装有铁尖，以便插入地中或对准测点的中心，作为观测觇标使用，如图 4-3 所示。

（5）测钎

测钎由钢丝或粗铁丝制成，其长度为 30～40cm，如图 4-4 所示。一般以 11 根或 6 根为一组，套在铁环上。测钎上端被弯成圆环形，下端磨尖，主要用于标定尺的端点位置和统计整尺段数。

（6）垂球

垂球多为金属制成，其外形像圆锥形，如图 4-5 所示。一般用来对点、标点和投点。

图 4-3　标杆　　　　图 4-4　测钎　　　　图 4-5　垂球

4.1.2　距离丈量一般方法

距离丈量因其精度要求不同以及不同的地形条件，可采用一般量距方法或精密量距方法进行，现先介绍距离丈量一般方法。

4.1.2.1　准备工作

距离丈量准备工作包括地面点位标定与直线定线工作。

（1）地面点位标定

测量要解决的根本问题就是确定地面点位置。在测量工作中被测定点通常称为测点，如三角点、导线点、水准点等控制点，一般需要保留一段时间，必须在地面上确定其位置，设立标志，作为细部测量或其他测量时使用。

　　根据测点（或控制点）等级的不同或保留时间的长短不同，其标志的形式也不尽相同。一般可分为永久性标志和临时性标志。临时性标志可用长 30 ~ 50cm、粗 3 ~ 5cm 的木桩，削尖其下端，打入地中，桩头露出地面 3 ~ 5cm，桩顶钉一小铁钉或刻一"＋"字，以其交点精确表示点位，如图 4-6 所示。永久性标志（或半永久性标志）可采用水泥桩或石桩，在其上设立标志，如图 4-7 所示。

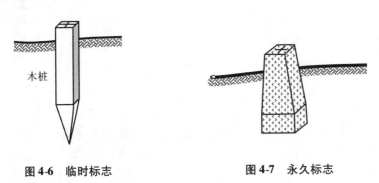

图 4-6　临时标志　　　　　　　　图 4-7　永久标志

（2）直线定线

　　当地面两点之间的地面起伏较大或距离较长时，一个尺段不能完成距离丈量，需要分成多段沿已知直线的方向进行分段量测，最后汇总得其长度。这时须在直线方向上竖立若干标杆来标定直线的位置和走向，这项工作称之为直线定线。根据精度要求的不同，可采用目估法定线或经纬仪定线。

　　①目估法定线　若距离丈量的精度要求不是很高时可采用目估定线法。如图 4-8 所示，假设通视的 A，B 两点间距离较长，现要测定 A，B 两点间距离，则需在 A，B 两点之间标定 C，D 等点，使其在 A，B 两点的直线上。要使 A，B，C，D 等点在同一直线上，采用目估法定线的操作步骤为：

　　a. 在 A，B 两端点上竖立标杆，由一测量员站于 A 点标杆后（待丈量直线 A 端点的延长线）1 ~ 2m 处，由 A 端瞄向 B 端。

　　b. 另一测量员在 A，B 的大致方向上距直线端点 B 约小于整尺长（若丈量地面起伏较大，应根据起伏状况适当缩短其间距）的地方竖立标杆，A 点标杆后的测量员用手势指挥标杆在该直线方向上左右移动，当 A，B，C 三点处于同一直线上时，将测钎竖直插入 C 点处或在地面 C 点处刻划"＋"字标记。

　　c. 以同样的方法继续确定出 D 点及其他各点的位置。

　　在图 4-8 中，若先定 C 点，再定 D 点，称为走近定线法；若先定 D 点，再定 C 点，称之为走远定线法。直线定线一般采用走近定线法。

　　②经纬仪定线　当距离丈量的精度要求较高时可采用经纬仪定线法或其他仪器定线法。如图 4-9 所示，设 A，B 两点间相互通视，需在 A，B 两点间定出 C，D 等点来标定直线 AB 的位置和方向，则其操作步骤如下：

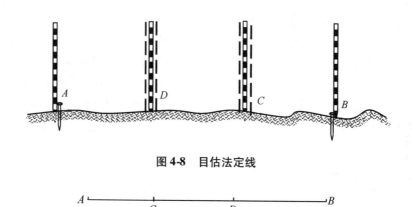

图 4-8 目估法定线

图 4-9 经纬仪定线

a. 在 A 点安置经纬仪(对中、整平),在 B 点竖立标杆或挂上垂球线;

b. 一人在 A 点用望远镜精确瞄准 B 点的标杆,尽量瞄准标杆底部,或瞄准 B 点的垂球线,以望远镜的视线指挥另一人将标杆左右移动(尽量瞄准标杆底部)定出 C,则直线 A,B,C 三点在同一直线上;

c. 以同样方法定出 D 点或其余各点。

4.1.2.2 距离丈量一般方法

距离丈量的一般方法是指当丈量精度要求不高时所采用的量距方法。这种方法量距的精度能达到 1/3 000~1/1 000。根据地面的起伏状态,可分为平坦地面距离丈量和倾斜地面距离丈量两种形式。

(1)平坦地面距离丈量

平坦地面的距离丈量根据不同的精度要求,可选用整尺法和串尺法量距。

①整尺法量距 在平坦地面,当丈量精度要求不高时,可采用整尺法量距,也就是直接将钢尺沿地面丈量水平距离。可先进行直线定线工作,也可边定线边丈量。丈量前,先在待测距离的两个端点 A,B 用木桩(桩上钉一小钉)设置标志,或直接在柏油或水泥路面上钉铁钉标志。丈量时由两人进行,如图 4-10 所示,前者称为前尺手,后者称为后尺手。量距时后尺手持钢尺用零点分划线对准地面测点(起点),前尺手拿一组测钎和标杆,手持钢尺末端。丈量时前、后尺手按直线定线方向沿地面拉紧、拉平钢尺,由后尺手确定方向,前尺手在整尺末端分划处垂直插下一根测钎,这样就完成了一个尺段的丈量工作。然后,两人同时将钢尺抬起(悬空勿在地面拖拉)前进。后尺手走到第一根测钎处,用尺零点对准测点(第一尺段的终点处),两人拉紧、拉平钢尺,前尺手在整尺末端处插下第二根测钎,完成第二个尺段的距离丈量,然后后尺手拔起测钎套入环内,依次继续丈量。每量完一尺段,后尺手都要注意收回测钎,再继续前进,依法量至终点。若当最后一尺段不足一整尺时,前尺手在测点处读取尺上刻划值,得到余尺长 q。计算时统计后尺手收回的测钎数,此为整尺段数 n。则其水平距离 D 可按下式计算:

$$D = n \times l + q$$

(4-1)

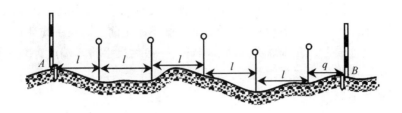

图 4-10　整尺法量距

式中　　n——整尺段数；

　　　　l——钢尺长度；

　　　　q——余尺长。

为了避免量距时发生错误及提高丈量精度，应进行往返丈量。返测时从 B 点测向 A 点，要重新定线。若丈量精度能达到要求，则取往返距离的平均值为丈量结果；若未达到要求，则应返工重测，直至符合要求为止。

②串尺法量距　在平坦地面上，当量距精度要求较高时可采用此法。如图 4-11 所示，设要测定 A，B 间的距离，先进行直线定线工作已确定出 1、2、3、4、…等点，同时分别竖立好测钎。距离丈量时，由后尺手手持钢尺前端，以大于零点的分划线对准地面点 A，前尺手手持钢尺末端对准第 1 点，两人拉紧、拉平钢尺，并同时读数。若后尺手读得的数为 0.053m，前尺手读得的数为 29.835m，则该尺段所量得的长度为：

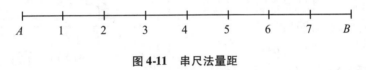

图 4-11　串尺法量距

$$D_{A1} = 29.835 - 0.053 = 29.782 \text{m}$$

量完第一尺段后，依同样方法进行其他尺段的距离丈量，则直线 AB 的全长为：

$$D_{AB} = D_{A1} + D_{12} + D_{23} + \cdots + D_{nB}$$

以上介绍的步骤是将直线定线和量距分开进行的。实际上，在平坦地面上定线和量距可同时进行。

③丈量精度评定　为了检验丈量结果是否可靠和提高丈量的精度，通常需要往返丈量或多次丈量，其精度一般采用相对误差来进行评定。相对误差是指较差与平均值的比，其表达采用分子为 1 的分数形式。相对误差可按下式计算：

$$K = \frac{2 \left| D_{往} - D_{返} \right|}{(D_{往} + D_{返})} = \frac{1}{N} \tag{4-2}$$

钢尺丈量一般要求相对误差在平坦地区不超过 1/3 000，在地形起伏较大地区不超过 1/2 000，在困难地区不超过 1/1 000。如果丈量结果达到精度要求，取其平均值作为最后结果；如果超过允许限度，则应返工重测，直到符合要求为止。

(2)倾斜地面距离丈量

根据地形条件，倾斜地面距离丈量可分为平量法和斜量法。

①平量法量距　当地形起伏不大(尺两端高差不大)时,可采用此法。如图4-12所示,将钢尺的一端对准测点,另一端抬起(尺子高度一般不超过前、后尺手胸高),并用垂球将尺子的端点投影到地面上,在垂球尖处插上测钎,一般后尺手将零端点对准地面点,前尺手目估尺面水平,测出各段水平距离后,各段相加即得全线段水平距离。采用此法量距,丈量时自上坡量至下坡为好。

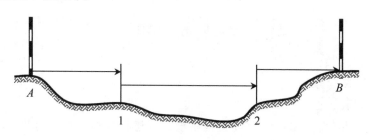

图4-12　平量法量距

②斜量法量距　当倾斜地面的坡度比较均匀时,可采用此法。如图4-13所示,丈量时将钢尺贴在地面上量斜距 S。若线段距离较长,则应分段量取,最后汇总得全线段斜距 S。并同时用经纬仪测得地面倾斜角 α(A 安置经纬仪,望远镜中丝切取 B 点测杆上仪器高度处测定倾斜视线竖直角),按下式将量得的斜距 S 换算成平距 D:

$$D = S \times \cos\alpha \qquad (4-3)$$

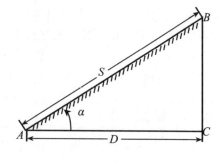

图4-13　斜量法量距

为了提高测量精度,防止丈量错误,同样也采用往返丈量,满足精度要求取平均值为丈量结果。

4.1.3　钢尺量距精密方法

4.1.3.1　钢尺精密量距要求

精密量距是指精度要求较高,读数为毫米的量距工作。其作业一般采用上述方法中的串尺法进行,但各步的具体要求有所不同:

①对于所用钢尺须有毫米分划,至少尺的零点端要有毫米分划。

②在使用前,须对钢尺进行检定,用弹簧秤将检定钢尺按规定的拉力拉直,得出尺长改正数;用温度计测出检定时和丈量时的钢尺温度,以此计算出温度改正数;用水准测量的方法测出各尺段两端的高差,得出倾斜改正数。

③丈量前先用经纬仪进行直线定线工作,尺端位置一般不用测钎标记,在定线时应打下木桩,两木桩之间的距离应不超过钢尺的全长,在木桩桩顶钉上小钉或刻划十字线来标定地面点位置。

④为提高丈量精度,对同一尺段需改动钢尺丈量三次,改动钢尺时以不同位置对准测

点，改动范围一般不超过 10cm。三次丈量结果若满足限差要求（一般要求三次丈量所得长度之差不超过 2～5mm），取其平均值作为丈量结果，若超过限差，则应进行第四次丈量，最后取其平均值作为丈量结果。

4.1.3.2　钢尺精密量距成果计算

钢尺精密量距时，由于钢尺长度有误差并受量距时的环境影响，对量距结果应进行尺长改正、温度改正及倾斜改正，得出每尺段水平距离，再将每尺段距离汇总得所求直线全长，以保证距离测量精度。

①尺长改正计算　设钢尺名义长度（尺面上刻划长度）为 l_0，其值一般和实际长度（钢尺在标准温度、标准拉力下的长度）l' 不相等，因而距离丈量时每量一段都需加入尺长改正。整尺段的尺长改正数 ΔL：

$$\Delta L = l' - l_0 \tag{4-4}$$

长度为 l 的尺长改正数 ΔL_l：

$$\Delta L_l = \frac{\Delta L}{l_0} \times l \tag{4-5}$$

②温度改正计算　设钢尺在检定时温度为 t_0，在丈量时温度为 t，若钢尺膨胀系数为 α，其值一般为 $1.25 \times 10^{-5}/℃$，则当丈量距离为 l 时，温度改正数：ΔL_t

$$\Delta L_t = (t - t_0) \times \alpha \times l \tag{4-6}$$

③倾斜改正计算　如图 4-14 所示，丈量的斜距为 l，测得两端点的高差为 h，要得到平距 l_0，须进行倾斜改正 ΔL_h，由图可知：

$$\Delta L_h = \sqrt{l^2 - h^2} - l = l\left[\sqrt{\left(1 - \frac{h^2}{l^2}\right)} - 1\right] \tag{4-7}$$

将上式用级数展开，则变为：

$$\Delta L_h = l\left[\left(1 - \frac{h^2}{2l^2} - \frac{h^4}{8l^4} - \cdots\right) - 1\right] \tag{4-8}$$

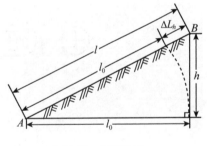

图 4-14　倾斜改正

当坡度小于 10% 时，h 与 l 的比值总是很小，故 $\dfrac{h^4}{8l^4}$ 及其以后的各项都可舍去，式(4-8)可变为：

$$\Delta L_h = -\frac{h^2}{2l} \tag{4-9}$$

综合上述各项改正数，得每一尺段改正后水平距离为：

$$D = l + \Delta L_l + \Delta L_t + \Delta L_h \tag{4-10}$$

4.2　视距测量

视距测量是利用望远镜内的视距装置及视距尺（或水准尺），根据几何光学和三角测量的原理，同时测定水平距离和高差的一种测量方法。在一般的测量仪器，如经纬仪、水准仪的望远镜内均有视距装置，如图4-15所示。在十字丝分划板上刻制上、下两根对称的两条短线，称视距丝。视距测量时根据视距丝和中横丝在视距尺或水准尺的读数来进行距离和高差计算。这种方法具有操作方便、速度快、不受地面起伏状况限制等优点，但也存在精度较低的缺点，一般精度只能达到 1/300～1/200，因而适用于碎部点的测定。

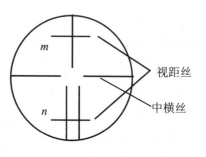

图4-15　视距丝

4.2.1　视距测量原理

4.2.1.1　视线水平时视距测量原理及计算公式

如图4-16所示，图中 D 为要测定的两点间水平距离，h 为两点间高差，A 点安置经纬仪，B 点竖立视距尺(或水准尺)。图中 δ 为望远镜物镜中心至仪器中心(竖轴中心)的距离，f 为物镜焦距，F 为物镜焦点，i 为视线高(仪器高)，m，n 分别为十字丝分划板上的上、下丝，其间距为 p，d 为物镜焦点至视距尺的距离，M，N 分别是十字丝上、下丝在视距尺上的读数，其差值 l 称为视距间隔或尺间隔。

$$l = N - M \tag{4-11}$$

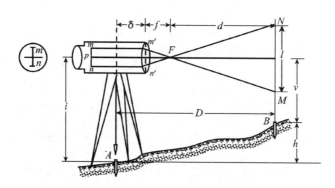

图4-16　视线水平时视距测量原理

从图4-16中可知，待测距离 D 为：

$$D = d + f + \delta \tag{4-12}$$

式中　f，δ——望远镜物镜的参数，为定值。因而只需计算出 d 即得 D。

从凸透镜几何成像原理和相似三角形原理可得：

因　　　　　　　　　　　$\triangle NFM \backsim \triangle m'Fn'$

$$\frac{d}{l} = \frac{f}{p}$$

$$d = \frac{f}{p} \times l \tag{4-13}$$

将式(4-13)代入式(4-12)可得：

$$D = \frac{f}{p} \times l + f + \delta \qquad (4\text{-}14)$$

上式中令
$$\frac{f}{p} = K, \ f + \delta = C$$

则式(4-14)可为：

$$D = Kl + C \qquad (4\text{-}15)$$

式中　K——视距乘常数；

　　　l——尺间隔；

　　　C——视距加常数。

为计算方便，在仪器生产过程中选择合适的 f 和 p，使得 $K=100$，在对外调焦望远镜中，C 一般为 0.3m 左右，而在对内调焦望远镜中，经调整 f 和十字丝分划板上的上、下丝等参数，使 C 值一般接近于零。因此对于对内调焦望远镜其水平距离计算公式为：

$$D = Kl \qquad (4\text{-}16)$$

由图4-16可知，两点间的高差 h 的计算公式为：

$$h = i - v \qquad (4\text{-}17)$$

式中　i——仪器高（视线高），是指地面桩点至经纬仪横轴的距离；

　　　v——中横丝在视距尺上的读数。

由此可知，当视线水平时，要测定两点间距离和高差，只需得到上、中、下丝在视距尺上的读数和量得仪器高，即可计算出水平距离和高差。这种情况下，也可采用水准仪进行测定。

4.2.1.2　视线倾斜时视距测量原理及计算公式

当地面起伏较大时要进行视距测量，需将望远镜视线倾斜才能瞄到视距尺，如图4-17所示。这时要测定水平距离，需将视距尺上的尺间隔 l，也就是 N，M 的读数差，换算为与视线垂直的尺间隔 l'，据此计算出倾斜距离 D'，再根据竖直角 α 可得到水平距离 D 和高差 h。

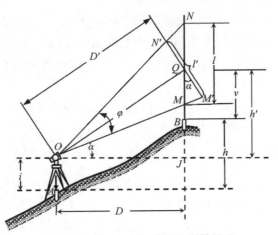

图4-17　视线倾斜时的视距测量原理

在图 4-17 中,设视线竖直角为 α,由于十字丝上、下丝的间距很小,视线夹角 φ 约为 34′,因而可以将 $\angle QM'M$ 和 $\angle QN'N$ 近似看成直角。即得 $\angle MQM' = \angle NQN' = \alpha$

则在直角三角形 $\Delta MM'Q$ 和 $\Delta NN'Q$ 中易得出:

$$l' = N'Q + QM' = NQ \times \cos\alpha + MQ \times \cos\alpha = l \times \cos\alpha \tag{4-18}$$

由式 4-16 和式 4-18 可得:

$$D' = Kl' = Kl\cos\alpha \tag{4-19}$$

则由图 4-17 可知,水平距离 D 的计算公式为:

$$D = D'\cos\alpha = Kl\cos^2\alpha \tag{4-20}$$

由图 4-17 中还可知两点间的高差 h 为:

$$h = h' + i - v \tag{4-21}$$

式中 i——仪器高,可直接量得;

　　v——中横丝在视距尺上的读数;

　　h'——初算高差,其计算式为:

$$h' = D\tan\alpha \tag{4-22}$$

由式(4-21)和式(4-22)可得两点间高差 h 的计算公式为:

$$h = D\tan\alpha + i - v \tag{4-23}$$

在公式应用中,需注意竖直角 α 的正负号,其值决定了两点间高差的正负之分。

4.2.2　视距测量观测与计算

若要测定 A,B 两点间的水平距离 D_{AB} 和高差 h_{AB},如图 4-17 所示,其观测步骤和计算方法如下:

4.2.2.1　视距测量观测

①在测站 A 点上安置仪器,进行对中、整平;

②量取仪器高 i,可用钢卷尺或直接用视距尺量取,可量至厘米,记入手簿;

③在 B 点竖立视距尺,注意视距尺须立竖直;

④分别以盘左盘右位置照准某一高度,读取竖盘读数,测定竖盘的指标差。用视距测量测定碎部点时,一般都只用盘左半测回观测视线的竖直角,为了消除仪器竖盘指标差 x 对水平距离 D 及高差 h(尤其是对高差)的影响,应在竖直角的计算公式中将测定的仪器竖盘指标差 x 考虑进去。

⑤在盘左位置用望远镜瞄准视距尺,在尺面上读取视距间隔 l、中丝读数 v 及竖盘读数 L,用公式 $\alpha = 90° - (L-x)$ 计算出竖直角。

4.2.2.2　视距测量计算

根据视距测量中水平距离计算公式(4-20)和高差计算公式(4-23),利用计算器可计算出水平距离 D 和高差 h。计算方法见表 4-1。

表4-1 视距测量记录及计算表(测定的竖盘指标差 $x = +18''$)

测站 仪器高 (i)	点号	视距间隔 $l(\text{m})$ 中丝读数 $v(\text{m})$	竖盘读数 L (° ′ ″)	竖直角 a (° ′ ″)	水平距离 $D(\text{m})$	高差 $h(\text{m})$
O (1.32m)	A	0.378 0.503	90 05 54	− 0 05 36	37.80	+0.755
	B	0.235 2.000	87 46 18	+2 14 00	23.46	+0.235

4.3 光电测距

前面介绍的钢尺量距,作业工作十分繁重,而且效率较低,在山区或沼泽地区使用钢尺更为困难。视距测量精度又太低。为了提高测距的效率和精度,随着科学技术的进步,在20世纪40年代末人们就研制成了光电测距仪。它具有测距方便快捷,受地形影响小,测量精度高等优点,现已逐渐代替常规量距。如今,光电测距仪的应用,大大提高了作业速度和效率,测量精度也得到了很大提高。

光电测距仪按测程划分为:短程测距仪(≤5km)、中程测距仪(5~15km)、远程测距仪(15km以上);城市测量规范规定光电测距精度(1km测距的中误差 m_D)分为:Ⅰ级(m_D ≤ 5mm)、Ⅱ级(5mm < m_D ≤ 10mm);按采用载波划分为:微波测距仪、激光测距仪和红外测距仪。

4.3.1 光电测距仪测距原理

如图4-18所示,光电测距的原理是以电磁波(光波等)作为载波,通过测定光波在测线两端点间的往返传播时间及光波在大气中的传播速度来测量两点间距离的方法。若电磁波在测线两端往返传播的时间为 t_{2D},光波在大气中的传播速度为 c,则可求出两点间的水平距离 D。

$$D = \frac{1}{2}c \times t_{2D} \tag{4-24}$$

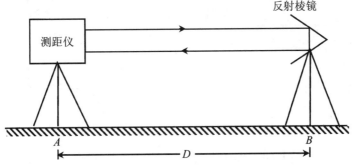

图4-18 光电测距原理

式中　c——光波在大气中的传播速度。$c = \dfrac{c_0}{n}$（c_0 为光波在真空中的传播速度，其值为 299

792 458m/s；n 为大气折射率，是大气压力、温度、湿度的函数）；

　　　t_{2D}——光波在被测两端点间往返传播一次所用时间(s)。

从式(4-24)可知，光电测距仪主要是确定光波在待测距离上所用的时间 t_{2D}，据此计算出所测距离。因此测距精度主要取决于测定时间 t_{2D} 的精度，时间 t_{2D} 的测定既可采用直接方式，也可采用间接方式，如要达到1cm的测距精度，时间量测精度应达到 6.7×10^{-11}s，这对电子元件的性能要求很高，难以达到。根据测定光波传播时间 t_{2D} 的方法，光电测距仪可分为脉冲式和相位式两种。

4.3.1.1　脉冲式光电测距仪

脉冲式测距仪是由测距仪发射系统发出脉冲，经被测目标反射后，再由测距仪接收系统接收，通过直接测定脉冲在待测距离上所用的时间 t_{2D}，即测量发射光脉冲与接收光脉冲的时间差，从而求得距离的仪器。

脉冲式测距仪具有功率大、测程远等优点，但测距的绝对精度较低，一般只能达到米级，不能满足地籍测量和工程测量所需的精度要求。目前高精度的光电测距仪都采用相位式测距。

4.3.1.2　相位式光电测距仪

相位式测距仪是将测量时间变成测量光在测线中传播的载波相位差，通过测定相位差来测定距离的仪器。

光源灯的发射光管发出的光会随输入电流的大小发生相应的变化，这种光称为调制光。随输入电流变化的调制光射向测线另一端的反射镜，经反射镜反射后被接收系统接收，然后由相位计将发射信号（又称参考信号）与接收信号（又称测距信号）进行相位比较，并由显示器显示出调制光在被测距离上往返传播所引起的总相位差 Φ，将调制光在测线上的往程和返程展开后，得到如图 4-19 所示的波形。

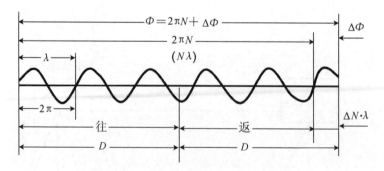

图 4-19　相位法测距往返波形展开示意

由图 4-19 可知，电磁波的周期为 2π，角频率为 ω，频率为 f，波长为 λ，则有 $\omega = 2\pi f$，电磁波传播速度 $c = f\lambda$。调制光往返程总相位差 Φ 为：

$$\Phi = N \cdot 2\pi + \Delta\Phi = 2\pi\left(N + \frac{\Delta\Phi}{2\pi}\right) \tag{4-25}$$

式中　N——调制光往返程总相位差的整周期个数，其值可为零或正整数；

　　　$\Delta\Phi$——不足整周期的相位差尾数，其值 $<2\pi$。

$$t_{2D} = \frac{\Phi}{\omega} = 2\pi\left(N + \frac{\Delta\Phi}{2\pi}\right) \times \frac{1}{2\pi f} = \frac{1}{f}\left(N + \frac{\Delta\Phi}{2\pi}\right)$$

则距离值为：

$$D = \frac{1}{2} \times c \times t_{2D} = \frac{1}{2} \times f\lambda \times \frac{1}{f}\left(N + \frac{\Delta\Phi}{2\pi}\right) = \frac{\lambda}{2} \times (N + \Delta N) \tag{4-26}$$

式(4-26)为相位式光电测距仪的基本测距公式。

式中　$\dfrac{\lambda}{2}$——可看作一根"光尺"的长度，光电测距仪就是用这根"光尺"去量距；

　　　N——"光尺"的整尺段个数。

因 $\Delta\Phi < 2\pi$，ΔN 必然是小于 1 的数，则 $\Delta N \times \dfrac{\lambda}{2}$ 就是"光尺"量距的余尺长。

相位式光电测距仪中的相位计只能测定全程相位差尾数 $\Delta\Phi$，而无法测定整周期数 N。因此，在相位式光电测距仪中，可采取发射两个或两个以上不同频率的调制光波，然后将不同频率的调制光波所测得的距离正确衔接起来就可得到被测距离。其中较低的测尺频率所对应的测尺称为粗测尺，较高的测尺频率所对应的测尺称为精测尺。将两个测尺的读数组合起来，即可求得单一的距离确定值。

例如，光电测距仪的粗测尺频率 $f_1 = 150\text{kHz}$，若仅考虑光在真空中的传播速度，其波长 $\lambda_1 = 3 \times 10^8 / (150 \times 10^3) = 2\,000\text{m}$，则对应的粗测尺尺长为 1 000m，测距精度只能达到 1m；精测尺频率 $f_2 = 15\text{MHz}$，其波长 $\lambda_2 = 3 \times 10^8 / (15 \times 10^6) = 20\text{m}$，则对应的精测尺尺长为 10m，测距精度能达到 1cm。用该仪器测量某一距离时，得粗测尺读数为 948m，精测尺长度 8.56m，则两个读数组合得到该段距离测量结果为：948.56m。

由于 c 值是大气压力、温度、湿度的函数，故在不同的气压、温度、湿度条件下，其值的大小略有变动。因此，在进行测距时，还需测出当时的气象数据，用来计算距离的气象改正数。

相位式光电测距仪与脉冲式光电测距仪相比，具有测距精度高的优势，目前精度高的光电测距仪能达到毫米级，甚至可达到 0.1mm 级。但也具有测程较短的缺点。

4.3.2　光电测距仪使用方法

目前的光电测距仪的型号很多，下面仅以南方测绘公司生产的 ND3000 红外相位式测距仪为例，简要介绍其使用。

4.3.2.1　仪器结构

ND3000 红外相位式测距仪(图 4-20)自带望远镜，望远镜的视准轴、发射光轴和接收光轴同轴，有垂直制动螺旋和微动螺旋，可以安装在光学经纬仪上或电子经纬仪上。该仪器主要技术指标包括：测程为2km（单棱镜），3km（三棱镜），精度为 $5mm + 3 \times 10^6 mm$。

测距时，测距仪瞄准棱镜测距，经纬仪瞄准棱镜测量竖直角，通过测距仪面板上的键盘，将经纬仪测量出的天顶距输入到测距仪中，可以计算出水平距离和高差。

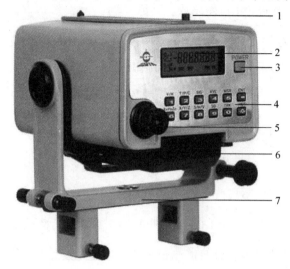

图4-20　ND3000 红外相位式测距仪组成示意
1. 粗瞄准器　2. 显示屏　3. 电源开关　4. 操作键盘
5. 照准望远镜目镜　6. 电池盒　7. U型支架

4.3.2.2　仪器操作与使用

（1）测距前准备

①取下电子经纬仪的手提把；或者将连接器安装在光学经纬仪的顶端。

②安装经纬仪，对中整平。注意高度适当。

③用随箱配带的内六角扳手，松开测距仪U型支架下端的两个支脚固定螺丝，调整它们的间距，使其适合经纬仪顶端的连接器，然后固定支脚。装好电池，将测距仪安装在经纬仪顶端，旋紧连接螺丝。

④镜站安装好反射棱镜。

⑤经纬仪照准觇牌中心，测量竖直角。同时，观测和记录温度和气压计上的读数。其目的是对测距仪测量出的斜距进行倾斜改正、温度改正和气压改正，从而测得正确的水平距离。

⑥俯仰测距仪，用垂直制动螺旋固定，再用垂直微动螺旋和水平调整螺旋精确照准反射镜中心，开始测距。

（2）开机置数

①开机自检。按电源开关键[PWR]开机，主机自检并显示原设定的温度、气压和棱镜常数值，自检通过后将显示"good"。

②新的温度值、气压值与棱镜常数的设置。若需修正原设定值，可按[TPC]键后输入

新的温度、气压值或棱镜常数(一般可通过[ENT]键和数字键逐个输入)。但一般情况下,只要使用同一类的反光镜,棱镜常数不变,而温度、气压每次观测均可能不同,需要重新设定。

③主机望远镜对准棱镜中心,调整主机俯仰微动螺旋和水平微动螺旋,使回光信号显示数字最大,然后用手动减光键增或减至显示数为60左右即可测距。在显示"good"状态下,精确瞄准也可根据蜂鸣器声音来判断,信号越强声音越大,上下左右微动测距仪,使蜂鸣器的声音最大,便完成了精确瞄准,出现"＊"。

(3)连续测距

精确瞄准后,按[MSR]键进行连续测距。ND3000红外相位式测距仪平均3s自动测量一次。

光电测距仪现已成为全站仪的组成部分,全站仪光电测距非常方便(具体见本章4.4全站仪及其使用)。

4.3.3　光电测距仪测距误差分析

光电测距精度与仪器性能、检定和测距时的操作方法、使用时的外界环境条件等有关,分析光电测距的各种误差来源、性质及其规律性,对提高测距精度,正确使用、检定和维护仪器具有重要作用。

4.3.3.1　测距误差来源

相位式测距仪考虑到大气中光波的传播速度 $c = c_0/n$ 及仪器加常数(仪器中心与等效反射面差值 K)的影响,相位式测距仪的基本测距公式(4-26)可以写成:

$$D = \frac{c_0}{2nf}\left(N + \frac{\Delta\Phi}{2\pi}\right) + K \tag{4-27}$$

式中　c_0——真空中的光速;

　　　n——大气的折射率;

　　　f,N,$\Delta\Phi$ 与式(4-26)相同。

式(4-27)中的调制光往返程总相位差的整周期个数 N,光电测距仪采用了粗测尺与精测尺读数组合的技术,可将其精确确定,不考虑它对距离的影响。其他变量所包含的误差对测距的影响,可将式(4-27)取全微分,得到:

$$\mathrm{d}D = \frac{c_0}{4nf\pi}\mathrm{d}(\Delta\Phi) + \mathrm{d}K + \frac{D}{c_0}\mathrm{d}c_0 - \frac{D}{f}\mathrm{d}f - \frac{D}{n}\mathrm{d}n \tag{4-28}$$

将 $\frac{c_0}{nf} = \lambda$ 代入式(4-28),按误差传播定律得到测距中误差:

$$m_D^2 = D^2\left(\frac{m_{c_0}^2}{c_0^2} + \frac{m_f^2}{f^2} + \frac{m_n^2}{n^2}\right) + \left(\frac{\lambda}{4\pi}\right)^2 m_{\Delta\Phi}^2 + m_k^2 \tag{4-29}$$

由此可知,测距误差来源可分为两部分:一部分是由测定相位的误差 $m_{\Delta\Phi}$ 和仪器加常数的误差 m_k 所引起的测距中误差。它与被测距离长短无关,对某一仪器而言,在一定外界条件下施测，其中误差固定不变，故称为固定误差(或称为常数误差)；另一部分是由真空中的光速值误差 m_{c_0}、调制频率误差 m_f 和大气折射率误差 m_n 所引起的测距中误差，它与被测距离的长短成正比，故称为比例误差。

光电测距的误差来源，除式(4-29)中的各项误差外，还有安置仪器与反射棱镜的对中误差 m_c 和由固定的电子和光信号串扰所产生的测定相位的周期误差 m_t。对中误差 m_c 与所测距离的长短无关，周期误差 m_t 虽然在精测尺的尺长度范围内作周期性变化，但经过检定并在测距成果中加以改正，其剩余部分也属于与距离无关的偶然误差。因而这两项误差也可划入固定误差的范围。

考虑上述各项误差，总的测距误差可写成：

$$m_D = \sqrt{D^2\left(\frac{m_{c_0}^2}{c_0^2} + \frac{m_f^2}{f^2} + \frac{m_n^2}{n^2}\right) + \left(\frac{\lambda}{4\pi}\right)^2 m_{\Delta\Phi}^2 + m_k^2 + m_c^2 + m_t^2} \tag{4-30}$$

上式可缩写成：
$$m_D^2 = A' + B'D^2 \tag{4-31}$$
将上式简化成经验公式：
$$m_D = (A + BD) \tag{4-32}$$
式(4-32)就成了测距仪出厂时的标称精度公式。

4.3.3.2 测距误差分析

(1)比例误差分析

①真空中光速值误差的影响　若采用光速值 $c_0 = 299\ 792\ 458 \text{m/s} \pm 1.2 \text{m/s}$，则有：

$$\frac{m_{c_0}}{c_0} = \frac{1.2}{299\ 792\ 458} \approx 0.4 \times 10^{-8}$$

这对测距的影响很小，可以忽略不计。

②调制频率误差的影响　调制频率误差是指测距仪主控晶体振荡器提供的精测尺的测尺频率误差。调制频率决定了测尺长度，调制频率变化将给测距成果带来影响，此项误差将随距离的增大而增大，其比例常数称为乘常数。对于长边需进行检定和改正，而对于短边可不考虑。在作业时对仪器要有足够的预热时间，否则会给测距成果带来系统误差。

③大气折射率误差的影响　由 $c = \dfrac{c_0}{n}$ 可知，光波传播速度是由已知的真空光速值 c_0 和观测时的大气折射率 n 计算得到的。而大气折射率又是根据测距仪所采用的光波波长和观测时的气象因素计算得到的，见式(4-33)。

$$n = 1 + \frac{n_0 - 1}{1 + \alpha t} \cdot \frac{P}{1013} - \frac{5.5 \times 10^{-8}}{1 + \alpha t} \times e \tag{4-33}$$

式中　n_0——为光波的平均波长 λ_g 在标准大气状态(温度 $t = 0℃$，气压 $p = 1\ 013 \text{hpa}$，相对湿度 $e' = 0\%$，二氧化碳含量为 0.03%)下的大气折射率；

$$n_0 = 1 + \left(2876.04 + \frac{48.864}{\lambda_g^2} + \frac{0.680}{\lambda_g^4}\right) \times 10^{-7}$$

式中　λ_g——光波的平均波长(μm)；

α——空气的膨胀系数($\alpha = 1/273.2$)；

　　t——观测时的大气温度（℃）；

　　P——观测时的大气压力（hPa）；

　　e——观测时大气的相对湿度（%）。

　　因而测定气象因素的误差影响大气折射率的误差，进而影响测距的误差。经测算，在一般气象条件下，对于1km的距离，温度变化1℃引起的测距误差为0.95mm，气压变化1hPa所产生的测距误差为0.27mm，绝对湿度变化1hPa引起的测距误差为0.04mm。但气象代表性误差是影响测距精度最大的因素，目前尚无较好的办法减小此项误差。

　　（2）固定误差分析

　　①测相误差　测相误差包括自动数字测相系统的误差、信噪比误差、幅相误差和照相误差。这些误差与所测距离的长短无关，并且一般具有偶然误差的性质。

　　测相系统误差与相位计灵敏度、检相电路的时间分辨率、噪声干扰、时标脉冲的频率及一次测相的平均次数等因素有关，要减弱此项误差需提高仪器的结构、元件的质量和电路的调整，也可以采取多次测相取平均值来减弱此项误差。

　　噪声误差是由于大气湍流和杂散光等的干扰使测距的回光信号产生附加随机相移而产生的误差。噪音不能完全避免，但要求有较高的信噪比，信噪比越低，测距误差就越大。因此在高温条件下作业，需注意通风散热并避免长时间的连续作业，高精度测距时，应选择在阴天及大气清晰的气象条件下操作。

　　幅相误差是由于接收光信号强弱不同而产生的测相误差。要减小此项误差，可将接收光信号的强度控制在一定的范围内。

　　照准误差是因调制光束截面不同部位的相位不均匀，当反射镜位于发射光束截面的不同部分时导致测距结果不一致产生的误差。因此对于购置的仪器要进行等相位曲线的测定、电照准系统共轴性或平行性的检验，在实际操作时，先用望远镜瞄准反射镜进行光照准，再根据面板上的光信号指示，调整水平、竖直微动螺旋，使信号强度达到最大值，完成电照准，以减少照准误差对测距的影响。

　　②对中误差　要减弱此项误差，须操作人员精心操作，一般要把对中误差控制在3mm之内。另外对测距仪和反射棱镜的对中器要进行校正，操作时要严格整平水准管和精确对中。

　　③仪器加常数校正误差　测距仪的加常数误差包括在基线上检测的加常数误差以及在长期使用过程中发生的加常数变化。由于加常数给测距带来的是系统误差，因而要对仪器的加常数作定期的检测。检测时需注意反射棱镜的配套，同一测距仪对不同的反射棱镜可能有不同的加常数。

　　（3）周期误差分析

　　周期误差是由于测距仪内部电信号的串扰而存在相位不变的串扰信号，使相位计测得的相位值为测距信号和串扰信号合成矢量的相位值，从而产生的误差。它随所测距离的不同而作周期性变化，并以精测尺的尺长为周期，变化周期为半个波长，误差曲线为正弦曲线。在测距作业时，应定期对仪器进行周期误差的测定，在观测成果中加以改正，以消除周期误差对测距的影响。

4.3.4 光电测距成果整理

光电测距获得的是所测两点间的倾斜距离，还须进行气象改正、加常数改正、乘常数改正、周期误差改正和倾斜改正，化为两点间的平均高程面上的水平距离，才能获得高精度的水平距离。

4.3.4.1 气象改正

气象改正是计算观测时大气状态的大气折射率 n 和标准状态下的大气折射率 n_0，进而进行距离的改正。气象改正值一般以 ΔD_n 表示，其计算式为：

$$\Delta D_n = \left\{ (n - 1) - \frac{n_0 - 1}{1 + 0.003\ 66t} \times \frac{P}{1\ 013} \right\} D \tag{4-34}$$

式(4-34)中各符号的含义与式(4-33)相同。在应用式(4-34)计算参考点的大气折射率时可略去大气湿度 e 的影响。

4.3.4.2 加常数改正

发光管的发射面、接收面与仪器中心不一致；仪器在搬运过程中的震动、电子元件老化；反光镜的等效反射面与反光镜中心不一致；内光路产生相位延迟及电子元件的相位延迟等因素引起测距仪测量的距离值与实际距离值不一致而产生加常数。光电测距仪具有预置加常数的功能，但仍有剩余的加常数 K 需要进行改正。用六段法或基线比较法可测定剩余加常数，测定时要使用配套的反射棱镜，不同型号的测距仪，其反光镜常数是不一样的。因此在进行距离改正时也要注意用与棱镜配套的加常数改正。

4.3.4.3 乘常数改正

仪器的测尺长度与仪器振荡频率有关，在测距时仪器的振荡频率与设计频率有偏移，产生与测试距离成正比的系统误差，其比例因子称为乘常数。乘常数改正值 ΔD_C 与所测距离呈正比，即：

$$\Delta D_C = C \times D \tag{4-35}$$

式中，乘常数 C 的单位取"毫米/百米"，即边长 D 以百米为单位，改正数 ΔD_C 以毫米为单位。

现在的光电测距仪都具有设置仪器常数的功能，可在测距前预先设计常数，在测距过程中将会自动改正。若测距前未设置常数，则可按下式计算：

$$\Delta D_R = K + C \times D \tag{4-36}$$

式中　K——仪器加常数；

　　　C——仪器乘常数，其运用见式(4-35)。

4.3.4.4 周期误差改正

周期误差的改正随所测距离的长短而变化，以仪器的精测尺尺长为变化周期。在改正时需对仪器的周期误差进行测定，由等距间隔的距离尾数为引数求得周期改正值。

4.3.4.5　倾斜改正

经过上述前几项改正后的距离，得到的是测距仪几何中心至反射棱镜几何中心的斜距。要换算成水平距离还应进行倾斜改正。其计算的方法如下：

①根据上述各项改正后得到的斜距 S 和配合经纬仪使用测得的视线竖直角 α，可计算出倾斜改正值 ΔD_h：

$$\Delta D_h = S\cos\alpha - S = S(\cos\alpha - 1) \tag{4-37}$$

全站仪光电测距能自动进行此项改正而直接获得水平距离。

②当已知测站点与照准点的高程为 H_1 和 H_2 时，其倾斜改正值 ΔD_h 为：

$$\Delta D_h = -\frac{\Delta H^2}{2S} - \frac{\Delta H^4}{8S^3} \tag{4-38}$$

$$\Delta H = (H_2 - H_1) + v - i$$

式中　v——棱镜高度；

$\quad\quad i$——仪器高度。

4.4　全站仪及其使用

全站仪（General Total Station，GTS），也称全站型电子速测仪。它由电子测角、光电测距、微处理机及其软件组成，能够在测站上同时进行角度（水平角、竖直角）测量、距离（斜距、平距、高差）测量和数据处理，并能够自动计算方位角、坐标等。全站仪含有四大光电系统，即水平角测量系统、竖直角测量系统、水平补偿系统和测距系统。各系统通过键盘可以输入操作指令、数据和设置参数，并可通过数据传输接口，将测量数据传输给计算机及绘图仪，并通过相应的软件实现测图的自动化。

自 1968 年世界第一台全站仪 Eltal4 由奥普托（Opton）公司研制成功以来，世界各测绘仪器厂商生产的全站仪品种越来越多，精度越来越高，使用也越来越方便。与普通测绘仪器相比，全站仪具有以下功能：

①具有普通测绘仪器的全部功能，能在数秒内能自动测定距离、角度（水平角、竖直角）值，并根据这些直接测量值由微处理机及其软件迅速计算如点的坐标、两点的高差、目标的高度等间接测量值。

②仪器可自动进行温度、气压等气象改正而无需人工计算；测量结果在液晶显示屏上自动显示。

③菜单操作模式，可进行人机对话，系统参数可视需要进行设置与更改。

④内存大，可储存几千个点的测量数据，能充分满足野外测量的需要，数据可传输给计算机处理。

⑤仪器内置多种测量应用程序，可按实际测量需要调用相关程序。

目前，我国常用的全站仪有徕卡（Leica）公司的 TPS 系列、尼康（Nikon）公司的 DTM 系列、拓普康（Topcon）公司的 GTS 系列以及我国南方测绘仪器公司的 NTS 系列等。如图 4-21 所示南方测绘仪器公司生产的 NTS360 全站仪的外形。

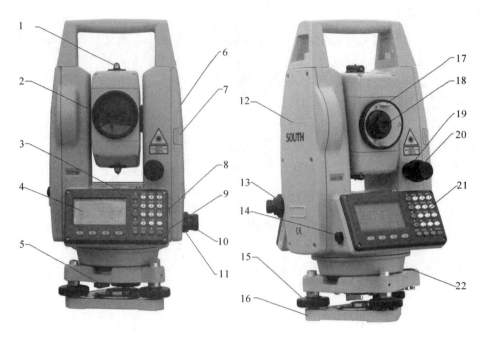

图 4-21　NTS360 全站仪

1. 粗瞄器　2. 物镜　3. 管水准器　4. 显示屏　5. 基座锁定钮　6. 电池　7. 电池锁紧杆　8. SD 卡
接口　9. USB 接口　10. 水平微动螺旋　11. 水平制动螺旋　12. 仪器中心标志　13. 光学对中器
14. 数据通讯接口　15. 整平脚螺旋　16. 底板　17. 望远镜把手　18. 目镜　19. 垂直制动螺旋
20. 垂直微动螺旋　21. 键盘　22. 圆水准器

4. 4. 1　全站仪的基本操作

　　全站仪的测量模式一般有基本测量模式和特殊测量模式两种。其中，基本测量模式包括角度测量模式、距离测量模式和坐标测量模式；特殊测量模式也称应用程序模式，可进行距离放样、坐标放样、面积计算、悬高测量、偏心测量等。各种全站仪的基本测量模式差别不大，而特殊测量模式差别较大。下面以 NTS360 为例介绍全站仪的基本功能及操作。

　　NTS360 全站仪的各项技术指标包括：测角精度为 5″，测角方式为光电增量式，测距精度为 $5mm + 2 \times 10^{-6} mm \times D$，最大测量距离 3.0km，望远镜放大倍数为 30 倍，成正像，视场角 1°30′，管水准器分划值 30″/2mm，圆水准器分划值 8′/2mm，采用 6V 可充电镍—氢电池，连续工作时间 8h。

　　NTS360 全站仪的操作面板如图 4-22 所示，其各按键的功能见表 4-2。

表 4-2　NTS360 键盘功能表

按　键	名　称	功　能
ANG	角度测量键	进入角度测量模式(▲光标上移或向上选取选择项)
DIST	距离测量键	进入距离测量模式(▼光标下移或向下选取选择项)
CORD	坐标测量键	进入坐标测量模式(◀光标左移)

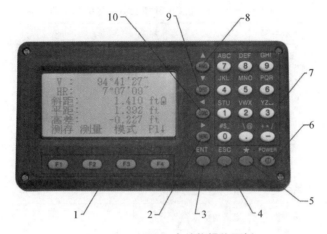

图 4-22　NTS360 全站仪操作面板

1. F1 ~ F4 键　2. 菜单键(右移键)　3. 回车键　4. 退出键　5. 星键　6. 电源开关键
7. 数字键盘　8. 角度测量(上移键)　9. 距离测量(下移键)　10. 坐标测量(左移键)

（续）

按　键	名　称	功　能
MENU	菜单键	进入菜单模式(▶光标右移)
ENT	回车键	确认数据输入或存入该行数据并换行
ESC	退出键	取消前一操作，返回到前一个显示屏或前一个模式
POWER	电源键	控制电源的开/关
F1 ~ F4	软　键	功能参见所显示的信息
0 ~ 9	数字键	输入数字和字母或选取菜单项
· ~ −	符号键	输入符号、小数点、正负号
★	星　键	用于仪器若干常用功能的操作

(1)角度测量模式

仪器的出厂设置为开机自动进入角度测量模式，若当开机后是其他模式，则按[ANG]键进入角度测量模式。角度测量模式共有 3 个界面菜单，如图 4-23 所示。其各键和显示符号的功能见表 4-3。

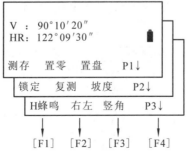

图 4-23　角度测量模式菜单

表4-3 角度测量模式按键和显示符号的功能表

页 数	软 键	显示符号	功 能
第1页 (P1)	F1	测存	启动角度测量,将测量数据记录到相对应的文件中(测量文件和坐标文件在数据采集功能中选定)
	F2	置零	水平度盘读数置零
	F3	置盘	通过键盘输入设置水平度盘读数
	F4	P1 ↓	显示第2页软键功能
第2页 (P2)	F1	锁定	水平度盘读数锁定
	F2	复测	水平角重复测量
	F3	坡度	显示垂直角角度值与百分比坡度之间的切换
	F4	P2 ↓	显示第3页软键功能
第3页 (P3)	F1	H蜂鸣	仪器转动至水平角0°、90°、180°、270°是否蜂鸣
	F2	右左	照准部右转使水平度盘读数递增与照准部左转使水平度盘读数递增之间的切换
	F3	竖角	垂直角显示格式(高度角/天顶距)的切换
	F4	P3 ↓	显示第1页软键功能

（2）距离测量模式

仪器照准棱镜中心时,按[DIST]键进入距离测量模式并自动开始测距。距离测量模式有两个界面菜单,如图4-24所示,其各键和显示符号的功能见表4-4。

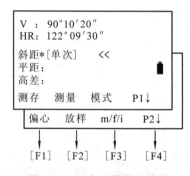

图4-24 距离测量模式菜单

表4-4 距离测量模式按键和显示符号的功能表

页 数	软 键	显示符号	功 能
第1页 (P1)	F1	测存	启动距离测量,将测量数据记录到相对应的文件中(测量文件和坐标文件在数据采集功能中选定)
	F2	测量	启动距离测量
	F3	模式	设置测距模式单次精测/N次精测/重复精测/跟踪测量的转换
	F4	P1 ↓	显示第2页软键功能

（续）

页 数	软 键	显示符号	功 能
第2页（P2）	F1	偏心	偏心测量模式
	F2	放样	距离放样模式
	F3	m/f/i	设置距离单位米/英尺/英尺·英寸
	F4	P2 ↓	显示第1页软键功能

（3）坐标测量模式

仪器照准棱镜中心时，按［CORD］键进入坐标测量模式并自动开始测量坐标。坐标测量模式共有3个界面菜单，如图4-25所示。其各键和显示符号的功能见表4-5。

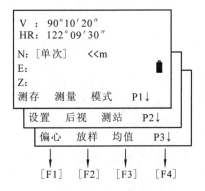

图4-25 坐标测量模式菜单

表4-5 坐标测量模式按键和显示符号的功能表

页 数	软 键	显示符号	功 能
第1页（P1）	F1	测存	启动坐标测量，将测量数据记录到相对应的文件中（测量文件和坐标文件在数据采集功能中选定）
	F2	测量	启动坐标测量
	F3	模式	设置测量模式单次精测/N次精测/重复精测/跟踪测量的转换
	F4	P1 ↓	显示第2页软键功能
第2页（P2）	F1	设置	设置目标高和仪器高
	F2	后视	设置后视点的坐标
	F3	测站	设置测站点的坐标
	F4	P2 ↓	显示第3页软键功能
第3页（P3）	F1	偏心	偏心测量模式
	F2	放样	坐标放样模式
	F3	均值	设置N次精测的次数
	F4	P3 ↓	显示第1页软键功能

（4）星键模式

按下星键后，进入星键模式，其屏幕显示如图4-26所示。

由星键可作如下仪器设置：

①对比度调节　通过按[▲]或[▼]键，可以调节液晶显示对比度。

②背景光照明　按[F1]键打开背景光；

再按[F1]键关闭背景光。

③补偿　按[F2]键进入"补偿"设置功能，按[F1]或
[F3]键设置倾斜补偿的打开或者关。

④反射体　按[MENU]键可设置反射目标的类型。按下
[MENU]键一次，反射目标便在棱镜/免棱镜/反射片之间
切换。

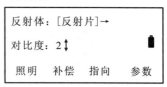

图4-26　星键模式菜单

⑤指向　按[F3]键出现可见激光束。

⑥参数　按[F4]键选择"参数"，可以对棱镜常数、PPM值和温度气压值进行设置，
并且可以查看回光信号的强弱。

4.4.2　全站仪数据采集

全站仪数据采集的操作：按下[MENU]键，仪器进入"主菜单1/2"模式，按下数字键
[1]进入数据采集操作。其操作流程如图4-27所示。

全站仪数据采集的操作步骤可以归纳为以下6个步骤：

①选择数据采集文件，使其所采集数据存储在该文件中；

②选择存储坐标文件，将原始数据转换成的坐标数据存储在该文件中；

③选择调用坐标数据文件，可进行测站坐标数据及后视坐标数据的调用（当无需调用
已知点坐标数据时，可省略此步骤）：

④置测站点，包括仪器高、测站点号及坐标；

⑤置后视点，通过测量后视点进行定向，确定方位角；

⑥置待测点的目标高，开始采集，存储数据。

4.4.2.1　数据采集文件的选择

全站仪数据采集首先必须选定一个数据采集文件。在正常测量模式下，按[MENU]
键，仪器进入主菜单1/2，如图4-28所示。按数字键[1]进入数据采集，首先进行"选择测
量和坐标文件"项，如图4-29所示。在"文件名"项输入所要创建的文件名，按[F4]键确
认，仪器将自动创建两个同名的文件，一个是数据文件，一个是坐标文件。如果要使用仪
器里面已有的文件，可按[F2]键选择"调用"选项，从仪器中选择已有的文件。选定文件
后，按[ENT]键，调用文件成功，屏幕返回数据采集菜单1/2，如图4-30所示。

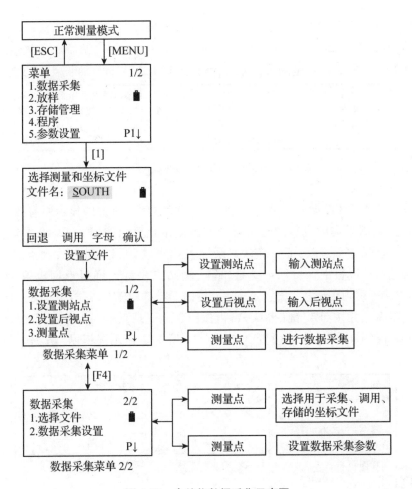

图 4-27　全站仪数据采集示意图

图 4-28　主菜单	图 4-29　数据采集	图 4-30　"数据采集"
1/2 界面	文件选择界面	菜单 1/2 界面

4.4.2.2　设置测站点

　　测站点坐标可按以下两种方法进行设定，一是利用内存中的坐标数据来设定；二是直接由键盘输入。下面以利用内存中的坐标数据来设置测站点的操作为例介绍测站点的设置。

　　在选择"设置测站点"选项前，应先确定测站点坐标所在的坐标文件名。在"数据采集

1/2"界面按[F4]切换到"数据采集2/2"界面,按数字键[1](选择文件)进入"选择文件界面",再按数字键[2](调用坐标文件)进入"选择调用坐标文件"界面,输入或选择测站点坐标所在的文件,再按[F4]键确认,返回"数据采集1/2"界面,如图4-31所示。

数据采集 2/2	选择文件	选择调用坐标文件
1.选择文件	1.测量数据文件	文件名:SOUTH
2.数据采集设置	2.调用坐标文件	
P↓	3.存储坐标文件	回退 调用 字母 确认

图4-31 "选择文件"界面

在数据采集菜单1/2界面,按数字键[1](设置测站点),即显示原有数据。按[F4](测站)键进入数据采集中设置测站点点名界面,在此界面按[F1](输入)键进入点名输入界面,输入点号之后,按[F4]确认。系统查找当前调用文件,找到点名,则将该点的坐标数据显示在屏幕上,按[F4](是)确认测站点坐标。屏幕返回设置测站点界面。用[▼]键将"→"移到编码栏,输入编码,并按[F4]键(确认),"→"自动移到仪器高上栏,输入仪器高,并按[F4]键(确认),再按[F3](记录)键,则显示该测站点坐标。最后按[F4](是)键完成测站点的设置。如图4-32所示。显示屏返回"数据采集菜单1/2"界面。

设置测站点	数据采集	数据采集
测站点→	设置测站点	设置测站点
编码:	点名:	点名:PT-01
仪器高: 2.000m		
输入 查找 记录 测站	输入 调用 坐标 确认	输入 调用 坐标 确认
设置测站点	设置测站点	设置测站点
N0: 100.000m	测站点→1	测站点 1
E0: 100.000m	编码:SOUTH	编码→ _
Z0: 10.000m	仪器高: 0.000m	仪器高: 0.000m
>确定吗? [否] [是]	输入 查找 记录 测站	回退 调用 字母 确认
设置测站点	设置测站点	设置测站点
测站点: 1	测站点: 1	N0: 100.000m
编码: SOUTH	编码: SOUTH	E0: 100.000m
仪器高→ 2.000m	仪器高→ 2.000m	Z0: 10.000m
回退 确认	输入 记录 测站	>确定吗? [否] [是]

图4-32 设置测站点

4.2.2.3 设置后视点

后视点定向角可按以下三种方法进行设定,一是利用内存中的坐标数据来设定;二是直接键入后视点坐标;三是直接键入设置的定向角。同样以利用内存中的坐标数据来设置后视点的操作为例介绍后视点的设置。

同设置测站点一样,先要确定后视点坐标所在的坐标文件,其设置方法同前面介绍的方法一致。确认了后视点坐标文件后,在"数据采集菜单1/2"界面,按数字键[2](设置后视点)进入"设置后视点"界面,屏幕显示上次设置的数据,按[F4](后视)键设置新的后视点数据，分别输入后视点点名、编码、目标高，再按［F3］（测量）键，照准后视点选择一种测量模式进行测量，如图 4-33 所示，根据定向角计算结果设置水平度盘读数，测量结果被寄存，显示屏返回到"数据采集菜单 1/2"界面。

设置后视点 后视点→1 编码： 目标高：　0.000m 输入　查找　测量　后视	数据采集 设置后视点 点名：2 回退　调用　字母　确认	设置后视点 NBS:　20.000m EBS:　20.000m ZBS:　10.000m >确定吗?　［否］［是］
设置后视点 后视点：1 编码：SOUTH 目标高→　1.500m 输入　置零　测量　后视	设置后视点 后视点：1 编码：SOUTH 目标高→　1.500m 角度　*平距　坐标	V:　90° 00′ 00″ HR: 225° 00′ 00″ 斜距* ［单次］ ‹‹‹ m 平距： 高差： 正在测距…

图 4-33　设置后视点

4.2.2.4　细部点测量

在进行细部点测量前同样需确认将细部点结果存放的文件，方法同前。另外在测量前还应根据测量要求对全站仪进行一定的设置。进入"数据采集菜单 2/2"界面，对细部测量的"测距模式""测量次数""存储设置"进行设置。

测量点 点名→ 编　码： 目标高：　0.000m 输入　查找　测量　同前	测量点 点名：3 编码：SOUTH 目标高→ 1.000m 回退　　　　确认	测量点 点 名：3 编　码：SOUTH 目标高→　1.000m 输入　　测量　同前
测量点 点 名：3 编　码：SOUTH 目标高→　1.000m 角度　*平距　坐标　偏心	V:　90° 00′ 00″ HR: 225° 00′ 00″ 斜距* ［3次］ ‹‹‹ m 平距： 高差： 正在测距…	V:　90° 00′ 00″ HR: 225° 00′ 00″ 斜距：　17.247m 平距：　17.176m 高差：　-1.563m >确定吗?　［否］［是］

图 4-34　细部点测量

返回到"数据采集菜单 1/2"界面后，按数字键［3］进入待测点测量。按［F1］（输入）键进行细部点点号、编码、目标高的输入，按［F4］键确认。输入完成后，按［F3］（测量）键进入"测量点"界面。照准目标点，按需求按［F1］~［F3］键中的一个键启动测量。测量结束后，按［F4］（是）键将数据存储在内存中，如图 4-34 所示。同时系统自动将点名 +1，开始一下点的测量。输入目标点名并照准该点，可按［F4］（同前）键，按照上一个点的测量方式进行测量，也可按［F3］（测量）键选择测量方式。测量完毕，数据被存储在内存中，按 ESC 键即可结果数据采集模式。

4. 2. 2. 5　下载细部点坐标

完成数据采集后，使用数据传输线将全站仪和计算机连接好，将数据传输到计算机上。有数据存储卡接口的全站仪，可将采集的数据直接存储在存储卡上，从而使全站仪与计算机之间的数据传输机更加简单方便。数据传输到计算机后即可利用成图软件绘制地形图。

4.5　直线定向

确定地面上两点之间的相对位置，仅知道两点之间的水平距离是不够的，还必须确定此直线的方向。确定直线方向的工作，称为直线定向。要确定一条直线的方向，首先要选定一个标准方向作为直线定向的依据，如果测出了一条直线与标准方向间的水平角，则该直线的方向也就确定。

4.5.1　标准方向的种类

测量工作中，通常采用的标准方向线有真子午线、磁子午线和坐标纵轴线 3 种。

(1)真子午线方向

通过地球表面某点的真子午线的切线方向，称为该点的真子午线。它是用天文测量的方法测定，或用陀螺经纬仪测定。在国家大面积测图中采用真子午线方面作为定向基准。

(2)磁子午线方向

磁子午线方向是磁针在地球磁场的作用下，磁针自由静止时其轴线所指的方向，磁子午线方向可用罗盘仪测定，在小面积测图中常采用磁子午线方向作为定向基准。

(3)坐标纵轴线方向

坐标纵轴线方向就是直角坐标系中纵坐标轴的方向。

由于地面上各点的子午线方向都是指向地球南北极，故除赤道上各点的子午线是互相平行外，其他地面上各点的子午线都不平行，这给计算工作带来不便。在一个坐标系中，坐标纵轴线方向都是平行的。在一个高斯投影带中，中央子午线为纵坐标轴，在其各处的坐标纵轴线方向都是与该投影带中央子午线相平行的，因此在一般测量工作中，采用坐标纵轴线方向作为标准方向，就可使测区内地面各点的标准方向都互相平行。

4.5.2　直线方向表示的方法

表示直线方向有方位角及象限角两种。

(1)方位角

由标准方向的北端顺时针方向量至某一直线的水平角，称为该直线的方位角，方位角的大小应在 0°～360°。如图 4-35 所示，若以真子午线方向作为标准方向所确定的方位角称为真方位角，用 $\alpha_{真}$ 表示；若以磁子午线方向作为标准方向所确定的方位角称为磁方位角，用 $\alpha_磁$ 表示；若以坐标纵轴线作为标准方向所确定的方位角称为坐标方位角，用 α 表示。

应用坐标方位角来确定直线的方向在计算上是比较方便的，因为同一坐标系内各点的坐标纵轴线方向都是互相平行的。若直线 AB（由 A 至 B 为直线的前进方向）的方位角 α_{AB} 称为正坐标方位角，则直线 BA（由 B 至 A 为直线的前进方向）的方位角 α_{BA} 称为反坐标方位角。同一直线正、反坐标方位角相差 $180°$。如图 4-36 所示，即

$$\alpha_{AB} = \alpha_{BA} \pm 180°$$

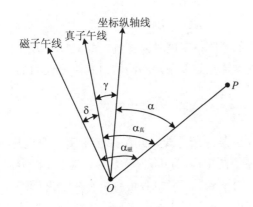

图 4-35　方位角

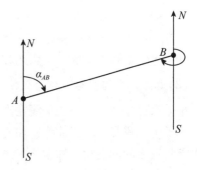

图 4-36　正反坐标方位角的关系

（2）象限角

为了更直观地表示直线所处的东南西北方位，测量工作中也常采用象限角表示直线的方向。由标准方向线的北端或南端顺时针或逆时针方向量至直线的锐角，并注出象限名称，这个锐角称为象限角。象限角在 $0° \sim 90°$，常用 R 表示。图 4-37 中直线 OA，OB，OC 和 OD 的象限角依次为 NER_{OA}，SER_{OB}，SWR_{OC} 和 NWR_{OD}。

坐标方位角与象限角之间的换算关系见表 4-6。

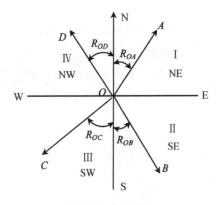

图 4-37　象限角

表 4-6　方位角与象限角的换算关系

直 线 方 向	由象限角 R 求方位角 α	由方位角 α 求象限角 R
第 Ⅰ 象限　北偏东（NE）	$\alpha = R$	$R = \alpha$
第 Ⅱ 象限　南偏东（SE）	$\alpha = 180 - R$	$R = 180° - \alpha$
第 Ⅲ 象限　南偏西（SW）	$\alpha = 180° + R$	$R = \alpha - 180°$
第 Ⅳ 象限　北偏西（NW）	$\alpha = 360° - R$	$R = 360° - \alpha$

4.5.3　几种方位角之间的关系

（1）真方位角与磁方位角之间的关系

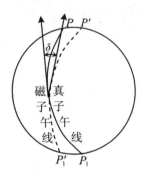

图4-38　磁偏角示意图

由于地磁南北极与地球南北极并不重合，因此，过地面上某点的真子午线方向与磁子午线方向通常是不重合的，两者之间的夹角称为磁偏角，如图4-38中的δ。磁针北端偏于真子午线以东称东偏，偏于真子午线以西称西偏。直线的真方位角与磁方位角之间可用下式进行换算。

$$\alpha_{真} = \alpha_{磁} + \delta \tag{4-40}$$

式(4-40)中的δ值，东偏时取正值，西偏时取负值。

地球上不同的地点磁偏角是不同的，我国磁偏角的变化大约在$+6°\sim -10°$之间。

（2）真方位角与坐标方位角之间的关系

第一章已述及，中央子午线在高斯投影面上是一条直线，并作为这个带的纵坐标轴，而其他子午线投影后均为曲线，如图4-39所示。图中地面点M，N等点的真子午线方向与中央子午线之间的夹角，称为子午线收敛角，用γ表示，γ角有正有负。在中央子午线以东地区，各点的坐标纵轴线偏在真子午线的东边，γ为正值；在中央子午线以西地区，则刚好相反，γ为负值，地面上某点的子午线收敛角γ可用下式计算：

$$\gamma = (L - L_0)\sin B \tag{4-41}$$

式中　L_0——中央子午线经度；

L，B——某点的经度、纬度。

真方位角与坐标方位角之间的关系，如图4-40所示，可用下式进行换算：

$$\alpha_{12真} = \alpha_{12} + \gamma \tag{4-42}$$

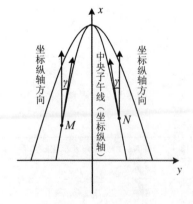

图4-39　子午线收敛角

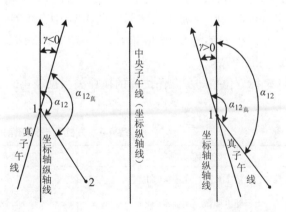

图4-40　方位角与坐标方位角的关系

（3）坐标方位角与磁方位角的关系

若已知某点的磁偏角δ与子午线收敛角γ，由式(4-40)及式(4-42)可得坐标方位角与磁方位角之间的换算关系为：

$$\alpha = \alpha_磁 + \delta - \gamma \tag{4-43}$$

式中　$\delta - \gamma$——磁坐偏角。

4.5.4　罗盘仪测定磁方位角

罗盘仪是用来测定直线磁方位角的仪器。构造简单，使用方便，广泛应用于各种勘测和精度要求不高的测量工作中。

4.5.4.1　罗盘仪的构造

罗盘仪主要由磁针、刻度盘和望远镜三部分组成，如图4-41所示。

（1）磁针

磁针为长条形磁铁，支承于刻度盘中心的顶针尖端上，可灵活转动。磁针一端绕有一铜圈，此铜圈是为了消除磁倾角而设置的。因为在北半球，地磁北极对磁针南端引力较大，而磁针是一根粗细均匀的磁铁，顶针顶于磁针的中部，地磁北极的引力就会使磁针南端向下倾斜，此时，磁针与水平线有一夹角，此夹角称为磁倾角。为了克服磁倾角，在磁针北端加一铜圈以使磁针保持平衡。铜丝还有一个作用是区分磁针的南北极，不带铜丝一端为磁针南极，它是指向地磁北极的，读方位角时就读该端所指读数。

（2）刻度盘

刻度盘从0°按逆时针方向注记到360°，一般刻有1°和30′的分划，每隔10°有一注记。

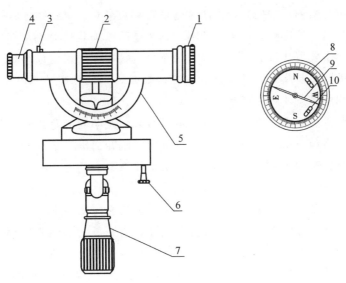

图4-41　罗盘仪

1. 望远镜物镜　2. 调焦轮　3. 瞄准星　4. 望远镜目镜　5. 竖直度盘
6. 磁针制动螺旋　7. 安平连接器　8. 水平度盘　9. 磁针　10. 长水准器

（3）望远镜

由物镜、目镜、十字丝组成，用于瞄准目标。

除上述三部分外，还附有支撑仪器的三脚架、对点用的垂球等。

4.5.4.2　罗盘仪测定磁方位角

（1）将仪器搬到测线的一端，并在测线另一端插上花杆

（2）罗盘仪的安置

①对中　将仪器装于三脚架上，挂上垂球后移动三脚架，使垂球尖对准测站点，此时仪器中心与地面点处于同一条铅垂线上。

②整平　松开仪器球形支柱上的螺旋，上、下俯仰度盘位置，使度盘上的两个水准气泡同时居中，旋紧螺旋，固定度盘，此时罗盘仪度盘处于水平位置。

（3）瞄准读数

①转动目镜调焦螺旋，使十字丝清晰。

②转动罗盘仪，使望远镜对准测线另一端的目标，调节对光螺旋，使目标成像清晰稳定，再转动望远镜，使十字丝对准立于测点上的花杆的最底部。

③松开磁针制动螺旋，等磁针静止后，从正上方向下读取磁针指北端（磁针南端）所指的读数，即为测线的磁方位角。

④读数完毕后，旋紧磁针制动螺旋，将磁针顶起以防止磁针磨损。

本章小结

已知点至待定点的水平距离是确定待定点平面位置的要素之一。测定地面两点间水平距离的工作称为距离测量。常规的距离测量方法有钢尺量距、视距测量和光电测距。

钢尺量距是用钢尺沿地面直接丈量距离。钢尺量距根据其精度要求可采用一般方法和精密方法，一般方法采用目估法定线、整尺法量距。精密方法则需经纬仪定线、审尺法量距，并对其结果进行尺长改正、温度改正和倾斜改正。钢尺量距要求往、返测量，以往、返测量结果计算相对误差评定其精度。

视距测量是利用望远镜的视距丝配合视距尺按几何光学和三角测量的原理同时测定地面两点间的水平距离和高差。它通过直接观测获得的视距间隔、中丝读数、照准视线的竖直角和仪器高来推算测站点至照准目标点之间的水平距离和高差。视距测量精度较低，在广泛使用光电测距的今天，视距测量已较少使用。

光电测距是用仪器发射并接收电磁波，测量电磁波在待测距离往返传播的时间来推算距离。由于推算距离的时间要求很高的精度，对于只有一般电子元器件的仪器，是无法做到的。因此，高精度的光电测距仪采用测定连续的调制波在待测距离间往返传播所产生的相位差，通过相位差计算时间而求得距离。光电测距仪通过发射多种频率的电磁波（即不同尺长和不同精度的"光尺"）测定待测距离，对获得的结果进行组合便得到了待测距离的正确值。因此光电测距仪的测程长、精度高，就要求仪器发射电磁波频率的种类多。电磁波传播速度与大气折射率有关，测距时应进行以温度、气压为主要影响因素的气象改正。

高精度的光电测距还应进行剩余加常数、乘常数和周期误差的改正。经过各项改正后的斜距，还需进行倾斜改正，才能获得待测距离在两端点平均高程面上的水平距离。

直线定向是一直线方向相对于标准方向而言的。测量中采用定向的标准方向有真（磁）子午线方向和坐标纵轴线方向。直线的方向主要用方位角表示，它是解算地面点坐标数据重要依据。因采用标准方向的不同，由此确定的方位角也有真方位角、磁方位角和坐标方位角之分。三种方位角可通过磁偏角、子午线收敛角进行相互换算。在同一投影带坐标系内，各点的坐标纵轴线都是相互平行的，利用坐标方位角的计算工作就较为方便，因此，坐标纵轴北方向是测量工作中直线定向较为常用的标准方向。

罗盘仪是利用固定在分划为递时针递增注记（望远镜物镜端对应的度盘位置注记为0°）的水平圆盘圆心并受地磁作用指向的磁针，磁针静止时其指北端在圆盘对应的分划读数即为罗盘仪望远镜照准方向的磁方位角。因此，罗盘仪测定磁方位角的操作程序也包括对中、整平、瞄准、读数四个基本步骤。

全站仪是由电子测角、光电测距、高配置的微型电脑芯片及其软件组合而成的一体化"多项全能型"测量仪器。其主要功能是在一个测站上同时完成水平角、竖直角、距离、高差、坐标增量等的测量与计算。借助于固化软件，还可进行如偏心测量、对边测量、悬高测量、面积计算等多种程序测量。全站仪还是数字测绘的主要仪器，它能将野外采集并存储的测量数据通过存储设备或通讯接口传输给计算机，实现测量的数字化。目前，全站仪已成为测绘生产中主要的地面测量仪器。

复习思考题

1. 名词解释
(1)直线定线 (2)距离较差的相对误差 (3)方位角 (4)象限角
(5)真子午线 (6)磁子午线 (7)直线定向

2. 填空题
(1)钢尺丈量距离须进行尺长改正，这是由于钢尺的＿＿＿＿＿＿＿＿与钢尺的＿＿＿＿＿＿＿＿不相等而引起的距离改正。当钢尺的实际长度变长时，丈量距离的结果要比实际距离＿＿＿＿＿＿＿。

(2)丈量距离的精度，一般采用＿＿＿＿＿＿来衡量，这是因为＿＿＿＿＿＿＿＿＿＿＿＿＿＿＿＿＿＿＿＿。

(3)相位法测距是将＿＿＿＿＿＿＿＿＿＿的关系改化为＿＿＿＿＿＿＿＿＿＿的关系，通过测定＿＿＿＿＿＿＿来求得距离。

(4)电磁波测距的两种基本方法：a＿＿＿＿＿＿＿＿；b＿＿＿＿＿＿＿＿。

(5)光电测距仪是通过光波或电波在待测距离上往返一次所需的时间，因准确测定时间很困难，实际上测定调制光波＿＿＿＿＿＿＿＿＿＿＿＿＿＿＿＿＿＿＿＿＿＿＿＿＿。

(6)辨别罗盘仪磁针南北端的方法是＿＿＿＿＿＿＿＿＿＿＿＿＿＿＿＿＿＿＿＿，采用此法的理由是＿＿＿＿＿＿＿＿＿＿＿＿＿＿＿＿＿＿＿＿＿＿＿。

(7)直线定向所用的标准方向，主要有＿＿＿＿＿＿、＿＿＿＿＿＿、＿＿＿＿＿＿。

(8)方位罗盘刻度盘的注记是按＿＿＿＿＿＿方向增加，度数由＿＿＿＿＿＿到＿＿＿＿＿＿，0°刻划在望远镜的＿＿＿＿＿端下。

(9)在地球上在＿＿＿＿＿＿处，真北方向是互相平行的，在北半球其它各处的真北方向汇集于＿＿＿＿＿＿＿＿。

3. 判断题

(1)某钢尺经检定，其实际长度比名义长度长 0.01m，现用此钢尺丈量 10 个整尺段距离，如不考虑其他因素，丈量结果将比实际长度长了 0.1m。　　　　　　　　　　　　　　　　　（　　）

(2)已知直线 AB 的坐标方位角为 127°58′41″，δ = 2′18″，γ = -2′18″，则该直线的磁方位角为 127°54′05″。　　　　　　　　　　　　　　　　　　　　　　　　　　　　　　　　　　　　　（　　）

(3)两段距离及其中误差为：$D_1 = 72.36m ± 0.025m$，$D_2 = 50.17m ± 0.025m$，比较它们的测距精度为两者精度相同。　　　　　　　　　　　　　　　　　　　　　　　　　　　　　　　　　　　（　　）

(4)某直线的坐标方位角为 45°，则象限角为北偏东 45°表示的直线和该直线重合。　　（　　）

(5)若钢尺的尺长方程式为：$L = 30m + 0.008m + 1.2 × 10^{-5} × 30 × (t - 20℃)m$，则用其在 26.8℃ 的条件下丈量一个整尺段的距离时，其温度改正值为 +1.45mm。　　　　　　　　　　　　　（　　）

(6)磁北方向不属于三北方向。　　　　　　　　　　　　　　　　　　　　　　　　　（　　）

(7)对某一段距离丈量了三次，其值分别为：29.853 5m、29.854 5m、29.854 0m，且该段距离起、终点之间的高差为 -0.152m，则该段距离的值和高差改正值分别为 29.854 0m ；+0.4mm。　（　　）

(8)某直线的坐标方位角为 192°45′36″，则其坐标反方位角为 167°14′24″。　　　　　（　　）

4. 单项选择题

(1)某段距离的平均值为 100m，其往返较差为 +20mm，则相对误差为(　　　)。

A. 0.02/100　　　　　　B. 0.002　　　　　　　C. 1/5 000　　　　　　D. 1/2 000

(2)已知直线 AB 的坐标方位角为 186°，则直线 BA 的坐标方位角为(　　　)。

A. 96°　　　　　　　　B. 276°　　　　　　　　C. 6°　　　　　　　　D. 306°

(3)在距离丈量中衡量精度的方法是用(　　　)。

A. 往返较差　　　　　B. 相对误差　　　　　C. 闭合差　　　　　D. 高差

(4)坐标方位角是以(　　　)为标准方向，顺时针转到直线的夹角。

A. 真子午线方向　　　　　　　　　　　B. 磁子午线方向

C. 坐标纵轴方向　　　　　　　　　　　D. 坐标横轴方向

(5)距离丈量的结果是求得两点间的(　　　)。

A. 斜线距离　　　　　B. 水平距离　　　　　C. 折线距离　　　　　D. 垂直距离

(6)往返丈量直线 AB 的长度为：$D_{AB} = 126.72m$，$D_{BA} = 126.76m$，其相对误差为(　　　)。

A. $K = 1/3 100$　　　B. $K = 1/3 200$　　　C. $K = 0.000 315$　　　D. $K = 1/3 000$

(7)一钢尺名义长度为 30m，与标准长度比较得实际长度为 30.015m，则用其量得两点间的距离为 64.780m，该距离的实际长度是(　　　)。

A. 64.748m　　　　　B. 64.812m　　　　　C. 64.821m　　　　　D. 64.784m

5. 问答题

(1)距离丈量的方法有哪几种？各适用于什么情况？

(2)丈量距离时，为什么要进行直线定线？直线定线的方法有哪几种？

(3)用钢尺丈量了 AB，CD 两段水平距离，AB 的往测值为 226.780m，返测值为 226.735m；CD 的往测值 457.235m，返测值为 457.190m。问这两段距离哪一段的丈量结果更精确？为什么？

(4)试述相位式测距仪测距的基本原理。光电测距仪为什么要使用粗测尺和精测尺？

(5)光电测距的误差有哪些？其中哪几项属于比例误差？哪几项属于固定误差？为什么？

(6)何谓光电测距仪加常数？

(7)光电测距时，为什么要加入气象改正？如何进行气象改正？

(8)光电测距获得的观测值一般需要加入哪几项改正才能获得两点间平均高程的水平距离？

(9)简述利用 NTS360 全站仪进行数据采集的主要操作步骤。

(10)什么称直线定向？在直线定向中有哪几种标准方向线？它们之间存在什么关系？

6. 计算题

(1)用钢尺往返丈量了一段距离，其平均值为 325.63m，要求量距的相对误差为 1/2 000，则往返丈量距离之差不能超过多少？

(2)某钢尺名义长度为 30m，在 20℃条件下的检定长度为 29.992m。用此钢尺在 30℃条件下丈量一段坡度均匀、长度为 150.620m 的距离。丈量时的拉力与钢尺检定拉力相同，并测得该段距离的两端点高差为 -1.80m，试求其正确的水平距离。

(3)已知 A 点的磁偏角为 -2°16′，子午线收敛角为 -1°37′，A 点至 B 点的坐标方位角为 352°46′，求 A 点至 B 点的磁方位角，并绘图说明之。

(4)用竖直度盘为顺时针递增注记(盘左始读数为 90°)的经纬仪进行视距测量，其观测结果见表 1，试计算测站至各点的水平距离和高差。

表1 视距测量计算(已测定竖盘的指标差 $x = +26″$)

测站 仪器高 (i)	点号	视距间隔 中丝读数 (m)	竖盘读数 (°′″)	竖直角 (°′″)	尺间隔 l(m)	水平距离 D(m)	高差 h(m)
O (1.32m)	*A*	0.383 0.500	87 53 36				
	B	0.269 0.529	91 31 12				

本章推荐阅读书目

1. 卞正富. 测量学. 北京：中国农业出版社，2002.

2. 王侬，过静珺. 现代普通测量学. 北京：清华大学出版社，2001.

3. 同济大学，清华大学. 测量学. 北京：测绘出版社，1991.

4. 李秀江. 测量学. 3 版. 中国农业出版社，2007.

5. 陈学平. 测量学试题与解答. 北京：中国林业出版社，2002.

第 **5** 章 测量误差及数据处理的基本知识

【本章学习目标】

知识要求：

（1）理解测量误差的含义与来源，等精度观测与不等精度观测的含义，观测值的粗差、系统误差和偶然误差的含义以及测量成果中这三类误差的处理方法，偶然误差的特性，中误差、相对中误差和极限误差的含义与作用，观测值权的含义。

（2）掌握中误差的计算方法，误差传播定律在求算间接观测值中误差的具体应用，等精度观测与不等精度观测未知量最或是值的求算及其精度评定的方法。

5.1　测量误差概述

在实际测量工作中，无论测距、测角、还是测高差，如果对某一观测量进行多次重复观测，无论测量仪器多么先进，测量方法多么严密，测量工作者多么认真仔细，但每一次测量的结果通常是互有差异的。例如，根据几何原理一平面三角形三内角之和理论值应为180°，但通过测角仪器对同一三角形三内角和进行多次观测，所得每次测量结果通常不是180°，且相互间也有一定的差异，这是什么原因呢？这是因为观测结果中存在测量误差的缘故，而且测量误差在测量结果中是不可避免的。因此，只有弄清测量误差产生的原因、规律及其特性，才能提高测量成果的质量，正确评判测量的精度。

5.1.1　测量误差的含义

测量中任何一个观测量，客观上都存在一个真实值 X（又称之为理论值），简称真值，对该量进行观测所得的值 L 称为观测值，通常将观测值与其真实值之间的差异（不符值）Δ 称为真误差，其数学函数表达式为：

$$\Delta = L - X \tag{5-1}$$

5.1.2　测量误差的来源

产生测量误差的原因很多，其归结起来主要有以下 3 个方面。

5.1.2.1　测量仪器误差

任何一种测量仪器无论在设计、制造、使用等方面都不可能做到十全十美，即每一种测量仪器都具有一定限度的精密度，使观测结果受到相应的影响，这必然会给测量结果带来测量误差。例如，在用刻有厘米分划的普通水准尺进行测量时，就难以保证估读毫米值的完全准确性；再说仪器本身也存在着一定的误差，例如，水准测量中水准仪的视准轴不水平误差，经纬仪测角中视准轴不垂直于横轴误差及横轴倾斜误差等，都属于测量仪器误差，它们都会使测量结果产生误差。

这里阐述的测量仪器误差是指仪器经过检验校正后剩余的残存误差（即此项误差应限制在一定的范围内），而不是指测量仪器在设计、制造方面存在重大的缺陷或差错（即仪器含有较大的粗差），含有较大粗差的测量仪器在一般情况下不能用来进行测量工作。

5.1.2.2　观测者人为误差

观测者人为误差是指观测者在测量过程中严格按照测量规范正确操作测量仪器（对不按测量规范而导致错误或失误操作仪器所获得的测量结果应返工重测）产生的误差，由于观测者的视觉、听觉等感觉器官的鉴别能力有一定的限度，在仪器安置、照准、读数等方面产生的误差。与此同时，观测者的技术水平、工作态度也对观测结果的质量有直接的影响。例如，在水准测量中，水准尺的毫米估读误差，水平角观测中的仪器对中误差、瞄准误差就属于这种观测者人为误差。

5.1.2.3 外界环境条件误差

测量工作都是在一定的外界环境条件下进行的，如地形、温度、风力、大气折光等自然因素都会给观测结果带来种种影响，况且这些因素又在随时发生变化，这必然会给测量成果带来测量误差。例如，水准测量的大气折光差就属于这种由外界环境条件影响产生的误差。

5.1.3 观测与观测值分类

5.1.3.1 等精度观测和不等精度观测

测量工作主要由观测者、测量仪器和外界环境条件三大要素组成，通常将这些测量工作的要素统称为观测条件。根据测量时所处的观测条件可分为等精度观测和不等精度观测。在相同的观测条件下，即用同一精度等级的仪器设备，用相同观测方法和在相同的外界环境条件下，由具有大致相同技术水平的工作人员所进行的观测称为等精度观测或同精度观测，所得观测值称为等精度观测值或同精度观测值。如果观测者、测量仪器和外界环境条件三者不完全相同，则称为不等精度观测或不同精度观测，所得观测值称为不等精度观测值或不同精度观测值。例如，两人用同一台光电测距仪各自测得的一测回水平距离值属于等精度观测值；如果一人用 DJ_2 经纬仪、一人用 DJ_6 经纬仪测得的一测回水平角度值，或两人都用 DJ_6 经纬仪但一人测二测回，一人测四测回，各自所得到的均值则属于不等精度观测值。

5.1.3.2 直接观测和间接观测

根据观测量与未知量之间的关系可分为直接观测和间接观测，相应的观测值称为直接观测值和间接观测值。为测定某一观测量而直接进行的观测，即被观测量就是所求未知量本身，称为直接观测，其观测值称为直接观测值。通过被观测量与未知量建立相应函数关系式来确定未知量的观测称为间接观测，其观测值称为间接观测值。例如，为确定两点间的距离，用钢尺直接丈量属于直接观测；而用视距测量则属于间接观测。

5.1.3.3 独立观测和非独立观测

根据各观测值之间是否有相互独立或相互依存的关系可分为独立观测和非独立观测。如果各观测量之间无任何相互依存关系，是相互独立的观测，称为独立观测，其观测值称为独立观测值。如果各观测量之间有一定的几何或物理条件约束，则称为非独立观测，其观测值称为非独立观测值。例如，对某一单个未知量进行多次重复观测，则各次观测是独立的，各观测值属于独立观测值。又如平面三角形的三个内角与三角形的角度闭合差，因角度闭合差由三角形的三内角算得，所以三角形的角度闭合差与三个内角之间属于非独立观测值。

5.1.4 测量误差的分类

根据测量误差性质的不同，可将测量误差分为粗差、系统误差和偶然误差三大类。

5.1.4.1　粗差

粗差是一种超限的大量级误差，俗称错误，是由于观测者使用仪器不正确、操作方法不当、疏忽大意或外界环境条件的干扰而造成所得的错误测量结果，如观测时瞄错测量目标，读错、记错或算错测量数据等造成的错误，或因外界环境条件发生显著变动而引起的错误测量结果。粗差的数值往往偏大，使观测结果显著偏离真值。因此，粗差在观测结果中是不允许存在的，一旦发现观测值中含有粗差，应将其从观测成果中剔除，该观测值必须重测或舍弃。一般来说，只要测量工作者具有高度的责任心，严谨科学的工作态度，工作中仔细谨慎，严格遵守测量规范，并对观测结果及时作必要的检核、验算，这样粗差是可以避免和及时发现的。

5.1.4.2　系统误差

在相同的观测条件下，对某量进行一系列观测，如果测量误差在数值大小和正负符号方面按一定的规律发生变化或保持一特定的常数，这种误差称为系统误差。例如，用一把名义长为 30m 而实际比 30m 长出 Δ 的钢卷尺进行距离丈量，量出的结果比实际距离短了，假若测量结果为 D'，则 D' 中含有因尺长不准确而带来的误差为 $-D'\Delta/30$，这种误差的大小与所量直线距离的长度呈正比，而且符号始终一致。

系统误差具有一定的累积性，对观测的结果影响很大，但是由于系统误差在符号、大小上表现出一定的规律性，因而只要了解其产生的原因，就可以在实际工作中采取各种具体措施和方法来消除系统误差，或者将其对测量成果的影响削减到最小，达到实际上可以忽略不计的程度。消除或削弱系统误差通常可以采取以下具体措施：

(1)改正观测值

通过一定的方法确定系统误差的大小，对观测值进行改正，如用钢尺测量距离时，通过对钢尺的实际长度进行检定，然后与该钢尺所标注的名义长度比较求出尺长改正数，对用该钢尺所测得的观测值进行尺长改正和温度变化改正，以消除或削弱钢尺尺长变化产生的系统误差。

(2)采用适当的观测方法

在测量过程中，采用适当的观测方法可以减弱系统误差对观测结果的影响。如在水准测量中，可以采用前、后视距相等的对称观测方法来减小视准轴不平行水准管轴所引起的系统误差对观测结果的影响；经纬仪测角时，采用盘左、盘右两个观测值取均值的方法可削弱视准轴不垂直于横轴、横轴倾斜等系统误差的影响；三角高程测量中，可采用对向观测的方法来减少地球曲率和大气折光等系统误差对观测高差的影响。

(3)校正仪器

要将系统误差对观测结果的影响降低到最小限度，或限制在允许的范围内，除了在测量过程中采用一定的观测方法和对观测值进行改正外，有时还需对仪器进行校正。如经纬仪照准部水准管轴不垂直于竖轴、度盘偏心、竖轴倾斜等系统误差对测角的影响，可通过精确检校仪器方法来减弱其对观测结果的影响。

对系统误差的消除或削弱，取决于我们对它的了解程度。由于系统误差的存在形式是多种多样的，采用的测量仪器和测量方法不同，消除系统误差的方法也就不一样。因此必须根据实际情况进行分析研究，采取相应对策措施。

5.1.4.3 偶然误差

在相同的观测条件下，对某量进行一系列观测，如果测量误差在其数值的大小和正负符号上都没有一致的倾向性，即没有一定的规律性，这种误差称为偶然误差。例如，经纬仪测角时，由于受照准误差、读数误差、外界环境条件变化所引起的误差等综合影响，测角误差的大小和正负号都不可预知，即具有一定的偶然性。这种性质的误差就属于偶然误差。

在观测过程中，系统误差和偶然误差往往是同时产生的。当观测结果中有显著的系统误差时，偶然误差就居于次要地位，观测误差呈现出系统的性质；反之，当观测结果中有显著的偶然误差时，观测误差呈现出偶然的性质。由于系统误差在观测结果中具有一定的累积性，对测量结果的影响特别显著。在实际工作中，应采用各种方法消除系统误差，或减小其对观测结果的影响，使其处于次要地位达到可以忽略不计的程度。因此，对一组剔除了粗差的观测值，首先应寻找、判断和排除系统误差，或将其控制在允许的范围之内，然后根据偶然误差的特性对该组观测值进行处理，求出与未知量最为接近的值(最或是值)，从而评判观测结果的可靠程度。

5.1.5 偶然误差的特性

在一切观测结果中，都不可避免地存在偶然误差。虽然单个偶然误差表现出不具有规律性，但在相同的观测条件下对同一量进行多次观测时，所出现的偶然误差就其总体而言会遵循一定的统计规律，故有时又把偶然误差称为随机误差，我们可根据概率原理，应用统计学的方法分析研究它的特性。

下面先介绍一个测量中的例子：在相同的观测条件下，观测了358次一平面三角形的三个内角，由于观测值结果中存在误差，各次观测所得三角形内角和一般不等于180°，产生的真误差为 Δ_i，设三角形三内角之和真值为 X，三内角观测值之和为 L_i，则三角形内角和的真误差为：

$$\Delta_i = L_i - X \quad (i = 1, 2, \cdots, 358)$$

现将358次观测得到的三角形内角和的真误差以误差区间 $d\Delta$(间隔)为 $0.2''$，按其绝对值的大小进行排列，统计出各区间的误差次数 k 及其相对百分率见表5-1。

从表5-1的统计结果可以看出，小误差出现的百分率比大误差出现的百分率大，绝对值相等的正负误差出现的百分率相近，误差的最大值不会超过某一特定值(本例为 $1.6''$)。在其他测量结果中，当观测次数较多时，误差也会显示出同样的规律，因此，在相同观测条件下，当观测值的次数增大到一定量时，就可以总结出偶然误差具有如下的统计规律特性：

表 5-1　误差统计

误差区间 $d\Delta$ （"）	负误差		正误差	
	次数 k	百分率（%）	次数 k	百分率（%）
0.0~0.2	45	12.6	46	12.8
0.2~0.4	40	11.2	41	11.5
0.4~0.6	33	9.2	33	9.2
0.6~0.8	23	6.4	21	5.9
0.8~1.0	17	4.7	16	4.5
1.0~1.2	13	3.6	13	3.6
1.2~1.4	6	1.7	5	1.4
1.4~1.6	4	1.1	2	0.6
1.6 以上	0	0.0	0	0.0
Σ	181	50.5	177	49.5

①在一定的观测条件下，偶然误差的绝对值不会超过一定的限度；

②绝对值小的误差比绝对值大的误差出现的可能性大；

③绝对值相等的正误差和负误差出现的机会相等；

④同一量的等精度观测，其偶然误差的算术平均值随着观测次数的无限增加而趋于零，即：

$$\lim_{n\to\infty}\frac{\Delta_1+\Delta_2+\cdots+\Delta_n}{n}=\lim_{n\to\infty}\frac{[\Delta]}{n}=0 \tag{5-2}$$

式中　n——观测次数；

　　[ ]——表示求和。

上述第四个特性可由第三个特性导出，这说明偶然误差具有相互抵偿性。这个特性对深入研究偶然误差的特性具有十分重要的意义。

为了更充分地反映偶然误差的分布情况，除了用上述误差分布统计表（表 5-1）的形式外，还可以用较为直观的图形进行表示。若以横坐标表示偶然误差的大小，纵坐标表示各区间误差出现的相对次数 k/n（又称为频率）除以区间的间隔值 $d\Delta$（本例为 0.2"）。这样，每一误差区间上方的长方形面积就代表误差在该区间出现的相对次数。这样就可以绘出误差统计直方图（图 5-1）。

若使观测次数 $n\to\infty$，由于误差出现的频率已趋于完全稳定，如果此时把误差区间间隔 $d\Delta$ 无限缩小，即 $d\Delta\to0$，直方图顶端连线将变成一条光滑的对称曲线（图 5-2），这种曲线就是误差的概率分布曲线（或称为误差分布曲线），也就是说，在一定的观测条件下，对应着一个确定的误差分布。在数理统计中，这条曲线称为正态分布密度曲线，该曲线又称为高斯偶然误差分布曲线。高斯根据偶然误差的统计特性，推导出了该曲线的方程式。即：

$$f(\Delta)=\frac{1}{\sqrt{2\pi}\delta}e^{-\frac{\Delta^2}{2\delta^2}} \tag{5-3}$$

$y = f(\Delta)$ 称为分布密度。式中，δ 称为标准差，标准差的平方 δ^2 为方差。

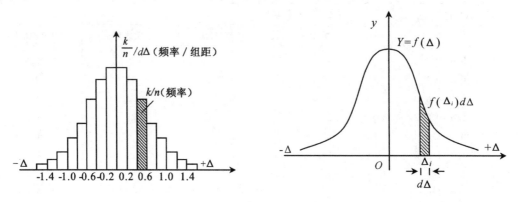

图 5-1　误差统计直方图　　　　　　　图 5-2　误差正态分布曲线

由上述偶然误差分布特点可以知道，偶然误差不能用计算来改正或用一定的观测方法简单地加以消除，只能根据其特性通过改进观测方法和合理处理观测数据，才能提高观测成果的质量。

5.2　衡量观测值精度的标准

在任何测量工作中，测量的结果都不可避免存在测量误差，即使在相同的观测条件下，对同一个量的多次观测，其结果也不尽相同。因此，测量工作的任务除了获得一个量的观测结果以外，还应对观测结果误差分布的密集或离散的程度即精度进行评价。测量中通常将中误差、相对中误差和容许误差作为衡量精度的标准。

5.2.1　中误差

中误差又称标准差，在一定的观测条件下，对同一未知量进行多次(n 次)观测，各个观测值的真误差平方 Δ^2 之平均值的极限，称为观测值中误差的平方或方差。即：

$$\delta^2 = \lim_{n \to \infty} \frac{\sum_{i=1}^{n} \Delta_i^2}{n} \tag{5-4}$$

上式是在 $n \to \infty$ 的情况下定义的，实际上观测次数 n 不可能无限多，总是有限的，所以实用上取标准差的估值 $\hat{\delta}$ 作为测量中的中误差 m。即：

$$m = \hat{\delta} = \sqrt{\frac{\sum_{i=1}^{n} \Delta_i^2}{n}} = \sqrt{\frac{[\Delta\Delta]}{n}} \tag{5-5}$$

式中　$[\Delta\Delta] = \Delta_1^2 + \Delta_2^2 + \cdots + \Delta_n^2$。

中误差 m 值的大小不同反映了不同组观测值的精度不一样，其偶然误差的概率分布密度曲线也不同。m 数值越小，表示这组观测值的精度越高，即观测成果的可

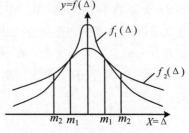

图 5-3　不同精度的中误差曲线

靠程度越大。如图 5-3 所示，设 $m_2 > m_1$，则说明相应于 m_1 的偶然误差列比相应于 m_2 的偶然误差列更密集在原点两侧。由于分布密度曲线与横轴之间的面积皆等于 1，故 m_1 的曲线所截纵轴的位置比 m_2 的曲线高，说明 m_1 所对应观测值的精度比 m_2 所对应观测值的精度高。

【例 5-1】在相同观测条件下，两工作组对某三角形内角和分别作了 10 次观测，观测结果见表 5-2。

表 5-2　三角形内角和观测结果

第一组观测				第二组观测			
次数	观测值 (°　′　″)		真误差 (″)	次数	观测值 (°　′　″)		真误差 (″)
1	180 00 03		+3	1	180 00 00		0
2	180 00 02		+2	2	179 59 59		−1
3	179 59 58		−2	3	180 00 07		+7
4	179 59 56		−4	4	180 00 02		+2
5	180 00 01		+1	5	180 00 01		+1
6	180 00 00		0	6	179 59 59		−1
7	180 00 04		+4	7	179 59 52		−8
8	179 59 57		−3	8	180 00 00		0
9	179 59 58		−2	9	179 59 57		−3
10	180 00 03		+3	10	180 00 01		+1

根据表 5-2 的数据和中误差计算公式(5-5)可计算出第一组观测值中误差为：

$$m_1 = \sqrt{\frac{3^2 + 2^2 + 2^2 + 4^2 + 1^2 + 0^2 + 4^2 + 3^2 + 2^2 + 3^2}{10}} = 2.7''$$

第二组观测值中误差为：

$$m_2 = \sqrt{\frac{0^2 + 1^2 + 7^2 + 2^2 + 1^2 + 1^2 + 8^2 + 0^2 + 3^2 + 1^2}{10}} = 3.6''$$

可见 $m_1 < m_2$，表明第一组观测值的精度比第二组观测值的精度高，故有理由认为第一组观测结果比第二组观测结果更可靠。

5.2.2　相对中误差

由于真误差 Δ 及中误差 m 都是绝对误差，对于衡量测量成果的精度来说，有时单靠中误差 m 还不能完全评价观测结果的优劣情况。例如，用钢尺分别丈量了一段长度为 100m，另一段长度为 200m 的距离，其中误差都为 10mm。显然，单从中误差看就不能判断丈量这两段距离精度的高低。为了更客观地衡量测量成果精度，这时应采用另一种衡量精度的标准，那就是相对中误差。

相对误差是指中误差 m 与相应测量结果 L 之比，是个无量纲数，在测量上通常将其分子化为 1，即用 $K = 1/N$ 的形式来进行表示。例如，相对中误差可表示为：

$$K = \frac{m}{L} = \frac{1}{\dfrac{L}{m}} \qquad (5\text{-}6)$$

则上述两段距离的相对中误差为：

$$K_1 = \frac{m_1}{L_1} = \frac{0.01}{100} = \frac{1}{10\ 000}$$

$$K_2 = \frac{m_2}{L_2} = \frac{0.01}{200} = \frac{1}{20\ 000}$$

可见 $K_1 > K_2$，表明后者的精度比前者高。

5.2.3　极限误差

在测量工作中，为了判断一个观测成果是否符合精度要求，往往需要定出测量误差最大不能超出某个限值，通常称这个限值为极限误差或容许误差。

由偶然误差的特性可知，在一定的观测条件下，偶然误差的绝对值不会超过某个限值（极限误差）。在实际工作中，如果某误差超出了极限误差，那就可以说明观测值中除包含偶然误差以外，还存在粗差或错误，相应的观测值就应舍去不用，进行重测。根据误差统计规律理论和大量实践表明，在一系列等精度观测误差中，绝对值大于中误差的偶然误差，其出现可能性约为 0.3%；绝对值大于两倍中误差的偶然误差出现的可能性约为 5%；绝对值大于三倍中误差的偶然误差出现的可能性约为 0.3%。因此，测量中常取两倍中误差作为误差的限值，也就是在测量中规定的容许误差（或限差），即：

$$\Delta_{容许} = 2m \qquad (5\text{-}7)$$

在有的测量规范中，也有取 3 倍中误差作为容许误差的。

由上述可知，中误差 δ 或 m 虽然不代表某一个别误差 Δ 的大小，但由它可以估计出 Δ 的实际可能范围。

5.3　误差传播定律

如何根据等精度观测值的真误差评定观测值精度的问题已在上一节中讨论。但是，在实际测量工作中有许多未知量是不能直接观测而求其值的，而是要依靠直接观测值的某种函数关系间接求出来。例如，某未知点 B 的高程 H_B，是由起始点 A 的高程 H_A 加上从 A 点到 B 点间进行了若干站水准测量获得的观测高差 h_1，h_2，$\cdots$，h_n 求和而得。此时未知点 B 的高程 H_B 是各独立观测值 $(h_1, h_2, \cdots, h_n)$ 的函数。那么如何根据观测值的中误差去求观测值函数的中误差呢？我们把表述观测值函数的中误差与观测值中误差之间关系的定律称为误差传播定律。

设有一般函数：

$$Z = f(x_1, x_2, \cdots, x_n)$$

式中　x_1，x_2，$\cdots$，x_n——独立的可直接观测的未知变量。

设 x_i 相对应的观测值为 $l_i(i=1, 2, \cdots, n)$，其相对应的真误差为 Δx_i，中误差为 m_i，

Z 为不可直接观测的待求未知量，由于 Δx_i 的存在，使函数 Z 产生相应的真误差为 Δ_Z，中误差为 m_Z。因为 $x_i = l_i - \Delta x_i$，当观测值 x_i 变化 Δx_i（真误差）时，函数 Z 也随之相应变化 Δ_Z（真误差）。即：

$$Z + \Delta_Z = f(x_1 + \Delta x_1, x_2 + \Delta x_2, \cdots, x_n + \Delta x_n)$$

因真误差 Δ_i 都很小，可按泰勒级数公式将上式展开，并取至第一次项得：

$$Z + \Delta_Z = f(x_1, x_2, \cdots, x_n) + \left(\frac{\partial f}{\partial x_1} \Delta x_1 + \frac{\partial f}{\partial x_2} \Delta x_2 + \cdots + \frac{\partial f}{\partial x_n} \Delta x_n \right)$$

即

$$\Delta_Z = \frac{\partial f}{\partial x_1} \Delta x_1 + \frac{\partial f}{\partial x_2} \Delta x_2 + \cdots + \frac{\partial f}{\partial x_n} \Delta x_n$$

其中 $\partial f / \partial x_i (i = 1, 2, \cdots, n)$ 是函数对各变量所取的偏导数，以变量近似值（观测值）代入计算出数值，它们是常数，上式 Δ_Z 变成了 Δx_1，Δx_2，$\cdots$，Δx_n 的直线函数形式。

为了求得观测值和函数之间的中误差关系，假设对 x_i 进行了 k 次独立观测，相应可得出 k 个类似的函数式：

$$\Delta_Z^{(1)} = \frac{\partial f}{\partial x_1} \Delta x_1^{(1)} + \frac{\partial f}{\partial x_2} \Delta^{(1)} x_2 + \cdots + \frac{\partial f}{\partial x_n} \Delta x_n^{(1)}$$

$$\Delta_Z^{(2)} = \frac{\partial f}{\partial x_1} \Delta x_1^{(2)} + \frac{\partial f}{\partial x_2} \Delta x_2^{(2)} + \cdots + \frac{\partial f}{\partial x_n} \Delta x_n^{(2)}$$

$$\vdots$$

$$\Delta_Z^{(k)} = \frac{\partial f}{\partial x_1} \Delta x_1^{(k)} + \frac{\partial f}{\partial x_2} \Delta x_2^{(k)} + \cdots + \frac{\partial f}{\partial x_n} \Delta x_n^{(k)}$$

将以上各式平方后求和，并将式子两边除以 k，另由偶然误差的特性可知，当观测次数 $k \to \infty$ 时，下式中各偶然误差 Δx_i 的交叉项总和均趋向于零，则有：

$$\frac{[\Delta z^2]}{k} = \left(\frac{\partial f}{\partial x_1} \right)^2 \frac{[\Delta x_1^2]}{k} + \left(\frac{\partial f}{\partial x_2} \right)^2 \frac{[\Delta x_2^2]}{k} + \cdots + \left(\frac{\partial f}{\partial x_n} \right)^2 \frac{[\Delta x_n{}^2]}{k}$$

由式（5-4）可写成

$$m_z^2 = \left(\frac{\partial f}{\partial x_1} \right)^2 m_1^2 + \left(\frac{\partial f}{\partial x_2} \right)^2 m_2^2 + \cdots + \left(\frac{\partial f}{\partial x_n} \right)^2 m_n^2$$

或

$$m_z = \sqrt{\left(\frac{\partial f}{\partial x_1} \right)^2 m_1^2 + \left(\frac{\partial f}{\partial x_2} \right)^2 m_2^2 + \cdots + \left(\frac{\partial f}{\partial x_n} \right)^2 m_n^2} \tag{5-8}$$

式（5-8）就是观测值中误差与其函数中误差的一般函数关系式，称中误差传播公式。根据以上推导过程不难求出表 5-3 中简单函数式的中误差传播公式。

表 5-3　中误差传播公式

函数形式	函数关系式	中误差传播公式
倍数函数	$Z = Ax$	$m_z = Am$
和差函数	$Z = x_1 \pm x_2$	$m_z = \sqrt{m_1^2 + m_2^2}$
	$Z = x_1 \pm x_2 \pm \cdots \pm x_n$	$m_z = \sqrt{m_1^2 + m_2^2 + \cdots + m_n^2}$
线性函数	$Z = A_1 x_1 \pm A_2 x_2 \pm \cdots \pm A_n x_n$	$m_z = \sqrt{A_1^2 m_1^2 + A_2^2 m_2^2 + \cdots + A_n^2 m_n^2}$

中误差传播公式在测量中应用十分广泛。利用这些公式不仅可以求得观测值函数的中误差，还可以用来确定容许误差值的大小以及分析观测结果可能达到的精度等。

在应用中误差传播公式求解观测值函数中误差时，一般需按下列程序进行：其一需要确认观测值之间是否独立，然后才能计算观测值的中误差；其二建立观测值函数关系式，并对函数进行全微分，建立误差传播公式；最后把数值代入误差传播公式进行计算。下面举例说明其应用方法。

【例 5-2】在 1∶1 000 地形图上量得 A 与 B 两点间的距离 $d_{AB}=45.4\text{mm}$，其中误差 $m_{d_{AB}}=0.3\text{mm}$，求 A，B 两点间的实地水平距离 D_{AB} 及其中误差 $m_{D_{AB}}$。

解： $D_{AB}=1\,000\,d_{AB}=1\,000\times45.4\text{mm}=45\,400\text{mm}=45.40\text{m}$

由表 5-3 倍函数中误差传播公式得：

$$m_{D_{AB}}=1000m_{d_{AB}}=1000\times0.3\text{mm}=0.30\text{m}$$

A，B 两点的实地水平距离可写成 $D_{AB}=45.40\text{m}\pm0.30\text{m}$

【例 5-3】设在三角形 ABC 中，直接观测了 $\angle A$，$\angle B$ 两个角，其测角中误差分别为 $m_A=3''$，$m_B=4''$，现按公式 $\angle C=180°-\angle A-\angle B$ 求得 $\angle C$ 角，试求 $\angle C$ 的中误差 m_C。

解： 因为 $\angle C=180°-\angle A-\angle B$

由表 5-3 和、差函数中误差传播公式可求得 $\angle C$ 的中误差 m_C：

$$m_C=\sqrt{m^2_A+m^2_B}=\sqrt{(3)^2+(4)^2}=5''$$

【例 5-4】设 x 为独立观测值 L_1，L_2，L_3 的函数 $x=1/5L_1+3/5L_2+4/5L_3$，其中 L_1，L_2，L_3 的中误差分别为 $m_1=3\text{mm}$，$m_2=5\text{mm}$，$m_3=6\text{mm}$，试求函数 x 的中误差 m_x。

解： 因为函数关系式为：

$$x=\frac{1}{5}L_1+\frac{3}{5}L_2+\frac{4}{5}L_3$$

由表 5-3 线性函数中误差传播公式可求得 x 的中误差 m_x：

$$m_x=\sqrt{\left(\frac{1}{5}\right)^2m_1^2+\left(\frac{3}{5}\right)^2m_2^2+\left(\frac{4}{5}\right)^2m_3^2}=5.7\text{mm}$$

【例 5-5】函数式 $\Delta y=D\sin\alpha$，测得 $D=225.85\pm0.06\text{m}$，$\alpha=157°00'30''\pm20''$，求 Δy 的中误差 $m_{\Delta y}$。

解： 因为 $\Delta y=D\sin\alpha$，可见 Δy 是 D 及 α 的一般函数。由式(5-8)可得：

$$m_{\Delta y}=\sqrt{\left(\frac{\partial f}{\partial D}\right)^2m_D^2+\left(\frac{\partial f}{\partial\alpha}\right)^2m_\alpha^2}$$

又因 $\quad\dfrac{\partial f}{\partial D}=\sin\alpha,\ \dfrac{\partial f}{\partial\alpha}=D\cos\alpha$

所以有

$$m_{\Delta y}=\sqrt{(\sin\alpha)^2m_D^2+(D\cos\alpha)^2\left(\frac{m_a}{\rho''}\right)^2}$$
$$=\sqrt{(0.391)^2\times(6)^2+(22\,585)^2\times(0.920)^2\times\left(\frac{20''}{206\,265''}\right)^2}$$
$$=\sqrt{5.5+4.1}=3.1\text{cm}$$

注：上式演算中 $\rho''=206265''$ 是将度值秒转化成弧度，即有 1 弧度 $=206265''$。

【例 5-6】试用中误差传播关系分析视距测量方法测得的水平距离和高差的精度。

解：（1）测量水平距离的精度分析

水平距离的函数关系为：

$$D = Kl\cos^2\alpha$$

因
$$\frac{\partial D}{\partial l} = K\cos^2\alpha, \ \frac{\partial D}{\partial \alpha} = -Kl\sin 2\alpha$$

则水平距离中误差：

$$m_D = \sqrt{\left(\frac{\partial D}{\partial l}\right)^2 m_l^2 + \left(\frac{\partial D}{\partial \alpha}\right)^2 \left(\frac{m_a}{\rho''}\right)^2}$$

$$= \sqrt{(K\cos^2\alpha)^2 m_l^2 + (Kl\sin 2\alpha)^2 \left(\frac{m_a}{\rho''}\right)^2}$$

由于根式内第二项的值很小，为讨论方便，可忽略不计，则有：

$$m_D = \sqrt{(K\cos^2\alpha)^2 m_l^2} = Km_l\cos^2\alpha$$

式中　m_l——标尺视距间隔 l 的读数中误差。

因标尺视距间隔 l = 上、下丝读数之差，故有：

$$m_l = \sqrt{2}m_{读}$$

式中　$m_{读}$——单根视距丝读数的中误差。

由生理实验知，当视角小于 $1'$ 时，人的肉眼就无法分辨两点距离，可见人眼的最小分辨视角为 $60''$。DJ_6 经纬仪望远镜放大倍数为 24 倍，则人的肉眼通过望远镜来观测时，分辨视角 $\gamma = 60''/24 = 2.5''$。因此，单根视距丝的读数误差为 $2.5''/206265'' \times D \approx 12.1 \times 10^{-6}$ D，以它作为读数误差的 $m_{代}$ 入上式后可得：

$$m_l = 12.1 \times 10^{-6}\sqrt{2}D \approx 17.11 \times 10^{-6}D$$

于是
$$m_D = 100\cos^2\alpha(17.11 \times 10^{-6}D)$$

又因视距测量时，一般情况下 α 值都不大，当 α 很小时，$\cos\alpha \approx 1$，可将上式写为：

$$m_D = 17.11 \times 10^{-4}D$$

则相对中误差：

$$k = \frac{m_D}{D} = 17.11 \times 10^{-4} = 0.00171 \approx 1/584$$

若再考虑到其他因素的影响，可以认为视距精度约 1/300。

（2）测量高差的精度分析

视线倾斜时，视距高差公式为：

$$h = \frac{1}{2}Kl\sin 2\alpha$$

因
$$\frac{\partial h}{\partial l} = \frac{1}{2}K\sin 2\alpha = \frac{h}{l} \qquad \frac{\partial h}{\partial \alpha} = Kl\cos 2\alpha$$

高差 h 的中误差：

$$m_h = \sqrt{\left(\frac{h}{l}\right)^2 m_l^2 + (Kl\cos 2\alpha)^2 m_a^2}$$

根式中第一项，当 $D = 100\text{m}$ 时，$m_l^2 = 292.75 \times 10^{-8}$，由于数值太小故略去不计，于是：

$$m_h = Kl\cos 2\alpha \frac{m_a}{\rho''}$$

当 α 角不大时，$\cos 2\alpha \approx \cos^2\alpha \approx 1$，可将上式改写为：

$$m_h = Kl\cos^2\alpha \frac{m_a}{\rho''} = D\frac{m_\alpha}{\rho''}$$

若 $m_a = 1'$，$D = 100\text{m}$，则：

$$m_h = 0.03\text{m}$$

即视距测量每 100m 距离，相应的高差中误差为 3cm。其容许误差每 100m 可达 6cm。

5.4 等精度直接观测平差

由于测量成果含有不可避免的误差，因此，任何一独立未知量的真值都是无法求得的，在测量工作中，通常只能求得与未知量的真值最为接近的最或是值，在测量平差中又称平差值。若对一未知量进行等精度观测若干次，如何根据未知量的全部观测值来求取它的最或是值，并评定其精度，本节将具体讨论这个问题。

5.4.1 求最或是值

设在相同观测条件下，对某未知量进行了 n 次等精度观测，观测结果为 L_1，L_2，$\cdots$，L_n，相应的真误差为 Δ_1，Δ_2，$\cdots$，Δ_n，未知量的真值为 X，x 为未知量的最或是值，由式(5-1)可得观测值的真误差：

$$\Delta_1 = L_1 - X$$
$$\Delta_2 = L_2 - X$$
$$\cdots$$
$$\Delta_n = L_n - X$$

将以上各式相加并将两端除以 n 得：

$$\frac{[\Delta]}{n} = \frac{[L]}{n} - X$$

若令观测值的最或是值 $x = \frac{[L]}{n}$，则有：

$$X = x - \frac{[\Delta]}{n}$$

由偶然误差第四个特性可知，当观测次数 n 无限增加时，有 $\lim\limits_{n\to\infty}\dfrac{[\Delta]}{n} = 0$，则有：

$$\lim\limits_{n\to\infty} x = X$$

上式表明，当观测次数 n 趋于无穷时，等精度观测的算术平均值就趋向于未知量的真值。在实际工作中，观测次数总是有限的，可以认为算术平均值是根据已有的观测数据所能求得的最接近真值的近似值，因此，在等精度观测中，不论观测次数的多少，人们均以全部观测值的简单算术平均值 x 作为未知量的最可靠值，即最或是值。也就是：

$$x = \frac{[L]}{n} \qquad (5\text{-}9)$$

最或是值与每一个观测值的差值，称为该观测值的改正数，即：

$$v_1 = x - L_1$$
$$v_2 = x - L_2$$
$$\cdots$$
$$v_n = x - L_n$$

将以上各式相加得：

$$[v] = nx - [L] = n\frac{[L]}{n} - [L] = 0 \qquad (5\text{-}10)$$

即改正数总和为 0。式(5-10)可用作计算中的检核。

5.4.2 精度评定

5.4.2.1 观测值的中误差

因为等精度观测值的中误差 $m = \sqrt{[\Delta\Delta]/n}$，此式中由于未知量的真值 X 无法确定，所以真误差 Δ_i 也是一个未知数，故不能直接用上式求出观测值的中误差。在实际工作中，通常求出的是未知量的最或是值而不是真值，一般都利用观测值的改正数 v 来计算观测值的中误差。下面将推导出由改正数来计算观测值中误差的公式。

观测值真误差：

$$\Delta_i = L_i - X \quad (i = 1, 2, \cdots, n)$$

观测值改正数：

$$v_i = x - L_i \quad (i = 1, 2, \cdots, n)$$

两式相加得：

$$\Delta_i = (x - X) - v_i \quad (i = 1, 2, \cdots, n)$$

将上式自乘并求和得：

$$[\Delta\Delta] = n(x - X)^2 - 2(x - X)[v] + [vv] \qquad (5\text{-}11)$$

上式中 $(x - X)$ 为观测值的最或是值与真值的差值，即为最或是值的真误差 Δ_x，又因为：

$$\Delta_x = x - X = \frac{[L]}{n} - X = \frac{[L-X]}{n} = \frac{[\Delta]}{n}$$

将上式平方得：

$$\Delta_x{}^2 = \frac{[\Delta^2]}{n^2} = \frac{1}{n^2}(\Delta_1^2 + \Delta_2^2 + \cdots + \Delta_n^2 + 2\Delta_1\Delta_2 + 2\Delta_1\Delta_3 + \cdots)$$

$$= \frac{[\Delta\Delta]}{n^2} + \frac{2}{n^2}(\Delta_1\Delta_2 + \Delta_1\Delta_3 + \cdots)$$

由于 Δ_1，Δ_2，$\cdots$，Δ_n 是彼此独立的偶然误差，故 $\Delta_1\Delta_2$，$\Delta_1\Delta_3$，$\cdots$也具有偶然误差的性质，当 $n\to\infty$ 时，$\Delta_1\Delta_2 + \Delta_1\Delta_3 + \cdots = 0$，顾及 $[v] = 0$，由式(5-11)得：

$$[\Delta\Delta] = n\Delta_x{}^2 + [vv] = \frac{[\Delta\Delta]}{n} + [vv]$$

即

$$\frac{[\Delta\Delta]}{n} = \frac{[\Delta\Delta]}{n^2} + \frac{[vv]}{n}$$

由中误差定义式，当 $n\to\infty$ 时，上式可写成：

$$m^2 = \frac{m^2}{n} + \frac{[vv]}{n}$$

故有

$$m = \sqrt{\frac{[vv]}{(n-1)}} \qquad (5\text{-}12)$$

上式即为利用观测值的改正数来计算等精度观测值的中误差计算公式，又称为贝塞尔公式，它表示同一组观测值中任一观测值都具有相同的精度。

5.4.2.2 最或是值的中误差

设对某量进行 n 次等精度独立观测，其观测值为 $L_i(i = 1，2，\cdots，n)$，观测值中误差为 m，最或是值为 x。由式(5-9)有：

$$x = \frac{[L]}{n} = \frac{1}{n}L_1 + \frac{1}{n}L_2 + \cdots + \frac{1}{n}L_n$$

由于 x 是线性函数，根据中误差传播公式可知：

$$m_x = \sqrt{\left(\frac{1}{n}\right)^2 m^2 + \left(\frac{1}{n}\right)^2 m^2 + \cdots + \left(\frac{1}{n}\right)^2 m^2}$$

故

$$m_x = \frac{m}{\sqrt{n}} \qquad (5\text{-}13)$$

该式即为等精度观测未知量最或是值的中误差的计算公式。由该式可见，最或是值的中误差与观测次数的平方根成反比。因此，增加观测次数可以提高最或是值的精度。

【例5-7】设对某段距离等精度测量了6次，其测量的结果见表5-4，试求该段距离的最或是值，观测值的中误差及最或是值的中误差。

表5-4 改正数计算

观测值 L_i/m	观测值改正数 v/mm	改正数平方 vv/mm^2
$L_1 = 133.643$	+4	16
$L_2 = 133.640$	+7	49
$L_3 = 133.648$	−1	1
$L_4 = 133.652$	−5	25
$L_5 = 133.644$	+3	9
$L_6 = 133.655$	−8	64
[ ]	0	164

解：根据式(5-9)，该段距离的最或是值 $x = [L]/n$。

即 $\quad x = \dfrac{[L]}{n} = \dfrac{133.643 + 133.640 + 133.648 + 133.652 + 133.644 + 133.655}{6}$

$\qquad\qquad = 133.647\text{m}$

由观测值的改正数公式 $v_i = x - L_i$ 可计算各观测值的改正数及其改正数的平方(表5-4)。

由式(5-12)可求得观测值中误差：

$$m = \sqrt{\frac{[vv]}{n-1}} = \sqrt{\frac{164}{6-1}} = 6\text{mm}$$

由式(5-13)可求得最或是值中误差：

$$m_x = \frac{m}{\sqrt{n}} = \frac{6}{\sqrt{6}} = 2\text{mm}$$

在以上的计算中，可用 $[v] = 0$ 来检查最或是值 x 和改正数 v 计算的正确性。

5.5 不等精度直接观测平差

前节讨论了在等精度观测条件下，如何从未知量的多次观测中求其最或是值，并评定其精度的问题。可是在实际测量中获得的直接观测值，除了等精度外，还有不等精度的。如用不同精度的经纬仪测量同一个角度值；使用同一台水准仪从不同的路线长度的已知高程点施测同一点的高程等，这些观测结果的精度却不相等。如何由这些不等精度的观测值求出未知量的最或是值，以及评定它们的精度，这将是本节需要讨论的重点问题。

5.5.1 权的概念

在对某量进行不等精度观测时，各观测结果的中误差不等。显然，不能将具有不同可靠程度的各观测结果简单地取算术平均值作为最或是值并评定精度。此时，需要选定某一个比值来比较各观测值的可靠程度，此比值称为权。权是权衡轻重的意思，其应用比较广泛。在测量工作中权是一个表示观测结果质量可靠程度的相对数值指标，通常用 P 表示。

5.5.1.1 权的定义

一定的观测条件，对应着一定的误差分布，而一定的误差分布对应着一个确定的中误差。对不等精度的观测值来说，显然中误差越小，精度越高，观测结果越可靠，则观测值在最或是值中应占较大的权重。可见，观测值的权与其中误差成反比关系，故可以用中误差来定义权。

设一组不等精度的观测值为 L_i，相应的中误差为 $m_i (i = 1, 2, \cdots, n)$，选定任一大于零的常数 λ，可定义权 P_i 为：

$$P_i = \frac{\lambda}{m_i^2} \tag{5-14}$$

称 P_i 为观测值 L_i 的权，λ 是根据观测条件所选取的大于零的比例常数。P 值为1的权称为单位权，单位权对应的中误差称为单位权中误差，测量中常用 μ_0 表示。权为 1 的观测称为单位权观测。根据单位权中误差 μ_0 和某观测值的权 P，由式(5-14)可求得观测值的中误差 m，即：

$$m = \mu_0 \sqrt{\frac{1}{P}} \tag{5-15}$$

式(5-15)为测量平差中计算观测值、未知量最或是值(平差值)之中误差的实用计算公式。

当已知一组观测值的中误差时，可以先选定一个比例常数 λ 值，然后根据式(5-14)就可确定这组观测值的权之间的比例关系，即：

$$\begin{aligned}
P_1 : P_2 : \cdots : P_n &= \frac{\lambda}{m_1^2} : \frac{\lambda}{m_2^2} : \cdots : \frac{\lambda}{m_n^2} \\
&= \frac{1}{m_1^2} : \frac{1}{m_2^2} : \cdots : \frac{1}{m_n^2}
\end{aligned} \tag{5-16}$$

【例5-8】已知一组不等精度观测值的中误差 $m_1 = 4\text{mm}$，$m_2 = 2\text{mm}$，$m_3 = 8\text{mm}$。求各观测值的权。

解：设 $\lambda = 16\text{mm}^2$，由式(5-14)可得：

$$P_1 = \frac{\lambda}{m_1^2} = \frac{16}{4^2} = 1$$

$$P_2 = \frac{\lambda}{m_2^2} = \frac{16}{2^2} = 4$$

$$P_3 = \frac{\lambda}{m_3^2} = \frac{16}{8^2} = \frac{1}{4}$$

同样，如果设 $\lambda = 64\text{mm}^2$，那么：

$$P_1' = \frac{\lambda}{m_1^2} = \frac{64}{4^2} = 4$$

$$P_2' = \frac{\lambda}{m_2^2} = \frac{64}{2^2} = 16$$

$$P_3' = \frac{\lambda}{m_3^2} = \frac{64}{8^2} = 1$$

因为
$$P_1 : P_2 : P_3 = 1 : 4 : \frac{1}{4} = 4 : 16 : 1 = P_1' : P_2' : P_3'$$

所以 P_1，P_2，P_3 及 P_1'，P_2'，P_3' 这两组权值都同样反映了观测值的精度高低。故在计算一组权值时，常数 λ 如何选取对解决问题本身是无关的，只是选取适当的常数 λ 可以使计算工作简便一些而已。

5.5.1.2　权的性质

由式(5-14)、式(5-16)可总结出权具有如下性质：

①权和中误差都是用来衡量观测值精度的指标，但中误差是绝对性数值，表示观测值的绝对精度；权是相对性数值，表示观测值的相对精度。

②权与中误差平方呈反比，中误差越小，权越大，表示观测值越可靠，精度越高。

③权始终取正号。

④由于权是一个相对性数值，对于单一观测值而言，权无意义。

⑤权的大小随 λ 的不同而不同，但权之间的比例关系保持不变。

⑥在同一个问题中只能选定一个 λ 值，不能同时选用几个不同的 λ 值，否则就破坏了权之间的比例关系。

5.5.2 测量上常用定权的方法

若已知观测值中误差，即可根据权的定义确定其权值；在观测值中误差未知的情况下，可以先建立观测值之间相对精度关系，再确定其权值。

5.5.2.1 距离丈量工作中的定权方法

设单位长度(1km)的丈量中误差为 m_{km}，则丈量长度 S km 的数学表达式为：

$$S = \underbrace{1\text{km} + 1\text{km} + \cdots + 1\text{km}}_{S\text{个}}$$

根据误差传播定律得出长度为 S km 的中误差 m_S：

$$m_S^2 = \underbrace{m_{km}^2 + m_{km}^2 + \cdots + m_{km}^2}_{S\text{个}} = S \times m_{km}^2$$

即：
$$m_s = m_{km}\sqrt{S} \tag{5-17}$$

上式中丈量长度 S 应以 km 为单位。

由权的定义式(5-14)可表达出距离丈量的权为：

$$P_s = \frac{\lambda}{m_s^2} = \frac{\lambda}{S \times m_{km}^2} \tag{5-18}$$

取 C km 距离丈量的中误差为单位权中误差，即 $\lambda = C \times m_{km}^2$，则有：

$$P_s = \frac{\lambda}{m_s^2} = \frac{C \times m_{km}^2}{S \times m_{km}^2} = \frac{C}{S} \tag{5-19}$$

由此可见，距离丈量的权与距离丈量长度呈反比。

【例5-9】用钢尺按同精度丈量三条边得 $S_1 = 3\text{km}$，$S_2 = 4\text{km}$，$S_3 = 6\text{km}$。试确定这三条边长的权。

解：根据式(5-19)，取 $C = 3\text{km}$，则三条边的权分别为：

$$P_1 = \frac{3}{3} = 1$$

$$P_2 = \frac{3}{4} = \frac{3}{4}$$

$$P_3 = \frac{3}{6} = \frac{1}{2}$$

其中，因为 $C = S_1 = 3\text{km}$，即当 $\mu_0 = \sqrt{C}m_{km} = \sqrt{3}m_{km}$ 时，$P_1 = 1$，所以丈量3km距离的权为单位权，其相应的中误差为单位权中误差。

5.5.2.2 水准测量中的定权方法

设在水准测量时，A 与 B 两点间观测了 n 个测站，每一测站观测高差的精度相同，其中误差为 $m_{站}$，因为：

$$h_{AB} = h_1 + h_2 + \cdots + h_n$$

根据中误差传播公式，则观测高差 h_{AB} 的中误差：

$$m_{h_{AB}}^2 = \underbrace{m_{站}^2 + m_{站}^2 + \cdots + m_{站}^2}_{n个} = nm_{站}^2$$

$$m_{h_{AB}} = m_{站}\sqrt{n} \tag{5-20}$$

取 C 个测站的高差中误差为单位权中误差，即 $\lambda = C \times m_{站}^2$，则水准路线的权：

$$P = \frac{\lambda}{m_{h_{AB}}^2} = \frac{C}{n} \tag{5-21}$$

由此可见，在山区进行水准测量时，观测值的权与测站数呈反比。

在平坦地区，每站视线长度大致相同，即每 1km 距离设站数大体相等，因而每个 1km 水准路线长度的高差中误差亦相等，设为 m_{km}，这样高差中误差与水准路线长度平方根呈正比，权与路线长度呈反比。因为：

$$m_{h_{AB}} = m_{km}\sqrt{S} \tag{5-22}$$

同样设 C km 水准路线长度高差的中误差为单位权中误差，$\lambda = C \times m_{km}^2$，则：

$$P = \frac{\lambda}{m_{h_{AB}}^2} = \frac{C \times m_{km}^2}{m_{km}^2 \times S} = \frac{C}{S} \tag{5-23}$$

式中　S——水准路线的长度，km

【例5-10】如图 5-4 所示，各水准路线的长度为 $S_1 = 2.0$km，$S_2 = 4.0$km，$S_1 = 5.0$km，试确定各条水准路线观测高差的权值。

解： 由式(5-23)，取 $C = S_1 = 2.0$km，则三条水准路线观测高差的权值分别为：

$$P_1 = \frac{C}{S_1} = \frac{2.0}{2.0} = 1$$

$$P_2 = \frac{C}{S_2} = \frac{2.0}{4.0} = \frac{1}{2}$$

$$P_3 = \frac{C}{S_3} = \frac{2.0}{5.0} = \frac{2}{5}$$

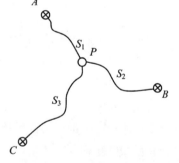

图5-4　结点水准路线

5.5.2.3 等精度观测值的算术平均值的定权方法

设等精度观测值的中误差为 m，由式(5-13)知，n 次等精度观测值的算术平均值中误差 $m_x = m/\sqrt{n}$。根据权的定义并设 $\lambda = m^2$，则一次观测值的权为：

$$P = \frac{\lambda}{m^2} = \frac{m^2}{m^2} = 1$$

算术平均值的权为：

$$P_x = \frac{\lambda}{\dfrac{m^2}{n}} = \frac{m^2}{\dfrac{m^2}{n}} = n \tag{5-24}$$

由此可知，取一次观测值之权为1，则 n 次观测的算术平均值的权为 n。故权与观测次数成正比。

【例5-11】一测量组用同一仪器，分别用四个测回和两个测回测一水平角，其角值分别为 β_1 和 β_2，试求 β_1 和 β_2 的权重值。

解：设每测回测角中误差为 m，取 $\lambda = m^2$，由式(5-24)得：

$$P_{\beta_1} = n_1 = 4$$
$$P_{\beta_2} = n_2 = 2$$

从上述几种定权公式中可以看出，在定权时，并不需要预先知道各观测值中误差的具体数值。在确定了观测方法后，各观测值的权就可以预先确定，这一点说明可以事先对最后观测结果的精度进行估算，在实际工作中具有很重要的意义。

5.5.3　求不等精度观测值的最或是值——加权算术平均值

设对某未知量进行了 n 次不等精度观测，其观测值及相应的权分别为 L_i 和 $P_i(i = 1,2, \cdots, n)$，设未知量的最或是值为 x，观测值的改正数为 v_i，则有：

$$v_1 = x - L_1 \qquad 权\ P_1$$
$$v_2 = x - L_2 \qquad 权\ P_2$$
$$\cdots$$
$$v_n = x - L_n \qquad 权\ P_n$$

若设　$F = \sum_{i=1}^{n} P_i v_i v_i = P_1(x - L_1)^2 + P_2(x - L_2)^2 + \cdots + P_n(x - L_n)^2$

根据最小二乘法原理，不等精度观测下所求得的最或是值要使 F 函数最小，那么只有在 $\mathrm{d}F/\mathrm{d}x = 0$ 时，F 可取得最小值，即：

$$\frac{\mathrm{d}F}{\mathrm{d}x} = 2[P_1(x - L_1) + P_2(x - L_2) + \cdots + P_n(x - L_n)] = 0$$

即　　　　　　　　$$x\sum_{i=1}^{n} P_i - \sum_{i=1}^{n} P_i L_i = 0$$

$$x = \frac{\displaystyle\sum_{i=1}^{n} P_i L_i}{\displaystyle\sum_{i=1}^{n} P_i} \tag{5-25}$$

通常将式(5-25)写成：

$$x = \frac{P_1 L_1 + P_2 L_2 + \cdots + P_n L_n}{P_1 + P_2 + \cdots + P_n} = \frac{[PL]}{[P]} \tag{5-26}$$

由式(5-26)计算的最或是值，称为观测值的加权算术平均值。某观测值 L_i 在最或是

值中所占的比例为 $P_i/[P]$，这说明如果某观测值精度高、权重大，那么，它在最或是值中就占有较大的比重。加权平均值 x 的权重 $P_x = [P]$。

当 $P_1 = P_2 = \cdots = P_n = 1$ 时，即为等精度观测，此时有 $x = [L]/n$。

这说明算术平均值可以看成是加权平均值的特例。

5.5.4　不等精度观测的精度评定

5.5.4.1　最或是值(加权平均值)的中误差

设对未知量 x 进行了 n 次不等精度观测，观测值为 $L_i(i=1,2,\cdots,n)$，其相应的中误差和权分别为 m_i，$P_i(i=1,2,\cdots,n)$，由式(5-26)得未知量的最或是值：

$$x = \frac{[PL]}{[P]} = \frac{P_1}{[P]}L_1 + \frac{P_2}{[P]}L_2 + \cdots + \frac{P_n}{[P]}L_n$$

式中 $\dfrac{P_1}{[P]}$，$\dfrac{P_2}{[P]}$，$\cdots$，$\dfrac{P_n}{[P]}$——常数。

按中误差传播公式，最或是值的中误差为：

$$m_x^2 = \frac{P_1^2}{[P]^2}m_1^2 + \frac{P_2^2}{[P]^2}m_2^2 + \cdots + \frac{P_n^2}{[P]^2}m_n^2 \tag{5-27}$$

该式即为用不等精度观测值的中误差计算加权平均值之中误差的计算公式。

在实际工作中，观测值的中误差常用单位权中误差 μ_0 来表示，由 $P_i = \mu_0^2/m_i^2$ 可得 $m_i^2 = \mu_0^2/P_i$，将其上式代入式(5-27)得：

$$m_x^{\,2} = \frac{P_1}{[P]^2}\mu_0^2 + \frac{P_2}{[P]^2}\mu_0^2 + \cdots + \frac{P_n}{[P]^2}\mu_0^2 = \frac{\mu_0^2}{[P]}$$

即

$$m_x = \frac{\mu_0}{\sqrt{[P]}} \tag{5-28}$$

式(5-28)即为用单位权中误差计算不等精度观测值的最或是值中误差的计算公式。

5.5.4.2　单位权观测值的中误差

从式(5-28)可以看出，要求得加权平均值的中误差，必须首先求出单位权中误差 μ_0。下面就如何求单位权中误差 μ_0 的公式进行推导。

设对未知量 x 进行了 n 次不等精度观测，观测值为 $L_i(i=1,2,\cdots,n)$；其相应的权、真误差及中误差分别为 P_i，Δ_i 和 m_i，则观测值 $L_i' = \sqrt{p_i}L_i(i=1,2,\cdots,n)$ 的真误差为 $\sqrt{p_i}\Delta_i$，其中误差平方为 $m_{L_i'}^2 = p_i m_i^2 = \mu_0^2$，所以观测值 $L_i'(i=1,2,\cdots,n)$ 是一组中误差为单位权中误差 μ_0 的等精度观测值，即 $L_i'(i=1,2,\cdots,n)$ 是一组真误差为 Δ_i' 的等精度观测，根据等精度观测中误差定义式可得出观测值 L_i' 的中误差(单位权中误差 μ_0)。

$$\mu_0 = m_{L_i'} = \sqrt{\frac{\sum_{i=1}^{n}\Delta_i'\Delta_i'}{n}}\sqrt{\frac{\sum_{i=1}^{n}p_i\Delta_i\Delta_i}{n}} = \sqrt{\frac{[p\Delta\Delta]}{n}}$$

即单位权中误差的计算式为：

$$\mu_0 = \sqrt{\frac{[p\Delta\Delta]}{n}} \tag{5-29}$$

式(5-29)就是利用不等精度观测值的真误差计算单位权观测值中误差的公式。

在通常情况下，观测值的真误差是无法求出的，所以应用式(5-29)在大多数情况下不能求出单位权中误差，因此与等精度观测一样，须利用观测值改正数来计算单位权中误差 μ_0。

由式 $v_i = x - L_i$ 和 $\Delta_i = L_i - X(i = 1, 2, \cdots, n)$ 可得：

$$\Delta_i = (x - X) - v_i = \Delta_x - v_i$$

上式中，Δ_x 为最或是值的真误差，即 $\Delta_x = x - X = [PL]/[P] - X = [P\Delta]/[P]$，由于观测值的真误差 Δ 一般无法求得，所以 Δ_x 也是不能求出的，通常用未知量加权平均值的中误差近似代替，即 $\Delta_x = m_x = \mu_0/\sqrt{[P]}$，将 $\Delta_i = (x - X) - v_i = \Delta_x - v_i$ 平方并乘以 P_i 得：

$$P_i\Delta_i\Delta_i = P_i\Delta_x\Delta_x - 2P_iv_i\Delta_x + P_iv_iv_i \quad (i = 1, 2, \cdots, n)$$

将以上所得 n 式相加求和得：

$$[P\Delta\Delta] = [P]\Delta_x\Delta_x - 2\Delta_x[Pv] + [Pvv] \tag{5-30}$$

由 $v_i = x - L_i$ 有：

$$[Pv] = [P]x - [PL] = [P]\frac{[PL]}{[P]} - [PL] = 0$$

将 $\Delta_x = m_x = \dfrac{\mu_0}{\sqrt{[P]}}$ 代入式(5-30)得：

$$[P\Delta\Delta] = [P]\frac{\mu_0^2}{[P]} + [Pvv] = \mu_0^2 + [Pvv]$$

并顾及(5-29)式得：

$$n\mu_0^2 = \mu_0^2 + [Pvv]$$

即有

$$\mu_0 = \sqrt{\frac{[Pvv]}{n-1}} \tag{5-31}$$

式(5-31)即为用不等精度观测值改正数求单位权中误差的计算公式，也是测量工作中计算单位权中误差的实用公式。

将(5-31)式代入(5-28)式可得：

$$m_x = \sqrt{\frac{[Pvv]}{(n-1)[P]}} \tag{5-32}$$

式(5-32)即为用观测值改正数计算不等精度观测值最或是值中误差的计算公式。

【例5-12】在水准测量中，从三个已知高程点 A，B，C 出发，测量 E 点的高程(图5-5)，S_i 为各水准路线的长度，经 AE，BE，CE 三条水准路线测得 E 点的高程分别为 42.347m，42.320m，42.332m，在不考虑 A，B，C 高程误差的情况下，求 E 点高程的最或是值及其中误差。

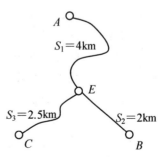

图5-5　结点水准路线

解： 取各水准路线长度 S_i 的倒数乘以 C 为权，并令 $C=1$，其计算见表 5-5。

表 5-5　E 点高程及精度计算

测段	高程观测值 $H(\mathrm{m})$	水准路线长度 $S(\mathrm{km})$	权 $P_i=\dfrac{1}{S_i}$	$v(\mathrm{mm})$	Pv	Pvv
AE	42.347	4.0	0.25	-17.0	-4.2	71.4
BE	42.320	2.0	0.50	10.0	5.0	50.0
CE	42.332	2.5	0.40	-2.0	-0.8	1.6
[ ]			$[P]=1.15$		$[Pv]=0$	$[Pvv]=123.0$

在不考虑 A，B，C 高程误差情况下，三条水准路线测得 E 点高程的中误差即为相应观测高差的中误差，各条路线 E 点观测高程的权即为相应观测高差的权。

由式(5-26)可求 E 点高程的最或是值为：

$$H_E=\frac{0.25\times42.347+0.50\times42.320+0.40\times42.332}{0.25+0.50+0.40}$$

$$=43.330\ \mathrm{m}$$

单位权观测值的中误差为：

$$\mu_0=\sqrt{\frac{[Pvv]}{n-1}}=\sqrt{\frac{123.0}{3-1}}=7.8\mathrm{mm}$$

最或是值中误差为：

$$m_{H_E}=\frac{\mu_0}{\sqrt{[P]}}=\frac{7.8}{\sqrt{1.15}}=7.3\mathrm{mm}$$

本章小结

　　测量误差基本理论是求取未知量最或是值和评定其精度的重要依据。测量误差的来源有仪器误差、观测者人为误差及外界环境条件的影响三个方面。测量误差按其性质的不同分为粗差、系统误差和偶然误差三类。粗差是一种超限的大量级误差或测量中的错误，含有粗差的观测值应重测或舍弃。系统误差具有一定的累积性，对观测的结果影响较大，在测量作业中通常采取对观测值加改正数、使用适当的观测方法及校正仪器限制其残存误差在允许范围内等措施将系统误差对测量结果的影响消减到最小，以达到可以忽略不计的程度。对于剔除了粗差并排除或限制系统误差在允许范围内的一组观测值，应根据其偶然误差的特性进行数据处理，求出未知量的最或是值，并评判观测结果的精度。测量中用中误差、相对中误差、极限误差作为衡量精度的标准。三种衡量精度的指标中，中误差是基础。各观测值的真误差平方之平均值的平方根即为观测值的中误差。观测值中大的真误差在计算出的中误差就会显著反映出来，因此，中误差的数值指标能客观反映观测结果误差分布的密集或离散的程度即精度的高低。相对中误差用于中误差与观测值数值大小有密切关系的观测值(如距离)的精度评定。极限误差是用来判断一个观测成果是否符合精度要求而定出测量误差最大不能超出的限值(一般取2或3倍中误差)。

　　测量工作中有许多未知量是不能直接观测求其值的，而需要由一系列直接观测值的某种函数关系间接求出来。根据未知量与直接观测值的函数关系，利用误差传播定律由直接观测值的中误差求得未知量的中误差而评定其精度。误差传播定律的适用条件是求算未知量的一系列直接观测值之间要求相互独立。

由观测者、观测仪器和外界环境三大要素组成的观测条件相同的各次观测为等精度观测，反之为不等精度观测。等精度直接观测未知量的最或是值为观测值简单的算术平均值；并用最或是值及观测值计算各观测值的改正数，由各观测值的改正数、观测次数可计算出等精度直接观测的观测值及未知量最或是值之中误差。对于不等精度观测，需要引入观测权的概念，权在测量中是一个表示观测结果可靠程度的相对数值(常取与各观测值中误差平方呈反比的一组大于0的数值)指标。在一组观测值中，某观测值权越大，其观测精度就越高，该观测值在不等精度直接观测未知量最或是值中占的比例亦越大。因此，不等精度直接观测未知量的最或是值应为各不等精度观测值的加权平均值。不等精度直接观测的精度评定，应先由各不等精度观测值的改正数和观测次数计算权为1对应的中误差即单位权中误差 μ_0，再根据未知量最或是值的权及单位权中误差 μ_0 求得未知量最或是值的中误差。

复习思考题

1. 名词解释

(1)粗差　(2)系统误差　(3)偶然误差　(4)精度

(5)中误差　(6)相对中误差

(7)极限误差或容许误差

2. 填空题

(1)测量误差按其性质可分为：(a)＿＿＿＿＿＿＿＿＿；(b)＿＿＿＿＿＿＿＿＿。

(2)测量误差主要来自三方面：(a)＿＿＿＿＿＿＿＿＿＿＿＿＿＿；(b)＿＿＿＿＿＿＿＿＿＿＿＿；(c)＿＿＿＿＿＿＿＿＿＿＿＿＿＿。

研究测量误差的目的是＿＿＿＿＿＿＿＿＿＿＿＿＿＿＿＿＿＿＿＿＿＿＿＿＿。

测量工作中所谓误差不可避免，主要是指＿＿＿＿＿差，而＿＿＿＿＿＿误差可以通过计算改正或采用合理的观测方法加以消除或减弱，因此，测量误差理论主要是讨论＿＿＿＿＿＿＿＿＿＿＿＿＿＿＿＿误差。

(3)真误差是＿＿＿＿减＿＿＿＿；而改正数是＿＿＿＿减＿＿＿＿。

(4)同精度观测是指＿＿＿＿＿＿＿＿＿＿＿＿＿＿＿＿＿＿＿＿＿＿＿＿＿＿＿；不同精度观测是指＿＿＿＿＿＿＿＿＿＿＿＿＿＿＿＿＿＿＿＿＿＿＿。

(5)观测者用经纬仪观测，每读一次的中误差为 $10''$，则读两次取平均值，其中误差为＿＿＿＿＿；两次读数之差的中误差为＿＿＿＿＿；两次读数之和的中误差为＿＿＿＿＿。

(6)相对误差不能用于评定角度的精度，因为＿＿＿＿＿＿＿与＿＿＿＿＿＿大小无关。

(7)测量规范中要求测量误差不能超过某一限值，常以＿＿＿＿＿＿倍中误差作为偶然误差的＿＿＿＿＿＿，称为＿＿＿＿＿＿。

3. 判断题

(1)有一组不等精度观测值 L_1，L_2，L_3，其中误差分别为 $m_1 = 3\text{mm}$，$m_2 = 4\text{mm}$，$m_3 = 5\text{mm}$。据此可求出3组观测权：(a) $P_1 = 1$，$P_2 = 9/16$，$P_3 = 9/25$；(b) $P_1 = 16/9$，$P_2 = 1$，$P_3 = 16/25$；(c) $P_1 = 25/9$，$P_2 = 25/16$，$P_3 = 1$。在求加权平均值时，这3组观测权都可以使用。

（2）设两个变量 X 与 Y，其中误差分别为 $m_X = 30''$，$m_Y = 20''$，则 $X + Y$ 的中误差为 $36''$，$X - Y$ 的中误差为 $22''$。

（3）测量中存在的偶然误差可以采用一定的观测方法或计算改正数的方法加以消除。

（4）用同一钢尺在相同条件下丈量两条直线，丈量结果：一条长 100m，一条长 200m，其相对误差均为 1/3000，这说明此两条直线丈量精度相同。

4. 单项选择题

（1）观测值的中误差，其概念是（　　）。

A. 每个观测值平均水平的误差　　　　　B. 代表一组观测值的平均误差

C. 代表一组观测值中各观测值的误差　　D. 代表一组观测值取平均后的误差

（2）算术平均值中误差为单次观测值中误差的 $1/\sqrt{n}$（n 为观测次数）倍，由此得出结论（　　）。

A. 观测次数越多，精度提高越多

B. 观测次数增加可以提高精度，但无限增加效益不高

C. 精度提高与观测次数成正比

D. 无限增加次数来提高精度，会带来好处

（3）误差传播定律是用数学的方法建立（　　）。

A. 各种误差之间关系的定律

B. 观测值中误差与其函数值中误差关系的定律

C. 观测值中误差与最或是值中误差关系的定律

D. 各种误差相互传递的定律

（4）所谓等精度观测，一般是指（　　）。

A. 相同技术水平的人，使用同精度的仪器，采用相同的方法，在大致相同外界条件下的观测

B. 相同技术水平的人，使用同一种仪器、采用相同的方法，在大致相同外界条件下所作的观测

C. 根据观测数据，计算观测结果精度相同时的观测

D. 观测误差相同的各次观测

（5）中误差一般都采用观测值的改正数来计算，其原因是（　　）。

A. 观测值的真值一般是不知道的　　　　　B. 为了使中误差计算得更正确

C. 最或是误差的总和等于零，可作校核计算　　D. 改正数的总和等于零，便于计算校核

（6）观测值的权是根据下列确定的（　　）。

A. 根据未知量的观测次数来确定

B. 根据观测值的中误差大小来确定

C. 根据观测所采用的仪器精度来确定，仪器精度高，权给得大

D. 根据观测值的误差大小来确定

（7）某正方形，丈量了四边，每边中误差均为 m，其周长之中误差 $m_{周长}$，正确的计算公式是（　　）

A. $m_{周长} = 4m$　　　　　　　　　　　　B. $m_{周长} = 2m$

C. $m_{周长} = \sqrt{2} \times m$　　　　　　　　　　D. $m_{周长} = 3.14m$

（8）在水准测量中，高差 $h = a - b$，若 m_a，m_b，m_h 分别表示 a，b，h 之中误差，正确的计算公式是（　　）。

A. $m_h = m_a - m_b$　　　　　　　　　　B. $m_h = \sqrt{m_a^2 - m_b^2}$

C. $m_h = \sqrt{m_a^2 + m_b^2}$　　　　　　　　D. $m_h = m_a + m_b$

（9）设用某台经纬仪观测一水平角度 3 个测回，用观测值的改正数 v 计算其算术平均值的中误差 m，

其计算公式是( )。

A. $m = \sqrt{\dfrac{[vv]}{5}}$ B. $m = \sqrt{\dfrac{[vv]}{6}}$ C. $m = \sqrt{\dfrac{[vv]}{7}}$ D. $m = \sqrt{\dfrac{[vv]}{9}}$

(10)设用某台经纬仪6次观测一平面三角形的三内角,其角度闭合差为 w_i($i = 1$,2,3,4,5,6),测角中误差 m 计算公式是( )。

A. $m = \sqrt{\dfrac{[\omega\omega]}{16}}$ B. $m = \sqrt{\dfrac{[\omega\omega]}{17}}$ C. $m = \sqrt{\dfrac{[\omega\omega]}{18}}$ D. $m = \sqrt{\dfrac{[\omega\omega]}{15}}$

5. 问答题

(1)产生测量误差的原因是什么?

(2)系统误差和偶然误差有什么不同? 偶然误差有哪些特性?

(3)在相同的观测条件下,对同一量进行若干次观测,问这些观测精度是否相同? 此时能否将误差小的观测值理解为比误差大的观测值精度高? 为什么?

(4)什么是中误差? 为什么中误差能作为衡量精度的标准?

(5)为什么说观测次数越多,其平均值越接近真值? 其理论依据是什么?

(6)什么是容许误差? 容许误差在实际工作中起什么作用?

6. 计算题

(1)一个五边形,每个内角观测的中误差为 $30''$,五边形内角和的中误差为多少? 内角和闭合差的容许值为多少?

(2)一段距离丈量4次,其平均值的中误差为 $10\mathrm{cm}$,若想使其精度提高1倍,求该段距离应丈量几次?

(3)在比例尺为 $1:5\,000$ 的地形图上,量得两点的长度 $l = 23.4\mathrm{mm}$,,其中误差为 $m_l = 0.2\mathrm{mm}$,求该两点的实地距离 L 及其中误差 m_L。

(4)在图上量得一圆的半径 $r = 25.50\mathrm{mm}$,已知测量中误差 $m_r = 0.05\mathrm{mm}$,求圆面积的中误差 m_s。

(5)从 A,B,C,D 四水准点测得的 P 点的高程分别为 $H_{P(A)} = 59.350\mathrm{m}$,$H_{P(B)} = 59.369\mathrm{m}$,$H_{P(C)} = 59.380\mathrm{m}$,$H_{P(D)} = 59.372\mathrm{m}$。各测段水准路线长分别为 $S_{AP} = 20\mathrm{km}$,$S_{BP} = 25\mathrm{km}$,$S_{CP} = 30\mathrm{km}$,$S_{DP} = 40\mathrm{km}$。求 P 点高程的最或是值及其中误差。

本章推荐阅读书目

1. 宁津生,陈俊勇,李德仁,刘经南,张祖勋等. 测绘学概论. 武汉:武汉大学出版社,2004.

2. 卞正富,纪明喜,谷达华. 测量学. 北京:中国农业出版社,2002.

3. 王侬,过静珺. 现代普通测量学. 北京:清华大学出版社,2001.

4. 武汉测绘科技大学平差教研组. 测量平差原理. 3版. 北京:测绘出版社,1996.

5. 陈学平. 测量学试题与解答. 北京:中国林业出版社,2002.11

6. 潘正风,杨正尧,程效军,等. 数字测图原理与方法. 武汉:武汉大学出版社,2004.

第6章 小区域控制测量

【本章学习目标】

1. 知识要求：

（1）了解国家平面控制网和高程控制网的布设情况。

（2）掌握导线测量和小三角测量的布设方案、施测技术和数据处理的方法，交会测量加密控制点的方法与技术，三、四等水准测量和三角高程测量实施的方法与技术。

2. 技能要求：

（1）利用导线测量的方法进行小区域平面控制测量。

（2）利用交会测量的方法加密控制点。

（3）利用三、四等水准测量、三角高程测量的方法进行小区域高程控制测量。

6.1　控制测量概述

控制测量分为平面控制测量和高程控制测量。测定控制点平面位置的工作称为平面控制测量。测定控制点高程的工作称为高程控制测量。在传统测量工作中，平面控制测量和高程控制量通常是分别单独进行的。现代测量有时也将这两种控制合为一体而进行三维控制测量。

6.1.1　国家基本控制网

精确的地形图对于国家管理和资源开发都是必要的，要将我国的领土统一绘制成图，在国家领土范围布设必要密度的测量控制点是非常重要的。为了能达到以最少的时间和费用精密测定最多数目控制点的要求，控制点组成的几何图形即控制网的布设必须遵循由整体过渡到局部的原则，采用分级布网的方法进行布设。

6.1.1.1　平面控制测量

在传统的测量工作中，平面控制通常采用三角测量、导线测量和交会测量等常规方法建立，必要时，还要进行天文测量。目前全球定位系统 GPS（参照第 7 章内容）已成为建立平面控制网的主要方法。

（1）三角测量

三角测量是将控制点连接成一系列三角形（图 6-1），观测每个三角形的内角，并测定其中一条边的边长，然后根据正弦定理推算各边边长，再依据起算边两端点的坐标计算出各控制点的坐标。三角测量的控制点称为三角点，各三角形连接成锁状的称为三角锁，构成网状的称为三角网。

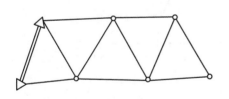

图 6-1　三角测量

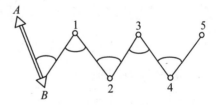

图 6-2　导线测量

（2）导线测量

导线测量是将控制点连接成折线（图 6-2），测定每边边长和转折角，再依据起算边两端点的坐标计算出各控制点的坐标。这些控制点称为导线点，各导线点连接成线状的称为单一导线，构成网状的称为导线网。

（3）交会测量

交会测量是利用交会定点法来加密平面控制点。通过观测水平角确定交会点的平面位置称为测角交会；通过测边确定交会点的平面位置称为测边交会；通过边长和水平角同测确定交会点的位置称为边角交会。

(4)天文测量

天文测量是在地面点上架设仪器,通过观测天体(如恒星、太阳)并记录观测瞬间的时刻来确定地面点的天文经度、天文纬度和该点至相邻点的方位角。天文经度的观测结果,可用来推算天文大地垂线偏差,用于将地面上的观测值归算到天文椭球面上。由天文经度、天文纬度和天文方位角的观测成果,推算出相应的大地方位角,以此控制地面大地网中方位误差的积累。

我国最初的平面控制测量采用的控制形式是三角测量,由于我国幅员辽阔,不能采用全面布网的方案,而是采用由高级到低级,由整体到局部的原则,即是先建立高精度的三角锁,然后补充精度较低的三角网,逐级控制,这样把国家三角测量分为一、二、三、四等。一等沿经线或纬线布设成纵横交错的三角锁,二等以三角网形式补充在一等锁里面(图6-3),三等以插网或插点的形式加密在一、二等锁(网)里面(图6-4)。一等三角锁精度最高,它除了作为二、三、四等三角网的控制外,同时为研究地球的形状和大小提供资料;二等三角网作为三、四等三角网的基础,三、四等三角网供测图时进一步加密控制用。

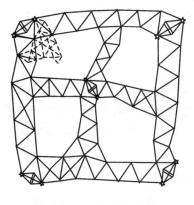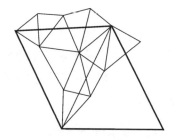

图6-3 一、二等三角网   图6-4 三等三角网

6.1.1.2 国家高程控制测量

高程控制主要通过水准测量方法建立。在地形起伏大实施水准测量有困难的地区,建立精度等级较低的高程控制网及图根高程控制网可采用三角高程测量的方法。

国家基本高程控制是用水准测量方法建立的,按精度不同分为一、二、三、四等水准测量,一等水准测量精度最高,是国家高程控制的骨干。一等水准测量是在全国范围内布设成环形水准网,二等水准测量是在一等水准环内布设成附合路线,三、四等水准测量以附合路线形式加密水准点。一、二等水准测量主要用于科学研究,同时作为三、四等水准测量的起算依据,三、四等水准测量主要用于工程建设和地形测图的高程起算点。

6.1.2 图根控制测量

为了测绘大比例尺地形图,需要在测区布设大量的控制点,这些为测图而布设的控制点，称为图根控制点。图根平面控制可以根据测区内的已知高级控制点用三角锁、光电导线或交会测量的形式进行加密，其高程可以用等外水准测量或三角高程测量的方法测定。如果测区内没有已知点，则应布设独立的小三角测量或导线测量作为首级控制，其起始点坐标可以假定，起始边方位角用罗盘仪测定，或者测定其天文方位角，然后在此基础上按需要加密图根点。

作为小范围地形控制的小三角测量和导线测量，小三角测量可根据边长情况分为一小三角测量和二级小三角测量；导线测量则分为一、二、三级导线测量和图根导线测量。其主要技术要求见表 6-1 和 6-2。

表 6-1　小三角测量技术参数

等级	平均边长（km）	测角中误差（″）	起始边边长相对中误差	最弱边边长相对中误差	测回数		三角形最大闭合差（″）
					DJ$_6$	DJ$_2$	
一级	1	≤5.0	1/40 000	1/20 000	6	2	15
二级	0.5	≤10.0	1/20 000	1/10 000	2	1	30

表 6-2　光电测距导线测量技术参数

等级	闭合环或附合导线长度（km）	平均边长（m）	测角中误差（″）	水平角测回数		测距中误差（mm）	方位角闭合差（″）	导线全长相对闭合差
				DJ$_2$	DJ$_6$			
一级	3.6	300	≤5.0	2	4	≤15	$10\sqrt{n}$	1/14000
二级	2.4	200	≤8.0	1	3	≤15	$16\sqrt{n}$	1/10000
三级	1.5	120	≤12.0	1	2	≤15	$24\sqrt{n}$	1/6000
图根	0.9	80	≤20.0	1	1	≤15	$40\sqrt{n}$	1/4000

6.2　导线测量

导线测量是平面控制测量常用的一种布设形式。导线边的边长可用钢尺丈量、光电测距等满足其精度要求的方法测定；相邻两导线边之间的水平角称为转折角，可用经纬仪、全站仪测定。测定转折角和边长之后，即可根据已知的方位角和起点坐标算出各导线点的坐标。

常用的导线有以下 5 种形式：

①附合导线　导线从一个已知点开始，终止于另一个已知点（图 6-5）。

②闭合导线　由一个已知点出发，最后仍旧回到这一点（图 6-6）。

③支导线　从一个已知点出发，自由延伸而成。支导线没有检核条件，不易发现错误，故一般不采用（图 6-7）。

④单结点导线　从三个或更多的已知点开始，几条导线汇合于一个结点（图 6-8）。

⑤两个以上结点或两个以上闭合环的导线网　图 6-9 为两个结点（E，F）的导线网；图

6-10 为 4 个闭合环的导线网。

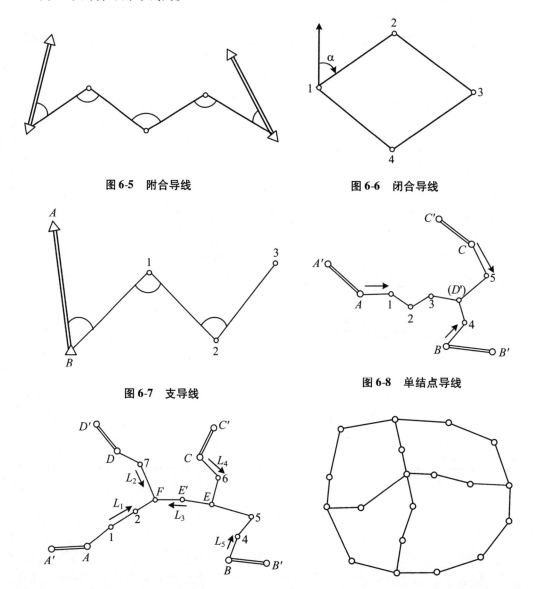

图 6-5　附合导线

图 6-6　闭合导线

图 6-7　支导线

图 6-8　单结点导线

图 6-9　双结点导线

图 6-10　4 个闭合环的导线网

　　导线测量的主要优点是布点方便、灵活，在平坦而荫蔽的地区以及城市和建筑区，布设导线具有很大的优越性。但是导线测量曾经也存在一些缺点，如在过去导线边长主要依靠钢尺量距的年代，则导线边长测量的工作就十分繁重。但在光电测距非常普及的今天，导线边长测量的工作已变得轻松快捷，因此导线测量目前已广泛应用于各种测量中。

6.2.1　导线测量的外业工作

　　导线测量的外业包括选点、导线转折角测量和导线边长测量。首先对测区进行野外踏勘，了解测区的位置、范围和地形条件，收集测区的国家控制点资料和地形图资料，然后根据资料在室内设计导线布设方案。经讨论修改之后，即可到实地选定各点的位置并进行测量。对于小地区测图，可以到实地直接选定导线测量的路线和点位。

6.2.1.1　选点

选点时要注意满足下列条件：

①导线点应选在地势较高、视野开阔、便于安置仪器的地方；

②相邻导线点应互相通视（导线边长采用钢尺量距，则要求相邻点间地面坡度比较均匀，以减少其量距误差）；

③导线点应均布测区，且相邻导线边长不宜相差过大。

导线点位置选好后，要在地面上标定下来。一般方法是打一木桩并在桩顶中心钉一小铁钉。对于需要长期保存的导线点，则应埋入石桩或混凝土桩，桩顶刻凿十字或铸入锯有十字的钢筋。

6.2.1.2　导线转折角测量

单一导线的转折角有左、右转折角之分，沿着导线前进的方向，位于左边的转折角称为左转折角；反之为右转折角。同一导线点上左、右转折角之和应等于360°。导线转折角的测量可视其需要观测左、右转折角均可。支导线的转折角进行偶数测回数观测时，左、右角各测一半的测回数，左、右角闭合差 $f_\beta = \beta_左 + \beta_右 - 360°$ 应满足相应的技术要求。测角的方法应根据具体情况而定，当导线点上只有两个观测方向时，可用测回法观测；当一个导线点上的观测方向超过两个时，应采用方向观测法。测角要求参照表6-2。

6.2.1.3　导线边长测量

导线边的边长目前主要采用光电测距的方法测定。因仪器设备条件的限制，采用钢尺量距的方法测定边长时应进行往返测，往返测获得的距离相对误差应满足规范相应等级导线的精度要求。光电测距导线的边长测量，其技术及精度要求参照表6-2。

6.2.2　导线测量的内业计算

导线测量的目的是要获得各控制点的平面直角坐标。外业完成后，应根据已知点的坐标和外业观测数据计算出导线点的坐标。坐标计算之前，先检查外业记录和计算是否正确，观测成果是否符合精度要求。检查无误后，绘制导线略图，将观测成果整理后填入略图中。

6.2.2.1　坐标计算的原理

各导线控制点的平面坐标是由已知控制点的坐标及各相邻导线点之间的坐标增量推算出来的，而相邻导线点之间的坐标增量又是由相邻导线点之间的方位角及其边长计算获得的。因此，导线控制点的坐标计算原理有相邻导线边方位角的推算和相邻导线点之间的坐标增量的计算。

（1）相邻导线边之间方位角的推算

相邻导线边之间方位角的推算是通过导线边的已知方位角（起算方位角）及相邻导线边之间的转折角来依次推算出各导线边的方位角。

①用左转折角 $\beta_{i左}$ 推算方位角　如图 6-11 所示，由 $i-1$，i，$i+1$ 三个导线点组成的相邻导线边 $i-1$，i 及 i，$i+1$，其方位角分别为 $\alpha_{i-1,i}$，$\alpha_{i,i+1}$，现要求由 $i-1$，i 导线边的方位角 $\alpha_{i-1,i}$ 及它与导线边 i，$i+1$ 之间的左转折角 $\beta_{i左}$ 来推算出 i，$i+1$ 导线边的方位角 $\alpha_{i,i+1}$。由图 6-11 不难得出：

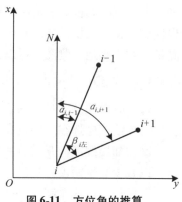

图6-11　方位角的推算

$$\alpha_{i,i+1} = \alpha_{i,i-1} + \beta_{i左}$$

将 $\alpha_{i,i-1} = \alpha_{i-1,i} \pm 180°$ 代入上式可得：

$$\alpha_{i,i+1} = \alpha_{i-1,i} + \beta_{i左} \pm 180° \tag{6-1}$$

式（6-1）中，若 $\alpha_{i-1,i} + \beta_{i左} \geqslant 180°$，取"－"号，反之，取"＋"。

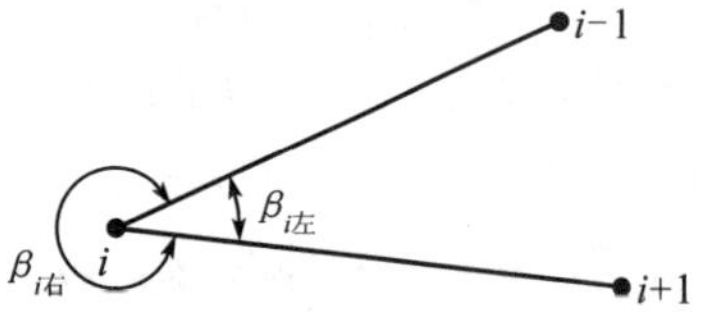

式（6-1）也可写成：

$$\alpha_{i,i+1} = \alpha_{i-1,i} + \beta_{i左} - 180° \tag{6-2}$$

在应用式（6-2）时，其计算结果 $\alpha_{i,i+1}$ 应在 $0° \sim 360°$ 之间，否则应将其计算结果 $\alpha_{i,i+1}$ 加或减 $360°$ 的整数倍，使 $\alpha_{i,i+1}$ 在 $0° \sim 360°$ 范围内。

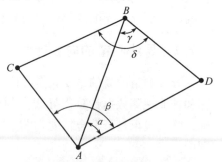

图6-12　用右转折角推算方位角

②用右转折角 $\beta_{i右}$ 推算方位角　根据以上的思路，由图 6-12 不难得出用右转折角 $\beta_{i右}$ 推算方位角的公式：

$$\alpha_{i,i+1} = \alpha_{i-1,i} - \beta_{i右} + 180° \tag{6-3}$$

在应用式（6-3）时，按上述同样的方法使 $\alpha_{i,i+1}$ 最后计算结果在 $0° \sim 360°$ 之间。

【例6-1】如图 6-13 所示，已知 AB 的方位角 $\alpha_{AB} = 357°32'48''$，观测水平角 $\alpha = 41°54'38''$，$\beta = 97°28'55''$，$\gamma = 54°33'16''$，$\delta = 104°55'47''$。求方位角 α_{AC}，α_{BC}，α_{AD}，α_{BD}。

解： $\alpha_{AB} = 357°32'48''$，则其反方位角 $\alpha_{BA} = 177°32'48''$，由方位角的推算式（6-2）及式（6-3）得：

图6-13　方位角推算示例

$$\begin{aligned}\alpha_{AC} &= \alpha_{BA} - (\beta - \alpha) + 180° \\ &= 177°32'48'' - (97°28'55'' - 41°54'38'') + 180° \\ &= 301°58'31''\end{aligned}$$

$$\begin{aligned}\alpha_{BC} &= \alpha_{AB} + (\delta - \gamma) - 180° = 357°32'48'' + (104°55'47'' - 54°33'16'') - 180° \\ &= 227°55'19''\end{aligned}$$

$$\alpha_{AD} = \alpha_{BA} + \alpha - 180° = 177°32'48'' + 41°54'38'' - 180° = 39°27'26''$$

$$\alpha_{BD} = \alpha_{AB} - \gamma + 180° = 357°32'48'' - 54°33'16'' + 180° - 360° = 122°59'32''$$

（2）相邻导线点之间坐标增量的计算

如图 6-14 所示，两相邻导线点 i 与 $i+1$ 的水平距离为 $D_{i,i+1}$，其方位角为 $\alpha_{i,i+1}$，i 点至 $i+1$ 点的坐标增量不难得出：

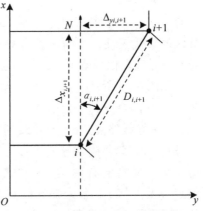

图 6-14 相邻导线点坐标增量计算

$$\left.\begin{array}{l}\Delta x_{i,i+1} = D_{i,i+1}\cos\alpha_{i,i+1}\\\Delta y_{i,i+1} = D_{i,i+1}\sin\alpha_{i,i+1}\end{array}\right\}\qquad(6\text{-}4)$$

式(6-4)为计算两相邻导线点坐标增量的计算公式，也称为坐标计算的正算公式。反之，由两点的坐标计算两点间的距离及连线方向的方位角的计算公式称为坐标计算的反算公式。坐标计算的反算公式为：

$$\left.\begin{array}{l}D_{i,i+1} = \sqrt{\Delta x_{i,i+1}^2 + \Delta y_{i,i+1}^2}\\\quad\quad = \sqrt{(x_{i+1} - x_i)^2 + (y_{i+1} - y_i)^2}\\\alpha_{i,i+1} = \tan^{-1}\left(\dfrac{\Delta y_{i,i+1}}{\Delta x_{i,i+1}}\right)\\\quad\quad = \tan^{-1}\left(\dfrac{y_{i+1} - y_i}{x_{i+1} - x_i}\right)\end{array}\right\}\qquad(6\text{-}5)$$

在应用(6-5)时，为使计算出的方位角在 $0°\sim360°$ 之间，要考虑以下两种情况：

①当 $\begin{cases}\Delta x_{i,i+1}<0\\\Delta y_{i,i+1}>0\end{cases}$ 或 $\begin{cases}\Delta x_{i,i+1}<0\\\Delta y_{i,i+1}<0\end{cases}$，则 $\alpha_{i,i+1}$ 应加上 $180°$

②当 $\begin{cases}\Delta x_{i,i+1}>0\\\Delta y_{i,i+1}<0\end{cases}$ 时，则 $\alpha_{i,i+1}$ 应加上 $360°$

【例 6-2】已知 A，B 两点的坐标分别为：$x_A = 468.423\text{m}$，$y_A = 377.329\text{m}$；$x_B = 572.157\text{m}$，$y_B = 275.123\text{m}$。

试计算 A，B 两点间的距离 D_{AB} 及连线的方位角 α_{AB}。

解：$\Delta x_{AB} = x_B - x_A = 572.157 - 468.423 = +103.734$

$\quad\quad \Delta y_{AB} = y_B - y_A = 275.123 - 377.329 = -102.206$

根据坐标计算的反算公式可得：

A，B 两点间的距离 D_{AB}：

$$D_{AB} = \sqrt{(\Delta x_{AB}^2 + \Delta y_{AB}^2)} = \sqrt{(+103.734)^2 + (-102.206)^2} = 145.626$$

$$\alpha'_{AB} = \tan^{-1}\left(\frac{\Delta y_{AB}}{\Delta x_{AB}}\right) = \tan^{-1}\left(\frac{-102.206}{+103.734}\right) = -44°34'30''$$

因 $\begin{cases}\Delta x_{AB}>0\\\Delta y_{AB}<0\end{cases}$，则 A，B 两点连线的方位角 $\alpha_{AB} = \alpha'_{AB} + 360° = 315°25'30''$

6.2.2.2 单一导线的近似平差计算

在低等级（四等以下）导线的平差计算中，采用近似平差方法计算各导线点的坐标也能满足其精度要求。导线的近似平差分为角度平差和坐标平差两大步骤。在附合导线、闭合导线、支导线三种导线形式中，附合导线最具代表性，下面以附合导线为例介绍单一导线近似平差计算的方法步骤。

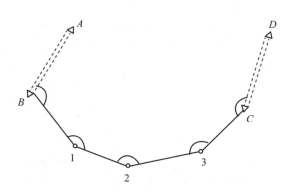

图 6-15　附合导线计算

如图 6-15 所示，为一附合导线，在 A，B，C，D 四个已知控制点中，B 为导线起点，C 为导线终点；α_{AB} 为导线的已知起算方位角，α_{CD} 为与附合导线终点相连的已知方位角。观测值有两类，一类是起点 B、终点 C 及 1，2，3 各未知导线点上的转折角 β；另一类是相邻导线点的边长 D（已知边 D_{BA}，D_{CD} 除外）。根据该导线的已知起算数据及观测值，用近似平差方法计算各未知导线点坐标的方法步骤如下：

（1）角度平差

①计算角度闭合差　根据导线的已知起算方位角 α_{AB} 及导线的转折角 β，由式(6-2)或式(6-3)可推算出附合导线终点相连的方位角 α'_{CD}：

$$\alpha'_{CD} = \alpha_{AB} + \sum \beta_{左} - n \times 180 \tag{6-6}$$

$$\alpha'_{CD} = \alpha_{AB} - \sum \beta_{右} + n \times 180 \tag{6-7}$$

式中　n——导线转折角的个数，本例中 $n = 5$。

理论上，$\alpha'_{CD理} = \alpha_{CD}$，但由于测角误差的存在，它们之间有一个角度闭合差 f_β：

$$f_\beta = \alpha'_{CD} - \alpha_{CD} \tag{6-8}$$

角度闭合差的容许值 $f_{\beta容许}$ 由导线等级决定，例如，规范规定图根光电导线角度闭合差的容许值为：

$$f_{\beta容许} = 40'' \sqrt{n} \tag{6-9}$$

上式中的 n 与式(6-6)、式(6-7)相同。

若 $|f_\beta| \leqslant f_{\beta容许}$，角度观测成果合格；否则，应返工重测。

②角度闭合差的分配　若导线用左转折角 $\beta_左$ 推算方位角时，将 f_β 反号平均分配给各转折角；反之推算方位角用的是右转折角 $\beta_右$，则直接将 f_β 平均分配给各转折角。对闭合导线，若 f_β 用闭合多边形内角和关系计算得出的，不论推算方位角用的 $\beta_左$ 还是 $\beta_右$，都将 f_β 反号平均分配给闭合多边形的各内角。分配时保留至秒，若有余差，则将余差分到短边的邻角。即：

$$\left.\begin{array}{l} v_{\beta_{i左}} = \dfrac{-f_\beta}{n} \\[3mm] v_{\beta_{i右}} = \dfrac{f_\beta}{n} \\[3mm] 计算检核：\sum v_{\beta_{i左}} = -f_\beta，\sum v_{\beta_{i右}} = f_\beta \\[3mm] \beta_{i改正后} = \beta_i + v_{\beta_i} \end{array}\right\} \tag{6-10}$$

③由改正后的转折角 $\beta_{i\text{改正后}}$ 来依次推算各导线边方位角　相邻导线点 i 至 $i+1$ 的方位角由式(6-2)或式(6-3)得出：

$$
\left.
\begin{aligned}
\alpha_{i,i+1} &= \alpha_{i-1,i} + \beta_{i\text{左改正后}} - 180° \\
\alpha_{i,i+1} &= \alpha_{i-1,i} - \beta_{i\text{右改正后}} + 180°
\end{aligned}
\right\}
\tag{6-11}
$$

（2）坐标平差

①相邻导线点坐标增量的计算　根据角度平差获得的相邻导线点之间的方位角 $\alpha_{i,i+1}$ 及其观测距离 $D_{i,i+1}$，由坐标计算的正算公式(6-4)计算出相邻导线点之间的纵、横坐标增量的初算值 $\Delta x_{i,i+1\text{初算}}$，$\Delta y_{i,i+1\text{初算}}$。

②导线纵、横坐标闭合差 f_x，f_y 的计算　导线纵、横坐标闭合差 f_x，f_y 的计算公式为：

$$
\left.
\begin{aligned}
f_x &= \sum \Delta x_{\text{初算}} - (x_{\text{终点}} - x_{\text{起点}}) \\
f_y &= \sum \Delta y_{\text{初算}} - (y_{\text{终点}} - y_{\text{起点}})
\end{aligned}
\right\}
\tag{6-12}
$$

导线全长闭合差：

$$
f_D = \sqrt{f_x^2 + f_y^2}
\tag{6-13}
$$

导线全长相对闭合差：

$$
k = \frac{f_D}{\sum D} = \frac{1}{\dfrac{\sum D}{f_D}}
\tag{6-14}
$$

k 应满足相应等级导线规定的精度要求，例如，图根导线要求全长相对闭合差 $k \leqslant 1/4000$。

③导线纵、横坐标闭合差 f_x，f_y 的分配　将导线纵、横坐标闭合差 f_x，f_y 反号后，按与各导线边边长成正比分配在该导线边两导线点之间的坐标增量上。其纵、横坐标增量的改正数按下式计算：

$$
\left.
\begin{aligned}
v_{\Delta x_{i,i+1}} &= \frac{-f_x}{\sum D} D_{i,i+1} \\
v_{\Delta y_{i,i+1}} &= \frac{-f_y}{\sum D} D_{i,i+1} \\
\text{计算校核：} &\sum v_{\Delta x_{i,i+1}} = -f_x, \ \sum v_{\Delta y_{i,i+1}} = -f_y
\end{aligned}
\right\}
\tag{6-15}
$$

相邻导线点之间改正后的坐标增量为：

$$
\left.
\begin{aligned}
\Delta x_{i,i+1\text{改正后}} &= \Delta x_{i,i+1\text{初算}} + v_{\Delta x_{i,i+1}} \\
\Delta y_{i,i+1\text{改正后}} &= \Delta y_{i,i+1\text{初算}} + v_{\Delta y_{i,i+1}} \\
\text{计算校核：} &\sum \Delta x_{i,i+1\text{改正后}} = (x_{\text{终点}} - x_{\text{起点}}), \ \sum \Delta y_{i,i+1\text{改正后}} = (y_{\text{终点}} - y_{\text{起点}})
\end{aligned}
\right\}
\tag{6-16}
$$

④各导线点坐标的依次推算　相邻导线点 i 至 $i+1$ 的坐标推算公式如下：

$$
\left.\begin{array}{l}
x_{i+1} = x_i + \Delta x_{i,i+1 \text{改正后}} \\
y_{i+1} = y_i + \Delta y_{i,i+1 \text{改正后}} \\
\text{计算校核：} x_{\text{终点推算}} = x_{\text{终点已知}}, y_{\text{终点推算}} = y_{\text{终点已知}}
\end{array}\right\} \tag{6-17}
$$

【例6-3】如图6-15所示的附合导线中，A，B，C，D 四个已知点的坐标分别为：A（843.391，1264.300），B（640.932，1068.446），C（589.975，1307.872），D（793.615，1399.178）。观测水平角分别为：$\beta_B = 114°17'00''$，$\beta_1 = 146°59'30''$，$\beta_2 = 135°11'30''$，$\beta_3 = 145°38'30''$，$\beta_C = 158°00'00''$，测得各导线边的边长分别为：$D_{B1} = 82.173\text{m}$，$D_{12} = 77.286m$，$D_{23} = 89.641\text{m}$，$D_{3C} = 79.840\text{m}$。试用导线近似平差的方法计算各导线点的坐标。

解： 先用 A，B，C，D 的已知坐标通过式(6-5)计算出导线起算方位角 $\alpha_{AB} = 224°03'00''$，终点附合的已知方位角 $\alpha_{AB} = 24°09'00''$，然后根据导线近似平差的方法步骤在表6-3进行相应的平差计算，最后推算出未知导线点1，2，3各点的坐标。

表6-3　附合导线坐标计算表

计算者：×××　　　　　　　　　　　　　　　　　　　　　　　　检查者：×××

点号	角度观测值 (° ′ ″)	改正数 (″)	改正后角值 (° ′ ″)	方位角 (° ′ ″)	边长 (m)	坐标增量 Δx(m) 初算值	改正数	改正后计算值	坐标增量 Δy(m) 初算值	改正数	改正后计算值	纵坐标 (m)	横坐标 (m)
A				224 03 00								843.391	1264.300
B	114 17 00	-6	114 16 54									640.932	1068.446
				158 19 54	82.173	-76.366	+0.002	-76.364	+30.341	+0.008	+30.349		
1	146 59 30	-6	146 59 24									564.568	1098.795
				125 19 18	77.286	-44.684	+0.001	-44.683	+63.059	+0.007	+63.066		
2	135 11 30	-6	135 11 24									519.885	1161.861
				80 30 42	89.641	+14.777	+0.002	+14.779	+88.415	+0.009	+88.424		
3	145 38 30	-6	145 38 24									534.664	1250.285
				46 09 06	79.840	+55.309	+0.002	+55.311	+57.579	+0.008	+57.587		
C	158 00 00	-6	157 59 54									589.975	1307.872
D				24 09 00								793.615	1399.178
∑	700 06 30	-30	700 06 00		328.940	-50.964	+0.007	-50.957	+239.394	+0.032	239.426		

从表6-3可以得出：

$$\alpha'_{CD} = 224°03' + 700°06'30'' - 5 \times 180° = 24°09'30''$$

$$f_\beta = \alpha'_{CD} - \alpha_{CD} = 24°09'30'' - 24°09'00'' = +30'', \quad f_{\beta\text{容许}} = 40''\sqrt{5} = 89''$$

$$f_x = \sum \Delta x_{\text{测}} - (x_C - x_B) = -50.964 - (589.975 - 640.932) = -0.007$$

$$f_y = \sum \Delta y_{\text{测}} - (y_C - y_B) = +239.394 - (1307.872 - 1068.446) = -0.032$$

$$f_D = \sqrt{f_x^2 + f_y^2} = 0.033, \quad K = \frac{f_D}{\sum D} = \frac{0.033}{328.940} = \frac{1}{9968}$$

闭合导线平差计算的方法步骤与附合导线基本相同，只是两者在计算导线的角度闭合差时略有差别。当闭合导线用闭合多边形的外角计算角度闭合差时，其计算方法与附合导线相同；当用闭合多边形内角计算角度闭合差时，闭合多边形各内角测量值之和与其理论值之差就是它的角度闭合差。即：

$$f_\beta = \sum \beta_{测} - (n - 2) \times 180° \tag{6-18}$$

式中 n——闭合导线的边数。

用式(6-18)计算闭合导线角度闭合差更简便。

【例 6-4】图 6-16 为一闭合导线，已知 1 点的坐标为 (500.000m，500.000m)，已知 1 ~ 4 边的坐标方位角 $\alpha_{14} = 30°15'30''$；观测角分别为：$\beta_1 = 137°42'12''$，$\beta_2 = 42°13'39''$，$\beta_3 = 87°23'09''$，$\beta_4 = 92°40'30''$，测得各导线边的边长分别为：$D_{12} = 70.086$m，$D_{23} = 144.298$m，$D_{34} = 47.043$m，$D_{41} = 90.321$m。试计算 2，3，4 各导线点的坐标。

解：该闭合导线的角度闭合差可由式(6-18)算出：

$$f_\beta = \sum \beta_{测} - (n - 2) \times 180°$$
$$= 359°59'30'' - (4 - 2) \times 180° = -30''$$

$$f_{\beta容许} = 40'' \sqrt{4} = 80''$$

$$\alpha_{14} = 30°15'30''，则 \alpha_{41} = 210°15'30''$$

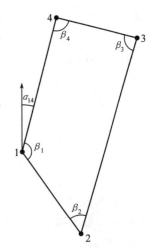

图 6-16 闭合导线计算

其坐标闭合差根据表(6-4)中的相关数据计算如下：

$$f_x = \sum \Delta x_{测} = -0.058，\quad f_y = \sum \Delta y_{测} = -0.025$$

$$f_D = \sqrt{f_x^2 + f_y^2} = \sqrt{(-0.058)^2 + (-0.025)^2} = 0.063$$

$$K = \frac{f}{\sum D} = \frac{0.063}{351.748} = \frac{1}{5583}$$

表6-4 闭合导线坐标计算表

计算者：×××　　　　　　　　　　　　　　　　　　　　　　　　　　　　　检查者：×××

点号	角度观测值 (° ′ ″)	改正后角值 (° ′ ″)	坐标方位角 (° ′ ″)	边长 (m)	增量 Δx(m) 算值	增量 Δx(m) 正数	增量 Δx(m) 改正后计算值	增量 Δy(m) 算值	增量 Δy(m) 正数	增量 Δy(m) 改正后计算值	坐标(m) x	坐标(m) y
4			210 15 30									
1	+7 137 42 12	137 42 19									500.000	500.000
			167 57 49	70.086	-68.545	+0.011	-68.534	+14.615	+0.005	+14.620		
2	+7 42 13 39	42 13 46									431.466	514.620
			30 11 35	144.298	+124.722	+0.024	+124.746	+72.570	+0.010	+72.580		
3	+8 87 23 09	87 23 17									556.212	587.200
			297 34 52	47.043	+21.781	+0.008	+21.789	-41.697	+0.003	-41.694		
4	+8 92 40 30	92 40 38									578.001	545.506
			210 15 30	90.321	-78.016	+0.015	-78.001	-45.513	+0.007	-45.506		
1											500.000	500.000
Σ	359 59 30	360 00 00		351.748	-0.058	+0.058	0.000	-0.025	+0.025	0.000		

　　导线近似平差的计算工作比较烦琐，不仅工作量大，而且容易出错。要解决这一问题，可根据导线近似平差的数学模型在 $fx-5800p$ 等程序型计算器上编制相应的计算程序，利用计算程序进行导线近似平差计算非常方便。在 $fx-5800p$ 计算器上编制的计算程参考如下：

A

$\text{Int}(J)+5\text{Frac}(J)\div 3+\text{Frac}(100J)\div 90$

DXJS

"I =":? →I:"K =":? →K:"N =":? →N:"B1 =":? →J:Prog "A":Ans→A:If I = 0:Then A→B:Else "BN =":? →J:Prog "A":Ans→B:IfEnd:"X1 =":? →L:"Y1 =":? →W:If I = 0:Then L→U:W→V:Else "XN =":? →U:"YN =":? →V:IfEnd:2(N + 2)→DimZ:A→M:0→P:If I = 1:Then N + 2→Z:Else N + 1→Z:IfEnd:Lbl 0:P + 1→P:"C =":? →J:Prog "A":Ans→C:C→Z[2P − 1]:If K = 1:Then M + C − 180→M:Else M − C + 180→M:IfEnd:If M≥360:Then M − 360→M:Else If M < 0:Then M + 360→M:IfEnd:IfEnd:If P < Z:Then Goto 0:IfEnd:"FB =":M − B ▼ DMS ◢ M − B→F:0→P:A→M:Lbl 1:P + 1→P:If K = 1:Then M + Z[2P − 1] − (F ÷ Z) − 180→M:Else M − Z[2P − 1] − (F ÷ Z) + 180→M:IfEnd:If M ≥360:Then M − 360:Else If M < 0:Then M + 360→M:IfEnd:"FWJ =":M − 0 ▼ DMS ◢ M→Z[2P − 1]:If P < Z:Then Goto 1:IfEnd:0→P:0→M:0→G:0→H:N + 1→Z:Lbl 2:P + 1→P:"D =":? →D:D→Z[2P]:M + D→M:Dcos(Z[2P − 1])→X:Dsin(Z[2P − 1])→Y:G + X→G:H + Y→H:X→Z[2P − 1]:Y→Z[2P]:If P < Z:Then Goto 2:IfEnd:Fix 3:"D =":M ◢ G + L − U→G:"FX =":G ◢ H + W − V→H:"FY =":H ◢ M ÷ $\sqrt{(G^2 + H^2)}$→Q:Fix 0:"K =":Q ◢ − G ÷ M→G:− H ÷ M→H:0→P:L→X:W→Y:Lbl 3:P + 1→P:"N =":P ◢ $\sqrt{((Z[2P − 1])^2 + (Z[2P])^2)}$→D:X + Z[2P − 1] + DG→X:Fix 3:"X =":X ◢ Y + Z[2P] + DH→Y:"Y =":Y ◢ X→Z[2P − 1]:Y→Z[2P]:If P < Z:Then Goto 3:IfEnd:"END"

　　运行上述程序时，附合导线"I"输1，闭合导线"I"输0；导线平差采用左转折角"K"输1，导线平差采用右转折角"K"输0；"N"输未知导线点的点数；"B1""BN"输导线起、终点相连的已知方位角，输入时，度后面加小数点，分和秒需输两位，如189°6′5″，输189.0605即可，以下输入的角度观测值或输出的方位角及方位角闭合差都按同样的方法，闭合导线只需输"B1"；"X1""Y1"输导线的起点纵、横坐标，"XN""YN"输导线终点的纵、横坐标，闭合导线只需输"X1""Y1"；"C"为按导线点编号顺序依次输入的导线转折角；"D"为按导线点编号顺序依次输入的各导线边边长；闭合导线的转折角及导线边边长的输入顺序，按起、终点都有已知方位角标准的附合导线的转折角及导线边边长输入顺序。

　　输出的"FB"为导线方位角闭合差；"FWJ"为按导线点编号顺序依次输出的各导线边方位角；"FX""FY"为导线纵、横坐标闭合差；"K"为导线全长相对闭合差的分母值；"X""Y"为按导线点编号顺序依次输出的各导线点的纵、横坐标。

6.2.2.3　无定向导线的坐标计算

　　由于导线两端都没有已知的起算方位角，导致无法正常推算各导线边的方位角。解决这一问题的途径是：首先假定导线第一条边的坐标方位角作为起始方向，依次推算出各导线边的假定坐标方位角，然后用各导线边的边长及假定坐标方位角分别推算出各导线边的假定坐标增量，进而得出各导线点的假定坐标。因起始边的定向不正确及转折角、导线边长测量误差的影响，导致导线终点的假定坐标与其已知坐标不相等。为消除这一矛盾，可用导线起、终点固定边的已知长度和已知方位角分别作为导线的尺度标准和定向标准对导线进行缩放和旋转，使导线终点的假定坐标与其已知坐标相等，以此计算出各导线点的坐标平差值。

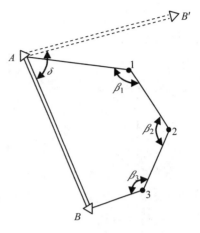

图 6-17　无定向导线

如图 6-17 所示，A，B 两个控制点的坐标已知，但不通视，在它们之间布设导线点 1，2，3，观测相邻导线边的转折角和各导线边的边长，计算各导线点坐标平差值的计算步骤如下：

（1）根据假定起始边方位角计算 B' 点的坐标

根据无定向导线平差计算的思路，若以起始点 A 为基准将导线进行缩放和旋转后，则除 A 点外的其他点就变成了 $1'$，$2'$，$3'$，B'。计算时可假设起始边 $A1$ 的坐标方位角为 $\alpha_{A1'}$，由导线的转折角 β_i 按式（6-3）推算出各边的假定方位角 $\alpha_{i',i'+1}$，再根据各边的观测边长和假定方位角推算各边的假定坐标增量和各点的假定坐标，直至推出 B 点的假定坐标 $B'(x_{B'}, y_{B'})$。

（2）计算导线的旋转角 δ 和缩放比 Q

$$\alpha_{A1} - \alpha_{A1'} = \alpha_{A2} - \alpha_{A2'} = \cdots = \alpha_{Ai} - \alpha_{Ai'} = \cdots = \alpha_{AB} - \alpha_{AB'} = \delta \tag{6-19}$$

$$\frac{D_{A1}}{D_{A1'}} = \frac{D_{A2}}{D_{A2'}} = \cdots \frac{D_{Ai}}{D_{Ai'}} = \cdots = \frac{D_{AB}}{D_{AB'}} = Q \tag{6-20}$$

（3）计算导线点坐标平差值

由于 $\Delta x_{Ai} = x_i - x_A = D_{Ai} \times \cos\alpha_{Ai}$，$\Delta y_{Ai} = y_i - y_A = D_{Ai} \times \sin\alpha_{Ai}$；根据式（6-19）和式（6-20）得：

$$\begin{cases} \Delta x_{Ai} = Q \times D_{Ai'} \times \cos(\alpha_{Ai'} + \delta) = Q \times D_{Ai'}(\cos\alpha_{Ai'}\cos\delta - \sin\alpha_{Ai'}\sin\delta) \\ \Delta y_{Ai} = Q \times D_{Ai'} \times \sin(\alpha_{Ai'} + \delta) = Q \times D_{Ai'}(\sin\alpha_{Ai'}\cos\delta + \cos\alpha_{Ai'}\sin\delta) \end{cases}$$

令 $Q_1 = Q \times \cos\delta$，$Q_2 = Q \times \sin\delta$，则有：

$$\left. \begin{array}{l} \Delta x_{Ai} = Q_1 \times \Delta x_{Ai'} - Q_2 \times \Delta y_{Ai'} \\ \Delta y_{Ai} = Q_1 \times \Delta y_{Ai'} + Q_2 \times \Delta x_{Ai'} \end{array} \right\} \tag{6-21}$$

当导线点 i 为终点 B 时，式（6-21）可变为：

$$\left. \begin{array}{l} \Delta x_{AB} = Q_1 \times \Delta x_{AB'} - Q_2 \times \Delta y_{AB'} \\ \Delta y_{AB} = Q_1 \times \Delta y_{AB'} + Q_2 \times \Delta x_{AB'} \end{array} \right\}$$

在上式中，Δx_{AB}，Δy_{AB} 为已知值，$\Delta x_{AB'}$，$\Delta y_{AB'}$ 为假定坐标增量计算值，由此可求出 Q_1 和 Q_2。即：

$$\left.\begin{aligned} Q_1 &= \frac{\Delta x_{AB'}\Delta x_{AB} + \Delta y_{AB'}\Delta y_{AB}}{(\Delta x_{AB'})^2 + (\Delta y_{AB'})^2} \\ Q_2 &= \frac{\Delta x_{AB'}\Delta y_{AB} - \Delta y_{AB'}\Delta x_{AB}}{(\Delta x_{AB'})^2 + (\Delta y_{AB'})^2} \end{aligned}\right\}$$ (6-22)

将 Q_1，Q_2 代入式(6-21)可得计算各导线点坐标平差值得计算公式，即：

$$\left.\begin{aligned} x_i &= x_A + Q_1(x_{i'} - x_A) - Q_2(y_{i'} - y_A) \\ y_i &= y_A + Q_1(y_{i'} - y_A) + Q_2(x_{i'} - x_A) \end{aligned}\right\}$$ (6-23)

（4）精度评定

无定向导线的精度可采用固定边长相对闭合差 k 来评定，即：

$$k = \frac{|D_{AB'} - D_{AB}|}{D_{AB}} = \frac{1}{\dfrac{D_{AB}}{|D_{AB'} - D_{AB}|}}$$ (6-24)

在上式中，D_{AB} 和 $D_{AB'}$ 分别为导线起、终点固定边的真、假边长，可利用其真、假坐标由式 (6-5)计算得出。

【例6-5】无定向导线（见图6-16）的起、终点已知坐标和观测值如下：$A(754.707\text{m}$，$554.723\text{m})$，$B(376.290\text{m}$，$654.656\text{m})$，测得：$D_{A1} = 245.535\text{m}$，$D_{12} = 172.374\text{m}$，$D_{23} = 164.016\text{m}$，$D_{3B} = 123.708\text{m}$；$\beta_1 = 130°12'18''$，$\beta_2 = 120°26'34''$，$\beta_3 = 135°42'16''$。

该导线平差计算的结果具体见表6-5。

表6-5 无定向导线计算

点号	角度观测值 (° ′ ″)	假定坐标方位角 (° ′ ″)	边长 (m)	假定坐标增量		假定坐标		坐标平差值	
				$\Delta x_{i',i'+1}$ (m)	$\Delta y_{i',i'+1}$ (m)	$x_{i'}$ (m)	$y_{i'}$ (m)	x_i (m)	y_i (m)
A								754.707	554.723
		30 00 00	245.535	+212.640	+122.768				
1	130 12 18					967.347	677.491	693.168	792.406
		79 47 42	172.374	+30.540	+169.647				
2	120 26 34					997.887	847.138	537.842	867.124
		139 21 08	164.016	−124.444	+106.841				
3	135 42 16					873.443	953.979	401.663	775.726
		183 38 52	123.708	−123.457	−7.871				
B						749.986	946.108	376.290	654.656

假定 A1 边的坐标方位角 $\alpha_{A1'} = 30°00'00''$，$Q_1 = +0.266957382$，$Q_2 = +0.963645420$

精度评定：$D_{AB} = 391.390\text{mm}$，$D_{AB'} = 391.413\text{mm}$，$k = \dfrac{1}{\dfrac{D_{AB}}{|D_{AB'} - D_{AB}|}} = \dfrac{1}{17\ 017}$

6.3　结点导线网近似平差

6.3.1　单结点导线网平差

单结点导线平差是指先求出结点的带权平均值，然后把结点作为已知点分别向各方向进行平差计算，从而得到各点的坐标。

如图 6-18 所示，设 A，B，C 为三个高级控制点，D 为结点，AA'，BB'，CC' 为已知方向，则其平差步骤如下。

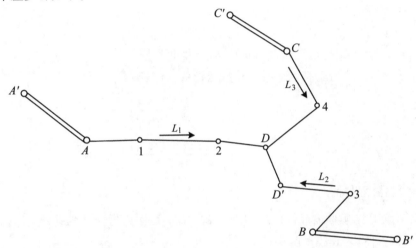

图 6-18　单结点导线

6.3.1.1　角度平差

（1）计算结边方位角

可选定与结点相连结的任一导线边作为结边，最好选在边数较多的一条导线上，如 DD'。由已知方向及所测的转折角分别沿线路 L_1，L_2，L_3 推算结边的坐标方位角 α_1，α_2，α_3。设各线路的转折角个数分别为 n_1，n_2，n_3，则结边的坐标方位角 α_1，α_2，α_3 的权分别为：

$$p_{\alpha_1} = \frac{C}{n_1}, \qquad p_{\alpha_2} = \frac{C}{n_2}, \qquad p_{\alpha_3} = \frac{C}{n_3}$$

式中　C——任意常数。

按带权平均值公式可算得 DD' 边的坐标方位角的最或是值 $\alpha_{DD'}$：

$$\alpha_{DD'} = \frac{P_{\alpha_1}\alpha_1 + P_{\alpha_2}\alpha_2 + P_{\alpha_3}\alpha_3}{P_{\alpha_1} + P_{\alpha_2} + P_{\alpha_3}} \tag{6-25}$$

（2）角度平差

获得结边坐标方位角的最或是值后，则将三个已知方向至 DD' 间的线路作为附合导线，计算其角度闭合差并改正各转折角的观测值。

6.3.1.2 推算出各导线边的坐标方位角

根据改正后的转折角，从结边推算各导线边的坐标方位角。

6.3.1.3 计算结点坐标

根据各导线边的边长和坐标方位角计算各边的坐标增量，分别自 A，B，C 三点推算结点 D 的坐标，得 x_{D_1}，y_{D_1}、x_{D_2}，y_{D_2}；x_{D_3}，y_{D_3}。

结点坐标的权是与推算线路的长度成反比的，即：

$$P_1 = \frac{C}{[S]_1}, \qquad P_2 = \frac{C}{[S]_2}, \qquad P_3 = \frac{C}{[S]_3},$$

式中 c——任意常数；

[ ]——表示总和，

$[S]_1$——导线 L_1 的推算长度(km)，其余依此类推。

由带权平均值公式可得结点坐标的最或是值为：

$$\left. \begin{aligned} x_D &= \frac{P_1 x_{D_1} + P_2 x_{D_2} + P_3 x_{D_3}}{P_1 + P_2 + P_3} \\[2mm] y_D &= \frac{P_1 y_{D_1} + P_2 y_{D_2} + P_3 y_{D_3}}{P_1 + P_2 + P_3} \end{aligned} \right\} \tag{6-26}$$

6.3.1.4 计算各点坐标

计算出结点 D 的坐标最或是值后，则将 L_1，L_2，L_3 作为附合导线进行坐标闭合差的计算和分配，最后计算各导线点的坐标。

单一结点导线网平差示例见表 6-6 ~ 表 6-11。

表 6-6　结边方位角的计算

导线	起算边	起算边坐标方位角 (° ′ ″)	$\sum \beta$ (° ′ ″)	结边坐标方位角观测值 (° ′ ″)	转折角个数	权 $P_a = \frac{1}{n}$	$P \times \delta_a$	结边坐标方位角带权平均值 (° ′ ″)	V (″)	Pv
L_1	$A'A$	122 58 29	643 39 52	46 38 21	4	0.25	+ 5.2		0	0.0
L_2	$B'B$	224 56 43	541 41 32	46 38 15	3	0.33	+ 5.0	46 38 21	+ 6	+2.0
L_3	$C'C$	323 55 24	622 43 03	46 38 27	3	0.33	+ 8.9		− 6	−2.0
				$\alpha_0 = 46\ 38\ 00$	$\sum$	0.91	+ 19.1			0.0

表 6-7　结点纵坐标的计算

导线	起始点	起始点纵坐标 (m)	$\sum \Delta x$ (m)	结点纵坐标观测值 (m)	导线长 $\sum S$ (m)	$P = \frac{1}{\sum S}$	$P \cdot \delta_x$	结点纵坐标带权平均值	V (mm)	Pv
L_1	A	4 815.217	− 352.424	4 462.793	592	1.69	+ 157		+ 1	+ 1.7
L_2	B	4 736.016	− 273.247	4 462.769	480	2.08	+ 144	4 462.794	+ 25	+ 52.0
L_3	C	4 261.530	+ 201.280	4 462.810	289	3.45	+ 380		− 16	− 55.2
				$x_0 = 4\ 462.700$	$\sum$	7.22	+ 681			− 1.5

表 6-8 结点横坐标的计算

导线	起始点	起始点纵坐标（m）	$\sum \Delta y$（m）	结点横坐标观测值（m）	导线长$\sum S$（m）	$P = \dfrac{1}{\sum S}$	$P \cdot \delta_y$	结点横坐标带权平均值（m）	v（mm）	Pv
L_1	A	5 103.294	+475.085	5 578.379	592	1.69	+134		+17	+28.7
L_2	B	5 969.046	−390.671	5 578.375	480	2.08	+156	5 578.396	+21	+43.7
L_3	C	5 785.829	−207.413	5 578.416	289	3.45	+400		−20	−69.0
				$y_0 = 5 578.300$	$\sum$	7.22	+690			+3.4

表 6-9 导线 L_1 计算表

点号	观测角 β（° ′ ″）	坐标方位角（° ′ ″）	边长 S（m）	Δx（m）	Δy（m）	x(m)	y(m)	附注
A'								
		122 58 29						
A	181 34 28					4 815.217	5 103.294	
		124 32 57	190.825	+0.000 −108.219	+0.006 +157.171			
1	184 39 09					4 706.998	5 260.471	
		129 12 06	259.113	+0.001 −163.773	+0.007 +200.793			
2	175 16 39					4 543.226	5 461.271	
		124 28 45	142.080	+0.000 −80.432	+0.004 +117.121			
D	102 09 36					4 462.794	5 578.396	
		46 38 21						
D'								
$\sum$	643 39 52		592.018	−352.424	+475.085			
	$f_\beta = 00''$			$f_x = -0.001$	$f_y = -0.017$			

表 6-10 导线 L_2 计算表

点号	观测角 β（° ′ ″）	坐标方位角（° ′ ″）	边长 S（m）	Δx(m)	Δy(m)	x(m)	y(m)	附注
B'								
		224 56 43						
B	+2 189 26 41					4 736.016	5 969.046	
		234 23 26	170.078	+0.009 −99.029	+0.008 −138.274			
3	+2 188 48 51					4 636.996	5 830.780	
		243 12 19	163.538	+0.008 −73.721	+0.007 −145.979			
D'	+2 163 26 00					4 563.283	5 684.808	
		226 38 21	146.371	+0.008 −100.497	+0.006 −106.418			
D						4 462.794	5 578.396	
$\sum$	541 41 32		479.987	−273.247	−390.671			
	$f_\beta = -6''$			$f_x = -0.025$	$f_y = -0.021$			

表 6-11　导线 L_3 计算表

点号	观测角 β ($°'''$)	坐标方位角 ($°'''$)	边长 $S(m)$	$\Delta x(m)$	$\Delta y(m)$	$x(m)$	$y(m)$	附注
C'								
		323 55 24						
C	-2 168 54 16					4 261.530	5 785.829	
		312 49 38	133.520	-0.007 $+90.766$	-0.009 -97.925			
4	-2 182 26 26					4 352.289	5 687.895	
		315 16 02	155.567	-0.009 $+110.514$	-0.011 -109.488			
D	-2 271 22 21					4 462.794	5 578.396	
		46 38 21						
D'								
Σ	622 43 03			$+201.280$	-207.413			
	$f_\beta = +6''$			$f_x = +0.016$	$f_y = +0.020$			

6.3.2　双结点导线网平差

对于两个结点的导线网可以用等权代替法来平差。平差的思路是：先用等权代替法替换掉一个节点，将双节点导线网变成单节点导线网，然后按单结点导线网平差的方法进行平差。

如图 6-19 所示，五条导线构成两个结点的导线网，A，B，C，D 为四个已知高级控制点，E，F 为两个结点，AA'，BB'，CC'，DD' 为已知方向。进行平差时，也是先作结边坐标方位角的平差，再作结点纵坐标、横坐标的平差。具体的平差计算步骤如下。

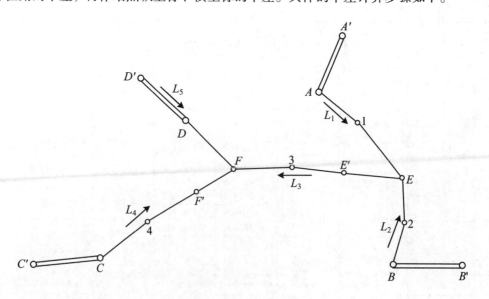

图 6-19　双结点导线

6.3.2.1　角度平差

（1）选定结边

定一个结点作为中心结点，例如，以 F 作为中心结点。将线路编号，并用箭头表示其计算方向。为了计算方便，应使所有线路的计算方向都走向中心结点。在每一结点上按前面单结点导线角度所述原则选定一条结边，如 EE' 和 FF'。

（2）计算结边方位角

由线路 L_1 和 L_2 分别计算结边 EE' 的坐标方位角 $\alpha_{EE'(1)}$ 和 $\alpha_{EE'(2)}$，并按下式计算带权平均值：

$$\alpha_{EE'(1,2)} = \frac{P_{\alpha_1} \times \alpha_{EE'(1)} + P_{\alpha_2} \times \alpha_{EE'(2)}}{P_{\alpha_1} + P_{\alpha_2}} \tag{6-27}$$

式中　$P_{\alpha_1} = 1/n_1$，$P_{\alpha_2} = 1/n_2$（n_i 为转折角数）。

以等权线路 $L_{1,2}$ 代替线路 L_1 和 L_2，按下式计算 $L_{1,2}$ 的权和相应的转折角数：

$$P_{\alpha_{1,2}} = P_{\alpha_1} + P_{\alpha_2}$$

$$n_{1,2} = \frac{1}{P_{\alpha_{1,2}}}$$

利用等权线路 $L_{1,2}$ 和线路 L_3 计算中心结边 FF' 的坐标方位角 $\alpha_{FF'(1,2+3)}$，同时由线路 L_4 和 L_5 计算 FF' 的坐标方位角 $\alpha_{FF'(4)}$ 和 $\alpha_{FF'(5)}$，然后计算带权平均值：

$$\alpha_{FF'} = \frac{P_{\alpha(1,2+3)} \cdot \alpha_{FF'(1,2+3)} + P_{\alpha_4} \cdot \alpha_{FF'(4)} + P_{\alpha_5} \cdot \alpha_{FF'(5)}}{P_{\alpha(1,2+3)} + P_{\alpha_4} + P_{\alpha_5}} \tag{6-28}$$

式中　$P_{\alpha(1,2+3)} = 1/(n_{1,2} + n_3)$，$P_{\alpha_4} = 1/n_4$，$P_{\alpha_5} = 1/n_5$。

（3）结边方位角平差

用下式分别计算线路 $L_{(1,2+3)}$，L_4 和 L_5 的角度总改正数 $v_{\beta(1,2+3)}$，$v_{\beta(4)}$ 和 $v_{\beta(5)}$，并检核 $\sum(P_\alpha v_\beta)$ 是否为零。

$$\left. \begin{array}{l} v_{\beta(1,2+3)} = \alpha_{FF'} - \alpha_{FF'(1,2+3)} \\ v_{\beta(4)} = \alpha_{FF'} - \alpha_{FF'(4)} \\ v_{\beta(5)} = \alpha_{FF'} - \alpha_{FF'(5)} \end{array} \right\} \tag{6-29}$$

这些改正数就是有关线路中角度闭合差的相反数 $-f_\beta$。

结边 EE' 坐标方位角 $\alpha_{EE'(1,2)}$ 的改正数按下式计算：

$$v_{\alpha_{EE'(1,2)}} = \frac{v_{\beta(1,2+3)}}{n_{1,2} + n_3} n_{1,2} \tag{6-30}$$

EE' 方位角的最或是值：

$$\alpha_{EE'} = \alpha_{EE'(1,2)} + v_{\alpha_{EE'(1,2)}} \tag{6-31}$$

L_1，L_2，L_3 各线路的角度总改正数分别为：

$$
\left.\begin{aligned}
v_{\beta_{(1)}} &= \alpha_{EE'} - \alpha_{EE'_{(1)}} \\
v_{\beta_{(2)}} &= \alpha_{EE'} - \alpha_{EE'_{(2)}} \\
v_{\beta_{(3)}} &= \frac{v_{\beta_{(1,2+3)}}}{n_{1,2} + n_3} n_3
\end{aligned}\right\} \tag{6-32}
$$

这些改正数也是各线路中角度闭合差的相反数 $-f_\beta$。

6. 3. 2. 2　计算结点坐标

各条线路上角度总改正数按同号平均分配于各转折角上，然后计算各导线边的坐标方位角和坐标增量。结点纵、横坐标的平差方法是完全一样的，为了简便起见，以下只说明结点的纵坐标平差步骤。

（1）结点 E 的坐标计算

由 x_A 及 L_1 各导线边坐标增量总和 $[\Delta x]_1$ 计算结点 E 的纵坐标：

$$
x_{E_{(1)}} = x_A + [\Delta x]_1
$$

再由线路 L_2 计算结点 E 的纵坐标：

$$
x_{E_{(2)}} = x_B + [\Delta x]_2
$$

按下式计算 x_E 的局部带权平均值：

$$
x_{E_{(1,2)}} = \frac{P_1 \cdot x_{E_{(1)}} + P_2 \cdot x_{E_{(2)}}}{P_1 + P_2} \tag{6-33}
$$

式中　$P_1 = 1/[S]_1$，$P_2 = 1/[S]_2$（$[S]_1$，$[S]_2$ 分别为 L_1，L_2 导线边长的总和，以 km 为单位）。

以等权线路 $L_{1,2}$ 代替 L_1 和 L_2，并按下式计算 $L_{1,2}$ 的权和相应的总长。

$$
P_{1,2} = P_1 + P_2
$$

$$
[S]_{1,2} = \frac{1}{P_{1,2}}
$$

（2）结点 F 的坐标计算

以结点 E 的纵坐标局部带权平均值 $x_{E_{(1,2)}}$ 为起始值，由 L_3 计算中心结点 F 的纵坐标，并由 L_4 和 L_5 分别计算 F 点的纵坐标：

$$
x_{F_{(1,2+3)}} = x_{E_{(1,2)}} + [\Delta x]_3
$$

$$
x_{F_{(4)}} = x_C + [\Delta x]_4
$$

$$
x_{F_{(5)}} = x_D + [\Delta x]_5
$$

再按下式计算中心结点 F 的纵坐标带权平均值：

$$
x_F = \frac{P_{(1,2+3)} \cdot x_{F_{(1,2+3)}} + P_4 \cdot x_{F_{(4)}} + P_5 \cdot x_{F_{(5)}}}{P_{(1,2+3)} + P_4 + P_5} \tag{6-34}
$$

式中　$P_{(1,2+3)} = 1/[S]_{(1,2+3)}$，$P_4 = 1/[S]_4$，$P_5 = 1/[S]_5$，$[S]_{(1,2+3)} = [S]_{1,2} + [S]_3$。

（3）计算坐标增量改正数

求得中心结点 F 的纵坐标最或是值 x_F 后，即可按下式计算线路 $L_{(1,2+3)}$，L_4，L_5 的坐标增量总改正数。

$$v_{[\Delta x]_4} = x_F - x_{F(4)}$$
$$v_{[\Delta x]_5} = x_F - x_{F(5)}$$
$$v_{[\Delta x]_{(1,2+3)}} = x_F - x_{F(1,2+3)}$$

(6-35)

并计算 $[Pv_{\Delta x}]$，视其是否为零，以检核 x_F 的计算是否有错。

再由 $v_{[\Delta x]_{(1,2+3)}}$ 计算 L_1，L_2，L_3 的坐标增量总改正数。因为：

$$v_{[\Delta x]_{1,2}} = \frac{v_{[\Delta x]_{(1,2+3)}}}{[S]_{(1,2+3)}} \cdot [S]_{1,2}$$

(6-36)

所以，E 点纵坐标的最或是值为：

$$x_E = x_{E(1,2)} + v_{[\Delta x]_{1,2}}$$

(6-37)

求得 x_E 即可计算 L_1，L_2 的坐标增量总改正数：

$$v_{[\Delta x]_1} = x_E - x_{E(1)}$$
$$v_{[\Delta x]_2} = x_E - x_{E(2)}$$

(6-38)

并计算得：

$$v_{[\Delta x]_3} = \frac{v_{[\Delta x]_{(1,2+3)}}}{[S]_{(1,2+3)}} \cdot [S]_3$$

(6-39)

横坐标的平差，与上述步骤完全一样，线路的长度和权又是共同的，可以与纵坐标的平差同时进行。

各条线路的坐标增量总改正数求得后，即可按与边长成正比的方法分配于各导线边的坐标增量中，最后求得各点的坐标。

双节点导线网平差的具体示例见表 6-12 ~ 表 6-19。

表 6-12　结边方位角的平差

线路	转折角数 n	权 $P_a = 1/n$	起始坐标方位角 (°′″)	$\sum \beta$ (°′″)	结边坐标方位角 结边	近似值 (°′″)	平差值 (°′″)	V (″)	Pv
1	3	0.33	203 39 04	634 20 05	EE'	297 59 09		+ 6	
2	3	0.33	21 48 29	456 10 50		19		− 4	
1, 2	1.5	0.66				297 59 14	297 59 15	+ 1	
3	3	0.33						+ 2	
1, 2 +3	4.5	0.22	297 59 14	499 58 36	FF'	257 57 50		+ 3	+ 0.66
4	3	0.33	114 03 10	503 54 45		55	257 57 53	− 2	− 0.66
5	2	0.50	203 18 26	414 39 27		53		0	0.00
$\sum$		1.05							0.00

表 6-13　结点纵坐标的平差

线路	总长 (km)	权 $P = 1/\sum S$	起始点 纵坐标 (m)	$\sum \Delta x$ (m)	结点	近似值 (m)	平差值 (m)	V (mm)	Pv
						结点纵坐标			
1	0. 27	3. 7	1 559. 455	− 224. 922	E	1 334. 533		− 15	
2	0. 20	5. 0	1 255. 254	+ 79. 236		1 334. 490		+ 28	
1，2	0. 11	8. 7				1 334. 508	1 334. 518	+ 10	
3	0. 48	2. 1						+ 46	
1，2 +3	0. 59	1. 7	1 334. 508	+ 215. 873	F	1 550. 381		+ 56	+ 95. 2
4	0. 34	2. 9	1 618. 213	− 67. 766		1 550. 447	1 550. 437	− 10	− 29. 0
5	0. 16	6. 2	1 694. 118	− 143. 670		1 550. 448		− 11	− 68. 2
$\sum$		10. 8							− 2. 0

表 6-14　结点横坐标的平差

线路	总长 (km)	权 $P = 1/\sum S$	起始点 横坐标 (m)	$\sum \Delta y$ (m)	结点	近似值 (m)	平差值 (m)	V (mm)	Pv
						结点横坐标			
1	0. 27	3. 7	2 064. 069	− 149. 193	E	2 454. 876		− 3	
2	0. 20	5. 0	2 291. 468	+ 163. 375		2 454. 843		0	
1，2	0. 11	8. 7				2 454. 857	2 454. 843	− 14	
3	0. 48	2. 1						− 60	
1，2 +3	0. 59	1. 7	2 454. 857	− 419. 451	F	2 035. 406		− 74	− 125. 8
4	0. 34	2. 9	1 714. 644	+ 320. 637		2 035. 281	2 035. 332	+ 51	+ 147. 9
5	0. 16	6. 2	2 096. 741	− 61. 405		2 035. 336		− 4	− 24. 8
$\sum$		10. 8							− 2. 7

表 6-15　导线 L_1 计算表

点号	转折角 (° ′ ″)	坐标方位角 (° ′ ″)	边长(m)	Δx(m)	Δy(m)	x(m)	y(m)	附注
A′		203 39 04						
A	+2 192 54 18	216 33 24	130. 300	− 0. 007 − 104. 666	− 0. 016 − 77. 609	1 559. 455	2 604. 069	
1	+2 174 12 24	210 45 50	139. 949	− 0. 008 − 120. 256	− 0. 017 − 71. 584	1 454. 782	2 526. 444	
E	+2 267 13 23	297 59 15				1 334. 518	2 454. 843	
E′								
$\sum$	634 20 05		270. 249	− 224. 922	− 149. 193			
	$f_\beta = -6''$			$f_x = +0.015$	$f_y = +0.033$			

表 6-16　导线 L_2 计算表

点号	转折角 (° ′ ″)	坐标方位角 (° ′ ″)	边长(m)	Δx(m)	Δy(m)	x(m)	y(m)	附注
B′		21 48 29						
B	−2 247 03 59	88 52 26	86.995	+0.012 +1.710	0.000 +86.978	1 255.254	2 291.468	
2	−1 153 42 21	44 34 46	108.843	+0.016 +77.526	0.000 +76.397	1 256.976	2 378.446	
E	−1 73 24 30	297 59 15				1 334.518	2 454.843	
E′								
Σ	456 10 50		195.838	+79.236	+163.375			
	$f_\beta = +4''$			$f_x = -0.028$	$f_y = 0.000$			

表 6-17　导线 L_3 计算表

点号	转折角 (° ′ ″)	坐标方位角 (° ′ ″)	边长(m)	Δx(m)	Δy(m)	x(m)	y(m)	附注
E		297 59 15	140.512	+0.014 +65.939	−0.018 −124.079	1 334.518	2 454.843	
E′	0 170 33 52	288 33 07	176.119	+0.017 +56.035	−0.022 −166.967	1 400.471	2 330.746	
3	+1 197 37 29	306 10 37	159.075	+0.015 +93.899	−0.020 −128.405	1 456.523	2 163.757	
F	+1 131 47 15	257 57 53				1 550.437	2 035.332	
F′								
Σ	499 58 36		475.706	215.873	−414.451			
	$f_\beta = -2''$			$f_x = -0.046$	$f_y = +0.060$			

表 6-18　导线 L_4 计算表

点号	转折角 (° ′ ″)	坐标方位角 (° ′ ″)	边长(m)	Δx(m)	Δy(m)	x(m)	y(m)	附注
C′		114 03 10				1 618.213	1 714.644	
C	0 187 48 50	121 52 00	128.527	−0.004 −67.855	+0.019 +109.155	1 550.354	1 823.818	
4	−1 159 12 34	101 04 33	112.122	−0.003 −21.540	+0.017 +110.034	1 528.811	1 933.869	
F′	−1 156 53 21	77 57 53	103.728	−0.003 +21.629	+0.015 +101.448	1 550.437	2 035.332	
F								
Σ	503 54 45		344.377	−67.766	+320.637			
	$f_\beta = +2''$			$f_x = +0.010$	$f_y = -0.051$			

表 6-19　导线 L_5 计算表

点号	转折角 (° ′ ″)	坐标方位角 (° ′ ″)	边长(m)	Δx(m)	Δy(m)	x(m)	y(m)	附注
D'		203 18 26						
D	0 179 50 05	203 08 31	156.242	−0.011 −143.670	−0.004 −61.405	1 694.118	2 096.741	
F	0 234 49 22	257 57 53				1 550.437	2 035.332	
F'								
Σ	414 39 27		156.242	−143.670	−61.405			
	$f_\beta = 0$			$f_x = +0.011$	$f_y = +0.004$			

6.4　小三角测量

　　导线布设方便灵活，但须测量每条导线边的边长。在无光电测距设备的情况下，地势开阔测区的控制网可以将控制点布设成连续的三角形，这样可以通过观测三角形的内角，用正弦定理间接推算出边长，从而计算出控制点的坐标。图 6-20 的图形都是由一些相邻的三角形构成的控制图形，这种结构的图形称为三角网。测定这种布设形式的控制点的测量工作，称为三角测量。为了与高精度的国家等级三角测量有所区别，一般称为小三角测量。

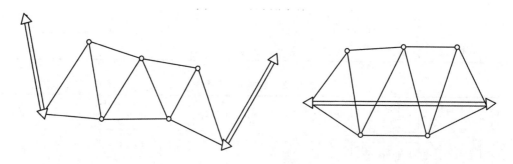

图 6-20　小三角锁示意

6.4.1　小三角测量的外业工作

6.4.1.1　选点

　　首先收集测区的坐标资料和地形图，在图上设计布设方案，然后到现场踏勘，确定点位。选点时要注意满足下列条件：
　　①三角点宜选在视野开阔、土质坚实、便于安置仪器、通视良好的地方。
　　②基线边的边长若采用丈量法测定，宜选在地势平坦、便于量距的地方。

③尽量布设成等边三角形，如受地形限制，一般三角形内角不应小于 30°、不大于 120°，特殊情况下个别图形的求距角也应大于 20°。

6.4.1.2　基线丈量

基线是推算三角形边长的起始依据，它的测量精度将影响整个三角网的精度，因此必须准确测定。

6.4.1.3　角度观测

在三角点上，通常需要观测两个以上的方向，因此一般采用全圆方向观测法进行观测。

6.4.2　小三角测量的内业计算

6.4.2.1　有两个连接角的线形锁

如图 6-21 所示，附合于两条基线边上的小三角锁，A'，A，F，F' 的坐标已知。通过外业测定了所有三角形的内角。为计算方便，每个三角形内角按 a_i，b_i，c_i 编号，其中已知边对的内角为 b_i、传距边对的内角为 a_i、第三边所对的内角为 c_i，连接角为 φ，ψ。

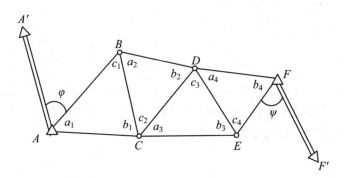

图 6-21　线形锁

（1）角度闭合差的计算和调整

角度闭合差的调整包括三角形闭合差的调整和方位角条件闭合差的调整。设角度观测值为 a_i，b_i，c_i，φ，ψ，角度观测值的改正数为 v_{a_i}，v_{b_i}，v_{c_i}，v_φ，v_ψ。

① 三角形闭合差的调整。

$$\omega_i = a_i + b_i + c_i - 180° \tag{6-40}$$

式中　ω_i——第 i 个三角形的闭合差；

　　a_i，b_i，c_i——第 i 个三角形的内角。

小三角测量三角形闭合差不得超过其容许值（见表 6-1），如果 ω_i 在容许范围内，则将其反号后平均分配给三个内角：

$$v'_i = -\frac{\omega_i}{3} \tag{6-41}$$

式中 v_i'——第一次改正数。

②方位角条件的调整   首先选择方位角的推算路线,选择原则是:每个三角形中只有一个角参与方位角的推算。图6-20中取 $\alpha_{A'A} \to \alpha_{AB} \to \alpha_{BC} \to \alpha_{CD} \to \alpha_{DE} \to \alpha_{EF} \to \alpha_{FF'}$ 为坐标方位角推算路线。在角度平差时,除了考虑三角形内角和条件以外,理论上还必须满足坐标方位角条件:

$$\alpha_{A'A} + \varphi - c_1 + c_2 - c_3 + c_4 - \psi \pm 6 \times 180° - \alpha_{FF'} = 0$$

由于测量误差的存在,

$$\omega_\alpha' = \alpha_{A'A} + \varphi - c_1' + c_2' - c_3' + c_4' - \psi \pm 6 \times 180° - \alpha_{FF'} \tag{6-42}$$

式中 ω_α'——按推算路线(实际上是一条附合导线)列出的坐标方位角闭合差;

　　　c_i'——第一次改正后的角值。

令

$$\nu_i'' = -\frac{1}{n+3}\omega_\alpha' \tag{6-43}$$

式中 n——三角形的个数。

则方位角路线上各角的总改正数为:

$$\left.\begin{array}{l}
\nu_{c_1} = \nu_1' - \nu_i'' \\
\nu_{c_2} = \nu_2' + \nu_i'' \\
\cdots \\
\nu_\varphi = +1.5\nu_i'' \\
\nu_\psi = -1.5\nu_i''
\end{array}\right\} \tag{6-44}$$

上式可以理解为将坐标方位角条件闭合差反号"平均"分配,不过分配时每个间隔角 c_i 作为1份,而连接角都占1.5份。这样就可以将角度改正数分成两组计算,使计算层次分明,易于掌握。根据三角形内角条件,各角的总改正数为:

$$\left.\begin{array}{l}
v_{c_1} = v_1' - v_i'',\quad v_{a_1} = v_{b_1} = v_1' + 0.5v_i'' \\
v_{c_2} = v_2' + v_i'',\quad v_{a_2} = v_{b_2} = v_2' - 0.5v_i'' \\
\cdots \\
v_\varphi = +1.5v_i'' \\
v_\psi = -1.5v_i''
\end{array}\right\} \tag{6-45}$$

(2)坐标计算

①假边长计算   线形锁中并没有已知边,为了计算未知点的坐标,假设三角锁中与已知点相连的第一条边长为 $D_假$,然后按正弦定理依次推算各边的假定边长。

②推算各边的方位角   利用改正后的角度,推算各边近似坐标方位角时,一般按两条附合导线的形式进行。例如,在图6-20中,按 $A \to B \to D \to F$ 和 $A \to C \to E \to F$ 两条附合导线进行计算。

③假坐标增量计算   以假定边长按附合导线的计算方法,从两条线路推算各点的假坐标增量及其总和,由两条线路计算的总和应该相等。

④相似比计算。

$$K = \frac{|\Delta x_{AF}| + |\Delta y_{AF}|}{|\sum \Delta x_{假}| + |\sum \Delta y_{假}|} \tag{6-46}$$

式中　Δx_{AF}，Δy_{AF}——已知点 A 与 F 的坐标增量；

　　　$\sum \Delta x_{假}$，$\sum \Delta y_{假}$——假坐标增量的总和。

⑤ 真边长计算。

$$D_{真} = K D_{假} \tag{6-47}$$

⑥ 真坐标增量计算。

$$\left.\begin{array}{c} \Delta x_{真} = K \Delta x_{假} \\ \Delta y_{真} = K \Delta y_{假} \end{array}\right\} \tag{6-48}$$

式中　$\Delta x_{真}$，$\Delta y_{真}$——真坐标增量；

　　　$\Delta x_{假}$，$\Delta y_{假}$——假坐标增量。

⑦ 闭合差的计算及调整。

$$\left.\begin{array}{c} f_x = \sum \Delta x_{真} - \Delta x_{AF} \\ f_y = \sum \Delta y_{真} - \Delta y_{AF} \end{array}\right\} \tag{6-49}$$

式中　f_x——横坐标增量闭合差；

　　　f_y——纵坐标增量闭合差。

将闭合差按(6-15)式分配到各坐标增量中。

⑧ 坐标计算　由 A 点开始，利用改正后的真坐标增量依次计算各点坐标。

6.4.2.2　中点多边形

(1) 角度闭合差的调整与计算

图 6-22 是小三角测量的另一种形式——中点多边形，外业观测了三角形的各个内角，丈量了基线 AO。平差计算的要求如下：

① 内角条件　各三角形内角和等于 180°。

② 圆周条件　中点 O 周围各角之和等于 360°。

③ 边长条件　从 AO 边出发，依次推算 OB，OC，OD，OE 的边长，再算出 AO 边，要与起算的 AO 边长相等。

下面介绍一种处理这些条件的近似方法。

设只满足条件①、②，暂时不顾边长条件的角度改正数以 v 表示：

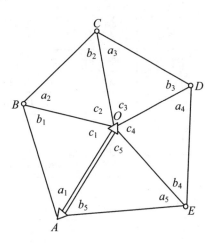

图 6-22　中点多边形

$$v_{a_1} = v_{b_1} = -\frac{\omega_1}{3} + \mu, v_{c_1} = -\frac{\omega_1}{3} - 2\mu$$

$$v_{a_2} = v_{b_2} = -\frac{\omega_2}{3} + \mu, v_{c_2} = -\frac{\omega_2}{3} - 2\mu$$

$$\cdots$$

$$v_{a_5} = v_{b_5} = -\frac{\omega_5}{3} + \mu, v_{c_5} = -\frac{\omega_5}{3} - 2\mu$$

$$(6\text{-}50)$$

而
$$\mu = \frac{1}{2n}\left\{\omega_{圆} - \frac{1}{3}[\omega]\right\}$$
$$(6\text{-}51)$$

式中 n——中点多边形中的三角形个数;

ω_i——第 i 个三角形的角度闭合差;

$\omega_{圆}$——圆周角闭合差。

在每个三角形中,经过上述改正后的三个角值,其和应等于180°,而中点周围各改正后的角值之和应等于360°。其具体计算见表6-20。

表6-20 中点多边形角度闭合差调整表

三角形编号		内角观测值 (° ′ ″)	改正数 (″)	改正后内角 (° ′ ″)	圆周条件计算
1	b_1	79 11 06	10.4	79 11 16.4	
	c_1	60 03 12	9.2	60 03 21.2	
	a_1	40 18 12	10.4	40 18 22.4	
	$\sum$ f_1	179 59 30 -30	+30	180 00 00	
2	b_2	51 12 30	4.4	51 12 34.4	
	c_2	56 17 00	3.2	56 17 03.2	
	a_2	72 30 18	4.4	72 30 22.4	
	$\sum$ f_2	179 59 48 -12	+12	180 00 00	$\omega_{圆} = \sum c - 360°$ $= 359°59'30'' - 360°$ $= -30''$ $\mu = 0.4''$
3	b_3	53 03 24	12.4	53 03 36.4	
	c_3	79 36 30	11.2	79 36 41.2	
	a_3	47 19 30	12.4	47 19 42.4	
	$\sum$ f_3	179 59 24 -36	+36	180 00 00	
4	b_4	56 09 30	6.4	56 09 36.4	
	c_4	63 17 18	5.2	63 17 23.2	
	a_4	60 32 54	6.4	60 33 00.4	
	$\sum$ f_4	179 59 42 -18	+18	180 00 00	

(续)

三角形编号	内角观测值 (° ′ ″)		改正数 (″)	改正后内角 (° ′ ″)	圆周条件计算
5	b_5	39 38 30	2.4	39 38 32.4	
	c_5	100 18 30	1.2	100 18 31.2	
	a_5	40 02 54	2.4	40 02 56.4	
	$\sum$ f_5	179 59 54 －6	＋6	180 00 00	

（2）坐标计算

改正后的角值算出后，可依次计算：①各边的近似边长；②各边的近似方位角；③各边的近似坐标增量；④各点的近似坐标。由于没有考虑前述的边长条件，所以算出的近似坐标将产生不符值。例如，图 6-22 中，由 A 点坐标出发依次算出 $B{\rightarrow}C{\rightarrow}D{\rightarrow}E$ 等点近似坐标，再推算出 A 点的坐标得 x_A'，y_A'，将与 A 点应有坐标 x_A，y_A 不等，则产生不符值 $\omega_x = x_A' - x_A$，$\omega_y = y_A' - y_A$，可近似地将坐标闭合差反号，按推算所经边长成比例分配，即得各点的最后坐标。

6.5 交会测量

交会测量也是控制点布设的一种形式，当需要的控制点不多时，可以采用这种布设形式。它是通过观测水平角和水平距离，利用已知点坐标来求得待定点坐标的方法。交会测量有测角交会、测边交会和边角交会三种形式。传统的前方交会、后方交会和侧方交会若仅观测角度属于测角交会，只测边长就属于测边交会，利用全站仪进行方向与距离同测的自由测站定位法应属于边角交会。下面以测角交会的三种形式及方向与距离同测的自由测站定位法为例介绍交会测量待定点坐标的解算方法。

6.5.1 前方交会

如图 6-23 所示，在三角形 ABP 中，已知点 A，B 的坐标为 (x_A, y_A) 和 (x_B, y_B)。为得到 P 点坐标，测得水平角 A，B，可根据 AB 边边长 D_{AB}，利用正弦定理推算出 AP 边边长，再推算出 AP 边的坐标方位角即可解算出未知点 P 的坐标 (x_P, y_P)，这是前方交会的基本概念。

6.5.1.1 计算已知边方位角、边长

根据式（6-5）可以计算出 AB 边的坐标方位角 α_{AB} 及 AB 边的边长 D_{AB}。

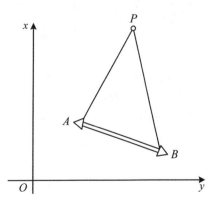

图 6-23 前方交会

6.5.1.2 计算未知边边长和方位角

$$\left. \begin{array}{l} D_{AP} = D_{AB} \dfrac{\sin B}{\sin(180° - A - B)} \\[3mm] D_{BP} = D_{AB} \dfrac{\sin A}{\sin(180° - A - B)} \end{array} \right\} \tag{6-52}$$

$$\left. \begin{array}{l} \alpha_{AP} = \alpha_{AB} - A \\ \alpha_{BP} = \alpha_{BA} + B \end{array} \right\} \tag{6-53}$$

6.5.1.3 计算未知点坐标

由 A 点推算 P 点，即：

$$\left. \begin{array}{l} \Delta x_{AP} = D_{AP}\cos\alpha_{AP} \\ \Delta y_{AP} = D_{AP}\sin\alpha_{AP} \end{array} \right\} \tag{6-54}$$

$$\left. \begin{array}{l} x_P = x_A + \Delta x_{AP} \\ y_P = y_A + \Delta y_{AP} \end{array} \right\} \tag{6-55}$$

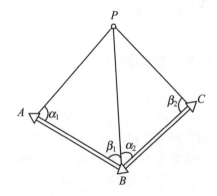

同理也可以从 B 点计算出 P 点坐标，并与从 A 点算出的坐标进行校核。但这种校核只能发现计算中有无错误，不能发现角度测错及已知点用错等错误，也不能提高计算成果的精度。为了避免外业观测发生错误，并提高交会点 P 的坐标精度，在测量规范中要求布设有三个起始点的前方交会。如图 6-24 所示，这时在 A，B，C 三个已知点上向交会点 P 观测，测出了四个角值 α_1，β_1，α_2，β_2，分两组计算 P 点坐标。计算时可按 $\triangle ABP$ 求 P 点坐标 (x'_P, y'_P)，再按 $\triangle BCP$ 求 P 点坐标 (x''_P, y''_P)。当这两组坐标的较差在容许限差内，则取它们的平均值作为 P 点的最后坐标。测量规

图 6-24 前方交会示例

范规定：两组算得的点位较差不得大于两倍测图比例尺精度，用公式表示为：

$$\Delta D = \sqrt{\delta x^2 + \delta y^2} \leqslant 2 \times 0.1M \text{ mm}$$

式中　$\delta x = x'_P - x''_P, \delta y = y'_P - y''_P$；

　　　M——测图比例尺分母。

【例 6-6】如图 6-24 所示，已知 A(188.41m，234.13m)，B(55.54m，473.58m)，C(217.48，611.81m)，测得 $\alpha_1 = 85°13'24''$，$\beta_1 = 46°48'12''$；$\alpha_2 = 54°39'18''$，$\beta_2 = 89°55'18''$

试计算 P 点坐标(表 6-21)。

表 6-21　前方交会坐标计算表

点号	角度值 (°　′　″)	边长(m)	方位角 (°　′　″)	x(m)	y(m)	备注
A	85　13　24	D_{AB}=273. 844	119　01　33	188. 41	234. 13	
B	46　48　12	D_{AP}=268. 747	33　48　09	55. 54	473. 58	左边三角形
P	47　58　24	D_{BP}=367. 368	345　49　45	411. 73	383. 64	
B	54　39　18	D_{BC}=212. 913	40　29　03	55. 54	473. 58	
C	89　55　18	D_{CP}=299. 630	310　24　32	217. 48	611. 81	右边三角形
P	35　25　24	D_{BP}=367. 336	345　49　45	411. 70	383. 66	

平均值：x_P =411. 72m　　　y_P =383. 65m

6.5.2　侧方交会

如图 6-25 所示，将已知点 A 和待定点 P 作为测站，观测水平角 α，γ，根据已知点 A，B 的坐标即可解算出 P 点坐标。这种在待定点和一个已知点上测角交会出待定点位置的方法称为侧方交会。

在计算 P 点坐标时，用观测水平角 α，γ 计算出 β 后，就可用前方交会的方法解算出交会点 P 的坐标。

侧方交会与前方交会的检查方法不同，一般通过观测检查角的方法来检核交会点位置是否满足精度要求。即在 P 点向另一个已知点 C 观测检查角 ε，如果计算的 P 点坐标正确，则：

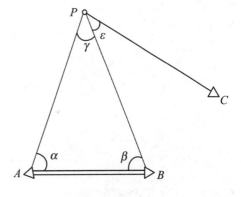

图 6-25　侧方交会

$$\varepsilon_测 = \varepsilon_算$$

式中　$\varepsilon_算 = \alpha_{PB} - \alpha_{PC}$。

但由于测量误差的存在，计算值与观测值之间有较差：

$$\Delta\varepsilon = \varepsilon_算 - \varepsilon_测 \tag{6-56}$$

用 $\Delta\varepsilon$ 及 D_{PC} 可以算出 P 点的横向位移 e：

$$e = \frac{D_{PC} \times \Delta\varepsilon''}{\rho''} \quad 即 \quad \Delta\varepsilon'' = \frac{e}{D_{PC}}\rho''$$

测量规范规定最大的横向位移 $e_容$ 不大于比例尺精度的两倍，即：

$$e_容 \leq 2 \times 0.1M$$

所以，$e_容$ 所相应的圆心角 $\Delta\varepsilon''_容$ 为：

$$\Delta\varepsilon''_容 \leq \frac{0.2M}{D_{PC}}\rho'' \tag{6-57}$$

式中　D_{PC} 以 mm 为单位，M 为测图比例尺的分母，求出的 $\Delta\varepsilon$ 的单位是秒。从上式可以看出，当边长 D_{PC} 太短时，$\Delta\varepsilon''_容$ 会过大，所以对检核边的长度应作适当限制，不宜太短。

【例 6-7】$D_{PC} = 1\,000$ m，测图比例尺为 1:2 000 时。计算 $\Delta\varepsilon''_容$：

解：

$$\Delta\varepsilon''_容 = \frac{0.2 \times 2\,000}{1\,000\,000} \times 206\,265'' = 82''$$

6.5.3 后方交会

后方交会的图形如图 6-26 所示。它的特点是仅在未知点 P 上设站，向三个已知点 A，B，C 进行观测，测得水平角 α，β，γ。然后根据 A，B，C 三点的坐标计算 P 点坐标。

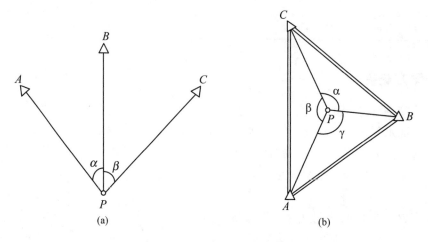

图 6-26　后方交会的两种情况

6.5.3.1　后方交会的计算

后方交会计算的方法很多，在此对图 6-26(a)、(b)两种情况分别介绍计算方法。

(1) P 点在三个已知点所构成的三角形之外[图 6-26(a)]

①引入辅助量 a，b，c，d。

$$\left.\begin{aligned}
a &= (x_A - x_C) + (y_A - y_C)\mathrm{ctg}\alpha\\
b &= (y_A - y_C) - (x_A - x_C)\mathrm{ctg}\alpha\\
c &= (x_R - x_C) - (y_B - y_C)\mathrm{ctg}\beta\\
d &= (y_B - y_C) + (x_B - x_C)\mathrm{ctg}\beta\\
k &= \frac{c - a}{b - d}
\end{aligned}\right\} \tag{6-58}$$

②计算坐标增量。

$$\left.\begin{aligned}
\Delta x_{CP} &= \frac{a + b \times k}{1 + k^2} \text{ 或 } \Delta x_{CP} = \frac{c + d \times k}{1 + k^2}\\
\Delta y_{CP} &= \Delta x_{CP} \times k
\end{aligned}\right\} \tag{6-59}$$

③计算未知点的坐标。

$$\left.\begin{array}{l} x_P = x_C + \Delta x_{CP} \\ y_P = y_C + \Delta y_{CP} \end{array}\right\} \qquad (6\text{-}60)$$

应用上述公式时，必须按规定编号：未知点的点号为 P，计算者立于 P 点，面向三个已知点，中间点编号为 C，而左边的已知点为 A，右边的已知点为 B。

（2）当交会点 P 在已知点所构成的三角形以内 [图 6-24（b）]

$$\left.\begin{array}{l} x_P = \dfrac{P_A x_A + P_B x_B + P_C x_C}{P_A + P_B + P_C} \\[3mm] y_P = \dfrac{P_A y_A + P_B y_B + P_C y_C}{P_A + P_B + P_C} \end{array}\right\} \qquad (6\text{-}61)$$

式中　$P_A = 1/(\cot A - \cot \alpha)$；

　　　$P_B = 1/(\cot B - \cot \beta)$；

　　　$P_C = 1/(\cot C - \cot \gamma)$；

　　　A，B，C——已知点组成的固定角。

6.5.3.2　未知点 P 的检查

如图 6-27 所示，为了检查 P 点的精度，常在未知点 P 上观测四个已知点，选择三个已知点按照后方交会计算的方法算出 P 点坐标，对第四个已知点 D 所观测的 ε 角，则作为检核之用，检核的方法与侧方交会计算中的检核方法相同。

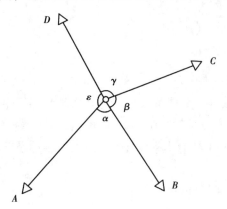

图 6-27　后方交会精度的检查

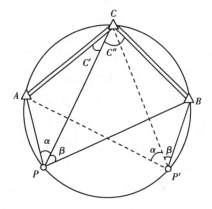

图 6-28　危险圆

注意：当 P 点正好选在通过已知点 A，B，C 的圆周上时，则 P 点无论位于圆周上任何位置，所测得的 α，β 角值皆不变（图 6-27），这个问题就无解，该圆称为危险圆。而 P 点靠近危险圆也将使算得的坐标有很大的误差。因此在作业时，一般要使 P 点离危险圆周有一定距离，规范规定 $\alpha + \beta + C' + C''$ 不得在 $170° \sim 190°$。通常在 P 点至少要观测四个已知点，计算时选择其中三个点作为 A，B，C 点，使 P 点位于 A，B，C 所构成的三角形内，或者位于三角形两边延长线的夹角之间，以第四个已知点 D 作检核。

6.5.4 自由测站定位法

自由测站定位法具有测站选择灵活、受地形限制少、野外施测工作简单、易于校核的特点。如图 6-28 所示，自由测站定位法与后方交会相似，但观测元素除水平方向 L 外，还应测量 P 点至各已知点的距离 D。后方交会时至少要有 3 个已知控制点，为了检核还要增加 1 个已知控制点，而自由测站定位法最少只需 2 个已知控制点，而且有 2 个已知控制点已经具有初步校核，利用多个已知点时，可以提高测站 P 的点位精度。

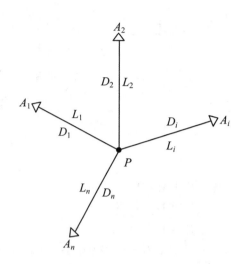

图 6-29　自由测站定位法

在图 6-29 中，设 P 为测站，A_1，A_2，$\cdots$，A_n 为 n 个已知控制点，观测了 n 个水平方向值 L_i 及 n 个水平距离 D_i。按下列步骤可计算出测站 P 的坐标。

（1）建立假定测站坐标系 X' 和 Y'

假定坐标系的原点在 P，其 X' 轴正方向与观测水平方向时度盘 0°刻划线方向重合。

（2）计算各已知控制点在假定坐标系中的坐标 X' 和 Y'

$$\left.\begin{array}{l} X'_i = D_i\cos L_i \\ Y'_i = D_i\sin L_i \end{array}\right\} \tag{6-62}$$

（3）建立假定坐标系与大地坐标系之间的换算公式

假定坐标系与大地坐标系之间的换算参数有：平移参数为 P 点在大地坐标系中的坐标 (X_P, Y_P)；旋转参数为水平度盘 0°刻划线在大地坐标系中的方位角 α_0；尺度参数为距离观测值的尺度标准长度在大地坐标系中的长度值 K。则假定坐标系与大地坐标系的转换关系式为：

$$\left.\begin{array}{l} x_i = KX'_i\cos\alpha_0 - KY'_i\sin\alpha_0 + X_P \\ y_i = KX'_i\sin\alpha_0 - KY'_i\cos\alpha_0 + Y_P \end{array}\right\} \tag{6-63}$$

（4）求假定坐标系与大地坐标系之间的转换参数

利用式(6-63)将已知控制点的假定坐标(X'_i, Y'_i)换算成大地坐标(x_i, y_i)会与已知控制点的大地坐标(X_i, Y_i)有差异，求这四个参数按最小二乘法准则在于要求这些坐标差的平方和为最小。根据这个准则，可导得计算公式为：

$$X'_0 = \frac{\sum X'_i}{n}, \quad Y'_0 = \frac{\sum Y'_i}{n}$$

$$U_i = X'_i - X'_0, \quad R_i = Y'_i - Y'_0$$

$$a = \sum (U_iX_i + R_iY_i), \quad b = \sum (U_iY_i - R_iX_i), \quad d = \sum (U_i^2 + R_i^2)$$

$$c = \frac{a}{d}, \quad s = \frac{b}{d}$$

$$k = \sqrt{c^2 + s^2}, \quad \alpha_0 = \tan^{-1}\frac{b}{a}$$

(5)计算 P 点坐标

$$\left.\begin{array}{l} X_P = \dfrac{\sum X_i}{n} - c \times X'_0 + s \times Y'_0 \\[3mm] Y_P = \dfrac{\sum Y_i}{n} - s \times X'_0 - c \times Y'_0 \end{array}\right\} \tag{6-64}$$

6.6　高程控制测量

目前测定控制点高程的方法有水准测量、三角高程测量及 GPS 拟合高程测量三种。水准测量主要用于地势平坦地区，其优点是测量结果精度较高，缺点是工作量较大。三角高程测量主要适用于山区，其布设方便，工作量小，精度比精密水准测量的精度低。静态 GPS 定位高程测量其拟合高程一般能满足图根控制点高程的精度要求。本节主要介绍用于工程建设和大比例尺地形图测绘的三、四等水准测量及三角高程测量，GPS 定位高程测量可参阅第 7 章的相关内容。

6.6.1　三、四等水准测量

三、四等水准测量除用于加密国家控制网外，还作为工程建设和大比例尺地形图测绘的高程控制。由于三、四等水准测量的精度要求较高，对仪器的技术参数、观测程序、操作方法、视线长度及读数误差等都有严格规定（表 6-22 和表 6-23）。

表 6-22　三、四等水准测量光学水准仪作业的技术要求

等级	仪器类型	最大视距（m）	前后视距差（m）	前后视距差累积（m）	黑红面读数差（mm）	黑红面所测高差之差（mm）	视线高度
三等	精度不低于 DS₃	双面尺≤65	≤3.0	≤6.0	≤2.0	≤3.0	三丝能读数
四等	精度不低于 DS₃	单、双面尺≤80	≤5.0	≤10.0	≤3.0	≤5.0	三丝能读数

表 6-23　三、四等水准测量数字水准仪作业的技术要求

等级	仪器类型	视线长度（m）	前后视距差（m）	任一测站前后视距差累积（m）	水准仪重复测量次数	两次读数所测高差之差（mm）	视线高度
三等	DSZ₁、DSZ₀₅	≤100	≤2.0	5.0	≥2 次	3.0	三丝能读数
四等	DSZ₁、DSZ₀₅	≤150	≤3.0	10.0	≥2 次	5.0	三丝能读数

三等水准测量应沿路线进行往返观测。四等水准测量当两端点为高等级水准点或自成闭合环时只进行单程测量。四等水准支线则必须进行往返观测。每一测段的往测与返测，其测

站数均应设为偶数，否则要加入标尺零点差改正。由往测转向返测时，必须重新整置仪器，两根水准尺也应互换位置。工作间歇时，最好能在水准点上结束观测，否则应选择两个坚实可靠、便于放置标尺的固定点作为间歇点，并在间歇点上做上标记，间歇后，应进行检测，检测间歇点高差之差应分别满足三、四等水准测量限差 3mm 和 5mm 的要求。三、四等水准测量的外业观测可使用光学水准仪和电子水准仪(数字水准仪)，因光学水准仪和电子水准仪在读数方式和读数精度等方面有一定的差异，其外业观测的方法与具体要求也有所不同。

6.6.1.1　三、四等水准测量光学水准仪作业的观测程序及测站记录计算的技术要求

三、四等水准测量在一测站上水准仪照准双面水准尺的顺序为：

①照准后视水准尺黑面，进行视距丝(1)(2)和中丝(3)读数；

②照准前视水准尺黑面，进行中丝(4)、视距丝(5)、(6)读数；

③照准前视水准尺红面，进行中丝(7)读数；

④照准后视水准尺红面，进行中丝(8)读数。

这样的顺序简称为后—前—前—后(黑、黑、红、红)。四等水准测量每站观测顺序也可为后—后—前—前(黑、红、黑、红)。要注意的是，对于微倾式水准仪，每次读数时均应在水准管气泡居中时读取。下面结合表 6-24 讲述三、四等水准测量光学水准仪作业的测站记录和计算的技术要求。

表 6-24　三(四)等水准测量光学水准仪作业记录手簿

自 ×××至×××　仪器型号：DS$_3$　日期：×××× 年 ×× 月 ×× 日　天气：××　　成像：清晰

测站编号	后尺 下丝／上丝 后距 视距差 d	前尺 下丝／上丝 前距 $\sum d$	方向及尺号	标尺读数 黑面	标尺读数 红面	K + 黑减红	高差中数	备注
	(1)	(5)	后	(3)	(8)	(10)		
	(2)	(6)	前	(4)	(7)	(9)		
	(12)	(13)	后—前	(16)	(17)	(11)	(18)	
	(14)	(15)						
1	0 444	2 295	后 5	0 344	5 029	+2		
	0 244	2 091	前 6	2 193	6 980	0		
	200	204	后—前	− 1 849	− 1 951	+2	− 1.850	
	− 0.4	− 0.4						
2	1 964	1 142	后 6	1 782	6 568	+1		
	1 599	0 764	前 5	0 953	5 639	+1		
	365	378	后—前	+ 0 829	+ 0 929	0	+ 0.829	
	− 1.3	− 1.7						
3	2 266	1 448	后 5	1 935	6 622	0		
	1 605	0 788	前 6	1 118	5 906	− 1		
	661	660	后—前	+ 0 817	+ 0 716	+1	+ 0. 816	
	0.1	− 1.6						

（续）

测站编号	后尺 下丝		前尺 下丝		方向及尺号	标尺读数		K+黑减红	高差中数	备注
		上丝		上丝						
	后 距		前 距			黑面	红面			
	视距差 d		∑ d							
4	1 078		2 007		后 6	0 953	5 740	0		
	0 828		1 767		前 5	1 887	6 574	0		
	250		240		后—前	− 0 934	− 0 834	0	− 0.934	
	1.0		− 0.6							
5	0 906		1 897		后 5	0 639	5 327	− 1		
	0 372		1 366		前 6	1 632	6 418	+ 1		
	534		531		后—前	− 0 993	− 1 091	− 2	− 0.992	
	0.3		− 0.3							

注：为了方便测站计算，前、后视读数记录一般都不写小数点，不足 1m 时前面用"0"补齐 4 位数，每站算出的高差中数以 m 为单位，高差中数按 4 舍 6 进 5 看奇偶的原则取至 0.001。

（1）读数校核

理论上，红 − 黑 = $\begin{matrix}4687\\4787\end{matrix}$，但由于观测值有误差，它们之间有一个差值，规范规定三等水准测量读数误差不超过 2mm，四等水准测量读数误差不超过 3mm。表 6-24 中：

前视尺的黑红面读数之差（9）＝（4）+ K −（7）

后视尺的黑红面读数之差（10）＝（3）+ K −（8）

黑红面所测高差之差（11）＝后视黑红面基辅读数差（10）− 前视黑红面基辅读数差（9）

K 为前、后视水准尺红黑面零点的差数（4687 或 4787），（11）的数值应不超过其限差（三等水准测量 3mm，四等水准测量 5mm）的技术要求。

（2）视距检查

水准测量中，为了消除 i 角误差，在观测中应尽量做到前、后视距相等，对不同等级的水准测量其要求不同（见表 6-22），表（6-24）中：

后视距（12）＝（1）−（2）或（2）−（1）

前视距（13）＝（5）−（6）或（6）−（5）

前后视距差（14）＝（12）−（13）

前后视距累积差（15）＝本站的（14）+ 前站的（15）

（3）高差的计算与校核

$$h = 后视读数 − 前视读数$$

$$h_黑 = （16）=（3）−（4）$$

$$h_红 = （17）=（8）−（7）$$

在上式中（16）为黑面所算得的高差，一般称为真高差，（17）为红面所算得的高差，一般称为假高差。

由于两根尺子红黑面零点差不同，所以(16)并不等于(17)，(16)与(17)应相差100，理论上 $h_红 - h_黑 = \pm 100$，但由于测量误差的存在，则有黑红面观测高差之差(11) = (16) $\pm$ 100 - (17)，同时(11) = (10) - (9)，以此可进行前后视黑红面基辅读数差、黑红面高差及高差较差的计算检核。

测站平均高差 $h_站$ 为：

$$h_站 = \frac{h_黑 + (h_红 \pm 100)}{2} = \frac{(16) + (17) \pm 100}{2} = (18)$$

校核计算：

$$h_站 = h_黑 - \frac{(11)}{2}$$

测段高差：

$$h_{测段} = \sum h_站 = \sum (18)$$

6.6.1.2 电子水准仪作业三、四等水准测量的观测程序及测站记录计算的技术要求

目前三、四等水准测量使用电子水准仪作业越来越普遍，电子水准仪的观测程序与光学水准仪基本相同，三、四等水准测量仍采用后、前、前、后或前、后、后、前的观测程序。不同是电子水准仪能直接测出前、后视距，中丝读数只能单面观测，中丝读数可根据需要设置精确到1mm，0.1mm 和 0.01mm，因电子水准仪(如国产的 DL2007)读数精度高，若中丝读数只精确到1mm，在不变仪器高的情况下，前后两次中丝读数一般不变，所以电子水准仪在三、四等水准测量作业中，一般将中丝读数设置精确到0.1mm。三、四等水准测量数字水准仪作业的技术要求及记录计算分别见表 6-23 和表 6-25。

表 6-25　三(四)等水准测量电子水准仪作业记录手簿

测自×× 至×× 　仪器型号：DL2007 　日期：××××年××月××日 　天气：×× 　成像：清晰

测站编号	后距	前距	方向及尺号	标尺读数		两次读数之差	备注
	视距差	累积视距差		第一次读数	第二次读数		
1	79.3	80.5	后 B1	18 843	18 844	−1	
			前	05 588	05 586	+2	
	−1.2	−1.2	后 − 前	+13 255	+13 258	−3	
			h	+1.325 6			
2	57.9	57.1	后	10 584	10 587	−3	
			前	04 766	04 769	−3	
	+0.8	−0.4	后 − 前	+05 818	+05 818	0	
			h	+0.581 8			
3	61.3	62.8	后	09 522	09 526	−4	
			前	04 307	04 302	+5	
	−1.5	−1.9	后 − 前	+05 215	+05 224	−9	
			h	+0.522 0			
4	86.8	85.3	后	07 376	07 370	+6	
			前 B2	20 026	20 022	+4	
	+1.5	−0.4	后 − 前	−12 650	−12 652	+2	
			h	−1.265 1			

（续）

测站编号	后距	前距	方向及尺号	标尺读数		两次读数之差	备注
	视距差	累积视距差		第一次读数	第二次读数		
5	28.6	29.3	后 $B2$	21 616	21 620	-4	
			前	06 896	06 890	+6	
	-0.7	-1.1	后 - 前	+14 720	+14 730	-10	
			h	+1.472 5			

注：用电子水准仪进行三、四等水准测量时，由于前、后视读数一般都要求精确到0.1mm，前、后视读数记录一般都不写小数点，不足1m时前面用"0"补齐5位数，每站算出的高差中数以m为单位，按奇偶原则取至0.000 1。

6.6.1.3　水准测量的路线校核和成果计算

三、四等水准测量路线闭合差的限值应满足第 2 章式(2-11)的要求。

水准测量外业结束之后即可进行内业平差计算。内业平差计算之前，应先复查外业手簿中的各项观测数据是否符合相应的技术要求，高差计算有无错误。在观测成果全部合格前提下，按第 2 章路线水准测量高程计算的方法即可求得各水准点的高程平差值。

6.6.2　三角高程测量

6.6.2.1　三角高程测量原理

如图 6-30 所示，要测定地面上 A，B 两点的高差 h_{AB}，在 A 点设置仪器，在 B 点竖立目标。量取望远镜旋转轴中心 I 至地面上 A 点的高度 i，i 称为仪器高。用望远镜中丝照准 B 目标上一点 M，它距 B 点（地面）的高度称为目标高 v，测出倾斜视线 IM 的竖直角 α，若 A，B 两点间水平距离为 D，则由图中可得两点间高差 h_{AB} 为：

$$h_{AB} = D \cdot \tan\alpha + i - v \tag{6-65}$$

在应用上式时，要注意竖直角的正、负号，所测竖直角为仰角时，为正号；所测竖直角为俯角时，为负号。计算时必须将正负号一起代入。

如果 A 点的已知高程为 H_A，则 B 点的高程为：

$$H_B = H_A + h_{AB}$$
$$H_A + D\tan\alpha + i - v \tag{6-66}$$

6.6.2.2　地球曲率和大气折光的影响

地球表面是一曲面，当两点间距离较远时，在测定高差时应考虑地球曲率的影响。由于空气密度随着所在位置的高程不同而发生变化，越到高空其密度越稀，当光线通过由下而上密度变化着的大气层时，光线产生折射，形成凹向地面的曲线，称为大气折光。设它们对高差的影响为 f。f 值的大小与两点间距离 D 有关，一般用下式计算：

$$f = \frac{1-k}{2R}D^2 \tag{6-67}$$

式中　k——大气折光系数，一般取 0.12 ～ 0.14；

　　　D——两点间距离；

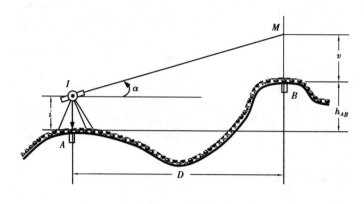

图6-30　三角高程测量

　　R——地球半径。

　　则：

$$h = D\tan\alpha + i - v + f \tag{6-68}$$

6.6.2.3　三角高程路线

　　所谓三角高程路线，是在两已知高程点间，由已知其水平距离的若干条边组成的路线，用三角高程测量的方法，对每条边都进行往返测定高差(图6-31)。三角高程路线中

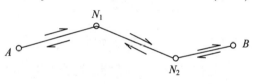

图6-31　三角高程路线

各条边的高差均须往返观测，计算高差用的竖直角均用盘左、盘右测定。三角高程往返高差的测定可在平面控制如光电测距导线测量中一并进行，只需在平面控制测量的外业观测中精确量取测站的仪器高和观测目标的觇标高，并按规范相应等级平面控制网的三角高程测量规定的竖直角观测的测回数、竖盘指标差较差及竖直角较差等技术要求执行。

6.6.2.4　三角高程测量的计算

　　由测出的各条边高差及两端点的已知高程计算出三角高程路线的高差闭合差，在高差闭合差满足精度要求的条件下，将其按边长成比例分配到各条边高差中，以此推算出三角高程路线中各点的高程平差值。

　　(1)图根三角高程测量的限差要求

　　① 图根三角高程测量对向观测高差或单向两次观测高差之差不得超过$0.4D$(D 为观测边边长，以 km 为单位)。当计算出对向高差的较差满足以上规定时，才允许计算高差中数。

　　②图根三角高程附合路线或环线高差闭合差不得超过40mm $\sqrt{[D]}$([D]为三角高程路线边长之和，以 km 为单位)。

（2）三角高程计算

①高差计算　在计算之前应对外业成果进行检查，看其有无不合规定的数据，全部符合要求后才可进行计算。计算出各边往返测高差后，检查每条边是否符合限差。若符合，取平均值作为两点间高差。

【**例 6-8**】有附合三角高程路线如图 6-30 所示，图中各边观测数据和高差计算方法见表 6-26。

表 6-26　三角高程路线高差计算

测站点	A	N_1	N_1	N_2	N_2	B
觇　点	N_1	A	N_2	N_1	B	N_2
觇　法	直	反	直	反	直	反
α	$-3°06'24''$	$+3°18'42''$	$+4°39'12''$	$-4°32'00''$	$-2°16'48''$	$+2°27'20''$
D	372.942	372.944	406.326	406.325	628.547	628.545
$D\tan\alpha$	-20.241	$+21.580$	$+33.073$	-32.216	-25.053	$+26.954$
f	0.009	0.009	0.011	0.011	0.026	0.026
i	1.352	1.305	1.303	1.356	1.330	1.300
v	2.000	2.000	2.000	1.500	2.500	2.000
H	-20.880	$+20.894$	$+32.387$	-32.349	-26.197	$+26.280$
高差平均值	-20.887		$+32.368$		-26.238	

②高程计算　按路线水准测量高程计算的方法计算三角高程路线各点的高程平差值。图 6-30 中 N_1，N_2 两点高程的计算具体见表 6-27。

表 6-27　三角高程路线成果表

点　号	距　离（m）	高差中数（m）	改正数（m）	改正后高差数（m）	高　程（m）	备　注
A					1092.843	已知高程
	372.943	-20.887	$+0.010$	-20.877		
N_1					1071.966	
	406.326	$+32.368$	$+0.012$	32.380		
N_2					1104.346	
	628.546	-26.238	$+0.018$	-26.220		
B					1078.126	已知高程
Σ	1407.815	-14.757	$+0.040$	-14.717		

$$f_h = \sum h - (H_B - H_A) = -14.757 - (1078.126 - 1092.843) = -0.040\text{m}$$

$$f_{h容许} = 40\text{mm}\ \sqrt{1407.815/1000} = 47\text{mm} = 0.047\text{m}$$

本章小结

控制点是各项测量工作定位的基础，"先控制后碎部"是测量工作必须遵循的原则。测定控制点位置的工作称为控制测量。控制测量又分为测定控制点平面位置的平面控制测量和测定其高程的高程控制测量。

平面控制测量可采用传统的三角测量、导线测量、交会测量等常规的定位方法和以GPS为代表的卫星定位方法。目前，在卫星信号接收能满足定位要求的条件下，平面控制测量应优先采用卫星定位的方法。在测区不便于卫星信号接收的局部范围，仍采用传统的常规定位方法建立低等级的平面控制。三角测量是将控制点连接成一系列三角形，观测三角形的内角并测定其中一条边长，根据起算点即可推算其他三角控制点的坐标。由于三角形内角有最小限制，在地势不太开阔的区域不便于布设三角网。用全站仪进行三角网的外业观测，可边角同测构成边角网以提高精度。导线测量是将控制点连接成折线，测定每条折线的边长和相邻折线之间的转折角，再依据起算点的坐标计算出各折线转折点(导线控制点)的坐标。导线测量的主要优点是布点方便、灵活，在视线荫蔽的地区以及城市和建筑区，布设导线具有很大的优越性。交会测量是利用交会定点法来加密平面控制点。交会定点按观测量的不同有测角交会、测边交会和边角交会三种形式；按观测时仪器安置点的不同，分为已知点设站观测的前方交会、待定点设站观测的后方交会和已知点与待定点分别设站观测的侧方交会三种形式。测角前方交会至少需要2个已知点设站观测，测角后方交会必须观测3个已知点以上并且还要注意"危险圆"问题。用全站仪边角同测的后方交会，只需观测2个已知点即可确定待定点的位置，并且可通过解算理论值为1的距离尺度参数进行校核。测定了边长的后方交会，不存在"危险圆"问题，测站点位置的选择不受图形条件的限制，因此该方法又称为自由测站定位法。自由测站定位法是临时加密控制点的一种实用方法。

平面控制测量的外业工作包括野外踏勘、选点、埋设点位标志，根据控制点构成的网型与控制网等级按相应的规范要求测量边长和水平角。

平面控制测量内业工作的主要任务是根据控制网的已知起算数据和观测数据解算出各待定控制点的坐标，并评定其精度。小区域一般采用四等以下的平面控制测量，其内业数据处理可采用角度与坐标单独平差的近似平差方法。

导线测量是小区域平面控制测量的主要方法。导线的形式有单一导线、结点导线。单一导线的平差有角度平差和坐标平差两个环节。角度平差是将闭合导线的多边形内角和闭合差、附合路线的方位角条件闭合差反符号或同符号平均分配给各观测角，用分配闭合差后的观测角计算各条导线边的方位角。坐标平差先根据各导线边的观测边长和角度平差后的方位角计算导线边两端点间的纵、横坐标增量，再由导线的纵、横坐标增量的总和及起、终点已知坐标计算导线的纵、横坐标闭合差和路线全长相对闭合差，在导线全长相对闭合差满足相应等级精度的条件下，将纵、横坐标闭合差反号按与各导线边的边长成正比的原则分配给各导线边两端点的纵、横坐标增量，最后由导线起点的已知坐标及已分配导线纵、横坐标闭合差的各边坐标增量依次推算各点的坐标。小区域采用的结点导线一般都是较简单的单、双结点导线。单一结点导线近似平差先由各条路线推算出结边的方位角和结点的坐标，以各条推算路线转折角的个数或路线长度的倒数为观测权，分别取各条路线结边方位角和结点坐标的带权平均值即为结边方位角和结点坐标的平差值。以结边方位角和结点坐标的平差值为已知起、终数据，将结点导线分成多条附合导线进行平差。双结点导线平差是将其中的一个结点用等权代替法替换掉后变成单结点导线进行平差。

小三角锁、中点多边形是小区域三角测量的主要形式。其平差方法是先将小三角锁、中点多边形的三角形内角和闭合差及中点多边形的圆周闭合差反号后分配给各观测角，以获得各观测角的平差值。然后选定一条坐标推算路线按导线平差的方法解算出各三角点的坐标。

交会测量的前方交会、侧方交会通过三角形内角观测角、已知边长及已知方位角计算出已知点至待定点的距离和方位角，进而计算坐标。后方交会利用角度观测值、已知点坐标，根据坐标方位角与坐标增量的关系列出三个观测方向的条件式建立解算待定点坐标的数学模型。自由测站定位法是通过建立观测已知点的假定坐标系与大地坐标系的转换关系求解测站的大地坐标。

小区域高程控制测量可采用三、四等水准测量和三角高程测量。三等水准测量应沿路线进行往返观测。四等水准测量当两端点为高等级水准点或自成闭合环时只进行单程测量。四等水准支线则必须进行往返观测。每测段测站数必须设置为偶数。每站的观测采用后、前、前、后或前、后、后、前的观测程序，各项观测限差要符合规范要求。采用三角高程测量测定高差，竖直角的观测要符合相应的规范要求。每条边的高差要进行往返测，长边的观测高差要进行地球曲率和大气折光改正。改正后往返测高差数值较差不超过规定的限差时，取往返测高差数值的均值为该条边观测高差的数值。在两已知高程点间，对前后相连的多条边进行三角高程测量组成的路线为三角高程路线，按路线水准测量高程计算的方法可求出三角高程路线中各控制点的高程。

复习思考题

1. 名词解释

(1)三角测量　(2)图根点　(3)图根控制测量　(4)导线测量　(5)坐标增量闭合差

(6)三角高程测量　(7)高程闭合差　(8)两差改正

2. 填空题

(1)图上量得点 M 的坐标 $x_M = 14.23\text{m}$，$y_M = 86.71\text{m}$；点 A 的坐标为 $x_A = 65.53\text{m}$，$y_A = 35.41\text{m}$。则 M，A 两点的水平距离为_____ m，MA 的坐标方位角为_____。

(2)在对一全长为 330.01m 的附合导线进行内业处理时，计算得到该导线的纵、横坐标闭合差分别为 +0.03m 和 -0.04m，则该导线的全长闭合差为_____，导线的全长相对闭合差为_____。

(3)直接为测图服务而进行的控制测量称为_____。

(4)单一导线有附合导线、_____及支导线三种形式，在这三种单一导线中，其纵、横坐标闭合差 f_x，f_y 既能检测出起、终点已知纵、横坐标错误又能反映测量误差或错误的是_____，仅能反映测量误差或错误而不能检测出起、终点已知坐标错误是_____，在测量中一般不采用_____。

(5)附合导线起、终点的坐标分别为 $x_起 = 249.93\text{m}$，$y_起 = 2948.43\text{m}$；$x_终 = 368.00\text{m}$，$y_终 = 4460.86\text{m}$。附合导线的边长之和 $\sum D = 1857.63\text{m}$，坐标增量计算值之和 $\sum \Delta x = +118.23\text{m}$，$\sum \Delta y = +1512.24\text{m}$。则此导线纵、横坐标闭合差 $f_x =$ _____，$f_y =$ _____，导线全长闭合差 $f_D =$ _____，导线全长相对闭合差 $K =$ _____。

(6)相邻导线边之间的转折角分为左转折角和右转折角,同一导线点上的左、右转折角之和为＿＿＿＿；用测回法观测同一导线点上的左、右转折角的主要区别是观测时确定的＿＿＿＿＿不同。

3. 判断题

(1)测角前方交会点的精度与测角误差大小有关,与未知点相对于已知点的位置无关。 ( )

(2)独立的闭合导线测量,平差计算求得的坐标闭合差,其大小与导线起始边方位角测量误差、导线边长测量误差和测角误差均有关。 ( )

(3)三种导线测量的形式,即闭合导线、附合导线与支导线,在相同观测条件下(即用同等精度的仪器和相同的观测法)进行观测,采用闭合导线的形式,测量结果最为可靠。 ( )

(4)进行四等水准测量时,规范规定:采用仪器不低于 S_3 级,视距长度不大于 100m,前后视距差不大于 3m,红黑面读数差不大于 5mm。 ( )

(5)进行三角高程测量时,地球曲率与大气折光对往、返高差的影响大小相等,符号相反。 ( )

4. 单项选择题

(1)用导线边往返高差取平均值的方法获得往测高差,应按下法计算:( )

A. 往测高差减返测高差除以 2。

B. 往返测高差绝对值取平均。

C. 往返测高差绝对值取平均,附以返测高差的符号。

D. 往返高差之和取平均。

(2)附合导线当观测右角时,导线角度闭合差分配的原则是:( )

A. 与角度闭合差符号相同,按实际观测角度数平均分配角度闭合差。

B. 与角度闭合差符号相反,按实际观测角度数平均分配角度闭合差。

C. 与角度闭合差符号相反,按观测角度值比例分配角度闭合差。

D. 与角度闭合差符号相同,按观测角度值比例分配角度闭合差。

(3)后方交会待定点位置选择时,避免点位落在危险圆上,较实用的措施是:( )

A. 计算交会角和已知点的固定角之和不要接近 180。

B. 在地形图上标出 3 个已知点及待定点;查看是否在 1 个圆上或附近。

C. 在实地目估 3 个已知点及待定点否在 1 个圆上或附近。

D. 在待定点上增加观测第四个已知点。

(4)为了减弱垂直折光的影响以便提高三角高程测量的精度,较为适宜的观测时间是:( )

A. 选在中午前后 3 小时,但当成像跳动时不宜观测。

B. 日出后 1 小时和日落前 1 小时。

C. 晴天不宜观测,应选阴天观测。

D. 傍晚观测最好。

5. 问答题

(1)平面控制测量通常有哪些方法?各有什么特点?

(2)简述导线测量的外业工作。

(3)后方交会法加密控制点应注意什么问题?

(4)与后方交会法相比,自由测站定位法加密控制点有何优点?

(5)高程控制测量主要以什么方式布设?各有什么特点?

(6)三角高程测量适用什么条件?有何优缺点?

6. 计算题

(1)根据表 1 的已知数据和观测数据,在表内完成相应的导线计算。

表1

点号	内角观测值（右转折角）（° ′ ″）	改正后角值（° ′ ″）	坐标方位角（° ′ ″）	边长（m）	纵坐标增量 Δx(m)	横坐标增量 Δy(m)	改正后坐标增量		坐 标	
							Δx(m)	Δy(m)	x(m)	y(m)
1			30 15 30	90.321	−0.026 +78.016	−0.013 +45.513	+77.990	+45.500	500.000	500.000
2	+8 92 40 30	92 40 38		47.043	−0.014 −21.781	−0.007 +41.697	−21.795	+41.690	577.990	545.500
3	+8 87 23 09	87 23 17		144.248					556.195	587.190
4	+7 42 13 39	42 13 46		70.086	−0.020 +68.545	−0.010 −14.615	+68.525	−14.625		
1	+7 137 42 12	137 4219							500.000	500.000
2			30 15 00							
$\sum$	359 59 30	360 00 00		351.698						

$f_\beta = -30''$，$\sum D = 351.698$，$f_x =$ ，$f_D = \sqrt{f_x^2 + f_y^2} =$

$f_{\beta 容许} = 40'' \sqrt{4} = 80''$，$f_y =$ ，$K = \dfrac{1}{\dfrac{\sum D}{f_D}} =$

（2）根据表2的已知数据和观测数据，在导线计算表内计算附合导线各点的坐标值。

表2

点号	观测值（右转折角）（° ′ ″）	边 长（m）	坐 标		备 注
			x(m)	y(m)	
B			80.615	872.789	
A	102 29 12		55.692	256.293	
1	190 12 06	107.312			
2	184 48 24	81.460			
C	79 12 30	85.261	307.220	152.028	
D			491.461	686.144	

（3）如图1所示，若已知 $\alpha_{AB} = 54°30'$，求其余各边的坐标方位角。

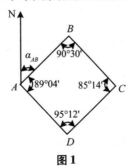

图1

(4)由表3的已知数据和观测数据,计算闭合导线各点的坐标值。

表3

点号	观测值 (° ′ ″)	坐标方位角 (° ′ ″)	边长 (m)	坐标 x(m)	坐标 y(m)	备 注
1	83 21 42			1 000.000	1 000.000	
		74 20 30	92.771			
2	96 31 30					
			70.560			
3	176 50 30					
			116.202			
4	90 37 48					
			74.173			
5	98 32 42					
			109.852			
6	174 05 30					
1			84.572			

(5)如图2所示,在未知点 P 设站,瞄准已知点 A,B,C,D,测得交会角 $\alpha = 51°06'17''$,$\beta = 46°37'26''$ 及检查角 $\varepsilon_{实测} = 67°43'12''$。$A$,$B$,$C$,$D$ 的已知坐标为 $x_A = 1\ 406.593$,$y_A = 2\ 654.051$;$x_B = 2\ 019.396$,$y_B = 2\ 264.071$;$x_C = 1\ 659.232$,$y_C = 2\ 355.537$;$x_D = 2\ 470.374$,$y_D = 2\ 686.940$。

①试用 A,B,C 的坐标及交会角 α,β 计算出 P 点的坐标。

②试计算检查角的计算值 $\varepsilon_{计算}$ 与实测值 $\varepsilon_{实测}$ 的差值 $\Delta\varepsilon$。

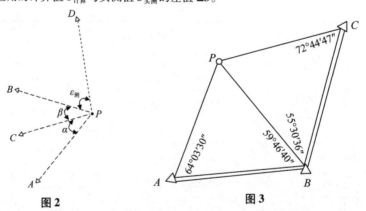

图2　　　　　　　　　　图3

(6)如图3所示,已知主网的3点,插入一点 P,观测数据如图标注。其已知点的坐标为:$x_A = 3\ 646.352$m,$y_A = 1\ 054.543$m;$x_B = 3\ 873.961$m,$y_B = 1\ 772.684$m;$x_C = 4\ 538.453$m,$y_C = 1\ 862.572$m。求 P 点的坐标。

(7)中点多边形的观测数据和已知数据如表4,请计算各点的坐标。

表 4

角号	观测值 (° ′ ″)		角号	观测值 (° ′ ″)		备　注
1	49 34 15.6		9	69 34 32.2		
2	60 57 53.7		10	47 32 54.3		
3	69 27 43.5		11	37 58 23.8		
4	49 41 04.5		12	94 28 49.0		
5	56 33 40.7		13	68 37 38.5		
6	73 45 16.9		14	58 38 45.9		
7	53 35 04.3		15	52 43 41.1		
8	56 50 22.8					

点号	x(m)	y(m)	方位角 (° ′ ″)	边长(m)
A	107 563.81	167 883.28	307 22 44.55	7 674.903
B	112 223.13	161 784.52		

（8）如图 4 所示，在未知点 P 设站，瞄准已知点 A，B，C 测得交会角 $\alpha = 102°11'44''$，$\beta = 107°31'35''$，$\gamma = 150°16'41''$。A，B，C 的已知坐标为：$x_A = 2\ 163.704$，$y_A = 1\ 808.793$；$x_B = 2\ 553.377$，$y_B = 2\ 275.899$；$x_C = 2\ 756.348$，$y_C = 1\ 601.396$。试用 A，B，C 的坐标及交会角 α，β，γ 计算出 P 点的坐标。

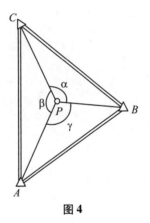

图 4

（9）如图 5 所示，在 P 点设站（安置全站仪），利用自由测站定位法测定 P 点的坐标。分别照准 A，B，C 三个已知点测得水平距离 D 与水平方向值（水平度盘读数）L。A，B，C 三个已知点为 $x_A = 595.737$，$y_A = 484.882$；$x_B = 481.625$，$y_B = 454.315$；$x_C = 623.676$，$y_C = 356.813$。试计算 P 点的坐标。

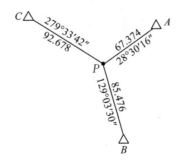

图 5

（10）在三角高程测量中，$D_{AB} = 832.456\text{m}$，从 A 点照准 B 点，测得竖角 $\alpha_{AB} = +16°22'12''$，仪器高为 1.42m，$B$ 点觇标高 5.2m，从 B 点照准 A 点，测得竖角 $\alpha_{BA} = -15°58'30''$，仪器高为 1.38m，$A$ 点觇标高 3.8m，计算 AB 间的高差 h_{AB}。

本章推荐阅读书目

1. 潘正风，杨正尧，程效军等．数字测图原理与方法．武汉：武汉大学出版社，2004.

2. 王侬，过静珺．现代测量学．北京：清华大学出版社，2001.

3. 卡正富．测量学．北京：中国农业出版社，2002.

4. 陈学平．测量学试题与解答．北京：中国林业出版社，2002.

第 **7** 章

GPS定位技术及应用

【本章学习目标】

1. 知识要求：

（1）了解 GPS 的由来及发展前景，GPS 的特点及 GPS 的构成。

（2）理解 GPS 伪距测量原理、载波相位测量原理、绝对定位和相对定位原理，GPS 测量误差的来源及减弱误差的相应措施。

（3）掌握 GPS 控制网的布设、观测及数据处理的方法与技术，GPS RTK 测量定位的方法与技术。

2. 技能要求：

（1）能进行 GPS 控制网的布设、观测及数据处理。

（2）利用 GPS RTK 测定（设）地面点的位置。

7.1　概述

7.1.1　GPS 由来及发展前景

GPS 业界有句名言："GPS 的应用只受到人们想象力的限制"。也就是说其应用面极其广阔，前景不可限量。实际上，从 GPS 的发展史就可以得出以上结论。

GPS(global positioning system) 的前身是"海军导航卫星系统"(navy navigation satellite system，NNSS)，该系统是为美国海军服务的，于 1964 年建成。由于在当时其卫星数量少(5~6 颗)、运行高度低(约 1 000km)、定位速度慢(测一个点就需 1~2d)，所以难以满足美国军方的要求。

为了满足军事部门对连续、实时和三维导航的迫切要求，美国国防部于 1973 年开始研究建立新一代的卫星导航系统，这就是全球定位系统，即 GPS。该系统于 1995 年 7 月 17 日达到其完全工作能力，并于 1996 年 3 月由美国总统发布总统令，正式宣布 GPS 为军民两用系统。从此，GPS 的应用步入了飞速发展的轨道。目前，GPS 定位技术已经广泛渗透到经济建设和科学技术的许多领域，尤其是在大地测量学及其相关学科领域，如地球动力学、海洋大地测量学、天文学、地球物理和资源勘探、航空与卫星遥感、精密工程测量、变形监测、城市控制测量等，充分显示出这一卫星定位技术的高精度和高效益。这预示着测绘界将面临一场意义深远的变革，从而使测绘领域步入一个崭新的时代。

7.1.2　GPS 定位的特点

GPS 定位具有以下特点：

(1)定位精度高

其相对定位精度可达到甚至优于 10^{-8}。

(2)观测站之间不需通视

这是 GPS 定位的最大优点，也是其能迅速推广的主要原因。既要保持良好的通视条件，又要保障测量控制网的良好图形，这是传统测量技术难以解决的矛盾。因 GPS 测量不要求测站之间相互通视，点位的选择就变得十分灵活，从而不仅能保证控制网有良好的图形，而且能节省大量建造觇标的费用。

(3)操作简便

GPS 接收机的操作几乎是"傻瓜式"，自动化程度极高。在外业测量中测量员要做的工作只是对中、整平、量取仪器高、开关机等简单操作，而其复杂工作则由仪器自动完成。另外，GPS 接收机重量轻、体积小、便于携带和搬运。

(4)全天候作业

由于 GPS 卫星数目较多，且分布合理，所以地球上任何地方任何时候都能至少观测到 4 颗卫星，从而保障了全球全天候连续地三维定位。另外，GPS 定位一般也不受天气的影响。

(5)观测时间短

几百乃至上千千米基线的静态相对定位仅需观测时间 1~3 小时。不超过 20km 的短基线采用快速相对定位法，其观测时间仅需数分钟，而工程测量中的放线定位采用动态 GPS 定位，仅需数秒钟即可达到厘米级甚至毫米级精度。这些是传统测量技术无论如何也无法实现的。

7.2 GPS 构成

GPS 系统主要由空间部分(卫星星座)、地面监控部分和用户部分构成(图 7-1)。

7.2.1 空间部分(卫星星座)

(1)GPS 卫星星座

覆盖全球上空的 GPS 卫星星座，最初设计由 24 颗卫星组成。其中，21 颗为工作卫星，3 颗为备用卫星。这 24 颗卫星均匀地分布在轨道倾角为 55°的 6 个轨道上，每个轨道分布 4 颗(图 7-2)。卫星运行的平均高度为 20 200km，周期为 11 小时 58 分。上述卫星星座能保证地面上任何地点、任何时刻至少可以观测到 4 颗卫星，最多可观测到 11 颗卫星，从而保证全球全天候连续、实时、动态导航和定位。目前工作卫星数量已经达到 30 颗。

每颗 GPS 卫星都装有 2 块太阳能板，能自动对日定向，以保证卫星正常工作用电。每颗 GPS 卫星都装有 4 台高精度的原子钟，这是卫星的核心设备，其为 GPS 测量提供高精度的时间信息。

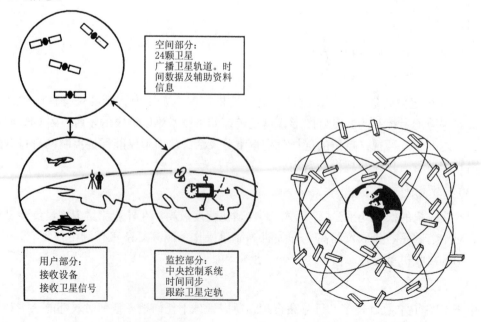

图 7-1 GPS 构成示意图   图 7-2 GPS 卫星分布

GPS 卫星发射的信号由载波、测距码和导航电文 3 个部分组成。作为量测信号的载波是一种周期性的余弦波，根据波长不同，分为 L_1 载波和 L_2 载波。L_1 载波的波长为 19.03cm，其频率是 1 575.42MHz；L_2 载波的波长为 24.42cm，其频率是 1 227.60MHz。测距码是用于测定从卫星至接收机之间距离的二进制码，可分为 C/A 码(粗码)和 P 码(精码)。C/A 码用于粗略测距和捕获 GPS 卫星信号，测距精度较低。作为一种公开码，C/A 码目前只调制在 L_1 载波上。P 码的测距精度较高，同时调制在 L_1 和 L_2 载波上，但由于美国实施了 AS 政策，将 P 码加密形成 Y 码，因此，只有美国及其盟国的军方用户以及少数经美国政府授权的用户才能使用 Y 码。导航电文是由 GPS 卫星向用户播发的一组反映卫星的空间位置、工作状态等重要数据的二进制代码，其是用户利用 GPS 进行导航定位时必不可少的一组数据。

(2)GPS 卫星作用

接收、储存和处理地面控制系统发来的导航电文及其他有关信息；向用户连续不断地发送导航与定位信息；提供时间标准、卫星本身的实时位置；接收并执行地面控制系统发送的控制指令。

7.2.2　地面监控部分

支持整个系统正常运行的地面设施称为地面监控部分，其由 1 个主控站、3 个注入站和 5 个监测站组成(图 7-3)。地面监控系统的主要功能包括：跟踪 GPS 卫星，确定卫星的运行轨道及卫星钟改正数，进行预报后再按规定格式编制成导航电文，并通过注入站送往卫星。地面监控系统还能通过注入站向卫星发布各种指令，调整卫星的轨道及时钟读数，修复故障或启用备用件等。

(1)主控站

主控站位于美国科罗拉多州的联合空间工作中心，其任务是管理、协调地面监控系统各部分的工作。收集各监测站的资料，计算、预报卫星轨道和卫星钟改正数，并编制成导

图7-3　地面监控站的分布

航电文送往地面注入站。

（2）注入站

3个注入站分别位于大西洋的阿松森岛、印度洋的迪戈加西亚岛和太平洋的卡瓦加兰岛。其主要功能是在主控站的控制下，向GPS卫星输入导航电文和其他命令。

（3）监测站

监测站有5个，前面的1个主控站、3个注入站同时又是监测站，除此之外在夏威夷还设有1个监测站。监测站是无人值守的数据自动采集中心，站内设有双频GPS接收机、高精度原子钟、气象参数测量仪和计算机等设备，主要任务是完成对GPS卫星信号的连续观测，并将搜集的数据和当地气象资料经初步处理后传送到主控站。

全球导航卫星系统(global navigation satellite system，GNSS)除GPS外，还有俄罗斯的GLONASS、欧盟的Galileo和中国的北斗卫星导航系统（COMPASS）等。目前，在我国高精度的卫星定位作业中，用多模(星座模块)多频接收机可最多获取12～13颗COMPASS卫星的定位信息，并随着各地北斗卫星地基增强系统(基于中国北斗卫星导航定位技术，融合移动通信网、互联网等技术建立的地面卫星接收参考站基准网，是提供高精度卫星定位基础框架的重要地面设施)建设及应用，高精度的导航定位除使用GPS外，北斗卫星导航系统COMPASS已成为了我国导航定位的重要星座模块。俄罗斯的GLONASS由于受到其卫星工作质量的限制，目前定位精度不高只能用作辅助定位。欧盟的Galileo在我国的导航定位中还未正式启用，但在最新型的卫星信号接收机已预留了接收Galileo定位卫星信号的端口。

7.2.3　用户部分

用户部分包括GPS接收机、数据后处理软件包、微处理机及终端设备等。GPS接收机是用户部分的核心，一般由主机、天线和电源三部分组成。其主要功能是测定从接收机至GPS卫星的距离，并根据卫星星历给出的观测瞬间卫星所在空间的位置等信息求出测站的三维位置、三维运动速度和时间。根据用途的不同，GPS接收机可分为导航型接收机、测量型接收机、授时型接收机等。

导航型接收机主要用于确定船舶、车辆和飞机等运动载体的实时位置和速度，以保障这些载体按预定的路线航行。导航型接收机一般采用以测码伪距为观测量的单点实时定位，定位精度较低，范围为3～40m。这类接收机的结构简单，价格便宜，应用极为广泛。导航型接收机又可分为手持型、车载型、航海型、航空型和星载型五种。手持型既可用于军事上，也可民用。民用主要是用于个人旅游、森林资源边界的测定等，精度只能达到20～40m；车载型用于车辆导航定位；航海型用于船舶导航定位；航空型用于飞机导航定位；星载型用于卫星定轨。

测量型接收机是指适于进行各种测量工作的接收机。这类接收机一般采用载波相位观测进行相对定位，精度较高。

授时型接收机是指利用GPS卫星提供的高精度时间标准进行授时的接收机。

GPS 接收机按接收的卫星信号频率数可分为单频接收机和双频接收机。

单频机只能接收经调制的 L_1 信号。这时虽然可以利用导航电文提供的数学模型对观测量进行电离层影响的修正，但由于修正模型还不完善，精度较差，所以，单频机主要用于基线较短（<20km）的定位工作。

双频机可以同时接收 L_1 和 L_2 信号，因而利用双频技术可以削弱电离层对观测量的影响，从而使定位精度提高。

目前，新一代的多模多频（如最新一代接收机有 8 个频道，COMPASS 和 GPS 信号各 3 个频道接收，2 个频道接收 GLONASS 信号）接收机可同时接收 GPS、COMPASS、GLONASS 等多星座模块的导航定位信号，从而使卫星导航定位的工作变得越来越容易，精度也越来越高。

7.3 GPS 定位原理

GPS 定位的基本原理：是指将卫星视为"飞行"的控制点，在已知其瞬间坐标的条件下，以 GPS 卫星和用户接收机天线之间的距离为观测量，进行空间距离后方交会，从而确定地面接收机的位置。GPS 卫星和用户接收机天线之间的距离 ρ 可以通过两种方式测定：一种方法是测定卫星信号在该路径上的传播时间（时间延迟）Δt，则 $\rho = v \times \Delta t$。这种方式涉及一系列技术问题，如精确的电磁波传播速度 v 的测定、传播时间 Δt 的测定，时钟的同步等；另一种方式是测定卫星载波信号在该路径上变化的周数（相位延迟），则 $\rho = \lambda \times (N + \Delta N)$。两种方法分别对应于伪距测量和载波相位测量。

GPS 定位的方式有多种，如果按用户接收机在测量中所处的状态来分，则可分为静态定位和动态定位。若按参考点的不同位置，又可分为绝对定位（也称单点定位）和相对定位。

静态定位是指在进行 GPS 定位时，接收机的天线在整个观测过程中的位置是保持不变的。在测量中，静态定位一般用于高精度的测量定位，其观测模式为多台 GPS 接收机进行静态相对定位，时间由几分钟、几小时甚至数十小时不等。

动态定位是指在进行 GPS 定位时，接收机的天线在整个观测过程中的位置是变化的。动态定位主要用于交通运输、军事等领域，如飞机、船舶和地面车辆的导航和管理、卫星定轨及导弹的制导等。

绝对定位又称单点定位，是指根据卫星星历和一台 GPS 接收机的观测值来独立确定该接收机在地球坐标系中的绝对坐标的方法。这种方法的优点是只需用一台接收机即可独立定位，外业观测的组织和实施较为方便自由，数据处理也比较简单。但绝对定位的定位精度一般较差，一般用于对精度要求不高的定位。

相对定位是指确定同步跟踪相同的 GPS 卫星信号的若干台接收机之间的相对位置（坐标差）的定位方法。两点间的相对位置可以用一条基线向量来表示，故相对定位有时也称为测定基线向量，或简称为基线测量。

7.3.1 伪距测量原理

伪距测量是指利用测距码测定卫星至地面测站的距离。由于卫星钟、接收机钟的误差以及无线电信号经过电离层和对流层产生的延迟造成实际测出的距离与卫星至接收机的几何距离有一定的差值，将求得的距离称之为伪距，用 ρ' 表示。利用测距码测定伪距的原理如下：首先假设卫星钟和接收机钟均无误差，都能与标准的 GPS 时间保持严格同步。在某一时刻 t 卫星在卫星钟的控制下发出某一结构的测距码，同时接收机在接收机钟的控制下产生或者复制出结构完全相同的测距码(简称复制码)。由卫星所产生的测距码经 Δt 时间的传播后到达接收机并被接收机所接收。由接收机所产生的复制码则经过一个时间延迟器延迟时间 τ 后与接收到的卫星信号进行比对。如果这两个信号尚未对齐，就调整延迟时间 τ，直至这两个信号对齐为止。此时复制码的延迟时间 τ 就等于卫星信号的传播时间 Δt，将其乘以真空中的光速 c 后即可得卫地间的伪距 ρ'：

$$\rho' = \tau \times c = \Delta t \times c \tag{7-1}$$

伪距测量的观测方程是：

$$\rho'_i = \sqrt{(X^i - X)^2 + (Y^i - Y)^2 + (Z^i - Z)^2} - cV_{t_R} + cV_{t^i_s} - (V_{ion})_i - (V_{trop})_i \tag{7-2}$$

式中　X^i，Y^i，Z^i——根据卫星星历所求得的卫星在空间的位置，i 为卫星的编号；

V_{t_R}，$V_{t^i_s}$——分别表示接收机钟差和卫星钟差；

V_{ion}，V_{trop}——分别表示电离层延迟改正和对流层延迟改正。

7.3.2 载波相位测量原理

利用测距码进行伪距测量难以达到较高的精度。由于载波的波长要短得多，如果把载波作为量测信号，并对载波进行相位测量可以达到很高的精度。

若某卫星发出一载波信号(将载波作为测距信号使用)，该信号向各处传播。在某一瞬间，该信号在接收机 R 处的相位为 φ_R，在卫星 S 处的相位为 φ_s，则卫星至接收机的距离为：

$$\rho = \lambda(\varphi_s - \varphi_R) \tag{7-3}$$

但由于 GPS 卫星并不量测载波相位 φ_s，假设接收机钟与卫星钟能保持严格同步，且选用同一起算时刻，于是就能用接收机产生的相同频率载波的相位 Φ_R 替代载波发射时刻卫星处的相位 φ_s。所以，某时刻的载波相位观测值，就是该时刻接收机产生的载波相位 Φ_R 与接收到的自卫星的载波相位 φ_R 之差，则卫星至接收机的距离为：

$$\rho = \lambda \cdot \Delta\varphi = \lambda(\varphi_s - \varphi_R) = \lambda(\Phi_R - \varphi_R) \tag{7-4}$$

通常所能量测的是不足一周的相位值。实际测量中，如果对整周进行计数，则自某一初始采集时刻(t_0)以后就可以取得连续的相位测量值。

如图 7-4 所示，在初始 t_0 时刻，接收机只能测出不足一整周的部分 $Fr(\Phi)$，整波段数(整周未知数)N 是无法确定的。随着卫星的运动，卫星至接收机的距离也在不断变化，接收机继续跟踪卫星信号，不断测定小于一周的相位差 $Fr(\Phi)$，并利用整波计数器记录从 t_0 到 t_1 时间内的整周数变化量 $Int(\Phi)$——整周计数，而整周未知数 N 仍然未知。因此，载

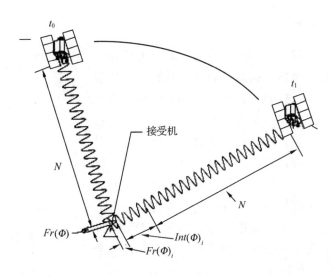

图7-4　载波相位测量的观测值

波相位测量的实际观测值为不足一周的部分 $Fr(\Phi)$ 和整周计数 $Int(\Phi)$（初始时刻整周计数为0）。而完整的载波相位观测值是由三个部分组成的，即不足一周的部分 $Fr(\Phi)$、整周计数 $Int(\Phi)$ 和整周未知数 N（或称为整周模糊度）。载波相位测量的观测方程为：

$$\varphi_i\lambda = \sqrt{(X^i - X)^2 + (Y^i - Y)^2 + (Z^i - Z)^2} - cV_{t_R} + cV_{t_i^s} - N_i\lambda - (V_{ion})_i - (V_{trop})_i$$

$$(7\text{-}5)$$

式中　φ_i——表示 $t_0 \sim t_1$ 时刻接收机载波相位测量的实际观测值，包括整周计数 $Int(\Phi)$ 和不足一周的部分 $Fr(\Phi)$，i 为卫星的编号；

　　　λ——载波波长；

　　　N——整周未知数；

　　　其余变量与式(7-2)相同。

　　由于存在着整周未知数 N（整周数模糊度）的问题，使得解算过程变得比较复杂。近年来，采用快速解算的方法便可获得整周未知数 N，该方法根据数理统计中的参数估计和假设检验原理，利用测站初次平差所提供的信息，以坐标向量和整周未知数向量及其相应的协因数阵和单位权方差对空间信息的每一点进行比较判别，逐步排查"搜索"，对经过统计检验剩下的整数组合后再重新平差计算，并进行验前验后检验，最后得出最佳的整周未知数。

　　另外，由于受接收机故障和外界干扰等因素的影响，经常会引起跟踪卫星的暂时中断，使得整周计数 $Int(\Phi)$ 较应有值少了 m 周，而产生整周跳变问题。同时，由于卫星与接受机的距离在不断变化，所以载波相位观测值 $Int(\Phi) + Fr(\Phi)$ 也随时间在不断变化。这种变化应该是有规律的、平滑的，但整周跳变将破坏这种规律性。根据这一特性就可以发现整周跳变并采用多项式拟合来修正整周跳变，但这项工作是很烦琐的。最根本的解决办法还是要从选择接收机的机型、控制点位置及组织观测等各个环节加以注意，避免整周跳变的发生，因为整周跳变的出现与接收机质量及观测条件密切相关。

7.3.3 绝对定位原理

GPS绝对定位的实质，即测量学中的空间距离后方交会，在1个测站上有3个独立的距离观测量就能确定测站的位置。但由于卫星钟与用户接收机钟难以保持严格同步，观测的测站至卫星之间的距离，均含有卫星钟钟差和接收机钟差的影响，卫星钟钟差可以通过卫星导航电文中所提供的相应钟差参数加以修正，而接收机的钟差，一般难以预先准确测定。所以，可将接收机钟差作为一个未知数与观测站的坐标在数据处理中一并解出。因此，在一个测站上，为了实时求解4个未知数(3个点位坐标分量和1个钟差参数)，至少应有4个同步伪距观测量，即必须至少同步观测4颗卫星(图7-5)。

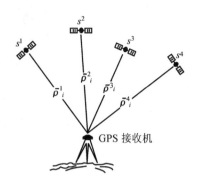

图7-5 绝对定位(即单点定位)

GPS绝对定位，根据用户接收机天线所处的状态不同，又可分为动态绝对定位和静态绝对定位。

当用户接收设备安置在运动的载体上，确定载体瞬时绝对位置的方法，称为动态绝对定位。由于每个载体瞬时位置只能进行一次观测，故精度较低。这种方法被广泛用于飞机、船舶和地面车辆的导航中。

当接收机天线处于静止状态时，确定观测站绝对坐标的方法，称为静态绝对定位。进行静态绝对定位时，由于点位可反复测定，当观测时间较长时可提高定位的精度。

根据测量距离方法的不同，绝对定位还可分为测码伪距绝对定位和测相伪距绝对定位。目前GPS领域的一个研究热点，精密单点定位就采用载波相位观测值以及由国际GPS服务(IGS)等组织提供的高精度的卫星星历、卫星钟差来进行高精度绝对定位。

7.3.4 相对定位原理

利用GPS进行绝对定位时，其定位精度将受到多种因素的影响，尽管其中一些系统性误差可以通过模型加以削弱，但仍存在一定的残差。GPS相对定位是目前GPS测量中定位精度最高的定位方法。其对长距离的最高精度可达$5mm + 1 \times 10^{-8} \times D$。

GPS相对定位可分为动态相对定位和静态相对定位。动态相对定位是指利用安置在基准点和运动载体上的GPS接收机所进行的同步观测的资料来确定运动载体相对于基准点的位置(即两者之间的基线向量)。静态相对定位的最基本情况是指两台GPS接收机分别安置在基线的两端，其位置静止不动，同步观测相同的GPS卫星，以确定基线端点在协议地球坐标系中的相对位置或基线向量(图7-6)。在实际工作中，常将接收机数目扩展到3台或3台以上，同时测定若干条基线

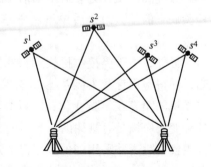

图7-6 相对定位

向量，这样不仅可以提高工作效率，而且可以增加观测量，提高观测成果的可靠性。静态相对定位精度高，广泛应用于控制测量中。动态相对定位与静态相对定位的观测方程是相同的。

GPS 静态相对定位一般采用载波相位观测值(测相伪距)为基本观测量。在两个观测站或多个观测站同步观测相同卫星的情况下，卫星的轨道误差、卫星钟差、接收机钟差以及电离层和对流层的折射误差等对观测量的影响具有一定的相关性，利用这些观测量的不同组合(通常是求差)进行相对定位，便可有效地消除或者减弱上述误差的影响，从而提高相对定位的精度。

GPS 载波相位观测值可以在卫星间求差、接收机间求差、不同历元间求差。将观测值直接相减的过程称为一次差，所获得的结果被当作虚拟观测值，称为载波相位观测值的一次差或单差。

测相伪距观测方程见式(7-5)。常用的求一次差是在接收机间求一次差，此时，消除了卫星钟差。此外，轨道误差、大气折射误差等系统误差的影响也明显减弱。

对载波相位观测值的一次差继续求差，称之为二次差。所获得结果仍可当作虚拟观测值，称之为载波相位观测值的二次差或双差。常用的求二次差是在接收机间求一次差后再在卫星间求二次差，此时消除了接收机钟差。

对二次差继续求差称之为三次差。所得结果称之为载波相位观测值的三次差或三差。常用的求三次差是在接收机、卫星和观测历元间求三次差。三差观测值中消除了与卫星和接收机有关的整周模糊度 N。

通过求差大量减少未知数，从而使数据处理变得相对容易。但在 GPS 测量中，广泛使用双差固定解而不采用三差解。三差解通常仅被当作较好的初始值，或用于解决整周跳变的探测与恢复、整周模糊度的确定等问题。

7.4　GPS 控制测量

利用静态相对定位、快速静态相对定位建立 GPS 控制网是目前进行控制测量的主要方法。GPS 控制测量的外业工作主要包括选点、建立观测标志、野外观测以及成果检核等；内业工作主要包括 GPS 控制网的技术设计、测后数据处理和技术总结等。如果按 GPS 测量的工作程序可分为 GPS 控制网的技术设计、选点与建立标志、外业观测与成果检核、GPS 控制网的平差计算以及技术总结等阶段。

7.4.1　GPS 控制网技术设计

GPS 控制网的技术设计是进行 GPS 测量的基础。应根据用户提交的任务书或测量合同所规定的测量任务进行设计。其内容包括测区范围、测量精度、提交成果方式、完成时间等。设计的依据主要包括 2009 年国家质量监督检验检疫总局发布的国家标准《全球定位系统(GPS)测量规范》，2010 年建设部发布的行业标准《全球定位系统城市测量技术规程》等。

7.4.1.1 各级 GPS 测量的精度指标

各级 GPS 测量中，相邻点间基线长度的精度用下式表示：

$$\sigma = \sqrt{a^2 + (b \cdot d \cdot 10^{-6})^2} \tag{7-6}$$

式中　σ——标准差(mm)；

　　　a——固定误差(mm)；

　　　b——比例误差系数；

　　　d——相邻点间的距离(mm)。

《全球定位系统(GPS)测量规范》中将 GPS 测量划分为 6 个等级，分别是 AA 级、A 级、B 级、C 级、D 级和 E 级。其中，AA 级主要用于全球性的地球动力学研究、地壳形变测量和精密定轨；A 级主要用于区域性的地球动力学研究和地壳形变测量；B 级主要用于局部形变监测和各种精密工程测量；C 级主要用于大中城市及工程测量的基本控制网；D，E 级主要用于中小城市、城镇及测图、地籍、土地信息、房产、物探、勘测、建筑施工等的控制测量。各等级 GPS 网的主要技术要求应符合表 7-1 的规定。

表 7-1　国家 GPS 网的主要技术要求

级别	固定误差 a (mm)	比例误差系数 b	相邻点平均距离 (km)
AA	≤3	≤0.01	1000
A	≤5	≤0.1	300
B	≤8	≤1	70
C	≤10	≤5	10～15
D	≤10	≤10	5～10
E	≤10	≤20	0.2～5

城市 GPS 控制网的测量可按照 2010 年建设部发布的行业标准《全球定位系统城市测量技术规程》执行，其主要技术参数见表 7-2。

表 7-2　城市 GPS 控制网的主要技术要求

等级	固定误差 a (mm)	比例误差系数 b	平均距离 (km)	最弱边相对中误差
二等	≤5	≤2	9	1/120 000
三等	≤5	≤2	5	1/80 000
四等	≤10	≤5	2	1/45 000
一级	≤10	≤5	1	1/20 000
二级	≤15	≤5	<1	1/10 000

以上规范都要求相邻点间的最小距离应为平均距离的 1/2～1/3；最大距离应为平均距离的 2～3 倍。

7.4.1.2 基准设计

基准设计包括位置基准、尺度基准和方位基准。位置基准一般由给定的起算点坐标确定。尺度基准由地面电磁波测距边或已知点间的固定边确定，也可以由 GPS 网中的基线向量确定。方位基准一般以给定的起算方位角确定，也可由 GPS 网中的各基线向量共同来提供。

7. 4. 1. 3　GPS 控制网图形

多台 $(N \geqslant 2)$ GPS 接收机同步观测一个时段，可构成如图 7-7 所示的同步图形，得到同步观测基线为 $N(N-1)/2$ 条，但其中只有 $N-1$ 条基线向量是独立基线向量。对应于图 7-7 中 $N=4$ 的独立基线向量可以有不同的选择，如图 7-8 所示。

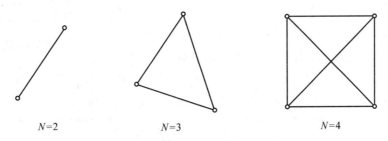

$N=2$　　　　$N=3$　　　　$N=4$

图 7-7　N 台 GPS 接收机同步观测所构成的同步图形

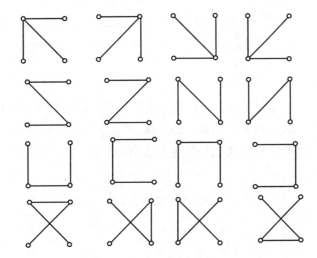

图 7-8　GPS 独立基线向量的选择

当用 3 台或 3 台以上的 GPS 接收机进行同步观测时，由同步观测所获得的基线向量构成的闭合环，称为同步闭合环，简称同步环。理论上，同步环闭合差应为零，但由于有时各点 GPS 接收机观测并不严格同步，数据处理软件不够完善以及计算过程中舍入误差等原因，同步环闭合差实际并不为零。同步环闭合差可以从某一侧面反映 GPS 测量的质量，故有些规范中规定要进行同步环闭合差的检验。但由于许多误差（如对中误差、量取天线高时出现的粗差等）无法在同步环闭合环中得以反应，因此，即使同步环闭合差很小也并不意味着 GPS 测量的质量一定很好，故有些规范中不做此项检验。

由数条非同步观测获得的基线所构成的闭合环，称之为异步环。由异步环形成的坐标闭合差条件称为异步环闭合差。异步环检验是衡量 GPS 测量精度、检验粗差和系统误差的重要指标。

因此，为了确保 GPS 观测成果的可靠性，各级 GPS 网应布设成由独立基线向量构成的闭合图形。根据 GPS 网的精度指标及完成任务的时间和经费等因素，闭合图形可以是三角形、多边形。当 GPS 网中有若干个起算点时，也可以是由 2 个起算点之间的数条 GPS 独立基线向量构成的附合路线。

（1）三角形网

三角形网的优点是网的几何强度好，抗粗差能力强，可靠性高，缺点是工作量大（图 7-9）。

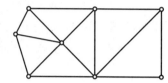

图 7-9 三角形网

（2）多边形网

多边形网是以多边形（边数 $n \geq 4$）作为基本图形所构成的 GPS 网。采用多边形网时工作量较为节省，缺点是几何强度不如三角形网强，但只要对多边形边数 n 加以限制，多边形网仍会有足够的几何强度（图 7-10）。

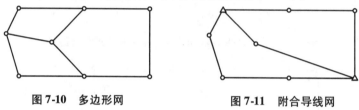

图 7-10 多边形网　　　　　**图 7-11 附合导线网**

（3）附合导线网

附合导线网的工作量也较为节省，缺点是几何强度一般不如三角形网和多边形网，但只要对附合导线的边数及长度加以限制，仍能保证一定的几何精度（图 7-11）。

《全球定位系统（GPS）测量规范》中对多边形的边数和附合导线的边数有如下规定（表 7-3）：

表 7-3 对闭合环和附合导线边数的规定

等级	A	B	C	D	E
闭合环和附合导线的边数	≤5	≤6	≤6	≤8	≤10

7.4.1.4 图形设计注意事项

新布设的 GPS 网应与附近已有的国家高等级 GPS 点进行联测，联测点数不得少于 2 个。GPS 测量结果属于 WGS-84 坐标系，为求得 GPS 点在某一参考坐标系中的坐标，应与该坐标系中的原有控制点进行联测，联测点数不得少于 3 个。GPS 直接精确测定的是大地高（基于参考椭球面），为了得到 GPS 点的正常高（基于似大地水准面），应使一定数量的 GPS 点与水准点重合，或对部分 GPS 点联测其正常高高程。通过联测点基于参考椭球面的大地高和基于似大地水准面的正常高，采用平面或曲面拟合、三次样条等内插方法可求出其他点（未联测其正常高的 GPS 点）的高程异常值 ζ（由似大地水准面上的点经法线量测到参考椭球面的距离），进而得到其他点的正常高高程，又称为 GPS 拟合高程。具体参阅 GPS 测量与数据处理相关资料。

7.4.2　选点与建立标志

由于 GPS 测量不要求观测点之间通视，故选点工作较传统测量简化，并省去了建高觇标的费用，降低了成本。但 GPS 本身又有其自身特点，选点时应满足以下要求：

①点位应选在易于安置接收机、视场开阔的地方，视场周围 15°以上不应有障碍物，以避免 GPS 信号被吸收或遮挡。

②点位应远离大功率无线电发射台和高压线，以免其磁场对 GPS 信号产生干扰。

③应避开大面积的水面，以减弱多路径效应的影响。

④应选在交通方便、有利于其他观测手段扩展与联测的地方。

⑤当利用旧点时，应对旧点的稳定性、完好性以及点位标志是否安全要逐一检查，符合要求后方可利用。

⑥点选定后，应按规定建立标志，并绘制点之记。

7.4.3　外业观测

7.4.3.1　外业观测计划设计

(1)编制 GPS 卫星可见性预报图

利用卫星预报软件，输入测区概略坐标、作业时间、卫星截止高度角等，利用不超过 20 天的星历文件即可编制卫星预报图。通过编制卫星预报图，选择最佳的观测时段即卫星≥4 颗且分布均匀，PDOP(空间位置因子)值小于 6 的时段进行观测。

(2)编制作业调度表

应根据仪器数量、交通工具状况、测区交通环境及卫星预报状况制定作业调度表(表7-4)。

表 7-4　GPS 测量作业调度表

时段编号	观测时间	测站号、观测人、机器号	测站号、观测人、机器号	测站号、观测人、机器号	测站号、观测人、机器号	测站号、观测人、机器号	测站号、观测人、机器号
1							
搬站							
2							
搬站							
3							

7.4.3.2 技术指标

不同等级的 GPS 测量对接收机有不同的要求。《全球定位系统(GPS)测量规范》规定见表 7-5。

表 7-5　GPS 接收机的选用

级别	AA	A	B	C	D、E
单频或双频	双频/全波长	双频/全波长	双频	双频或单频	双频或单频
至少应具有的观测量	L_1，L_2 载波相位	L_1，L_2 载波相位	L_1，L_2 载波相位	L_1 载波相位	L_1 载波相位
同步观测的接收机数量	≥5	≥4	≥4	≥3	≥2

各级 GPS 测量还应满足下表中所列的基本技术要求(表 7-6)。

表 7-6　各级 GPS 测量的基本技术要求

项　　目		级　　别					
		AA	A	B	C	D	E
卫星截止高度角(°)		10	10	15	15	15	15
同时观测有效卫星数		≥4	≥4	≥4	≥4	≥4	≥4
有效观测卫星总数		≥20	≥20	≥9	≥6	≥4	≥4
观测时段数		≥10	≥6	≥4	≥2	≥1.6	≥1.6
时段长度(min)	静态	≥720	≥540	≥240	≥60	≥45	≥40
	双频+P 码	—	—	—	≥10	≥5	≥2
	双频全波长	—	—	—	≥15	≥10	≥10
	单频或双频半波长	—	—	—	≥30	≥20	≥15
采样间隔(s)	静态	30	30	30	10～30	10～30	10～30
	快速静态	—	—	—			
时段中任一卫星有效观测时间(min)	静态	≥15	≥15	≥15	≥15	≥15	≥15
	双频+P(Y)码	—	—	—	≥1	≥1	≥1
	双全波	—	—	—	≥3	≥3	≥3
	单频或双频半波	—	—	—	≥5	≥5	≥5

注："观测时段≥1.6"是指每站观测一时段，其中至少有 60% 的测站又观测了一个时段。

7.4.3.3 野外观测

野外观测主要包括以下内容：

(1)安置 GPS 接收机

安置 GPS 接收机包括对中、整平、量取天线高。其中对中误差不得大于 3mm。量取天线高时可用专用量高设备或钢卷尺在互为 120°的三处量取天线高，当互差不大于 3mm 时取中数采用；否则应重新对中、整平天线后再量取。

（2）观测

各作业组必须严格遵守调度指令，按规定的时间进行作业。一个时段观测过程中，不允许进行以下操作：关闭接收机又重新启动；进行自测试（发现故障除外）；改变卫星高度角；改变数据采样间隔；改变天线位置等。观测时在接收天线 50m 以内不得使用电台，10m 以内不得使用对讲机。

每时段观测前后各量取天线高一次，互差小于 3mm，并取中数作为最后的天线高。较差超限时要查明原因。

（3）观测记录

在观测前和作业过程中，作业员应随时填写测量手簿中的记录项目。其记录格式应参照现行规范执行，具体可按表 7-7 的项目记录。

表 7-7　GPS 外业观测手簿

观测者姓名 _____　日　　期_____年_____月_____日
测 站 名 _____　测 站 号_____时段号_____
天 气 状 况 _____

测站近似坐标：	本测站为
经度：E _____°_____′	□_____新点
纬度：N _____°_____′	□_____等大地点
高程：_____（m）	□_____等水准点
	□

记录时间：□北京时间
开录时间_____　　　　　结束时间_____

接收机号_____
天线高：（m）
测前：
1. _____　　2. _____　　　平均值_____
测后：
1. _____　　2. _____　　　平均值_____
天线高值：（m）_____

天线高量取方式略图	测站略图及障碍物情况

备注

7.4.4　观测成果检核

外业观测结束后，利用 GPS 随机配备的商用软件将外业观测数据从接收机中下载，并及时对观测数据进行不合格基线的剔除、重复观测基线的边长检核、基线解算和环闭合差检验等数据处理工作，以便对外业观测数据的质量进行检核。其具体要求如下：

①数据剔除率。一时段内观测值的剔除率应小于10%。

②重复观测基线边长的检核。同一条基线边如果观测了多个时段，则可得到多个边长结果，其任意两个时段边长成果之差应满足下式：

$$ds \leqslant 2\sqrt{2}\sigma$$

式中　σ——相应等级所规定的精度(按网的实际平均边长计算)。

③同步环检核　三边同步环闭合差应满足下式：

$$\left.\begin{array}{l} W_x \leqslant \dfrac{\sqrt{3}}{5}\sigma \\[2mm] W_y \leqslant \dfrac{\sqrt{3}}{5}\sigma \\[2mm] W_z \leqslant \dfrac{\sqrt{3}}{5}\sigma \end{array}\right\} \tag{7-7}$$

全长闭合差
$$W_s = \sqrt{W_x^2 + W_y^2 + W_z^2} \leqslant \frac{3}{5}\sigma \tag{7-8}$$

对于4站或4站以上的同步观测来说，可以产生大量同步闭合环，应用上述方法检查一切可能的三边环闭合差。

④独立环闭合差及附合路线坐标闭合差　B，C，D，E 级 GPS 网外业基线预估计的结果应满足下式：

$$\left.\begin{array}{l} W_x \leqslant 3\sqrt{n}\sigma \\[2mm] W_y \leqslant 3\sqrt{n}\sigma \\[2mm] W_z \leqslant 3\sqrt{n}\sigma \\[2mm] W_s \leqslant 3\sqrt{3n}\sigma \end{array}\right\} \tag{7-9}$$

式中　n——闭合环边数；

W_x，W_y，W_z——坐标分量闭合差；

W_s——全长闭合差。

7.4.5　重测和补测

①当复测基线边长较差超限、同步环闭合差超限、独立环闭合差或附合路线的闭合差超限时，可剔除该基线而不用重测，但剔除该基线后的独立环所含基线数不得超过表7-3中的规定；否则，应重测该基线或有关的同步图形。

②当测站的观测条件很差而造成多次重测后仍不能满足要求时，应按技术设计要求重新选择点位进行观测。

7.4.6　GPS 网平差

观测数据经各项检核全部合格后，先进行无约束平差(自由网平差)，求解包括坐标参数在内的参数估值及其精度统计量，以确定观测值及平差所采用的数学模型是否存在问题。在无约束平差满足要求的条件下，即可进行约束平差。约束平差是指在平差时引入使GPS网的尺度与方位发生变化的外部起算数据(如已知边长、已知方向或两个及两个以上的已知点坐标)的GPS网平差。通过约束平差可获得各GPS控制点在指定参照系下的成果。

7.4.7 GPS控制测量示例

以下是某地四等GPS控制网(图7-12)。

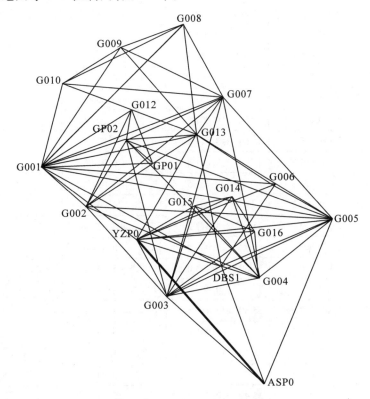

图7-12 某地GPS四等控制网

利用中海达GPS数据处理软件(HDS2003)对测得的GPS数据进行测后处理，分为以下步骤：导入数据、基线解算、环闭合差检验、自由网平差、约束平差。WGS－84坐标转化为其他坐标系的坐标的转化工作在约束平差中进行。

其中，YZP0是已知点，基线YZP0－ASP0的方位角已知。基线解算、同步环和异步环解算合格。《全球定位系统城市测量技术规程》规定四等控制网最弱边相对中误差不超过1/45 000，结果符合要求。

约束平差的最终坐标平差值结果见表7-8。最弱点中误差见表7-9。

表 7-8　最终坐标平差值

点名	x	y	正常高(m)	平面位置中误差
	中误差(m)	中误差(m)	中误差(m)	
ASP0	3 347 781. 848 8	35 503 202. 818 8	539. 369 7	0. 004 5
	0. 003 3	0. 003 0	0. 004 5	
DBS1	3 350 074. 033 4	35 502 461. 922 0	491. 853 7	0. 002 3
	0. 001 7	0. 001 6	* * * * *	
G001	3 352 048. 047 6	35 499 331. 768 1	460. 743 6	0. 002 5
	0. 001 8	0. 001 7	0. 001 4	
G002	3 351 280. 069 6	35 500 102. 768 6	466. 637 5	0. 002 4
	0. 001 8	0. 001 7	0. 001 7	
G003	3 349 483. 974 4	35 501 512. 151 6	524. 200 7	0. 002 3
	0. 001 7	0. 001 5	0. 001 4	
G004	3 349 849. 140 7	35 503 143. 373 5	468. 233 2	0. 002 4
	0. 001 7	0. 001 7	0. 002 0	
G005	3 351 000. 928 9	35 504 410. 761 5	471. 091 5	0. 002 3
	0. 001 7	0. 001 5	0. 001 2	
G006	3 351 682. 455 8	35 503 384. 817 2	498. 627 3	0. 002 6
	0. 001 9	0. 001 8	0. 001 6	
G007	3 353 382. 280 5	35 502 500. 333 0	505. 603 2	0. 002 5
	0. 001 8	0. 001 7	* * * * *	
G008	3 354 841. 593 9	35 501 812. 467 5	474. 666 1	0. 002 9
	0. 002 2	0. 001 9	0. 001 8	
G009	3 354 397. 116 5	35 500 713. 423 9	471. 940 9	0. 002 9
	0. 002 1	0. 001 9	0. 001 9	
G010	3 353 694. 850 6	35 499 710. 864 3	452. 093 7	0. 002 6
	0. 001 9	0. 001 7	0. 001 6	
G012	3 353 162. 841 6	35 500 906. 393 4	429. 652 7	0. 002 9
	0. 002 1	0. 002 0	* * * * *	
G013	3 352 665. 575 8	35 502 051. 136 0	467. 007 9	0. 002 4
	0. 001 7	0. 001 6	0. 001 1	
G014	3 351 453. 670 8	35 502 645. 804 8	478. 227 7	0. 003 6
	0. 002 7	0. 002 3	0. 004 1	
G015	3 351 282. 168 6	35 502 009. 900 6	480. 237 9	0. 002 7
	0. 001 9	0. 001 9	0. 002 9	
G016	3 350 768. 010 8	35 503 048. 588 5	456. 433 3	0. 002 7
	0. 001 9	0. 001 9	0. 002 9	

（续）

点名	x	y	正常高（m）	平面位置中误差
	中误差（m）	中误差（m）	中误差（m）	
GP01	3 352 099.740 4	35 501 286.424 2	425.037 7	0.002 9
	0.002 1	0.002 0	＊＊＊＊＊	
GP02	3 352 586.564 7	35 500 756.722 2	422.020 7	0.002 6
	0.001 9	0.001 8	＊＊＊＊＊	
YZP0	3 350 610.900 0	35 500 979.400 0	508.649 8	＊＊＊＊＊
	＊＊＊＊＊	＊＊＊＊＊	＊＊＊＊＊	

注：高程中误差为 ＊ 表示联测点的正常高高程，其余测点的方程均为 GPS 拟合方程。

表 7-9　最弱点平面中误差

点名	x	y	正常高（m）	平面位置中误差
	中误差（m）	中误差（m）	中误差（m）	
ASP0	3 347 781.848 8	35 503 202.818 8	539.369 7	0.004 5
	0.003 3	0.003 0	0.004 5	

7.5　差分 GPS

GPS 实时单点定位受 GPS 卫星钟差、大气电离层和对流层对 GPS 信号的延迟等误差的影响，定位精度较低。为了提高实时定位精度，可采用差分 GPS 定位。差分 GPS 的工作原理是：GPS 卫星钟差、电离层和对流层的折射误差等总体上有较好的相关性，当相距不太远的两个测站在同一时间进行单点定位时，上述误差对两站的影响就大体相同。如果在已知点上配备一台 GPS 接收机并和用户一起进行 GPS 观测，就可能求得每个观测时刻由于上述误差而造成的影响。假如该已知点还能通过数据通信链将求得的误差改正数及时发送给附近工作的用户，那么用户在施加改正数后，其定位精度就能大幅度提高，该已知点称为基准站。

差分 GPS 根据其系统构成的基准站个数可分为单基准站差分、多基准站的局部区域差分和广域差分；根据信息的发送方式，又可分为位置差分、伪距差分和载波相位差分。

7.5.1　位置差分

位置差分是假设基准站的精密坐标已知，将基准站 GPS 接收机测出的坐标值与已知坐标比较，可得坐标改正数。基准站用数据链将这些改正数发送出去，流动站在解算时加入坐标改正数进行修正。位置差分的优点是计算简单，适用于各种型号的 GPS 接收机，但位置差分要求流动站与基准站必须观测同一组卫星，这在距离较近时可以做到，但距离较远时很难满足。故位置差分只适用于 100km 以内。

7.5.2　伪距差分

伪距差分是根据基准站的已知坐标和卫星星历给出的卫星坐标求出各卫星到基准站的几何距离，将此距离作为距离精确值与基准站所测伪距值进行求差，从而得到伪距改正数。基准站通过数据链将伪距改正数及其变化率发送给流动站，流动站接收差分信号后，对所接收的每颗卫星伪距观测值进行修正，然后再进行定位。

由于伪距差分是对每颗卫星伪距观测值进行修正，所以，不要求基准站与流动站接收的卫星完全一致，只要求有4颗以上相同卫星即可。其差分精度取决于差分卫星个数、卫星空中分布状况、差分修正延迟时间及流动站到基准站的距离。伪距差分能将两站公共误差抵消，但差分精度随基准站到流动站的距离增加而降低。

位置差分和伪距差分，能满足米级定位精度，已广泛应用于导航、水下测量等。

7.5.3　载波相位差分技术

载波相位差分技术又称RTK(real time kinematic)技术，是实时处理两个测站载波相位观测量的差分方法，能够实时地提供测站点在指定坐标系中的三维定位结果，并达到厘米级精度。

在RTK作业模式下(图7-13)，基准站通过数据链将其观测值和测站坐标信息一起传送给流动站。流动站不仅通过数据链接收来自基准站的数据，还要采集GPS观测数据，并在系统内组成差分观测值进行实时处理，同时给出厘米级定位结果，历时不到1s。

流动站可处于静止状态，也可处于运动状态。可在固定点上先进行初始化后再进入动态作业，也可

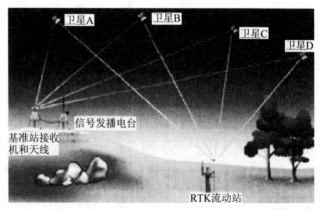

图7-13　RTK定位原理

在动态条件下直接开机，并在动态环境下完成整周模糊度的搜索求解。在整周未知数解固定后，即可进行每个历元的实时处理，只要能保持4颗以上卫星相位观测值的跟踪和必要的几何图形，则流动站可随时给出厘米级定位结果。

RTK定位可广泛用于图根控制测量、地形测图和工程施工放样，极大地提高了外业作业效率。但RTK定位也同样受到基准站至流动站距离的限制，差分距离不可太远。

7.5.4　网络RTK

常规RTK技术有一定的局限性，主要表现为：①用户需要架设本地的基准站；②误差随距离增加，误差增加使流动站和基准站距离受到限制(<15km)。

多基准站RTK技术(网络RTK)，是对常规RTK方法的改进。网络RTK系统由若干个

连续运行的 GPS 基准站、计算中心、数据发布中心和移动站(用户–GPS 接收机)组成。目前,应用于网络 RTK 数据处理的方法有很多,而虚拟参考站(Virtual Reference Station,VRS)技术最为成熟。在 VRS 网络中,各固定参考站(基准站)不直接向移动用户发送任何改正信息,而是将所有的原始数据通过数据通讯线发给控制中心。同时,移动用户在工作前,先通过无线网络 GSM 的短消息功能向控制中心发送一个概略坐标,控制中心收到这个位置信息后,根据用户位置,由计算机自动选择最佳的一组固定基准站,根据这些站发来的信息,整体的改正 GPS 信号的轨道误差和大气折射引起的误差,并将高精度的差分信号发给移动站。这个差分信号的效果相当于在移动站旁边,生成一个虚拟的参考基站,从而解决了 RTK 作业距离上的限制问题,并保证了用户的精度。

随着 GPS 技术应用的日益广泛和不断发展,各种用途的连续运行参考系统(continuously operating reference system, CORS)相继建成。CORS 是利用全球导航卫星系统(GNSS)、计算机、网络和通信等技术构成的地球参考坐标和地球动力学服务系统,是网络与 GNSS 定位技术及现代大地测量、地球动力学融合的成果。CORS 不仅是动态的、连续的空间数据参考框架,同时也是快速、高精度获取空间数据和地理特征的设施之一。CORS 通常由若干连续运行参考站(基准站)、一个系统中心以及将它们连接起来的通信链路汇集到系统中心,由系统中心进行综合处理,向用户提供移动定位、动态连续的空间框架等空间位置信息服务。例如,重庆市的 CORS 系统有 5 个参考站,分别位于巴南、璧山、长寿、合川以及渝北空港。

7.6　GPS 测量的误差来源及相应措施

在 GPS 测量中,影响测量精度的主要误差来源可分为三类:一是与 GPS 卫星有关的误差;二是与信号传播有关的误差;三是与接收设备有关的误差。

与 GPS 卫星有关的误差有:星历误差与模型误差、卫星钟差与稳定性、卫星摄动等。

与信号传播有关的误差有:电离层延迟、对流层延迟及多路径效应等。

与接收设备有关的误差有:接收机噪声、接收机钟差、接收机天线相位中心的稳定性等。

根据误差的性质,又可将上述误差分为系统误差和偶然误差两大类。对这两种误差应采取不同的措施予以消除或削弱。

系统误差主要包括卫星的轨道误差、卫星钟差、接收机钟差、电离层延迟以及对流层延迟等。对于系统误差,一般根据其产生的原因和大小而采取以下不同的措施:第一种,建立系统误差模型,对观测量加以修正,如电离层延迟、对流层延迟;第二种,将不同观测站对相同卫星的同步观测值求差,以减弱或消除系统误差的影响,如卫星钟差;第三种,忽略某些系统误差的影响,如卫星的轨道误差。

对于有的系统误差,则可能采用以上措施中的几种措施,如大气折射误差,先是用导航电文提供的数学模型计算修正观测值,然后再进一步用同步观测值求差的办法予以削弱。

偶然误差主要包括多路径效应和观测误差等，偶然误差是平差处理的对象。

本章小结

以 GPS 为代表的卫星定位由于具有精度高、观测站之间不需通视、观测操作简便、能全天候作业等优点，GPS 定位已成为目前测量工作中控制测量、碎部测量和施工放样的主要方法之一。

GPS 由向用户连续不断地发送导航与定位信息的卫星星座、支持整个 GPS 系统正常运行的地面监控系统和接收并处理卫星定位信息的用户三部分构成。

GPS 定位的基本原理是：将卫星视为"飞行"的控制点，在已知其瞬间坐标的条件下，以 GPS 卫星和用户接收机天线之间的距离为观测量，进行空间距离后方交会，从而确定地面接收机天线的位置。因卫星钟、接收机钟的误差以及无线电信号经过电流层和对流层产生的延迟，造成实际测出的距离与卫星到接收机的几何距离有一定的差值，所以通过 GPS 的距离观测量为伪距。在一个测站上，为了实时求解 3 个点位坐标分量和 1 个接收机钟差参数，至少要有 4 个同步伪距观测量，即必须至少同步观测 4 颗卫星。利用测距码和载波相位都可测量伪距，载波相位的波长比测距码短得多，以载波相位为量测信号的伪距测量能达到很高的精度。载波相位测量的整周未知数 N 根据测站初次平差所提供的信息采用快速解算方法求得。

接收机的天线在整个观测过程中的位置保持不变的定位方法称为 GPS 静态定位，反之为 GPS 动态定位。根据卫星星历和 1 台 GPS 接收机的观测值来独立确定该接收机天线在地球坐标系中的绝对坐标的方法为绝对定位。确定同步跟踪相同的 GPS 卫星信号的若干台接收机之间的相对位置(坐标差或基线向量)的定位方法为相对定位。

GPS 控制测量采用静态相对定位。其工作程序可分为 GPS 控制网的技术设计、选点与建立标志、外业观测与成果检核、GPS 控制网的平差及技术总结等多个阶段。

差分 GPS 是利用具有良好 GPS 观测条件的已知站(基准站)上的 GPS 接收机和流动站用户一起进行 GPS 观测，已知站上的 GPS 接收机求得的每个观测时刻卫星钟差、大气电离层和对流层对 GPS 信号的延迟等误差的改正数，通过数据通信链将已知站的坐标信息和误差改正数及时发送给附近工作的用户，用户在施加改正数后，其定位精度就能大幅度提高。GPS RTK 就是采用差分技术实时处理两个测站载波相位观测量，并实时提供用户测站在指定坐标系中高精度的三维定位结果。RTK 定位可广泛用于图根控制测量、地形测图和工程施工放样，极大地提高了外业作业效率。但 RTK 定位受到差分距离的限制而导致基准站离流动站不能太远。由若干个连续运行的 GPS 基准站、计算中心、数据发布中心和用户流动站组成的多基准站 RTK(网络 RTK)可进行大区域性的 RTK 定位作业。目前测量工作中使用的 CORS 系统就是多基准站 RTK 技术的代表。

GPS 定位中的卫星钟差、接收机钟差、电离层延迟以及对流层延迟等系统误差，可采取建立系统误差模型对观测量加修正或采取将不同观测站对相同卫星的同步观测值求差的措施，以减弱或消除其影响。包括多路径效应与观测误差之类的偶然误差通过平差处理的方法将其影响减到最小。

复习思考题

1. 名词解释

(1)相对定位　(2)整周跳变　(3)静态定位　(4)同步环　(5)异步环

2. 填空题

(1)按接收的卫星信号频率数,GPS接收机可分为_____接收机、_____接收机。

(2)GPS卫星发射的信号由_____、_____、_____三部分组成。

(3)根据性质和用途的不同,测距码分为_____、_____。

(4)根据GPS接收机天线在测量中所处的状态,定位方法分为_____、_____。

(5)在高程应用方面,GPS可以直接精确测定测站点的_____。

3. 判断题

(1)GPS测得的站星之间的伪距就是指GPS卫星到地面测站之间的几何距离。　(　　)

(2)利用广播星历进行单点定位时,所求得的站坐标属于WGS-84。　(　　)

(3)与卫星有关的GPS定位误差有:卫星星历误差、卫星钟误差和多路径效应误差。　(　　)

(4)在载波相位双差(先测站之间求差,后卫星之间求差)观测方程中,整周未知数已被消去。

(　　)

4. 单项选择题

(1)载波相位测量值在接收机间求一次差后,继续在卫星间求二次差后可消除(　　)参数。

A. 接收机钟差　　　　　　　　　B. 卫星钟差

C. 卫星钟差和接收机钟差　　　　D. 整周未知数

(2)在一般的GPS短基线测量中,应尽量采用(　　)。

A. 单差解　　　　　　　　　　　B. 三差解

C. 双差固定解　　　　　　　　　D. 双差浮点解

(3)以下哪个因素不会削弱GPS定位的精度(　　)。

A. 晴天为了不让太阳直射接收机,将测站点置于树荫下进行观测。

B. 测站设在大型蓄水的水库旁边。

C. 在SA期间进行GPS导航定位。

D. 夜晚进行GPS观测。

(4)未经美国政府特许的用户不能用(　　)来测定从卫星至接收机间的距离。

A.C/A码　　　　　　　　　　　B. L1载波相位观测值

C. 载波相位观测值　　　　　　　D. Y码

5. 问答题

(1)GPS网的图形有哪几种?简述其优缺点。

(2)全球定位系统(GPS)的组成以及各部分在导航定位中的作用。

(3)从误差源来讲,GPS测量误差主要有哪几类?

(4)差分GPS的基本工作原理是什么?包括哪几种类型的差分?

6. 计算题

(1)若某GPS网由60个点组成,要求每点设站次数不小于2,若5台GPS接收机进行观测,问:至少需要进行多少个时段的观测?此时,总基线数$J_{总}$,独立的基线向量数$J_{独}$各为多少?

(2)D级网对相邻点间基线长度的精度要求为:固定误差小于10mm,比例误差小于10pm。问对于长度为5km的基线,其标准差限制约为多少?

本章推荐阅读书目

1. 周忠谟 . GPS 卫星测量原理与应用 . 北京：测绘出版社，1997。

2. 李天文 . 现代测量学 . 北京：科学出版社，2006。

3. 徐绍铨等 . GPS 测量原理及应用 . 武汉：武汉大学出版社，2003。

4. 李征航，黄劲松 . GPS 测量与数据处理 . 武汉：武汉大学出版社，2005。

第 8 章 地形图的基础知识及应用

【本章学习目标】

1. 知识要求：

（1）了解地图与地形图之间的关系。

（2）理解地形图比例尺的精度内涵，按地图要素分类的地物符号类型和按符号与实地要素比例关系的地物符号类型，地貌的基本形状；等高线、等高距、等高线平距的含义及等高线的特性。

（3）掌握地形图上识别地物、地貌的方法，地形图分幅与编号的原理与方法，地形图注记要素和地物地貌要素识读的方法，在地形图上进行坐标、高程、距离、方位角及坡度量算的原理与方法，地形图在线路工程和水利工程中基本应用的方法与技术，地形图上量算面实地面积的原理与方法。

2. 技能要求：

（1）能运用地形图在野外实地进行地物、地貌的判读。

（2）能利用 KP – 90、X – PLAN380F 电子求积仪在地形图上进行不规则图形面积的量算。

地图是指按一定的数学法则，有选择地以二维或多维形式与手段在平面或球面上表示地球表面上各种自然现象和社会经济现象的图形或图像。地图具有严格的数学基础、符号系统、文字注记。按内容，地图可分为普通地图和专题地图。普通地图是综合反映地球表面各种自然、社会经济现象一般特征的地图，内容主要包括各种自然地理要素（如地貌、水系、植被等）和社会经济要素（如居民点、行政区划、交通路线等），它不突出表现其中某一种要素；专题地图是着重表示自然现象或社会经济现象中的某一种或几种要素的地图，如水系分布图、地籍图、交通旅游图等。

普通地图包括地形图和普通地理图。地形图是按一定的比例，用规定的符号表示地物和地貌的平面位置和高程的正射投影图，其内容非常详细而精确。普通地理图内容较为概括，主要强调反映制图区域的基本特征和各要素的地理分布规律。

地形测量的成果是各种不同比例尺的地形图。而大比例尺测图所研究的问题，就是在局部地区根据工程建设的需要如何将客观存在于地表的地物、地貌真实地测绘到图纸上。其特点是，测区范围较小，测图比例尺大，精度要求较高。

8.1　地形图的比例尺

绘制各种图件时，实地的图形必须经缩小一定比例后才能绘在图纸上。图上线段长度和相应地面线段的实际水平距离之比称为比例尺。

比例尺根据表示方法的不同，可分为数字比例尺和图示比例尺。

以分子为1的分数形式表示的比例尺为数字比例尺，它的分子为1，分母为某一整数。设地面上某线段的水平长度为 D，图上相应线段长度为 d，则该图的比例尺为：

$$1 : M = d : D = 1 : (D/d) \tag{8-1}$$

式中　M——比例尺分母。

分母数值越大比例尺越小。

如果应用数字比例尺来绘图时，每一距离都要按同一缩小倍数来换算，这是非常不方便的，而且图纸用久之后，图上与地面的相应关系也与原比例尺不一样。为了避免计算和减少图纸变形的影响，有时须采用图示比例尺。

图示比例尺又分为直线和复式比例尺，最常见的图式比例尺为直线比例尺。

如图 8-1 为 1 : 50 000 的直线比例尺，取 2cm 为基本单位，最左的 2cm 基本单位分成20 等分，即每个等分化为 1mm 所表示相当于实地水平长度 50m，从该直线比例尺上可以直接量测到基本单位的 1/20，即 50m。

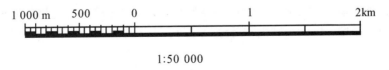

1 : 50 000

图 8-1　直线比例尺

人的肉眼能分辨的图上最小距离为 0.1mm，如果地面上的一段长度按比例尺缩小后小于0.1mm，在图上表示不出来。这种相当图上0.1mm的实地上的水平距离称为比例尺的精度。不同比例尺的精度见表8-1。

表8-1　不同比例尺的比例尺精度

比例尺	1:500	1:1 000	1:2 000	1:5 000	1:10 000
比例尺精度(m)	0.05	0.1	0.2	0.5	1.0

根据比例尺的精度，可以确定在测图时量距应精确到什么程度。例如，测绘1:1 000比例尺地形图时，其比例尺精度为0.1m，故量距的精度只需到0.1m，实地小于0.1m的距离在图上表示不出来。反过来也可以按照丈量地面距离的规定精度来确定采用多大比例尺。例如：欲使图上能量出的实地最短线段长度为0.2m，则采用的比例尺不得小于0.1mm/0.2 m =1/2 000。

通常所指的大比例尺测图系指1:500 ~ 1:5 000 比例尺测图，而 1:10 000 ~ 1:50 000 比例尺的地形图，目前多采用航测或综合法成图，比例尺小于或等于1:100000的地形图，则是根据较大比例尺地形图及各种资料编绘而成。更大比例尺的测图主要是供特种建筑物（如桥址、主要厂房等）的详细设计和施工之用。在测绘这种比例尺地形图时，面积更小，表示得更详细，要求精度更高。设计部门根据该工程设计时对地形图精度和内容的要求不同而选择不同的比例尺。不同的设计阶段，也往往选择不同的比例尺。在初步设计阶段，通常选择较小比例尺的地形图，而在施工设计时，多数采用1:1 000 比例尺测图。对于城市市区或某些主体工程，要求精度高，常施测 1:500 比例尺地形图。应该指出，有的中小厂矿或单体工程在施工设计时采用1:500 比例尺测图，并不是因为1:1 000 比例尺地形图的精度不够，而是嫌其图面较小，这时则可考虑采用将原图放大的方法或适当放宽测图时的精度要求。

总之，大比例尺地形图是适应城市和工程建设的需要而施测的，专业性比较强，保留期限不一，对地形图的要求也因各部门的特点而有所侧重，比例尺越大，表示地物地貌的情况越详细，精度越高。但是对同一测区而言，采用较大比例尺测图往往比采用较小比例尺测图的工作量和投资将增加数倍，因此采用哪一种比例尺测图，应从工程规划、施工实际需要的精度，施测按有关技术规定出发，不应盲目追求更大比例尺的地形图。

8.2　地形图的分幅与编号

地形图是具有丰富信息量的载体。在地形图上除表达比例尺、地物、地貌等基本要素外，还应对地形图按一定的规则进行分幅与编号，以方便地形图的测绘、识读、查询、应用和保管。

通常较大区域地形图的测绘，一般无法在一张图纸上进行表达，需统一分块编号进行，即对地形图实施分幅和编号。所谓地形图的分幅，是指将一个测区以规定图幅的大小或规定实地范围的大小，按一定规则进行单位划分，每一个单位为一个图幅；而地形图的编号，是指为了区分不同的图幅，按一定的规则给每个图幅一个相应的编号。地形图常见的分幅方法有梯形分幅和矩形分幅两种。梯形分幅用于国家基本比例尺地形图按规定实地范围的大小划分图幅，而矩形分幅则用于工程上常用的大比例尺地形图按规定图幅的大小划分图幅。

8.2.1　梯形分幅法

梯形分幅法是目前世界上许多国家的地形图及大区域小比例尺分幅地图所采用的主要分幅形式。它是以一定经纬差的梯形实地范围划分图幅，由经纬线构成每幅地形图图廓的分幅方法，故此法也可称为经纬线分幅法或国际分幅法。

8.2.1.1　国际梯形分幅法

按国际上规定，全球 1:100 万地形图的世界地界实行统一的分幅与编号。1:100 万的地形图是以经差 6°、纬差 4°分幅。自赤道起，向南、北两极每隔纬度 4° 为一横列，到南、北纬 88° 止，将南、北半球各分为 22 个横列，依次以拉丁字母 A，B，C，…，V 表示，以极点为圆心，纬度 88° 为界的圆(称为极圈)用 Z 表示，采用极方位投影单独成图。为区分南、北半球，横列号字母前分别冠以"S"和"N"，我国地处北半球，横列号字母前的"N"全部省略。由西经 180° 起算，自西向东，将整个地球表面用子午线分成 60 纵行，每一纵行经差为 6°，依次以阿拉伯数字 1，2，3，…，60 表示。如图 8-2 所示其每一梯形小格为一幅 1:100 万地形图，每 1:100 万图幅的编号由该图所在的横列字母和纵行阿拉伯数字组成。

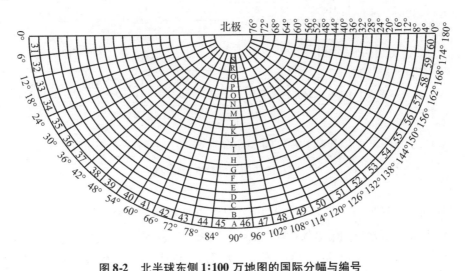

图 8-2　北半球东侧 1:100 万地图的国际分幅与编号

若已知某地的经纬度，可以从图 8-2 中直接查取其所在 1:100 万地形图图幅编号，也可以通过下式计算得出：

$$\left.\begin{array}{l} 横列号 = INT\left(\dfrac{\varphi}{4°}\right) + 1 \\[2mm] 纵行号 = INT\left(\dfrac{\lambda}{6°}\right) + 31 \end{array}\right\} \qquad (8\text{-}2)$$

式中　φ——某地纬度；

　　　λ——某地经度。

根据某点的经纬度(λ, φ)，利用式(8-2)可求算出该点1:100万地形图的横列号与纵行号，即可确定该点所在的图幅位置。

例如，某地K点的地理位置为北纬31°54′50″，东经104°29′00″，则1:100万图幅编号的横列号 = $INT(31°54′50″/4°) + 1 = 8$，第8个字母为H；纵行号 = $INT(104°29′00″/6°) + 31 = 48$，该点1:100万地形图编号为H-48，图幅的经度在102°~108°，纬度在28°~32°。

1:100万以下的地形图的分幅体系及K点所在各种比例尺地形图的编号如图8-3所示。

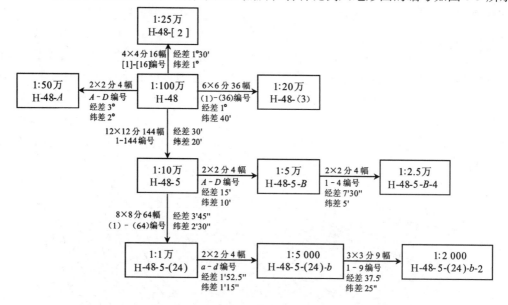

方框中为K点(东经104°29′00″，北纬31°54′50″)各种比例尺图幅的编号

图8-3　地图国际分幅法分幅框图

(1)1:50万、1:25万、1:20万、1:10万地形图的分幅与编号

这四种比例尺的地形图编号都是在1:100万图幅号后分别加上自己的代号组成。1:50万地形图的分幅是按经差3°、纬差2°将一幅1:100万地形图划分成四幅，其编号是在1:100万地形图的编号后分别加上A，B，C，D代号；1:25万地形图的分幅是按经差1°30′、纬差1°将1:100万地形图分为16幅，其编号是在1:100万地形图的图号后加上带方括号的阿拉伯数字[1]，[2]，[3]，…，[16]；1:20万地形图分幅是以经差1°、纬差40′将一幅1:100万地形图划分为36幅，其编号是在1:100万地形图的图号后面加上带圆括号的阿拉伯数字(1)，(2)，(3)，…，(36)；1:10万地形图是按经差30′、纬差20′划分，故一幅1:100

万地形图包括 144 幅 1:10 万地形图，图幅编号是在 1:100 万地形图图幅编号后面用一横短线分别连接 1，2，3，…，144。上述四种比例尺地形图在 1:100 万图幅中的编号均采用自西向东、从北到南的编号顺序。K 点的以上几种比例尺地形图的分幅编号具体如图 8-3 ~ 图 8-5 所示。

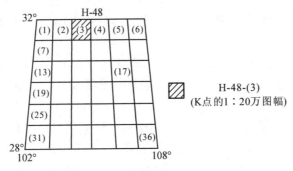

图 8-4　1:20 万地形图的分幅与编号

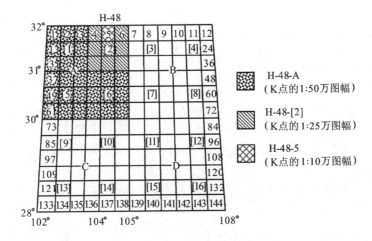

图 8-5　1:50 万、1:25 万和 1:10 万地形图的分幅与编号

地面点 (λ，φ) 在由 1:100 万图幅直接分出的各种比例尺地形图编号的序号可由如下公式计算。

$$序号 = INT\left(\frac{1:100 万_{北图廓纬度} - \varphi}{\Delta\varphi}\right) \times \frac{4°}{\Delta\varphi} + INT\left(\frac{\lambda - 1:100 万_{西图廓经度}}{\Delta\lambda}\right) + 1 \quad (8-3)$$

式中　$\Delta\varphi$——分出图幅的纬度差；

　　　$\Delta\lambda$——分出图幅的经度差。

例如，K 点 1:10 万地形图编号的序号为：

$$序号 = INT\left(\frac{32° - 31°54'50''}{20'}\right) \times \frac{4°}{20'} + INT\left(\frac{104°29'00'' - 102°}{30'}\right) + 1 = 5$$

K 点所在 1:10 万地形图的分幅编号为 H－48-5，如图 8-3 和图 8-4 所示。

（2）1:5万、1:2.5万、1:1万地形图的分幅与编号

1:5万和1:1万地形图编号都在1:10万图幅号后加上自己的代号组成。即由一幅1:10万地形图按经差15′、纬差10′分割为4幅1:5万地形图，其代号是在1:10万的代号后分别以A，B，C，D表示；由一幅1:10万地形图按经差3′45″、纬差2′30″直接分割成8行、8列，共分64幅1:1万地形图，其编号是在1:10万地形图图幅编号后面用一短横线分别连接(1)，(2)，(3)，…，(64)。

由一幅1:5万地形图按经差7′30″、纬差5′分割为4幅1:2.5万地形图，分别用1，2，3，4表示；1:2.5万地形图的编号在1:5万地形图图幅编号后面用一短横线分别连接1，2，3，4。

1:5万~1:1万地形图在1:10万图幅中的编号同样采用自西向东、从北到南的编号顺序。以下的1:5 000和1:2 000地形图的编号也采用此编号方法。

K点的1:5万、1:2.5万及1:1万地形图的分幅编号具体如图8-3及图8-6所示。地面点$(\lambda，\varphi)$在由1:10万图幅直接分出的1:5万、1:1万地形图编号的序号可由如下公式计算。

$$序号 = INT\left(\frac{1:10万_{北图廓纬度} - \varphi}{\Delta\varphi}\right) \times \frac{20'}{\Delta\varphi} + INT\left(\frac{\lambda - 1:10万_{西图廓经度}}{\Delta\lambda}\right) + 1 \qquad (8\text{-}4)$$

式中　$\Delta\varphi$，$\Delta\lambda$ 与(8-3)式含义相同。

K点1:1万地形图在1:10万图幅中的编号计算为：

$$序号 = INT\left(\frac{32° - 31°54'50''}{2'30''}\right) \times \frac{20'}{2'30''} + INT\left(\frac{104°29'00'' - 104°}{3'45''}\right) + 1 = 24$$

K点所在的1:1万图幅的编号为H-48-5-(24)，如图8-3和图8-6所示。

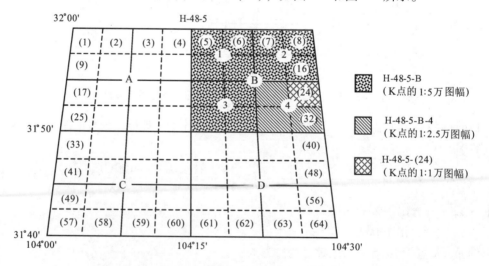

图8-6　1:5万、1:2.5万和1:1万地形图的分幅与编号

（3）大比例尺地形图的分幅和编号

1:5 000及1:2 000比例尺的地形图是在1:1万地形图的基础上进行分幅编号。每幅1:1

万地形图是以经差 1′52.5″、纬差 1′15″分成四幅 1∶5 000 地形图，其编号是在 1∶1 万地形图编号后加 a，b，c，d（图 8-7）；每幅 1∶5 000 地形图以经差 37.5″、纬差 25″分成 9 幅 1∶2 000地形图，其编号是在 1∶5 000 地形图编号后加各自的图幅代号 1，2，3，…，9（图 8-8）。

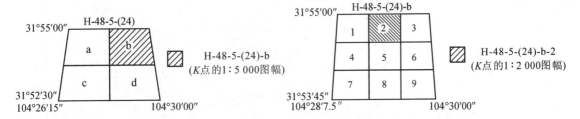

图 8-7　1∶5000 地形图分幅与编号　　　　图 8-8　1∶2000 地形图的分幅与编号

如果已知某地的经、纬度就可以算出该地相应的 1∶100 万图幅的图幅号，然后根据上述地形图分幅和编号规则，即可求出所需比例尺的图幅号；反之按图幅的统一划分和编号方法，即可根据其图幅编号确定该图幅包含的实地范围及地理位置。

8.2.1.2　1993 年以后新的数字式地形图分幅编号

我国 1992 年 12 月发布了《国家基本比例尺地形图新的分幅与编号》（GB/T 13989 – 1992）的国家标准，2012 年 10 月 1 日实行新的标准 GB/T 13989—2012。新测和更新的基本比例尺地形图，均须按照此标准进行分幅和编号。新的分幅编号对照以前有以下特点：①1∶5 000 地形图列入国家基本比例尺地形图系列，使基本比例尺地形图有 1∶100 万、1∶50万、1∶25 万、1∶10 万、1∶5 万、1∶2.5 万、1∶1 万及 1∶5 000 八种；②分幅虽仍以 1∶100 万地形图为基础，经纬差也没有改变，但划分的方法不同，即全部以 1∶100 万地形图为基础加密划分而成。此外，过去的列（纬）、行（经）现在改称行、列；③编号仍以 1∶100 万地形图编号为基础，后接比例尺的代码，再接相应比例尺图幅的行（纬）、列（经）所对应的代码。因此，所有 1∶5 000～1∶50 万地形图的图号均由五个元素 10 位代码组成。编码系列统一为一个根部，编码长度相同，计算机处理和识别十分方便。

（1）分幅

1∶100 万地形图的分幅按照国际 1∶100 万地形图分幅的标准进行，其他比例尺以 1∶100万为基础分幅，1 幅 1∶100 万的地形图分成其他比例尺的地形图的情况见表 8-2 和图 8-9。

表 8-2　1∶100 万的地形图分成不同比例尺地形图的情况

比例尺	1∶100 万	1∶50 万	1∶25 万	1∶10 万	1∶5 万	1∶2.5 万	1∶1 万	1∶5 000
行列数	1 × 1	2 × 2	4 × 4	12 × 12	24 × 24	48 × 48	96 × 96	192 × 192
图幅数	1	4	16	144	576	2 304	9 216	36 864
经　差	6°	3°	1°30′	30′	15′	7′30″	3′45″	1′52.5″
纬　差	4°	2°	1°	20′	10′	5′	2′30″	1′15″

（2）编号

1∶100 万地形图的编号与国际分幅编号一致，只是行和列的称谓相反，1∶100 万地形图的图号是由该图所在的纬行序号(字符码)和经列序号(数字码)组合而成,中间不再加连字符。如 K 点 1:100 万地形图编号为 H48。

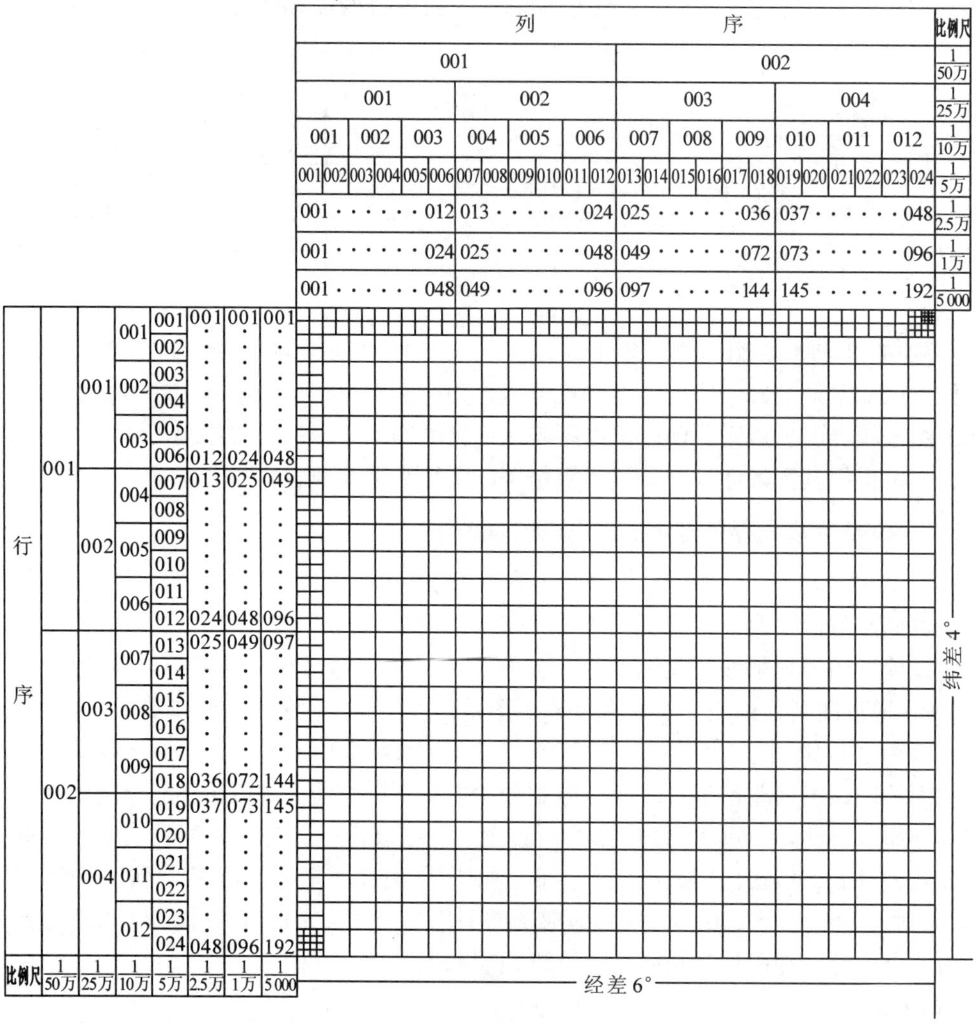

列 序												比例尺
001						002						1/50万
001		002				003			004			1/25万
001	002	003	004	005	006	007	008	009	010	011	012	1/10万
001 002 003 004 005 006	007 008 009 010 011 012	013 014 015 016 017 018	019 020 021 022 023 024									1/5万
001 ···· 012	013 ···· 024	025 ···· 036	037 ···· 048									1/2.5万
001 ···· 024	025 ···· 048	049 ···· 072	073 ···· 096									1/1万
001 ···· 048	049 ···· 096	097 ···· 144	145 ···· 192									1/5000

图 8-9 1993 年以后采用的分幅行列编号法

1:50 万~1:5000 比例尺地形图的编号均由五个元素(五节)10 位代码构成,即 1:100 万地形图的纬行序号(第一节字符码 1 位),经列序号(第二节数字码 2 位),比例尺代码(第三节字符码 1 位),相应比例尺图幅在 1:100 万地形图里的行号(第四节数字码 3 位)及列号(第五节数字码 3 位),共 10 位(表 8-3)。

表 8-3 10 位代码的构成

字符码 1 位	数字码 2 位	字符码 1 位	数字码 3 位	数字码 3 位
英文字符	2 位阿拉伯数字	英文字符	3 位阿拉伯数字	3 位阿拉伯数
纬行代码	经列代码	比例尺代码	行代码	列代码

地理位置为 (λ, φ) 的地面点所在图幅编号的 10 位代码计算的方法步骤如下：

①根据式(8-2)计算出第一节字符码(纬行代码)和第二节数字码(经列代码)，并由下式算得相应 1:100 万图幅左上角的起算纬度 $\varphi_{北图廓}$ 和起算经度 $\lambda_{西图廓}$。

$$\left.\begin{array}{l}\varphi_{北图廓} = INT\left(1 + \dfrac{\varphi}{4°}\right) \times 4° \\[3mm] \lambda_{西图廓} = INT\left(\dfrac{\lambda}{6°}\right) \times 6°\end{array}\right\} \quad (8\text{-}5)$$

②按比例尺选择第三节比例尺的代码(表 8-4)，而后根据比例尺查得与比例尺相应图幅的纬差 $\Delta\varphi$ 和经差 $\Delta\lambda$。

表 8-4　各种比例尺的比例尺代码

比例尺	1:50 万	1:25 万	1:10 万	1:5 万	1:2.5 万	1:1 万	1:5 000
比例尺代码	B	C	D	E	F	G	H

③计算与比例尺相应的第四节行代码，计算公式为：

$$行代码 = INT\left(\dfrac{\varphi_{北图廓} - \varphi}{\Delta\varphi}\right) + 1(不足三位向前补零) \quad (8\text{-}6)$$

④计算与比例尺相应的第五节列代码，其计算公式为：

$$列代码 = INT\left(\dfrac{\lambda - \lambda_{西图廓}}{\Delta\lambda}\right) + 1(不足三位向前补零) \quad (8\text{-}7)$$

根据上面的方法，计算 K 点的 1:1 万图幅编号的 10 位代码步骤如下：

前面已计算出 K 点的 1:100 万图幅编号纬行代码为 H，经列代码为 48。

1:1 万的比例尺代码为 G，经度差 $\Delta\lambda = 3'45''$，纬度差 $\Delta\varphi = 2'30''$。

$$起算纬度\ \varphi_{北图廓} = INT\left(1 + \dfrac{31°54'50''}{4°}\right) \times 4° = 32°$$

$$起算经度\ \lambda_{西图廓} = INT\left(\dfrac{104°29'00''}{6°}\right) \times 6° = 102°$$

$$行代码 = INT\left(\dfrac{32° - 31°54'50''}{2'30''}\right) + 1 = 003$$

$$列代码 = INT\left(\dfrac{104°29'00'' - 102°}{3'45''}\right) + 1 = 040$$

则 K 点的 1:1 万图幅编号的 10 位代码为：H48G003040。

国家基本比例尺地形图新旧图幅号之间可以转换，根据两种图幅的划分方法及编号规则，可以导出同一比例尺两种图幅号的转换公式。例如，最常用的 1:1 万国家基本地形图新旧图幅编号可用式 8-8(旧图幅编号到新图幅编号的变换公式)和式 8-9(新图幅编号到旧图幅编号的变换公式)来进行相互转换。

$$\left.\begin{array}{l}H_1 = 8 \times INT\left(\dfrac{H_{10} - 1}{12}\right) + INT\left(\dfrac{X_1 - 1}{8}\right) + 1 \\[3mm] L_1 = 8 \times \left(X_{10} - 12 \times INT\left(\dfrac{X_{10} - 1}{12}\right) - 1\right) + X_1 - 8 \times INT\left(\dfrac{X_1 - 1}{8}\right)\end{array}\right\} \quad (8\text{-}8)$$

$$X_{10} = 12 \times INT\left(\frac{H_1 - 1}{8}\right) + INT\left(\frac{L_1 - 1}{8}\right) + 1$$

$$X_1 = 8 \times \left(H_1 - 8 \times INT\left(\frac{H_1 - 1}{8}\right) - 1\right) + L_1 - 8 \times INT\left(\frac{L_1 - 1}{8}\right) \qquad (8\text{-}9)$$

式中　H_1，L_1——1∶1 万地形图的新图幅编号中的行代码、列代码，其取值不足 3 位时，
　　　　　　前面用"0"补足；

　　　X_{10}，X_1——1∶1 万旧图幅编号中 1∶10 万、1∶1 万的代码值。

由式 8-8 将 K 点所在 1∶1 万旧图幅编号 H-48-5-(24)计算其新图幅的行代码 H_1、列代码 L_1 时，X_{10} 取值为 5，X_1 取值为 24。

$$H_1 = 8 \times INT\left(\frac{5 - 1}{12}\right) + INT\left(\frac{24 - 1}{8}\right) + 1 = 003$$

$$L_1 = 8 \times \left(5 - 12 \times INT\left(\frac{5 - 1}{12}\right) - 1\right) + 24 - 8 \times INT\left(\frac{24 - 1}{8}\right) = 040$$

由 8-9 式将 K 点所在 1∶1 万新图幅编号 H48G003040 计算其旧图幅的 1∶10 万代码值 X_{10} 和 1∶1 万代码值 X_1 时，H_1 取值为 3，L_1 取值为 40。

$$X_{10} = 12 \times INT\left(\frac{3 - 1}{8}\right) + INT\left(\frac{40 - 1}{8}\right) + 1 = 5$$

$$X_1 = 8 \times \left(3 - 8 \times INT\left(\frac{3 - 1}{8}\right) - 1\right) + 40 - 8 \times INT\left(\frac{40 - 1}{8}\right) = 24$$

国家基本地形图其它比例尺图幅新旧编号的换算公式的导出可参照上述的思路与方法，在此不在赘述。

8.2.2　矩形分幅法

由于一般行业所需测绘和使用的地形图涉及的测区范围较小，图件比例尺通常要求是大于 1∶1 万的大比例尺，分幅通常要求采用矩形或正方形分幅的方法进行。它是以直角坐标的整千米数或整百米数的坐标线来划分图幅，其中正方形分幅最常用。分幅一般是一分为四，如图 8-10 所示。一幅 40cm × 40cm 的 1∶5 000 地形图分成四幅 50cm × 50cm 的 1∶2 000 地形图，再将一幅 1∶2 000 地形图分成四幅 1∶1 000 地形图，依此类推；一幅 1∶1 000 的地形图又可分成四幅 1∶500 的地形图，图中划斜线部分已明确表示出相应的分幅。因此，一幅 1∶5 000 地形图分成 4 幅 1∶2 000 地形图，16 幅 1∶1 000 地形图和 64 幅 1∶500 地形图。各比例尺的图幅规格见表 8-5。

表 8-5　矩形及正方形分幅的图廓规格

比例尺	矩形分幅		正方形分幅		
	图幅大小 （cm²）	实地面积 （km²）	图幅大小 （cm²）	实地面积 （km²）	一幅 1∶5 000 图 所含幅数
1∶5 000	50 × 40	5	40 × 40	4	1
1∶2 000	50 × 40	0.8	50 × 50	1	4
1∶1 000	50 × 40	0.2	50 × 50	0.25	16
1∶500	50 × 40	0.05	50 × 50	0.0625	64

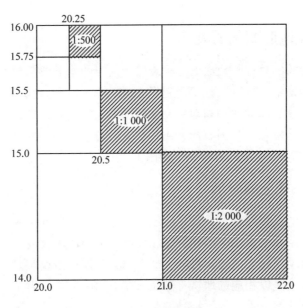

图 8-10　矩形分幅法

　　矩形或正方形分幅的图幅编号，一般采用该图幅西南角的坐标值来表示。如图 8-10 所示，1:5 000 地形图的西南角顶点坐标为 $x = 14.0$ km，$y = 20.0$ km，其编号为 14-20。依此类推，1:2 000 比例尺图幅的编号为 14.0-21.0，1:1 000 比例尺图幅的编号为 15.0 ~ 20.5，1:500 比例尺图幅的编号为 15.75 20.25。编号时，1:5 000 地形图坐标取至 1km；1:1 000 及 1:2 000 地形图坐标取至 0.1km；1:500 地形图坐标取至 0.01km。

　　某些测区根据用户要求，需测绘几种不同比例尺的地形图。为了方便测绘、管理、拼接、编绘、应用地形图，应以最小比例尺的正方形或矩形地形图为基础，进行分幅与编号。例如，测区内要分别测绘 1:500，1:1 000，1:2 000 和 1:5 000 比例尺的地形图（可能不重合），应以 1:5 000 比例尺的地形图为基础，进行分幅与编号。带状测区或小面积测区的地形图编号可采用流水编号法或行列编号法。流水编号法按测区统一顺序编号，一般从左到右，从上到下用数字 1，2，3，4，…编定，如图 8-11 所示，"××-8"中"××"为测区地名。行列编号法一般以字母（如 A，B，C，D，…）为代号的横行由上到下排列，以数字 1，2，3，…为代号的纵列从左到右排列来编定的，先行后列，如图 8-12 中的 A-4。

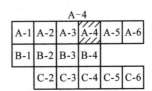

图 8-11　流水编号法　　　　　　**图 8-12　行列编号法**

8.3 地物地貌在地形图上的表示

地形是地物和地貌的总称。地面上各种天然和人工的附着物如植物、河流、道路、建筑物、构筑物等称为地物。地球表面高低起伏的形态，称为地貌。如山岭、谷地、平原、盆地等。地形图是地球表面的地物和地貌在平面图纸上的缩影，地面上的地物和地貌，应按国家质量监督检验检疫总局与国家标准化管理委员会联合发布的《国家基本比例尺地图》（GB/T 20257.1—2017）中规定的符号表示于图上。

8.3.1 地物在地形图上的表示

地物在地形图上的表示原则是：凡是能依比例尺表示的地物，则将它们水平投影位置的几何形状相似地描绘在地形图上，如房屋、河流、运动场等。或是将它们的边界位置表示在图上，边界内再绘上相应的地物符号，如森林、草地、沙漠等。对于不能依比例尺表示的地物，在地形图上是以相应的地物符号表示在地物的中心位置上，如水塔、烟囱、纪念碑、单线道路、单线河流等。地物符号按所表示的地图要素及符号与实地要素的比例关系两种方法进行分类。

8.3.1.1 按地图要素分类的地物符号

①测量控制点；②水系；③居民地及设施；④交通；⑤管线和栅栏；⑥境界；⑦地貌；⑧植被与土质；⑨注记；⑩图廓整饰。这种分类法跟图式的内容一致，便于绘图员从图式中查找符号。

8.3.1.2 按符号与实地要素的比例关系分类的地物符号

①依比例符号——面状或带状符号 这类符号用轮廓线表示其范围，轮廓形状与实地平面图相似，缩小程度与成图比例尺一致，轮廓内用一定符号(填充符号或说明符号)或色彩表示这一范围内地物的性质。

②半依比例符号——线状符号 各种境界、电力线以及宽度不能依比例表示的道路、河流等，即用此种符号表示。符号延伸方向可按比例尺缩绘，而宽度只能按《地形图图式》的规定表示。

③不依比例符号——独立符号 重要或目标显著的独立地物，如面积甚小，不能按成图比例尺表示时，须用一定形式与一定尺寸的符号表示，称为独立符号。此种符号只能表示物体的位置和意义，不能量测物体的大小。

表8-6为上述三种地物符号表示地物的形式。

表8-6 地物符号的分类表示方法

类别	名称			
	居民地	道路	灌木	河流
依比例				

（续）

类 别	名 称			
	居民地	道路	灌木	河流
不依比例	■			
半依比例	 ▬	 ═══	 •○•○•○	

由表 8-6 可知，同一要素可能有不同的表示方式。例如，同样是居民地，面积较大时能依比例表示，较小时用半依比例或不依比例符号表示。又如同一物体，在地形图比例尺较大时依比例符号表示，而比例尺较小时只能用半依比例或不依比例符号表示。这种分类法指出了符号与地形图比例尺的关系，以便测绘人员能正确地表示出地面物体。

地形图上用文字和数字对地名、高程、楼房层数、水流方向加以说明者，称为注记符号。地形图图式所规定的常见地物符号见表 8-7。

表 8-7 地形图图式所规定的常见的地物符号

编号	符号名称	图 例	编号	符号名称	图 例
1	坚固房屋 4. 房屋层数	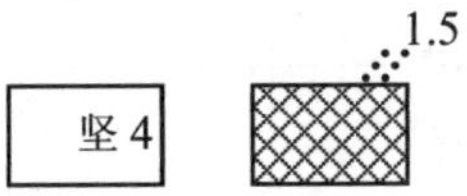 坚 4　　1.5	6	草地	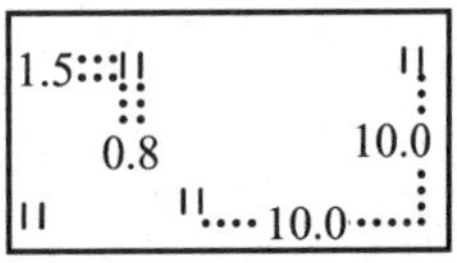 1.5　0.8　10.0　10.0
2	普通房屋 2. 房屋层数	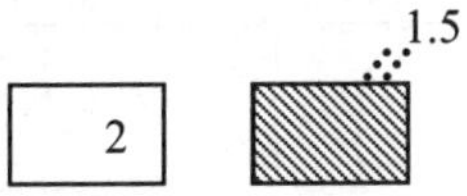 2　　1.5	7	经济作物地	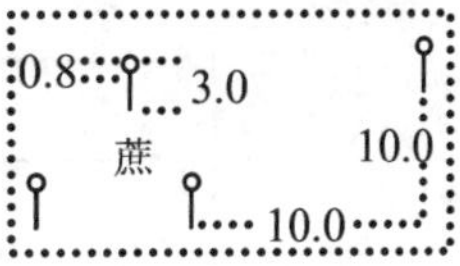 0.8　3.0　蔗　10.0　10.0
3	窑洞 1. 住人的 2. 不住人的 3. 地面下的	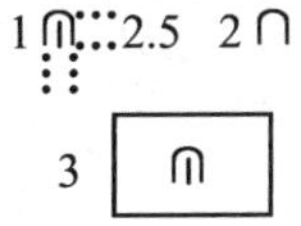 1 ∩ 2.5　2 ∩ 3 ∩	8	水生经济作物地	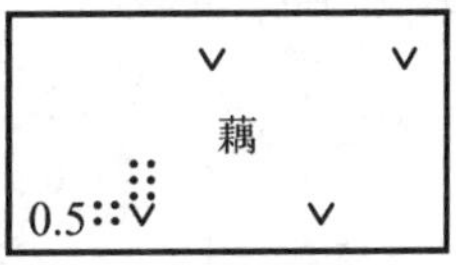 ∨　∨　藕　0.5 ∨ ∨
4	台阶	 0.5　0.5　0.5	9	水 稻 田	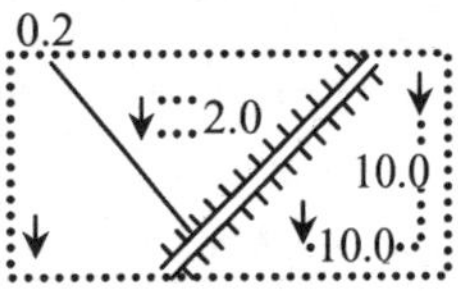 0.2　2.0　10.0　10.0
5	花圃	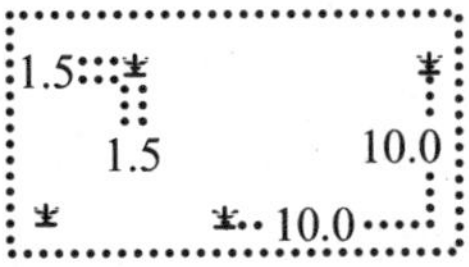 1.5　1.5　10.0　10.0	10	旱地	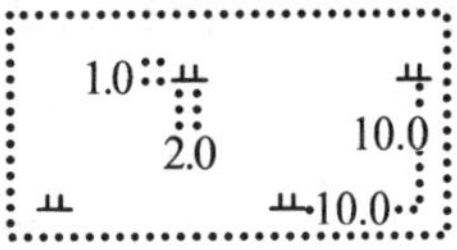 1.0　2.0　10.0　10.0

(续)

编号	符号名称	图 例	编号	符号名称	图 例
11	灌木林		21	活树篱笆	
12	菜地		22	沟渠 1. 有堤岩的 2. 一般的 3. 有沟堑的	
13	高压线		23	公路	沥 ∴ 砾
14	低压线		24	简易公路	
15	电杆	1.0 ∷ o	25	大车路	碎石
16	电线架		26	小路	
17	砖、石及 混凝土围墙		27	三角点 凤凰山—点名 394.468 高程	凤凰山 394.468
18	土围墙		28	图根点 1. 埋石的 2. 不埋石的	1 2.0 ∷ □ N16/84.46 2 1.5 ∷ ⊕ 25/62.74
19	栅栏、栏杆				
20	篱笆				

（续）

编号	符号名称	图　例	编号	符号名称	图　例
29	水准点	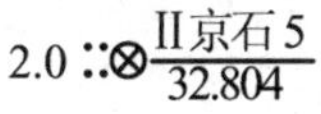 $2.0 \otimes \dfrac{\text{II 京石 5}}{32.804}$	36	水龙头	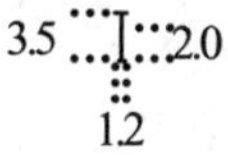 $3.5 \quad 2.0$ 1.2
30	旗杆	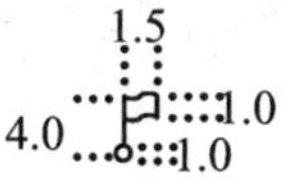 1.5 $4.0 \quad 1.0$ 1.0	37	钻孔	 $3.0 \odot 1.0$
31	水塔	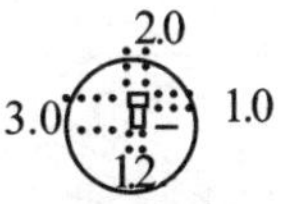 2.0 $3.0 \quad 1.0$ 1.2	38	路灯	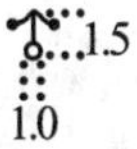 1.5 1.0
32	烟囱	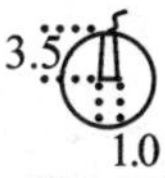 3.5 1.0	39	独立树 1. 阔叶 2. 针叶	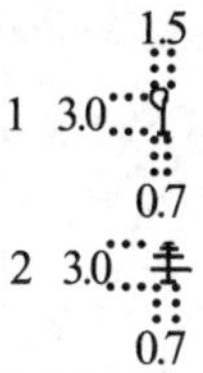 1.5 $1 \quad 3.0$ 0.7 $2 \quad 3.0$ 0.7
33	气象站（台）	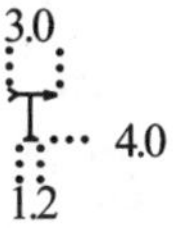 3.0 4.0 1.2	40	岗亭、岗楼	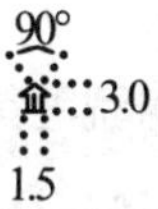 $90°$ 3.0 1.5
34	消火栓	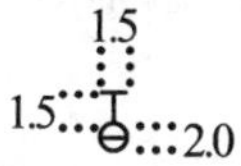 1.5 $1.5 \quad 2.0$	41	等高线 1. 首曲线 2. 计曲线 3. 间曲线	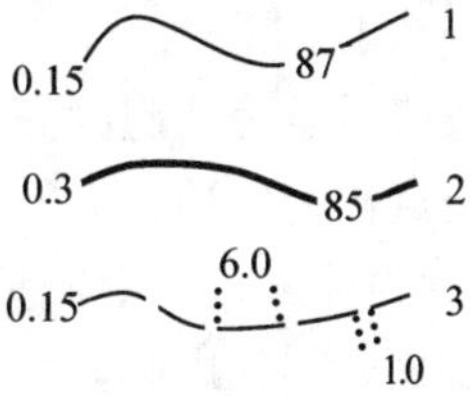 $0.15 \quad 87 \quad 1$ $0.3 \quad 85 \quad 2$ 6.0 $0.15 \quad 3$ 1.0
35	阀门	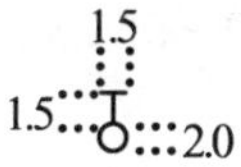 1.5 $1.5 \quad 2.0$			

8.3.2　地貌在地形图上的表示

　　地形图上所表示的内容除地物外，另一部分内容就是地貌。

　　地貌是指地球表面高低起伏凹凸不平的自然形态。地球表面的形态，主要是由地球本身内部矛盾运动的内力和外力作用的结果而形成的。因此，地球表面的自然形态多数是有一定规律性，认识了这种规律性，然后采用恰当的符号，即可将它表示在图纸上。如图8-13 为一综合地貌及其在地形图上的表示。

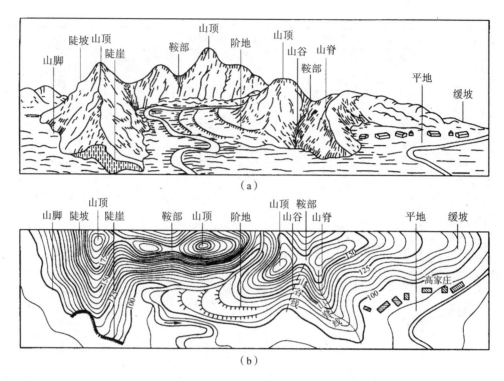

（a）

（b）

图8-13　综合地地貌及其等高线表示

8.3.2.1　地貌的基本形状及其名称

地貌虽然千姿百态，比较复杂，但一般可归纳为5种基本形状：

（1）山

较四周显著凸起的高地称为山，大者称为山岳，小者（比高低于200m）称为山丘。山的最高点称为山顶，尖的山顶称为山峰。山的侧面称为山坡（斜坡）。山坡的倾斜在20°~45°的称为陡坡，几乎成竖直形态的称为峭壁（陡崖）。下部凹入的峭壁称为悬岩，山坡与平地相交处称为山脚。

（2）山脊

山的凸棱由山顶延伸至山脚者称为山脊。山脊最高的棱线称为山脊线（或分水线）。

（3）山谷

两山脊之间的凹部称为山谷。两侧称为谷坡。两谷坡相交部分称为谷底。谷底最低点连线称为山谷线（又称合水线）。谷地与平地相交处称为谷口。

（4）盆地（洼地）

四周高中间低的地形称为盆地。最低处称为盆底。盆地没有泄水，水都停滞在盆地中最低处。湖泊实际上是汇集有水的盆地。

（5）鞍部

两个山顶之间的低洼山脊处，形状象马鞍形，称为鞍部。

地球表面的形状，虽有千差万别，但实际上都可看作一个个不规则的曲面。这些曲面是由不同方向和不同倾斜的平面所组成，两相邻倾斜面相交处即为棱线，这些棱线称为地貌特征线（地性线）。山脊线和山谷线都是棱线，如果将这些棱线端点的高程和平面位置测出，则棱线的方向和坡度也就确定。

与地球表面起伏形态密切相关的地貌特征点有：山顶点、盆地中心点、鞍部最低点、谷口点、山脚点、山坡坡度变换点等。这些特征点和特征线就构成了地貌的骨骼。在地貌测绘中，测点就应选择在这些特征点上。

8.3.2.2　等高线表示地貌的方法

在地形图上，表示地貌的方法很多，目前常用等高线法。等高线能够真实反映出地貌形态和地面高低起伏。

（1）等高线的概念

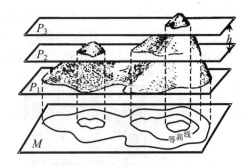

图8-14　等高线原理图

如图 8-14 所示，有一高地被等间距的水平面 P_1，P_2 和 P_3 所截，在各平面上得到相应的截线，将这些截线沿铅垂方向投影（即垂直投影）到一个水平面上，并按一定的比例尺缩绘在图纸上，便得到了表示该高地的一圈套一圈的闭合曲线，即等高线。所以等高线就是地面上高程相等的相邻各点连成的闭合曲线。也就是水平面与地面相交的曲线。

（2）等高距及等高线平距

从上述介绍中可以知道，等高线是一定高度的水平面与地面相截的截线。水平面的高度不同，等高线表示地面的高程也不同，相邻两条等高线之间的高差称为等高距，相邻两条等高线之间的水平距离，称为等高线平距。由地形图了解实际地貌的形状，是通过等高线的形状和等高线平距的变化来实现的。在同一地形图上，等高距是一个常数。而等高线的平距随地形的陡缓而变化，地势越平缓，平距越大，等高线越稀疏。反之，平距越小，等高线越密，地势越陡。因此，由等高线的疏密可以判断地势的陡缓。而地貌的形状，也可以通过等高线的形状看出来。

表 8-8　基本等高距表

比例尺	平坦地区（m）	丘陵地（m）	山地（m）	高山地（m）
1:500	0.5	0.5	0.5（或1）	1
1:1 000	0.5	0.5（或1）	1	1（或2）
1:2 000	0.5（或1）	1	2	2

在同一比例尺地形图中，等高距越小，图上等高线越密，地貌显示就越详细、确切。等高距越大，图上等高线就越稀，地貌显示就越粗略。但不能由此得出结论：等高距越小越好。事物总是一分为二的，如果等高距很小，等高线非常密，不仅影响地形图图面的清

晰，而且使用也不便，同时使测绘工作量大大增加，因此，等高距的选择必须根据测图比例尺的大小、地形高低起伏程度和使用地形图的目的等因素来决定。表 8-8 为规范规定的 1:500～1:2 000 比例尺地形图基本等高距的选择标准。必须指出，在同一幅地形图上一般不能有两种不同的等高距。

（3）示坡线

用等高线表示地形时，会发现盆地的等高线和山头的等高线在外形上非常相似。如图 8-15(a)表示的为盆地地貌的等高线。图 8-15(b)所表示的为山头地貌的等高线。它们之间的区别在于：山头地貌是里面的等高线高程大；盆地地貌是里面的等高线高程小。为了便于区别这两种地形，就在某些等高线的斜坡下降方向绘一短线来表示坡向，并把这种短线称为示坡线(图 8-15)。盆地的示坡线一般选择在最高、最低两条等高线上表示，能明显地表示出坡度方向即可。山头的示坡线仅表示在高程最大的等高线上。

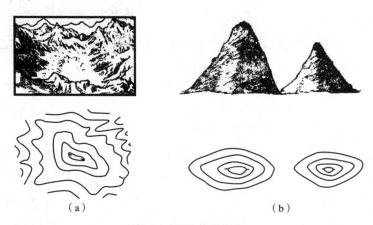

（a） （b）

图 8-15 示坡线的表示

8.3.2.3 等高线的分类

为了更好地表示地貌的特征，便于识图用图和满足某些工程的需要，地形图上主要采用下列 4 种等高线：

（1）基本等高线(又称首曲线)

即按规范规定的等高距(基本等高距)勾绘的等高线，称为基本等高线或首曲线。陆地和岛屿的地面以平均海水面(高程为零)起勾绘第 1 条基本等高线，因此，地形图上基本等高线的高程应为基本等高距的整数倍。基本等高线以线粗 0.15mm 的细实线表示(图 8-16)，其上不注记高程。

（2）加粗等高线(又称计曲线)

为了读图方便，从平均海水面的等高线

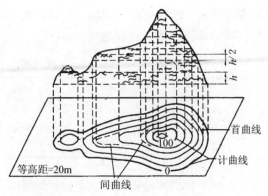

图 8-16 首曲线、计曲线、间曲线的表示

起，其间每隔4条加粗1条，把加粗的等高线称为计曲线，因此地形图上计曲线的高程应为基本等高距5倍的整数倍。计曲线的线粗为0.3mm，在其上适当地方断开注记高程值（图8-16）。计曲线增加了地形图的层次感，同时由于计曲线注记了高程，在图上读取点位高程非常方便。

（3）半等高距等高线（又称间曲线）

按1/2基本等高距勾绘的等高线称为半等高距等高线或间曲线，间曲线以虚线表示（图8-16）。间曲线能显示首曲线不能显示的地貌特征。在局部范围内，为了适应工程需要，将地貌表示的更细致、更真实。在平地当首曲线间距过稀时，可加测间曲线，间曲线可不闭合，但一般应对称。

（4）助曲线

助曲线是按1/4基本等高距勾绘的，也是以虚线表示。

8.3.2.4 等高线的特性

深刻了解等高线的特性是很重要的，只有这样才能正确地描绘等高线。等高线的规律和特性可归纳如下几条：

①在同一条等高线上的各点的高程相等。因为等高线是水平面与地表面的交线，而在一个水平面上的高程是一样的，所以等高线的这个特性是很明显的。但不能由此得出结论：凡高程相等的点一定在同一条等高线上。当水平面和两个山头相交时，会得出同样高程的两条等高线（图8-17）。

②等高线是闭合的曲线。一个无限伸展的水平面和地表面相交，构成的交线不可能不是一个闭合曲线。所以某一高程的等高线必然是一条闭合曲线。由于具体测绘地形图的范围是有限的，所以等高线若不在同一幅图内闭合，也会跨越一个或多个图幅闭合。按此特性，可得出等高线不能在图中间任意中断。在具体绘图时，等高线除遇有房屋、公路、某些工业设施及数字注记等地物符号时，为了图面清晰需要中间断开之外，其他地方不能中断。只有间曲线可以在不需要表示的地方中断，因为它是辅助首曲线表示地貌的，并只在局部地区使用。

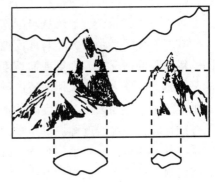

图8-17 两条相同高程的等高线

③不同高程的等高线一般不能相交。因为不同高程的水平面是不会相交的，所以它们和地表面的交线也不会相交。但是一些特殊地貌，如陡壁、陡坎的等高线就会重叠在一起（图8-18），这些地貌必须加用陡壁、陡坎符号表示。通过悬崖的等高线才可能相交（图8-19）。

图 8-18 陡壁、陡坎的等高线

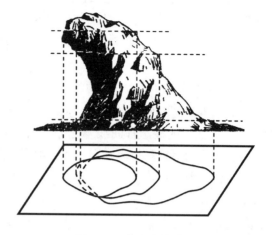

图 8-19 悬崖的等高线

④等高线与分水线(山脊线)、合水线(山谷线)正交。由于等高线在水平方向上始终沿着同高的地面延伸着,因此等高线在经过山脊或山谷时,几何对称地在另一山坡上延伸,这样就形成了等高线与山脊线及山谷线在相交处成正交。如图 8-20 所示。

⑤经过河流的等高线横跨而过,必然在接近河岸时折向上游,与河岸相交后,再从对岸趋向下游。

⑥等高线间平距的大小与地面坡度的大小呈反比。在同一等高距的情况下,如果地面坡度越小,等高线在图上的平距越大;反之,如果地面坡度越大,则等高线在图上的平距越小。换句话说,坡度陡的地方,等高线就密,坡度缓的地方,等高线就稀。等高线的这些特性是互相联系的,其中最本质的特性是第一个特性,其他的特性是由第一个特性所决定的。在碎部测图中,要掌握这些特性,才能用等高线较逼真地显示出地貌的形状。

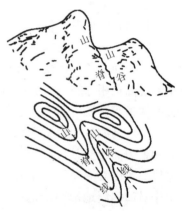

图 8-20 山脊线与山谷线

8.3.3 地形图图式

地形图图式是地形图符号样式和描绘规则的规范,由国家测绘部门根据地形图的用途、比例尺、地面要素的特点以及制印的可能性等统一制定。现行的国家基本比例尺地形图图式由国家质量监督检验检疫总局与国家标准化管理委员会联合发布,这样,既统一了国家制图标准,又保证了地形图的质量,对制图和用图者都带来了方便。

地形图图式一般规定对地形图图式的基本原则加以说明,以便测绘人员正确使用图式。对描绘地图有以下规定。

（1）符号的定位与描绘方向

除说明符号和填绘符号外，各类符号都规定有一个点或一条线代表相应地面要素的中心位置。这个点或线称为符号的定位点或定位线。描绘时，必须使符号定位点（线）与相应要素的图上位置重合。符号定位点（线）的确定，除图式特别规定者外，一般规则为：

①单个几何图形的符号或中部为几何图形的符号，其几何中心为定位点，见表 8-9a。

②下部为几何图形的符号，以下部图形的几何中心为定位点，见表 8-9b。

③宽底图形的符号，以底边中心为定位点，见表 8-9c

④底部为直角形的符号，以直角顶点为定位点，见表 8-9d。

⑤底部为开口的符号，以其下方两端点连线的中心为定位点，见表 8-9e，如果这个符号的中心位置标有一点，则此点为定位点。

⑥线状符号，以符号中心线或主轴线为定位线，表 8-9f 单线河与铁路符号的中心线代表实地中心线位置，城墙符号以主轴线作为实地中心线的位置。

符号的描绘方向，是指符号方向与相应地面要素方向的关系。对于依比例符号和半依比例符号，都应按真方向绘出，即符号方向与相应地面要素方向一致。对不依比例符号的描绘方向，按以下规定处理。

①采用俯视平面图形作为符号图案的（或构成符号的基部），则应按真方向描绘，如独立房屋、桥梁、变电所等。

②与地貌密切配合的符号（如山洞、窑洞、泉等）应顺山坡方向描绘。

③其余独立符号一律按直立方向绘出，即与南图廓边垂直。

（2）线粗、点大的规定

凡是图式中未注明尺寸的线粗和点子相应为 0.1mm 和 0.15mm（不同比例尺的图式，其规定不尽相同）。未注明尺寸的线划长可参照图式中符号样图描绘。

表 8-9　符号的定位与描绘方向

a	单个几何图形	水准点	⊗	三角点	△	水力发电站	✕
b	下部为几何图形	塔形建筑物		变电所		无线电杆	
c	宽底图形	宝塔		碑	⊓	孤峰	▲
d	底部为直角形	路标		独立树		加油站	
e	底部为开口	窑	人	亭	仐	山洞	⊓
f	线状符号	单线河 		铁路 		城墙 	

8.4　地形图的识读

地形图所表达的内容非常丰富，除包括地物、地貌、社会经济要素外，还包括其他相关注记。为能正确应用地形图，首先就必须掌握识读地形图的基本方法。地形图上的地物和地貌不是直观的景物，在其图廓内外有各种标志和注记说明，熟悉这些标志和注记说明，正确判断其间的相互关系和所表示的自然形态，才能正确使用地形图。地形图识读包括地形图的图外注记(或要素)的阅读和图廓内要素的阅读。

地形图的图廓外注记是对地形图及地形图所表示的地物、地貌的必要说明，是阅读地形图的直接依据，要求准确无误。识读地形图时，首先要了解地形图测图的时间和测绘单位，以判断地形图的新旧情况和适用程度；然后要了解地形图的比例尺、坐标系统、高程系统和基本等高距、坡度尺以及图幅范围和接图表。地形图的图廓内注记一般分为名称注记、说明注记和数字注记3种。名称注记是用文字来注明相应符号和专有名称，如村庄、河流的名称；说明注记是用补充说明相应符号的不足，以简注形式说明某一特定的事物，如矿井符号内加"煤"字，这就明确指出是煤矿井；数字注记是用数字指出图上某要素的数量特征。这些注记都是对地形图上地物、地貌的进一步说明，其作用在于指明物体的专门名称和具体特征，以补充符号的不足，它们与地物符号和地貌符号一起属于图廓内的要素，作为对地物地貌判读的依据。图廓内要素的阅读主要是对有关地物、地貌和社会经济要素的判读。

8.4.1　地形图的图外注记

(1)图名、图幅号

在北图廓外的图幅正中央注记有本图幅的图名和图号以及行政区划注记。一幅地形图的图名是以本幅内最大的村镇、工厂、机关、行政区、名胜等的名称来命名，或以最主要、最突出的地物、地貌等的名称来命名。

图号注记在图名的正下方，它反映地形图所在区域，按一定规则的统一编号，图名和图号均注记在北图廓外中央。行政区划注记在图号下方，反映本图所涉及的省、市、县等行政区的范围界线。

(2)接图表与接图号

由于一幅图表示的实地范围有限，为了便于把相邻几幅图拼接起来使用，在北图廓的左上方绘有九个小格的接图表，中间一格画有斜线的代表本幅图，四周八个格分别注明相邻图幅的图名或图号，按此可拼接相邻图幅。另外，一些地形图还在东、西、南、北图廓线中间注记有相邻图幅的图号，即接图号，以进一步表明本图与四邻图幅的相互关系。

(3)比例尺

南图廓外正中央绘注直线比例尺和数字比例尺，是地形图的重要内容之一，是图上和实地数学换算的依据。根据直线比例尺可用图解法确定图上的直线距离，或将实地距离换成图上长度。地形图上的地物和地貌大都是按照实地位置和大小，以一定比例尺缩绘在地形图上的，比例尺越大，表示地面的情况越详细，表示地物、地貌的精度也就越高，但一幅图反映的实地范围也就越小。

（4）磁北标志

在地形图的南、北图廓线上绘有一个小圆圈，分别注有磁北（P'）和磁南（P），P' 与 P 的连线就是本幅图的磁北线。

如图 8-21 所示，用三种标准方向表示了磁北、真北和坐标北三者之间的关系。磁偏角在不同的地点有不同的大小和偏向，即使在同一地点，也还有长期变化和周日变化之分。一般在测图过程中，通过测定图幅内各埋石点的磁偏角，取这些磁偏角的平均值作为图幅的磁偏角。

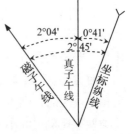

图 8-21　三北方向图

坐标纵线偏角是图幅子午线平均值对轴子午线的收敛角。图幅离轴子午线越远，纬度越高，坐标纵线偏角就越大。对于 1:2.5 万或更小比例尺的图幅，要求在图下方绘出磁偏角及坐标纵线偏角的示意图（图 8-21），至于 1:1 万或更大比例尺的图幅一般不要求绘制。在三个偏角中只要知道其中两个，就可求得第三个。坐标纵线偏角可根据图幅东西经线的均值、南北纬线的均值及坐标纵轴子午线的经度值用第 4 章的式（4-41）计算获得，磁偏角实测能得到，磁坐偏角可由磁偏角和坐标纵线偏角计算得出。即：磁坐偏角 = 磁偏角 − 午线收敛角。图 8-22 表示图幅中心点的磁偏角为西偏 2°04′，坐标纵线偏角为东偏 0°41′，则磁坐偏角：−2°04′ − 0°41′ = −2° 45′，即磁坐偏角为西偏 2° 45′。

（5）坡度尺

坡度尺是两点间的高差 h（等高距或 5 倍等高距）在一定的情况下，根据其坡度与平距成反比的原理制作的图示线尺。坡度尺绘在南图廓外左侧，用于直接量算图上线段的坡度。坡度尺上竖直方向为相邻两条等高线或相邻六条等高线之间的图上间距 d（图上平距），水平方向表示相邻两条等高线或相邻六条等高线之间的直线倾斜角 α。量取坡度时，先用卡规卡出图上相邻两条等高线或两相邻六条等高线之间的间距 d 后，然后到坡度尺上进行比对（图 8-22），即可获得相应的直线倾斜角 α，再由关系式 $i = \tan\alpha \times 100\%$ 就能得出以百分率表示的坡度 i。

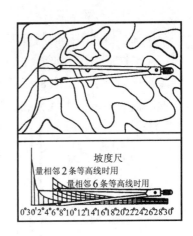

图 8-22　坡度尺

（6）说明注记

测图日期、测绘单位、坐标系统等一般注在南图廓的左下方或右下方。现将各说明注记介绍如下：

①图日期、制图出版年月　地形图的详略程度不仅取决于测图比例尺的大小，而且与用图的目的、要求有着密切的关系，测绘单位可供用图部门的需要参考取舍。从测图年月

和制图出版年月可以判断地形图的新旧，并作为成图后地物、地貌可能发生局部变化的对照。

②测图单位　通常将其注明在西图廓图外下方，如"×××省测绘局"。

③坐标系统和高程系统　国家基本地形图平面位置采用 1980 年国家大地坐标系；高程采用 1956 年黄海高程系、1985 年国家高程基准。城市大比例尺地形图常采用各城市的独立坐标系统。一些小范围测图还采用了假定坐标系。采用的坐标系统不同，地面上同一点的平面坐标和高程是不同的，用图时必须注意。

④等高距　用等高线表示地貌的详细程度与等高距的大小有关，等高距越小就越能详细反映地貌的细节。对于同一比例尺的测图来说，选择等高距过小时会成倍增加测绘的工作量。对于山区有时会因等高距过小，导致等高线过密而影响图的清晰度。为了测图统一和用图方便，一个测区一般应采用同一等高距进行测图，但在大面积测图时，有时地面倾角相差过大时，则可允许以图幅为单位分区采用不同的等高距。等高距的选择应该根据地貌类型和比例尺大小按相应的"规范"执行。

⑤图式版本说明　如图幅是标明"2007 年版图式"，是为了用图者在图上阅读地物时可参阅 2007 年出版的地形图图式，以便正确了解各种地物符号的意义。

（7）方里网

又称平面直角坐标网、坐标网。图幅上有纵横正交的平面直角坐标格网，其纵横线分别平行于 x 轴和 y 轴。通常坐标线只在图廓绘制一小段，并注上以千米为单位的坐标值。它们之间的间隔是整公里数。千米数注记在内外图廓线之间，纵横注记的字头一律向北。

（8）图廓及经纬度注记

图廓是指图幅四周的范围线，有内图廓、外图廓之分。内图廓是一幅图的测图边界线，对于梯形图幅，四周边界是上下两条纬线和左右两条经线所构成，经纬线的长度由经纬差和比例尺决定。图 8-23 表示图幅的内图廓西界经度为 106°15′，南界纬度为 29°40′，梯形图幅的四角都注明了相应的经纬度。对于矩形图幅，内图廓边界由平行于 x 轴的两条

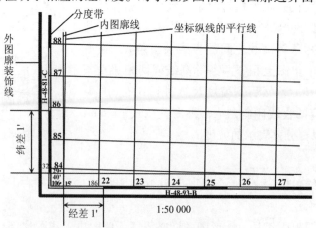

图 8-23　图廓及经纬度注记

直线和平行于 y 轴的两条直线构成。内图廓线也是本图幅所表示的地面范围界线。相邻图幅的拼接就是以内图廓线为拼接线。外图廓线平行于内图廓线，外图廓线没有数学意义，它只是为了整个图幅装饰美观而绘制的。对于通过内图廓线的重要地物（如道路、境界、河流等）和跨图幅的村庄，都要在内、外图廓间注明。

（9）分度带

分度带是由黑白相间的线条组成，以内图廓线的西南角点经纬度为起点，一般每一整分处绘一短线，东西方向一个黑白间隔表示 1′ 的经差，南北方向一个黑白间隔表示 1′ 的纬差（图 8-23）。若将东西、南北的相对应的分度点连接起来就形成了表示地理坐标的经纬网。因此，分度带的作用可使用图者在地形图上能够确定图上任意一点的地理坐标。

（10）颜色

为了使地形图上显示的地形醒目易读，国家基本地形图的颜色为四色套印。地物符号和注记用黑色，地貌为深棕色，水涯线用绿色，水部面积涂以浅蓝色，林区面积以浅绿色表示。也有两色套印的基本图，地貌为棕色，其它为黑色。

（11）地形图的保密等级

地形图的保密等级一般可分为绝密、机密、秘密三级。保密的等级注在北图廓外的右方。国家基本图、重要军事设施及边防要塞所在的地形图等均属保密资料，用时要妥善保管，严防失密。在实验室、课堂所展示的地形图为教学用图，其保密等级也会在北图廓外右面位置处标注。

8.4.2　地物的判读

判读地形图上所表示的地物，主要依靠各种地物符号和注记符号。符号是地形图的语言，有了它就能在某种程度上反映出地物的外表特征，用图时一目了然，能了解它所代表的地物。地物符号一般都能反映出地物的外形特征，可以直观地表示出地物的分布情况。这些符号的图形大小、颜色、意义在地形图图式中都有具体的规定，它们都是识图和用图的工具。应注意的是，对于那些不依比例尺符号和半依比例尺符号，要了解表示地物实际位置的定位点，在判读地物和在地形图上量测地物间的距离、地物的占地面积时，一定要知道各种地物符号表示相应地物在图上的真实位置，这样才能对地形进行正确的识读和应用。在本章前述相关小节中已介绍了各种地物符号，依比例符号是某些轮廓的较大地物，如房屋、运动场、湖泊等，其形状和大小可以按测图比例尺缩绘到图纸上，再配以特定的符号说明；但非比例符号是用夸张的手法将地物表示在图上，如独立房屋、独立树等。有些地物无法将其形状和大小按比例尺缩绘到图纸上，而该地物又很重要（如三角点、导线点、水准点等）必须表示出来，则不管实际尺寸，只用规定的符号表示。符号的中心位置与实际地物中心位置的关系也随不同地物而异，在测绘或读图时应注意，这里就不再赘述。半依比例符号是对于一些带状延伸的地物如道路、管道等，其长度可按比例尺缩绘，而宽度无法按比例尺缩绘，半依比例符号的中心线即是地物的中心线。

对于半依比例尺符号或不依比例尺符号。半依比例符号主要是指一些线状地物，其长度在图上按比例尺绘出，其宽度则不能依比例绘出，只在一定位置注记其相应宽度，甚至不注记宽度，如铁路、公路、河流、沟渠等。不依比例尺符号主要是一些独立地物，其面积在实地很小，无法按比例尺标注在图上，只在图上相应位置用符号表示。

另外，要注意地物符号的主次让位问题，例如，铁路和公路的并行，地形图上是以铁路中心位置绘制铁路符号，而公路符号让位，掌握符号之间不能重叠、低级给高级让位的原则；其次还应充分利用地物符号的颜色和注记来帮助判读，有时需要对照实地进行判读。

8.4.3 地貌的判读

在国家基本地形图中，采用等高线表示地貌，这样就方便了工程规划设计中所需的高程、坡度等数据的量度。判读地貌，分析等高线表达地貌要素和构成地貌骨骼地性线的特征，便可找出地貌的规律：由山脊线就能看出山脉连绵，由山谷线便可了解水系分布；由山峰鞍部、洼地和特殊地貌，则可以看出地貌变化。要想从曲折致密、看似纷乱的等高线中判读整个地貌分布组成情况，一般先分析它的水系，就是在图上根据河流的位置找出最大的集水线，称一等集水线；在一等集水线的两侧可以找出二等集水线，同样也可以找出三等集水线等，不同等级的集水线又形成相互联系的网络，形状如树枝。俗话说"无脊不成谷"，在集水线中间总是由明显或不明显的山脊分开，这些如树枝状的网脉又分布在各山谷线之间，这样再与各种地貌形态联系起来，就可对整个地貌有比较完整的了解。总之，判读地貌要从实际出发，从整体到局部；先纵观全局，再分析细部。

判读地貌时，对等高线性质的了解十分重要。要知道怎样用等高线表示典型地貌。例如，通过等高线疏密及图形特征确定大的地貌类型——山地、平原、丘陵等的分布。如山地等高线数量多而且密集；丘陵等高线间距较大，且多呈闭合图形；平原等高线平直、稀疏；盆地等高线多呈闭合图形，外面高，中间低。然后找出最高点和最低点，确定山脊线和山谷线，研究山脊和山谷的形态特征，山坡的坡形和坡度等。最后分析地形起伏的特征及分布规律。

水系走向对地貌总的地势判读是很有帮助的，若一幅图中水系的流向是由北向南，则可以判断北方向南方的地势是越来越低。

8.4.4 社会经济要素的阅读

社会经济要素是地形图上的重要内容之一，由于地形图是反映一地区真实情况，就必然会包含社会经济要素。社会经济要素一般包含：居民地、交通网络、境界线、重要管线（如通讯线、高压电线、输油管线）等。

(1)居民地

要了解居民地的位置、名称、类型（城乡）、行政级别和人口数量，以及分布密度的差异情况。居民地的情况及分布特点对地区的自然条件、经济、社会政治和文化发展程度有密切的关系。

（2）交通网络

道路网络在地形图上分成铁路、公路、乡村路和人行小路。要了解各类交通线的分布与密度，交通线与居民地的联系以及与地形的关系。交通线的等级、密度也是地区经济文化发展现状和水平的标志之一。

（3）境界线

境界线有两类：一是国家内部各行政区域的划分界线；二是国境线。境界线是了解各行政区的范围以及国防的边界，最重要的是国界，一个国家领土的界线。各级行政界线一般分为三级：省、市、县（自治区、自治州、自治县），均以相应的境界符号表示在地形图上，符号两边各注以相应的名称，如四川省、湖北省等。阅读境界线的目的在于明确各级行政区包括的范围、相互位置及面积对比，注意各级境界线必须按相关规定进行表达。

（4）重要管线

各种线路或重要经济管道，均有相应符号表示在地形图上。通过了解地形图上的输电线、通信线等管线的布设，使读图者能很快地了解到该地居民的照明、通信、能源、供给等情况。

在阅读过程中，有些情况在图上能迅速了解到，如城镇、水库、电站、工厂等的分布。但由于图上不可能反映详尽，在图上阅读不出的，如人口数量、生活水平、人的职业、路面的现时状况等。阅读地形图时，一定要把握相关要素的联系，把握全局，还要根据要求，就某些方面，重点阅读地形图的某些内容，这样才能取得规律性的认识。

如图8-24是某地区一幅1:2 000地形图的西南角部分，通过阅读，我们获得了以下信息：高家庄位于图的东南部，庄北有清水河，由西北向东南流，近于正北中部斜穿东图边中部。对岸东图边的农机厂内，有高大的烟囱，沿河铁路在厂南通过，沿路低压线从中接入高家庄，再接通河南面沿河低压线。铁路之上有公路，至厂前转向南行，穿过铁路下堤后平行而去；公路两旁均有行道树。铁路堤下与河岸线之间，上游为旱地，下游是菜地。公路中部的路堑山坡上，有测量7号埋石图根点。

农机厂和村庄的小路及人渡过庄后南行后山，庄西小溪在菜窖旁转向庄前流入清水河，溪有拱桥通接沿河小路。西图边的山脊伸向古塔堡，两面各地的小溪汇合于堡下流入清水河，其上有石桥继续沿河通行。石桥下游附近有分路口，南行沿溪而上，再转向西上至鞍部分路，一条西行，另一条南行。鞍部北面有土地庙，南面山堡上有 A_{51} 三角点，凤凰岭上有5号埋石点，其余庄前、庄后和古塔山脊的坡地上有102，105，103三个图根点。102点南有砖瓦窑，西有坟地。高家庄周围有护庄树，庄东为苹果园；凤凰岭周围有灌木林，古塔堡周围有疏林。

从地势上看，本图西南部山岭较高，最高处在南图廓边上，可从等高线查出207m高程；清水河最低处高程不到180m。由此可见，图中最大高差不超过28m。山岭走向约与清水河平行，岭中有比较明显的鞍部，南面凤凰岭山脊向北延伸，四面山脊向东北延伸至古塔堡下，其中都有不明显的鞍部，其余还有不明显的山脊。清水河南面地形变化较

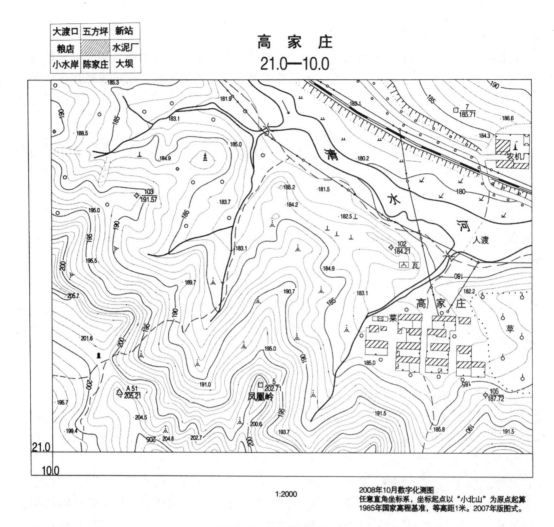

大渡口	五方坪	新站
粮店		水泥厂
小水岸	陈家庄	大坝

高 家 庄
21.0—10.0

1:2000

2008年10月数字化测图
任意直角坐标系，坐标起点以"小北山"为原点起算
1985年国家高程基准，等高距1米。2007年版图式。

图 8-24   地形图的识读

大，形成三条较大山谷，谷中均有小溪，古塔堡西北的小溪，源头上有两处冲沟。山岭、山脊坡度较陡，溪河附近较缓，高家庄坐落在较大的平缓地带。根据等高线平距 d 和等高距 h，

由式(8-15)计算得出地面坡度 α 一般在 5°～25°，属浅丘地貌。河北面山坡无明显变化，东北角最高高程不到 181m，最大高差不超过 11m，地面坡度均匀，一般在 5°～8°。

综合上述，高家庄庭院整齐，周围青山绿水，果树、林木、砖瓦窑、供电线分布其中，对岸又有农机厂，铁路、公路都通，还有可供耕作的平缓土地。天然地理环境优越，是发展农、林、牧、副业的好地方，交通方便，城乡产销密切，庄民安居乐业，生活较为富裕。

8.5 地形图的基本应用

8.5.1 点的高程采集

根据地形图上的等高线及高程注记，就可确定图上任一点的高程，如图 8-25 所示，A 点恰好在 69m 等高线上，则 A 点的高程就等于该等高线的高程。

如果所求点不在等高线上，如图 8-25 中 B 点位于两条等高线之间，则过 B 点作一条大致垂直于相邻等高线的线段 mn，量取 mn 和 mB 的图上长度，则 B 点的高程为：

$$H_B = H_m + \frac{mB}{mn}h \qquad (8\text{-}10)$$

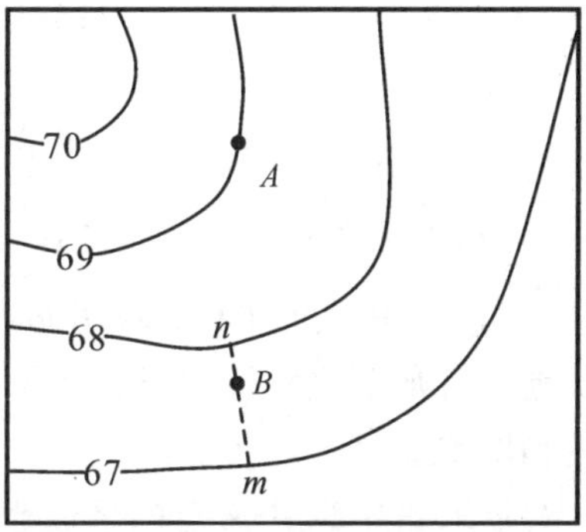

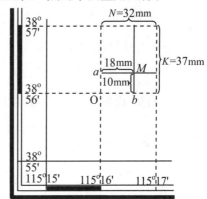

图 8-25 在地形图上点的高程采集

式中 H_m——m 点等高线高程；

h——等高距，图 8-2 中 $h = 1\mathrm{m}$。

若所求点正好在山脊线或山谷线上，则过所求点连接相邻等高线凸向变化处的线段，可采用内插法求其高程。

通常可根据相邻等高线的高程用目估法来确定点的高程。如图 8-25 中 B 点的高程可估计为 67.7m，其高程精度低于等高线本身的精度。规范中规定，在平坦地区等高线的高程中误差不超过 1/3 等高距，丘陵地区不超过 1/2 等高距，山区不超过一个等高距。由此可见，用目估法确定点的高程是允许的。

8.5.2 点的坐标采集

坐标有地理坐标和平面直角坐标之分。1:5 000 及小于该比例尺的地形图，采用经纬线图廓，纳入国家统一分幅编号系统，均可量取图上任一点的地理坐标；1:100 000 及大于该比例尺的地形图，都有平面直角坐标网，可量取图上任一点的平面直角坐标。

（1）图上点地理坐标采集

如图 8-26 所示，要求 M 点的经纬度，根据图四角的经纬度注记和外图廓内侧黑白相间的分度带（每段间隔表示经纬差 1′）。先定 M 点所在方格 O 点的纬度为北纬 38°56′，经度为东经 115°16′。然后以对应的分度带用直尺绘出相邻 1′ 的经纬网格，再过画两条平行于经线和纬线的直线，设量得经差 1′ 的长度为 $N = 32\mathrm{mm}$，纬差 1′ 的长度为 $k = 37\mathrm{mm}$，平行纬线的 aM 为 $n = 18\mathrm{mm}$，平行经线的 bM 为 $L = 10\mathrm{mm}$。则 M 点经纬度按下式计算：

图 8-26 在地形图上求地面点的地理坐标

$$\left.\begin{array}{l} \lambda_M = \lambda_0 + \dfrac{n}{N}60'' \\[2mm] \varphi_M = \varphi_0 + \dfrac{L}{K}60'' \end{array}\right\} \qquad (8\text{-}11)$$

将量得的数据代入计算，式中 λ_0，φ_0 为 M 点所在格西南角 O 点的地理坐标。

$$\lambda_M = 115°16' + \frac{18}{32} \times 60'' = 115°16'33.8''(东经)$$

$$\varphi_M = 38°56' + \frac{10}{37} \times 60'' = 38°56'16.2''(北纬)$$

（2）图上点的平面坐标采集

图上采集点的坐标，图上量距精度可达 0.1mm，实地距离则随比例尺而异，比例尺越大，图上量测的精度越高。

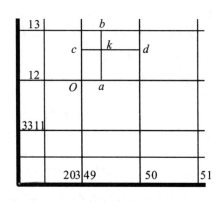

欲求图 8-27 中 k 点的平面坐标，可在 k 点所在的小方格，过 k 点分别作平行于 x 轴和 y 轴的两个线段 ab 和 cd，再用三棱尺选与图相同的比例尺量 ak 和 ck 得实地长度，设 $ak=632$m，$ck=361$m，则

$$x_k = x_0 + ak = 3\ 312\text{km} + 632\text{m} = 3\ 312\ 632\text{m}$$

$$y_k = y_0 + ck = 20\ 349\text{km} + 361\text{m} = 20\ 349\ 361\text{m}$$

x_0，y_0 分别为 k 点所在小方格西南角 O 点平面坐标，20 为投影带的带号。

图 8-27　在地形图上采集点的平面坐标

若在复制图上量取，需考虑图纸伸缩的影响。如果图上绘有直线比例尺，可用卡规分别卡 ak 和 ck 线段长，移到直线比例尺上读出 ak 和 ck 的实地长度，因为同一图纸伸缩大致相差不大。如地形图上无直线比例尺，在图 8-27 中还要量取小方格的两线段 ab 和 cd，按下式计算则可消除图纸伸缩误差。

$$\left.\begin{array}{l} x_k = x_0 + \dfrac{ak}{ab} \times Ml \\[2mm] y_k = y_0 + \dfrac{ck}{cd} \times Ml \end{array}\right\} \qquad (8\text{-}12)$$

式中　l——方格理论边长；

　　　M——地形图比例尺分母。

8.5.3　直线长度、方位及坡度的量测

8.5.3.1　量测直线长度

（1）直线量测

用卡规在图上卡取两端点长度，移至该图直线比例尺上比量，得其实地水平距离，也可用毫米尺量取图上直线长度，按图比例尺换算为水平距离，若图纸伸缩较大时，不宜用

此法。

（2）间接测量

当图纸伸缩较大，两点相距较远或位于不同图幅上时，如图 8-28 所示，可分别量测 A，B 两点的坐标值 x_A，y_A，x_B，y_B，按第 6 章的式(6-5)计算其水平距离 D_{AB}。

8.5.3.2 量测直线方向的方位角

（1）直接量角

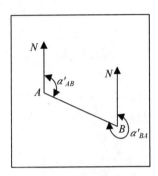

如图 8-28 所示，求直线 AB 的方位角时，先过 A，B 两点作坐标格网纵线的平行线，再用量角器在 A 点量测 α'_{AB} 在 B 点量 α'_{BA}。同一直线的正、反方位角之差应为 180°，由于量角存在误差，可按下式计算 a_{AB}。

$$\alpha_{AB} = \frac{1}{2}(\alpha'_{AB} + \alpha'_{BA} \pm 180°) \tag{8-13}$$

**图 8-28 在地形图上
确定直线的方位角**

式中 当反方位角 α'_{BA} 大于 180°取" – "号，小于 180°取" + "号。

（2）间接量角

已量得图 8-28 中 A，B 两点的坐标值，按第 6 章的式(6-5)可计算方位角 α_{AB}。当直线较长时，用此法可取得较好结果。

8.5.3.3 量测直线两端点之间的坡度

直线两端点的高差 h 与水平距离 D 之比称直线的坡度 i，一般用百分率(%)或千分率(‰)表示。先求直线两端点的高差，然后按下式可计算出直线两端点的坡度。

$$i = \frac{h}{d \times M} \tag{8-14}$$

式中 d——直线两端点的图上距离；

M——地形图比例尺分母。

设图 8-25 的比例尺为 1∶1 000，若图上量得 mn 长为 12mm，mn 的高差为 1m，则该线段的地面坡度为：

$$i = \frac{h}{d \times M} = \frac{1}{0.012 \times 1\ 000} = \frac{1}{12} = 8.3\%$$

直线两端点的坡度还可用坡度角 α 表示：

$$\alpha = \tan^{-1}\left(\frac{h}{d \times M}\right) \tag{8-15}$$

图 8-25 线段 mn 的坡度角为：

$$\alpha = \tan^{-1}\left(\frac{1}{0.012 \times 1\ 000}\right) = 4°45'49''$$

如果两点间的距离较大，中间通过疏密不等的等高线，则上式求得的坡度是两点间的坡度。要求地面平均坡度，应按等高线的疏密变化，应分段量测，结果取其平均值。

8.6 地形图在工程中的应用

8.6.1 地形图在线路工程中的应用

8.6.1.1 按一定方向绘制纵断面图

在各种线路工程设计中，需要了解沿线路方向的地面起伏情况，为了进行填挖方量的概算及合理地确定线路的纵坡，常利用地形图绘制沿指定方向的纵断面图。

如图 8-29 所示，欲沿 MN 方向绘制纵断面图，可在图纸或毫米方格纸上绘出 MN 水平线(图 8-30)，过 M 点作 MN 的垂线作为高程轴线，为了明显地反映地面的起伏变化，一般高程比例尺比水平比例尺大 10 ~ 20 倍，并在高程轴线上注明高程，起始值按沿线上的最低高程以下 2 ~ 3 根等高线的高程值确定。然后用卡规在地形图上从 M 点分别卡出至 a，b，c，…，k，N 各点的距离，并分别移到图 8-30 上由 M 点沿 MN 方向截出相应的 a，b，c，…，k，N 等点。再在地形图上依次读取各点等高线高程，按高程轴线向上逐一画出相应的垂线。最后用光滑的曲线将各高程线顶点连接起来，即得 MN 方向的纵断面图。

纵断面过山脊、山顶或山谷处的高程变化点(如 f，h 之间的山脊最高点 g 及 i，k 之间的山谷最低点 j)的高程，可按比例内插法求得。

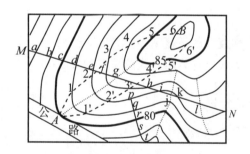

图 8-29　地形图在线路工程中的应用

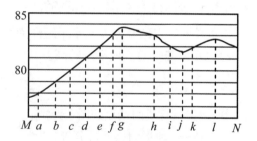

图 8-30　按一定方向绘制纵断面图

8.6.1.2 在地形图上求地面坡度线

(1)求最大坡度线

从斜坡上一点出发，向不同的方向，其地面坡度大小是不同的，其中有一个最大坡度。降水时，水沿着最大坡度线流向下方，斜坡上的最大坡度线，是坡面点垂直于水平线的直线，也就是垂直于地形图上等高线的直线。图上求任一坡面上点的最大坡度线，就是从该坡面点起，在等高线间找出连续的最短距离线(等高线间的垂直线)，即为坡面上的最大坡度线。如图 8-29 所示，欲求由 P 点引一最大坡度线，则从 P 点向下一条等高线作垂线交于 r 点，由 q 点再作下一条等高线的垂线交于 r 点，同法直至 t 点，则连 P，q，γ，s，t 即为 Pt 的最大坡度线。

(2)按限制坡度在图上选定最短路线

在道路、管线、渠道等工程设计时，都要按某一限制坡度选择一条最短路线或等坡度线。

如图 8-29 所示，若地形图比例尺为 1:2 000，等高距为 1m。从公路上 A 点到高地 B 点，设计一条限制坡度不大于 5% 的公路线。根据式(8-14)求出该路线经过相邻等高线之间的最小图上平距 d：

$$d = \frac{h}{i \cdot M} = \frac{1}{0.05 \times 2000} = 0.01\text{m} = 1\text{cm}$$

用卡规卡 1cm，以 A 点为圆心画弧交 81m 等高线上于 1 点，该脚不动移另一只脚截 82m 等高线上于 2 点，依此类推直至 B 点附近为止。然后连接 A，1，2，$\cdots$，B，便得符合限制坡度的路线。为了少占农田、建筑费用最低、避开崩裂或塌方地带等，确定一条最佳路线，还需另选一条比较，如 A，1'，2'，$\cdots$，B。

若遇等高线之间的平距大于 1cm，所卡半径不与相邻等高线相截时，表明坡度小于限制坡度，则按路线方向最短距离绘出。

8.6.2　地形图在水利工程中的应用

8.6.2.1　在地形图上确定汇水面积

汇水面积是指降水(含雪水)依地势能汇入一山塘、水库、甚至溪河的集水范围。修筑道路跨越溪河及山谷时，必须修建桥梁或涵洞，桥涵孔径的大小，取决于汇水面积和流经桥涵的水流量大小来确定。

欲修建水库选择库址，汇水面积的大小是水库蓄水的主要水源之一。图 8-31 中 AB 处设计一座水坝，首先在地形图上求出该水库的汇水面积，再按该区的全年降水量资料，根据水量决定坝高、容积和灌溉范围。

汇水面积的边界线，由一系列的分水线连接而成。其勾绘要点如下：

①边界线由指定点(A)出发，经若干分水线后，最后又回到起点，形成一条闭合环线。

②勾绘时，由坝端和经过分隔不同流水方向的每个鞍部起，分别作处处与等高线的垂直线，上至山脊勾出分水线。

③两由低到高作出的边界线互为交点处，就是边界线在高处改变方向点。

图 8-31 中的虚线，即为水库的汇水面积边界线。该边界线与水坝构成的闭合环线范围面积，即为所求的汇水面积，可用求积仪法量算出来。

8.6.2.2　利用等高线计算水库容积

在水库设计时，坝的溢洪道高程确定，就确定了水库的淹没面积，淹没面积以下的蓄水量，就是水库的库容。在图 8-31 中设溢洪道的高程为 120m，该高程为设计淹没线，可按各条等高线求出各自包围的面积。设从上至下各层的面积为 S_1，S_2，$\cdots$，S_n，S_{n+1}；h 为等高距，h' 为 S_{n+1} 最低一条等高线与库底的高差。相邻等高线之间容积及最低一条等高线与库底之间的容积分别为：

图 8-31 地形图在水利工程中的应用

$$V_1 = \frac{S_1 + S_2}{2} \times h$$

$$V_2 = \frac{S_2 + S_3}{2} \times h$$

$$\cdots$$

$$V_n = \frac{S_n + S_{n+1}}{2} \times h$$

$$V'_n = \frac{S_{n+1}}{3} \times h' \, (\text{库底容积})$$

则库容为：

$$V = V_1 + V_2 + \cdots + V_n + V'_n = \left(\frac{S_1}{2} + S_2 + \cdots + S_n + \frac{S_{n+1}}{2}\right)h + \frac{S_{n+1}}{3}h' \qquad (8\text{-}16)$$

若溢洪道高程不等于图上某等高线高程时，则按溢洪道高程内插出水库淹没线，并量其面积设为 S_0，淹没线与下面第一条等高线之间的高差为 h_0，其之间容积 $V_0 = (S_0 + S_1)/ 2 \times h_0$ 单独计算后，将结果加入库容中去。

8.6.2.3 在地形图上确定施工界线

施工界线为地面工程构筑物的设计面与地面的交线。目的在于确定填挖方的范围，计算土方量和指导施工。

地貌用等高线表示，土工构筑物的表面(一般为平整坡面)，也用等高线来表示。求施工界线，主要求土工构筑物表面的等高线与地形图上相应高程的等高线的各交点，把一系列交点连接成线，即得施工范围的界线。

如图 8-31 中的 AB 水坝，设计坝顶高程为 122m，坝顶宽 3m，坝内外边坡高宽比均为 1:1，地形图的比例尺为 1:5 000，等高距为 5m，求水坝施工界线的方法步骤如下：

①在地形图上按设计轴线位置，画出坝顶宽度，坝顶长度以山谷两边山坡上内插的 122m 等高线为界。

②根据水坝边坡比得坡度 $i = \dfrac{h}{D} = 1$，坝顶两侧的第一条平行线，$h_0 = 122 - 120 = 2m$，$D_0 = h_0/i = 2m/1 = 2m$，化为图上长 $d_0 = D_0/M = 2\ 000/5\ 000 = 0.4mm$，故按 0.4mm 量即为 120m 的坝边坡的第一条等高线，应与上 120m 等高线相交，得两交点。

③以后各条等高线的等高距为 5m，同理计算出水坝边坡各条等高线的平距 $d = 1mm$，按 120m 量第二条平行线的高程为 115m，与相应等高线交出另两点，依此类推，得出所有交点。

④将各交点连成平滑曲线，即得坝体的施工界线。

水坝的施工界线，又称为水坝坡脚线，是修好水坝脚和河床的交线。在地形图上确定坝坡脚线后，根据图上位置，在实地标定水坝施工的范围。

8.7 地形图的野外应用

在工程建设和资源调查过程中，常需持地形图进行野外作业，利用地形图实地判读，因地形图只反映成图时的地物和地貌，以后改变的情况和各种专业所需要的地面点位，都需标定在地形图上，反映出现状的实际情况，如工厂选址、实地选线、土壤调查、土地利用现状调查和土地利用的规划、设计、施工放样等。地形图野外应用中，都需先定向而后定点位。

8.7.1 地形图实地定向的方法

地形图定向，就是使地形图的图上方向线与实地相应的方向线一致，以便于图的判读、测设地面点位及放样等工作。

(1)方位点定向

若地形图测绘年限较久，新建地物或变更地貌需要补测于原图上，就可以采用方位点定向。定向时，先将图纸上北、下南、左西、右东与实地方向大致一致正放，同时在图上和实地寻找有方位目标的独立物体，如烟囱、水塔、旗杆或独立树等作为目标，并根据附近房屋一边的延距点、道路或河流的交叉点等作为测站点，置平图纸于站点上，用三棱尺边缘靠准站点和某目标点上，首先，从站点至目标看三棱尺的上棱边，转动图纸直到瞄准目标点为止。然后，保持图纸不动，将三棱尺边缘靠准图上另一目标点瞄准实地相应目标检查定向，此时三棱尺的棱边应恰好通过站点，否则找第三目标予以纠正。

(2)磁针定向

在地物稀少的山区和森林区，用地形图对照实地踏勘判读时常采用磁针定向。定向时，将长罗盘盒的边缘靠准磁子午线，置平图纸，徐徐转动图纸，使磁针与罗盘零直径相重合，即完成磁针定向工作。当图上无磁子午线时，可将长盒罗针置于定好向的图纸上，移动长盒罗针使磁针北端与罗盘零直径重合，然后靠长盒边缘画出磁子午线，作为以后磁针定向的依据。该法不能用于对磁针有吸引的铁件或高压电力线附近。

（3）已知直线定向

利用图上的线状地物如铁路、高压电线、公路、河流、土堤等的直线部分，按特征点（拐弯点、交叉点）在实地找其相应部分，转动地形图使图上线段与实地相应线段重合或平行时，即完成了地形图按已知直线的定向。

如在实地只是野外对照判读，则对点定向目估即可；若是实地测定地面点在地形图上的位置时，必须将地形图固定在图板上，按平板仪测量（参见第9章相关内容）的方法，进行精确定向后方能测定点位。

8.7.2　地形图实地定点的方法

用图者站立点和观察目标点在图上确定点位的方法有以下几种：

（1）直接判定法

将地形图定向后，待定地面点靠近明显地物（如道路交叉点、河流交汇点、房屋、桥梁、独立树等）、地貌（如山顶、鞍部、山脊和山谷明显转折或坡度变换处等）特征点的相互关系，直接确定图上待定点的位置。

（2）极坐标法

选已知直线上定点，如图 8-32 所示，在房屋长边延长线上定 A 或两房屋连线之间定 B，量出点至房角的距离，安平测图板于点位上，用卡规按成图直线比例尺卡相应长度，在已知直线截取图上站点，用远处明显点（房角）与已知直线相符，即可按平板仪法测定新增地物。

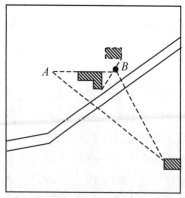

图 8-32　利用极坐标法在地形图上
确定地面点位置

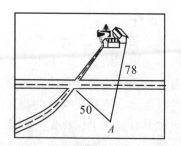

图 8-33　利用距离交会法在地形图上
确定地面点位置

（3）距离交会法

根据附近 2~3 个明显点至待定点的距离，在图上交会出点位。如图 8-33 所示，先在实地量得道路交叉点和房角至 A 点的距离，如分别为 50m 和 78m，然后用卡规卡出各自半径，按相应明显点为圆心分别画弧，在图上交出 A 点的位置。

（4）透明纸后方交会法

在图板上用胶带纸固定一张透明纸，其上任意标出一点 P，用三棱尺紧贴 P 点分别瞄准地面明显点 A，B，C 三点画三条方向线，如图 8-34（a）所示。然后取下透明纸，蒙在地形图上移动，使三条方向线恰好通过图上相应的明显点 a，b，c 为止［图 8-34（b）］，此时把 P 点刺于图上，便得到待定点在图上的点位。最后用任一方向进行图纸定向，另两方向作为检核。

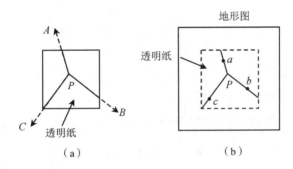

图 8-34 利用透明纸后方交会法在地形图上确定地面点位置

8.8 地形图上量算面积

在工农业各种建设规划设计中，如农业土地利用、水库汇水、灌溉、植树造林等面积，工业厂区、矿山分布、城镇居民地等面积，常利用地形图量算轮廓范围内的面积，方法简便快捷，故得到广泛的应用。下面介绍几种常用的方法。

8.8.1 解析法

解析法是采用平面几何求积公式计算土地面积的方法。这里只介绍任意多边形已知各顶点的坐标，利用各点坐标以解析法计算面积。

如图 8-35 所示的多边形 $ABCD$，各点坐标 $A(x_1, y_1)$，$B(x_2, y_2)$，$C(x_3, y_3)$，$D(x_4, y_4)$ 可在地形图上量取或实测。由图上可知，多边形 $ABCD$ 的面积 P 为：

$$P = (ABB_1A_1 + BCC_1B_1 + CDD_1C_1) - ADD_1A_1$$

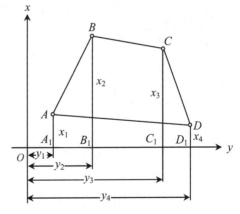

**图 8-35 利用图形转折点坐标
计算图形面积**

这四个面积代入坐标计算都是梯形面积，梯形面积等于"两底和之半乘高"。

$$P = \frac{1}{2}[(x_1 + x_2)(y_2 - y_1) + (x_2 + x_3)(y_3 - y_2) + (x_3 + x_4)(y_4 - y_3) - (x_1 + x_4)(y_4 - y_1)]$$

上式整理后可得：

$$P = \frac{1}{2}[x_1(y_2 - y_4) + x_2(y_3 - y_1) + x_3(y_4 - y_2) + x_4(y_1 - y_3)]$$

或

$$P = \frac{1}{2}[y_1(x_4 - x_2) + y_2(x_1 - x_3) + y_3(x_2 - x_4) + y_4(x_3 - x_1)]$$

以上两式均可直接用来计算多边形 $ABCD$ 的实地面积，它们与多边形的边数、形状、坐标轴的相对位置等都无关，而且具有一定规律性，因此对任意闭合多边形，其坐标计算面积公式可写成：

$$P = \frac{1}{2}\left[x_1(y_2 - y_n) + \sum_{i=2}^{n-1} x_i(y_{i+1} - y_{i-1}) + x_n(y_1 - y_{n-1})\right] \tag{8-17}$$

或

$$P = \frac{1}{2}\left[y_1(x_n - x_2) + \sum_{i=2}^{n-1} y_i(x_{i+1} - x_{i-1}) + y_n(x_{n-1} - x_1)\right] \tag{8-18}$$

式中　n——闭合多边形顶点个数。

将以上公式整理，便得出如下记忆更简便的闭合多边形面积计算公式：

$$S = \frac{1}{2} \times |a - b| \tag{8-19}$$

上式中的 a 和 b 可由表 8-10 中斜线两端的坐标值相乘后取代数和求得。即：

$$a = x_1 y_2 + x_2 y_3 + \cdots + x_i y_{i+1} + \cdots + x_{n-1} y_n + x_n y_1$$
$$b = y_1 x_2 + y_2 x_3 + \cdots + y_i x_{i+1} + \cdots + y_{n-1} x_n + y_n x_1$$

表 8-10　利用闭多边形拐点坐标计算面积

随着计算机的广泛应用，采用解析法计算面积快速而简便。地形图上一块由曲线围成的面积，可由近似直线标出若干转折点来代替，各点坐标可用数字化仪或手扶跟踪数字化仪在图上量取读得各点的 x，y 坐标，按式(8-19)可以在新一代程序型计算器上编制计算程序，就可以方便而快速地得到多边形的面积。例如，在 fx - 5800P 型计算器上可编制如下计算程序：

"N = "：? →N：N→Z：0→U：0→V：0→W：Lbl 1："X = "：? →X："Y = "：? →Y：W +

$(XV - UY) \rightarrow W$: If $Z = N$: Then $X \rightarrow S$: $Y \rightarrow T$: $X \rightarrow U$: $Y \rightarrow V$ Else $X \rightarrow U$: $Y \rightarrow V$: IfEnd : $Z - 1 \rightarrow Z$: If $Z \neq 0$: Then Goto 1 Else Abs$(W + SY - TX) \div 2 \rightarrow S$: "S = " : S ◣

使用上述程序时, 先输入闭合多边形顶点个数 N, 然后依次输入其顶点坐标 x, y, 输入数据完毕, 计算器即可自动计算出多边形的面积。

使用程序计算多边形面积, 不但简单、方便, 而且可以保证计算结果正确, 在生产上已得到广泛应用。

8.8.2 图面量算法

图面量算法是采用图解法、方格法、平行线法、求积仪法在地形图上直接量算面积。

8.8.2.1 图解法

在地形图上测定图形面积时, 如果面积是由简单几何图形组成, 如矩形、三角形、梯形及任意四边形等, 则面积可利用这些几何图形的面积公式直接计算。计算时所需的几何要素可在地形图上直接量取, 图上量测线段长应精确到 0.1mm。

几种常用的几何图形面积计算公式见表 8-11。

表 8-11 常用几何图形计算面积公式

名 称	几何图形	量取元素	面积 S 计算公式
矩形		a, b	$S = ab$
三角形		b, h	$S = \frac{1}{2}bh$
梯形		a, b, h	$S = \frac{a+b}{2}h$
任意四边形		d_1, d_2, φ	$S = \frac{1}{2}d_1d_2\sin\varphi$

对于复杂图形, 可分割成简单图形进行量算, 在对三角形面积量算时, 取量算元素 b, h 应尽量使 b 与 h 的比值接近于 1, 这样可提高三角形面积量算精度。

8.8.2.2 方格法

当地形图上的面积图形的边界是由不规则的曲线构成时, 如果用上述的图解法求面积就显得不太合适, 而用方格法就比较方便。

采用这种方法测定图形面积，需要预备一张透明纸或透明胶片，上面画出（或刻上）一定边长的方格网。使用时，先将它蒙在待测面积的图形上（图8-36）。蒙图时，应适当调整方格纸位置，使待测图形内整格数最多，然后再数出图形范围内整方格数 N，并将破方格数以 0.1 格的读数精度凑整成整格数 n，方格数乘以每一小格所代表的实地面积 d^2M^2，便得到图形的实地面积值 S。

$$S = (N + n)d^2M^2 \qquad (8-20)$$

式中　　d——方格的边长；

　　　　M——地形图比例尺分母。

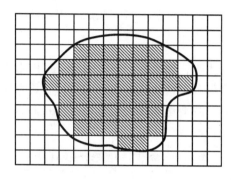

图 8-36　方格网法量算图形面积

同一图形应测定两次，第二次测定时，应将第一次测定蒙上的方格网改变一下位置，重新数出图形范围内的整格数和凑整格数，两次测定的结果若在表 8-12 所规定的误差范围内，即可取平均值计算面积。

表 8-12　两次量算面积允许误差表

图形图上面积 （mm²)	<50	50~100	100~400	400~1 000	1 000~3 000	3 000~5 000	>5 000
允许误差	1/20	1/30	1/50	1/100	1/150	1/200	1/250

8.8.2.3　平行线法

如图 8-37 所示，将绘有等间距 1mm 或 2mm 平行线的透明纸或膜片蒙到被测图形上，若使透明纸的某两条平行线切于图形边界，将图形分割成一系列等高的梯形，量取各梯形中位线相加得总长并与高（平行线间距）相乘，就可以获得图形面积，故又称积距法。

实际蒙图时，应使图形边界线最高点及最低点都正好落在两条平行线之间的中心位置上，如图8-37所示，各梯形中位线就是图形所截的各平行线，量算总长：

$$L = ab + cd + ef + \cdots$$

若地形图比例尺分母为 M，平行线间距为 d，则图

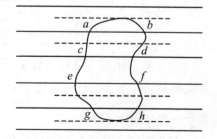

图 8-37　平行线法量算面积

形的实地面积为：

$$s = L \times d \times M^2 \tag{8-21}$$

8.8.2.4　求积仪法

求积仪是一种测定图上不规则图形面积的仪器，其基本原理是定积分求面积按极坐标法来实现。求积仪有机械求积仪和电子求积仪两种类型，机械求积仪在生产中已很少使用，在此不再赘述。电子求积仪具有操作简便、量测快速、精度较高、适用性广等优点，在生产中已得到广泛的使用。

（1）KP-90 型电子求积仪

①仪器结构　日本 KP-90 型电子求积仪，属动极式数字化求积仪，其仪器外形如图 8-38 所示，它由动极轴、电子计算器、跟踪臂三部分组成。动极轴的两端为金属滚动轮，可在垂直于动极轴的方向上滚动，计算器与动极轴之间由活动枢纽连接，跟踪臂与计算器固连在起，右端为跟踪放大镜，其作用是它来跟踪描迹被测图形。

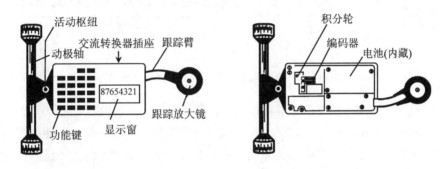

图 8-38　KP-90 型电子求积仪

仪器的底面有一个积分轮，它随跟踪放大镜的移动而转动，并获得一种模拟量；微型编码器将模拟量转换成电量，测量得到的数据经专用电子计算器运算后，直接以 8 位数液晶显示出面积值，其单位有公制、英制、日制 3 种。

该仪器具有高精度、高效率、直观性强等特点，对面积量算，可作平均值测量、累加测量、双比例尺测量等，并对测量数据作暂时性保存。

仪器面板上设有 22 个键和一个显示窗，显示窗上部为状态区，用来显示电池、存储器、比例尺、暂停及面积单位，下部为数据区，用来显示量算结果和输入值（图 8-39）。

②面积量测前的基本设置

按［ON］键接通电源。

按［C/AC］键，显示屏和存储器清零。

输入比例尺：按数字键输入被测图纸比例尺分母 M 值后，按［SCALE］键即可。若需查看输入的比例尺分母是否正确，按［R－S］比例尺确认键可显示已拨入数字平方或相乘。如已拨数字键 2000，按此键得 4000000（即 2000^2），然后测量某一面积，其结果则为实地面积。若先拨入一个数据，按［SCALE］键，再拨入另一个数据再按［SCAL］E 键，此时按［R－S］健，则得此二数的乘积。新一代［KP－90N］型电子求积仪的［R－S］键已不起作用，使用该仪器输入图形比例尺时，按[SCALE]键后，输入图形一个方向的比例尺分母；再按[SCALE]键后，又输入图形另一方向的比例尺分母；最后按[SCALE]键即可。

选定面积显示单位：连续按[UNIT－1]键，在显示屏上可提供公制、英制和日制面积单位，可任选其一。接着按[UNIT－2]键可在前者选定的单位制内显示具体的面积单位，如公制下显示 cm^2，m^2，km^2，任选其一。

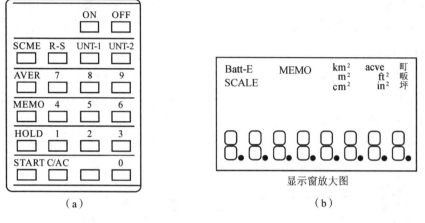

图 8-39　KP-90 型电子求积仪的操作面板与显示屏

③图形面积的量测　使用电子求积仪进行面积测量时，先将测量面积的图件粘在图板上，使图板大致处于水平位置，并试放仪器在图形轮廓的中间偏左处，要使跟踪臂的放大镜上下移动的幅度，够得上图形的上下轮廓线，然后在图形轮廓线上标记起点（为了减少跟踪描迹放大镜前后两次描迹该点产生的重合误差对面积测定的影响，选定仪器描迹被测图形的起点应使仪器的动极轴与跟踪臂大约成90°角），接着按启动键[START]，计算器发出音响以示量测开始，手握跟踪描迹放大镜，使红圈中心沿图形轮廓线顺时针方向跟踪描迹一周，停止后显示屏上显示的数字即是实地面积值。

若对某一图形重复量测，在每次量测结束按[MEMO]键进行贮存，最后按[AVER]键显示平均面积值。若连续量测若干小图形面积并求其和时，当测完第一块面积后按[HOLD]键，可显示的第一块面积值暂时固定保留，当把仪器安置于第二块面积上之后，再按[HOLD]键以解除固定，继续量测时可自动累加，照此可量至最后一块图形，最后显示的数字就是总面积值。

在累加测量时，若测量中发生错误操作（如跟踪错误等），可按[C/AC]键消去掉错误数据，利用[HOLD]键的固定机能作用，错误操作前的正确数据再次显示出来，即可继续进行下面的累加测量。

（2）X－PLAN 型多功能求积仪

日本牛方商会推出了 X－PLAN 型系列的多功能求积仪，如 X－PLAN380F（图 8-40），是集数字化和计算机处理功能于一体，是一种十分现代、方便的量测图形的工具。X－PLAN380F 之所以是一种多功能仪器，在于它不仅能测量面积，还可以量测直线、曲线的长度与弧长，并能测定其图形拐点坐标等，还可以通过连接一个小型打印机打印出测量结果，同时也可以通过 RS232C 接口接收来自外部计算机的指令或向计算机传输指令输出量测结果。X－PLAN380F 的使用十分简便，进行直线测量时，只需对准其端点；在进行几何曲线测量时，只需对准曲线的端点和一个中间点，就可快速测算出曲线的半径和弧长；对于不规则的曲线的测量，通过跟踪方式即可测量其长度，其分辨率可高达 0.05mm。由于 X－PLAN380F 是一种较先进的数字求积仪，对于图纸上任意点相对于坐标原点和坐标轴的坐标的计算相当方便快捷。这些仪器由于读数轮不直接和图纸表面接触，适用于有微小褶皱，质地较脆，表面粗糙的图纸。

　　如图 8-41 所示，一被测图形 B 与 C 之间为圆弧连接（P 为圆弧中点），D 与 E 之间是任意曲线连接，其它均为直线连接。利用 X－PLAN380F 求积仪量算该图形实地面积的操作方法如下：

　　①描迹杆上的电源开关向上提起即可开机。

　　②按仪器面板上的条件设定键[SET]，在显示窗中出现[AREA]之前，一直按[NO]键直到显示[AREA]，按[YES]键选定面积测量 AREA 模式；接着一直按[NO]键直到显示面积单位选择 UNIT 时，选定需要的面积单位按[YES]键显示 SCALE RATIO，再按[YES]键显示 RX 时，按数字键输入被测图形 X 方向的比例尺分母，继续按[YES]键显示 RY 时，按数字键输入被测图形 Y 方向的比例尺分母；最后按[YES]键可选择测定出的面积小数的取位及被测图形拐点是否需要自动编号等。

图 8-40　X－PLAN380F 多功能求积仪

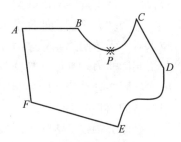

图 8-41　面积量算图

　　③将描迹镜中心红点对准被测图形起点 A，按[S/P]开始测量键，A 至 B 之间是直线连接不需描迹，直接将描迹镜中心红点对准 B 点按[S/P]点式测量键（开始测量键和点式测量键都是[S/P]）。

　　④B 至 C 之间是圆弧连接同样不需描迹，直接将描迹镜中心红点对准 B 与 C 之间的圆弧中点 P，并按描迹杆上的[ARC]圆弧测定模式命令键后，圆弧测定模式指示灯亮红色，再将描迹镜中心红点对准 C 点后按点式测量键[S/P]，圆弧测定模式指示灯熄灭，并切换至点式测量模式。

　　⑤C 与 D 之间为直线连接，只需将描迹镜中心红点对准 D 点后按点式测量键[S/P]即可。

　　⑥D 与 E 之间是任意曲线连接，应先按描迹杆上的[CONT]连续测定模式命令键后，

连续测定模式指示灯亮红色，再将描迹镜中心红点沿曲线描迹至 E 点，再按 [CONT] 键，连续测定模式指示灯熄灭，并切换至点式测量模式。

⑦E 到 F 与 F 回到 A 都是直线连接，按上面的方法采用点式测量一直返回到被测图形起点 A，即可测出该图形的面积。

X – PLAN380F 数字化求积仪，除了能量测面积外，还能用作数字化仪、展点仪、量角仪、线长仪等仪器使用，其功能非常完善。

（3）光电测积仪

光电测积仪主要有光电面积测量仪、智能化面积测量仪和密度分割仪 3 种，具有高效率、高精度等优点，但一般价格较昂贵。光电测积仪是利用光电扫描地形图上待测图形，通过转换处理，变成脉冲信号而快速、精确、方便地计算出待测图形面积。

①GDM – 1 型光电面积测量仪　GMD – 1 型光电面积测量仪由光子系统、扫描系统、电子系统和电源四部分组成。该仪器由武汉测绘科技大学研制，武汉光学仪器厂生产。该仪器的工作原理为：对待测图形利用光点进行分解，将它分成许多小单元（像元和像点），利用光电器件对各个小单元进行识别，经过光电变换，即根据图像的黑白程度不同，反射光的强度不同，把图像上各点光强的变化转化为光电流大小的变化，再经过放大、整形，变成电位的脉冲信号，从而驱动电子计数器计数，以达到自动测量面积的目的。

②ZML – 1 型智能化面积测量仪　由长沙市东风电器厂生产。采用滚筒式光电扫描方式，先勾画出所有待测图形的轮廓线，线粗大于或等于 0.3mm。根据需要对待测图形进行分类和编号，然后实现图幅坐标化，最后通过计算机对图形进行判断处理，计算出面积或者长度，逐个逐类输出数据。

③密度分割仪　如日本 KIM070 公司制造的 PHOSDAC – 1200 型。主要功能是用遥感技术对单张透明片或非透明片进行等密度分割并分别着以彩色，以提高研究人员对图像的分析判读能力。密度分割仪与光电面积测量仪原理基本相同，也是应用光电扫描方法求积的。不同之处在于密度分割仪可以对图面上的不同密度等级的面积同时进行扫描，从而得出各自的面积数据。

密度分割仪量算面积的基本原理是用一个光导摄像管对安放在光箱测图台上的图象进行光电扫描，把图像上每一点的密度变换为模拟电压信号，这种信号经过模拟交换，或为具有不同电平等级的数字信号，然后经过彩色编码电路的处理，用不同色彩表示不同电平等级的信号，这样就在彩色电视监视器的屏幕上出现了一幅经过分割的等密度假彩色图像，在这种图像上具有相同色彩的部分就具有相同的密度，通过电子求积装置可以显示出各种彩色面积的百分比。

此外，还可利用计算机和数字长度—面积量测仪进行图形面积的量算，具体内容可参阅相关书籍。

8.8.2.5　利用计算机软件量算面积

绘图软件或地理信息系统软件中有相应的功能实现面积的量算。

（1）使用 AutoCAD

AutoCAD 是最常用的绘图软件之一。待求面积的图形可以是任意多边形或任意曲线围成的闭合图形。

执行 AutoCAD 的面积命令 Area 或点取图标 ，命令行提示及操作过程如下：

命令：Area

指定第一个角点或［对象（O）/加（A）/减（S）］：O（选择图形的闭合边界）；

选择对象：点取多边形上的任意点；

显示实体面积如 76 028.859m^2、周长 = 1 007.345m。

（2）使用南方测绘数字地形地籍成图系统 CASS

CASS 是测绘中常用的绘图软件。待求面积的图形同样可以是任意多边形或任意曲线围成的闭合图形。

点取：工程应用/查询实体面积（命令：areauser）；

命令行提示选择：①选取实体边线，②点取实体内部点 1（选择 1）；

命令行提示：请选择实体（点取选择待求面积的图形边界）；

命令行显示：显示实体面积如 4 280.30m^2。

8.8.3 面积量算的几项改正

在地形图上量算面积时，由于地面高程、倾斜及图纸变形等因素，都将对面积量算精度产生影响，因此在必要时还应考虑这些因素对面积的影响，并予以改正。

8.8.3.1 地面高程变化的影响

地形图上高程系统是以平均海水面起算的。当被测图形的面积位于海拔高度千米以上的高原地区时，高程将对面积产生影响。如果将大地水准面近似为椭圆柱体表面，则有：

$$\frac{L}{L_0} = \frac{R + H}{R} = 1 + \frac{H}{R} \tag{8-22}$$

式中　L——地球表面的长度；

　　　L_0——投影到椭圆柱体表面的长度；

　　　H——表示量测图形的平均高程；

　　　R——地球半径。

由于相似图形面积之比等于相应边平方之比的原理，则有：

$$\frac{P}{P_0} = \left(\frac{L}{L_0}\right)^2 = 1 + \frac{2H}{R} + \frac{H^2}{R^2}$$

由于 $H \ll R$，可将上式右侧最后一项去掉不计，则得：

$$P = P_0 + P_0 \frac{2H}{R} \tag{8-23}$$

式中　P——地球表面的图形面积；

　　　P_0——图形在椭圆柱体表面上的投影面积；

　　　$2H/R$——图形面积由椭圆柱体表面化为高程为 H 的水平投影的改正系数。

根据不同的高程 H，可以得到不同的改正系数，在图上 1 500m 以内高程面上测定的面积，其面积改正系数为 1/2 100。如果要求测定面积的精度不超过 1/2 000，则可不考虑高程对面积量算影响的改正。

8.8.3.2 地球表面倾斜的影响

地球表面在通常情况下既不是一个水平面,也不是一个平面,它是一个十分复杂的曲面,当所测图形被看成一倾斜面或近似倾斜面时,则应以下式计算所测图形的实地面积。

$$P_2 = P + P\frac{\alpha^2}{2} \tag{8-24}$$

式中 P_2——自然地表面的面积;

P——水平面积;

α——地表面倾斜角(弧度为单位);

$\alpha^2/2$——倾斜自然地表面的面积改正系数。

在实际工作中,可根据倾斜角的大小,求出不同的改正系数,并可制定成相应的改正系数表,然后进行面积改正。

8.8.3.3 图纸变形的影响

在纸质地形图上测定面积,不论采用哪种方法,图纸变形都将影响面积量算精度。当图纸变形后在图上量得的实地直线长度为 L,相应实地水平长度为 L_0 时,则有:

$$\gamma = \frac{L - L_0}{L} \tag{8-25}$$

式中 γ——图纸变形系数。

在同一幅图中可以根据方格网的理论长度、实际长度计算出该图幅平均长度变形系数 γ_0,则改正后的面积值为:

$$P_0 = P + 2P \cdot \gamma_0 \tag{8-26}$$

式中 P_0——因图纸变形而改正后的面积值;

P——在图上所测出的面积值。

上式适用于任何形状的图形因图纸变形引起的面积量算改正,并与图形在图上所处的方位无关。

本章小结

地形图属于普通地图的一种,它是按一定的比例,用规定的符号表示地物和地貌的平面位置和高程的正射投影,其内容非常详细而精确。同时,地形图还是地形测量的重要成果及各种工程建设规划设计阶段必需的基础图件,因此,掌握地形图的基础知识,并根据工程的具体需要进行地形图的判读和应用是非常必要的。

地形图的内容由数学要素、地理要素(主题要素)、图廓外的辅助要素三部分构成。地形图的数学要素包括地形图的坐标网、控制点、比例尺、定向等内容,它是地形图可量测性的基础。坐标网指地形图表示地理坐标的经纬线网和表示直角坐标的方里网。控制点有天文点、三角点、导线点、GPS点等平面控制点和水准点、三角高程点之类的高程控制点,是地形图上地理位置坐标的依据。比例尺是表示的地理要素在地形图上的缩小的倍数，它能反映地形图表示地理要素的详细程度和精度。地图定向指表示地形图方向的真北方向线、坐标北方向线和磁北方向线。地图定向一般通过坐标网的方向来实现，在大于1:10万的各种比例尺地形图上一般都绘出了三北方向以及它们之间三个偏角(子午线收敛角、磁偏角、磁坐偏角)的图形，以方便确定图形在图纸上的方位以及在实地用罗盘标定地形图的方位。地形图的主体是基本地理要素，它表示了制图区域最基本的自然、社会经济要素和其他要素，主要有独立地物、居民地、交通网、水系、地貌、土质与植被、境界线等。地形图上的地理要素分为地物和地貌两大类。地形图上地物是根据其占地轮廓大小与相应的比例尺分别用依比例符号、半依比例符号、不依比例符号表示。地貌主要用等高线表示，等高线表示地貌应根据地形图比例尺和制图区域地形起伏的大小选择合适的等高距，地形图上的等高线一般有高程为等高距整数倍的首曲线和 5 倍等高距整数倍的计曲线。除此之外，为了说明地物的属性和显示计曲线及地貌特征点的高程，地形图上还应配置适当的文字或数字进行注记。图廓外的辅助要素是指地形图图廓或主图外的图名、用于读图的工具性图表和说明内容，它分为读图工具和参考资料。读图工具图表主要包括图例、图幅编号、接图表、图廓间要素、分度带、比例尺、坡度尺、附图等；参考资料一般有编图及出版单位、成图时间、坐标系、高程系和编图资料说明等。

为了方便地形图的测绘、识读、查询、应用和保管，应对地形图按一定的规则进行分幅与编号。地形图常见的分幅方法有梯形分幅和矩形分幅两种。梯形分幅是按一定经纬差的梯形实地范围划分图幅并以经纬线构成每幅地形图图廓的分幅方法，是我国基本比例尺地形图和许多其他国家大区域小比例尺地形图主要的分幅形式。在我国规定大于1:100 万(含1:100 万)的普通地图都统称为地形图。国家基本比例尺地形图都是在 1:100 万地形图编号基础上进行的，1:100 万地形图用行列式编号，1:100 万地形图编号的行号由其纬度算出用大写英文字母 A，B，…，V 表示，列号由其经度算出用阿拉伯数字 1，2，…，60表示。以经度差6°、纬度差4°的 1 幅 1:100 图幅分成 2 行 2 列 4 幅 1:50 万、4 行 4 列 16幅 1:25 万、12 行 12 列 144 幅 1:10 万、24 行 24 列 576 幅 1:5 万、48 行 48 列 2 304 幅1:2.5 万、96 行 96 列 9 216 幅 1:1 万和 192 行 192 列 36 864 幅 1:5000 的地形图。20 世纪90 年代以前，分出图幅的编号都是在原图幅 1:100 万、1:10 万、1:5 万、1:1 万等地形图编号的后面加自然序数；20 世纪 90 年代以后，分出图幅的编号均在 1:100 万地形图后叠加与纬度相关的行号和与经度相关的列号。为了区分地形图的比例尺，在行号的前面加相应的比例尺代码。矩形分幅用于工程上常用的大比例尺地形图按规定图幅的大小划分图幅，以 km 为单位的西南角坐标表示其编号。

地形图的识读主要是通过地形图上的地物、地貌符号和注记判别出实际地物、地貌的位置、属性和占地轮廓的形态特征。地形图上的地物有依比例符号表示的面状地物、半依比例符号表示的线状地物及不依比例符号表示的独立地物，判读时应对这三种符号表示地物的含义分别加以对待。判读地貌，首先要熟悉等高线表达地貌要素的方法以及等高线的性质，便可找出地貌的规律：由山脊线就能看出山脉连绵，由山谷线便可了解水系分布；由山峰鞍部、洼地和特殊地貌，则可以看出地貌变化。要想从曲折致密、看似纷乱的等高线中判读整个地貌分布组成情况。社会经济要素也是地形图的重要内容之一，根据地形图上居民地、交通网络、境界线、重要管线的分布可了解制图区域的的社会经济状况。

根据地形图的坐标系、比例尺、等高线及高程注记，在地形图上可进行点高程与坐标、直线的实地水平长度、直线方位角及两点间的坡度的量算。根据地形图上闭合多边形拐点的坐标可采用解析计算的方法求得封闭地块的实地面积。地形图上不规则的图形的实地面积可采用方格网、平行线、求积仪等方法进行量算。

地形图在线路工程和水利工程中可根据需要按一定方向绘制纵断面图、按规定坡度在图上选定最短路线、地形图上确定待建水库的汇水面积及水坝的施工界线等工作。地形图的野外应用最重要的工作就是使地形图的图上方向线与实地相应的方向线一致的地形图定向和确定用图者的站立点、观测目标点的图上位置。

复习思考题

1. 名词解释

(1)比例尺　　　(2)等高线　　　(3)首曲线　　　(4)等高距

(5)等高线平距　(6)地物　　　　(7)地貌　　　　(8)三北方向线

(9)中央经线

2. 填空题

(1)地形图是＿＿＿＿＿＿＿＿＿＿＿＿＿＿＿＿＿＿＿＿＿＿ 的图。

(2)地物符号包括＿＿＿＿ 、＿＿＿＿ 、＿＿＿＿ 以及＿＿＿＿ 。地貌符号主要用＿＿＿＿ 表示。

(3)不依比例尺地物符号在图上的真实点位是：凡是一个几何图形，其点位在＿＿＿＿＿＿＿ ；具有底线符号，其点位在＿＿＿＿＿ ；底部为直角形符号，其点位在＿＿＿＿ 。

(4)测绘地形图时，等高距的大小选择是根据＿＿＿＿ 与测区＿＿＿＿ 来确定。

(5)地貌是指地表面的＿＿＿＿ ；在地形图上表示地貌的主要方法是＿＿＿＿ 。

(6)我国国家基本图系列是＿＿＿＿＿＿＿＿＿＿＿＿＿＿＿＿＿＿＿＿＿ 。

(7)分度带是指＿＿＿＿＿＿＿＿＿＿＿＿ ，用它可求＿＿＿＿＿＿ 。

(8)地形图上坡度尺，横坐标表示＿＿＿＿ ，纵坐标表示相邻＿＿＿ 条和＿＿＿ 条等高线之间的平距。如果量两条计曲线之间的地面坡度，两脚规应截取坡度尺上＿＿＿ 条等高线的曲线图。

(9)地形图分幅方法可分为＿＿＿＿ 和＿＿＿＿ 两种。分别适用于＿＿＿＿＿＿＿ 和＿＿＿＿＿＿＿ 的分幅。

(10)大比例尺地形图分幅一般采用＿＿＿＿＿ 和＿＿＿＿＿ 两种。

3. 判断题

(1)地形图测绘时，如果要求基本等高距为 5m，则内插描绘等高线可以是 10m，15m，20m，25m等，也可以是 12m，17m，22m，27m 等。　　　　　　　　　　　　　（　　）

(2)选择测图的等高距只与比例尺有关。　　　　　　　　　　　　　　　（　　）

(3)平面图和地形图的区别在于平面图在图上仅表示地物的平面位置，地形图在图上仅表示地面的高低起伏状态。　　　　　　　　　　　　　　　　　　　　　　　（　　）

(4)地形图比例尺越大，表示地形越详细，其精度越高。　　　　　　　　　（　　）

(5)1993 年以后我国基本比例尺地形图的分幅均采用梯形分幅，并以 1:100 万为基础。（　　）

(6)在 1:1 万~1:5 万的地形图上，外图廓四周中间标写的地形图编号表示相邻图幅的编号。（　　）

(7)地形图上某点的横坐标值为：$y = 20743 \text{km}$，其中 20 为纵行号。　　　（　　）

(8)坡度是高差与水平距之比，其比值大说明坡度缓。　　　　　　　　　　（　　）

(9)在地形图上按一定方向绘制纵断面图时，其高程比例尺和水平距离比例尺一般应相同。（　　）

(10)地形图上用等高线表示地貌的高程中误差都要求达到 1/3 等距。 （ ）

4. 单项选择题

(1)辨认等高线是山脊还是山谷，其方法是( )。

A. 山脊等高线向外突，山谷等高线向里突

B. 根据示坡线的方向去辩认

C. 山脊等高线突向低处，山谷等高线突向高处

D. 山脊等高线较宽，山谷等高线较窄

(2)地形图方里网的纵线是平行于( )。

A. 投影带的中央子午线   B. 首于午线

C. 投影带的边缘子午线   D. 内图框南北方向线

(3)某幅 1:25 000 的图幅编号，提供下列 4 种写法，正确的写法是( )。

A. L − 60 − 134 − A − 2   B. L − 60 − 134 − A − (2)

C. L − 60 − 134 − A − b   D. L − 60 − 134 − 甲 − b

(4)不同纬度处，经度 1°所表示的地面距离是不同的，在纬度 0°，90°分别为下列数( )。

A. 111.3km，0km。   B. 0km，111.3km。

C. 110.6km，111.7km。   D. 78.8km，0km。

5. 问答题

(1)何谓地图和地形图？何谓地物、地貌？

(2)何谓比例尺精度？它在测绘工作中有何用途？

(3)依比例符号、不比例符号和半依比例符号各在什么情况下使用？

(4)试用等高线绘出山头、洼地、山脊、山谷和鞍部等典型地貌。

(5)等高线有哪些特性？

(6)地形图分幅与编号的方法有哪些？各如何进行分幅与编号？

(7)地形图图廓外注记有哪些？各有何作用？

(8)试述 KP − 90N 型求积仪与 X − PLAN380F 型求积仪量算面积的操作方法。

(9)试述利用计算机软件量算面积的操作方法。

(10)面积量算中有哪几项改正？

(11)在地形图上可进行那些要素的量测？如何进行？

(12)举例说明地形图在工程中的应用。

(13)在野外如何使用地形图进行定向、定点？

6. 计算题

(1)已知某地经度为东经 100°36′，纬度为北纬 26°38′，求该地的 1:100 万、1:10 万、1:5 万 1:2.5 万地形图按国际分幅的编号。

(2)地形图上一个五边形地块，其各顶点顺时针方向的编号和坐标分别为：A(426.00，873.00)，B(640.93，1068.43)，C(843.40，1264.26)，D(793.64，1399.14)，E(389.97，1307.88)，试计算该五边形的面积。

(3)设某点的地理坐标为：E121°22′35″，N28°45′24″，试求该点 1:10 万和 1:1 万地形图按 1993 年以后新的数字式地形图分幅编号的 10 位代码。

(4)如图 1 所示，在 1:2000 图幅坐标方格网上，量测出 ab = 2.0cm，ac = 2.4cm，ad = 3.8cm，ae = 5.2cm。试计算 A，B 两点

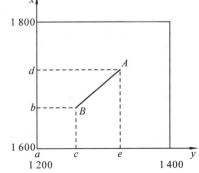

图1

的坐标(x_A, y_A)，(x_B, y_B)，水平距离长度 D_{AB} 及其坐标方位角 α_{AB}。

本章推荐阅读书目

1. 尹贡白，王家耀，田德森等．地图概论．北京：测绘出版社，1999.

2. 卢秀山，成枢，徐泮林．大比例尺地学图形全解析基本原理及其应用．北京：地震出版社，1998.

3. 李修伍．测量学．2 版．北京：中国林业出版社，1992.

4. 河北农业大学．测量学．2 版．北京：中国农业出版社，2000.

5. 胡肃宇．测量学．湖南：地图出版社，1996.

6. 陈学平．测量学试题与解答．北京：中国林业出版社，2002.

第 **9** 章 大比例尺地形图测绘

【本章学习目标】

1. 知识要求：

（1）了解数字化测图的特点。

（2）掌握地形图测绘的内容，地形碎部点测量的原理，模拟测图的方法，模拟地形图绘制的技术与方法，数字化测图的作业流程，利用 CASS 地形成图软件作图的方法与技术。

2. 技能要求：

（1）能运用模拟测图的方法进行大比例尺地形图测绘。

（2）能运用全野外数字化测图的方法进行大比例尺地形图测绘。

大比例尺地形图测绘，就是根据工程建设的需要，对客观存在于地表的地物、地貌以模拟的方式测绘到纸质介质上或将采集的地形测量数据经数字测图系统软件计算机处理后形成的数字图形文件存储到计算机及其外部存储设备。其特点是：测区范围较小、测图比例尺大、精度要求较高。对 1:500～1:5 000 的大比例尺地形图测绘可采用传统的模拟测图和目前生产上广泛使用的数字化测图。

9.1 地形图测绘的内容

地形图的测绘内容包括地物、地貌测绘两大部分。地物、地貌测绘是通过测量每一个碎部点来实现的，不同类型的地物、地貌特征点是不一样的。

9.1.1 地物测绘

测绘地物的一般原则：将地物的形状特征点测定下来，如地物轮廓的转折点、交叉点、曲线上的弯曲变换点、独立地物的中心点等。连接这些特征点，便得到与实地相似且缩小的地物形状。

测绘地物必须根据规定的测图比例尺，按规范和图式的要求，对地物进行综合取舍，将各种地物表示在图上。国家测绘地理信息局和相关勘测部门制定的各种比例尺的规范和图式，是测绘地形图的依据。例如，规范规定对于 1:500 和 1:1 000 比例尺地形图，房屋一般不综合，即每一幢房屋均单独测绘，临时性建筑物（如工棚等）可舍去不测，对 1:2 000 比例尺测图，图上宽度小于 0.5mm 的次要街巷可不表示。不管比例尺多大，只要建筑物的轮廓凹凸小于图上 0.4mm，简单房屋凹凸小于图上 0.6mm，均可用直线连接而不表示其凹凸形状。这样处理，既可反映建筑物的形状特征，又使图上清晰易读。

对于各种等级的三角点、水准点、图根点及有方位意义的独立地物和重要标志等，均应准确测定，并以规定符号表示。

9.1.1.1 居民地的测绘

居民地主要以房屋构成，房屋的排列形式很多。农村中以散列式且不规则的排列房屋较多；城市中的房屋排列比较整齐。测绘居民地根据所需测图比例尺的不同，在综合取舍方面就不一样，对于居民地的外轮廓，都应准确测绘，其内部的主要街道以及较大的空地应区分出来，其余部分则可视测图比例尺及用图需要，适当加以综合。

对于独立且规则的房屋，只要测出 3 个房角的位置，即可绘制整个房屋的形状和位置。对于稍为复杂或不规则的房屋则需要测出每一个房角点的位置，如图 9-1 所示，在测站 A 和 B 上分别安置仪器，后视控制点 C 和 D，标尺或反射棱镜（为叙述方便，以下均称为标尺）立在房角 1，2，3 和 4，5，6，即可测绘出房屋的形状和位置。

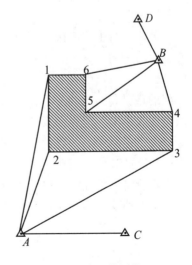

图 9-1 房屋的测绘

对于排列整齐且大小和间隔一致的房屋，可只测出一栋房屋的外围轮廓，配合量距，就可绘出一排或一片房屋的平面位置。

测房屋应以墙基脚为准，立尺员应按顺序依次在相应的点立尺，以便绘图员及时依次连线。对于居民地的围墙、栅栏、阳台等要素的测绘方法，均应按其在图式上的表示方法进行测绘，当绘图员看不到实地时，应及时向立尺员问清实地情况或到实地观察，以便正确绘图。

为反映高程变化，每幢房屋至少要有一个高程注记点，并注明建(构)筑物的结构及层数(如砖3、混8等)，对农村居民院落、城镇的街巷及有名称的单位，应进行调查核实并注记。

9.1.1.2 道路的测绘

(1)铁路

根据铁路符号的绘制要求，测绘铁路时，标尺应立于铁轨的中心线上。对于1:2 000及更大比例尺测图时，如图9-2(路堤部分的断面)所示，特征点1用于测绘铁路的平面位置，特征点2,3用于测绘路堤部分的路肩位置，特征点4,5用于测绘路堤的坡足或边沟的位置。有时特征点2,3可以不立尺而是量出铁路中心至它们的距离直接在图上绘出。铁路线上的高程以铁轨面为准的。因此在测出铁路中心位置后，应将标尺移至轨面上测定高程(曲线部分以内轨面为准)，但图上注记仍标在中心。

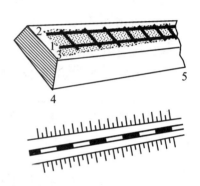

图9-2　铁路的测绘

铁路的直线部分立尺点可稍稀一些，在曲线部分及道岔部分立尺点就要密一些，这样才能准确地表示出铁路的实际位置。铁路两旁的附属建筑物如信号灯、扳道房、里程碑等都要按实际位置测出。

(2)公路

公路在图上均应按实际位置测绘。在测量方法上，有的采用将标尺立于公路路面中心，有的采用将标尺交错立在路面两侧，也可以用将标尺立在路面的一侧，实量路面的宽度。公路的转弯处、交叉处，点应密一些，公路两旁的附属建筑物都应按实际位置测出。公路的路堤和路堑的测绘方法与铁路相同。大车路是指农村中或田地中比较宽的道路，一般可通农用车，但路面没有硬化，这种路的宽度变化较大，路的边界不明显，测绘时可将标尺立于道路中心，以地形图图式规定的符号描绘于图上。

城镇的公路、街道应注明道路材料，如水泥、沥青、碎石、硬砖等。铺装材料改变处应立尺测定，并在图上以点线分隔。对于公路、街道的走向要在图上用注记符号标明，对高速路及国家等级公路均应加注其道路等级及编号。

(3)小路

人行小路主要是指居民地之间来往的通道，田间劳动的小路或临时小路一般不测绘，上山小路应视其重要程度选择测绘。如该地区小路稀少且为重要特征地物时，则必须表示。测绘时标尺立于道路中心，由于小路弯曲较多，标尺点的选择要注意弯曲部分的取舍，既要使标尺点不致太密，又要正确表示小路的位置。人行小路若与田埂重合，应绘小路不绘田埂。有些小路虽不是直接由一个居民地通向另一个居民地，但它与大车路、公路或铁路相连，这时应根据测区道路网的情况决定取舍。

9.1.1.3 管线的测绘

架空管线在转折处的支架塔柱应实测，位于直线部分的可用档距长度在图上以图解法确定。塔柱上有变压器时，变压器的位置按其与塔柱的相应位置绘出。电线和管道用规定的符号表示。地下不可见的管线，地形图中不测绘，在管线专用图中测绘。

9.1.1.4 水系的测绘

水系包括河流、渠道、湖泊、池塘、水库、泉等以及各种水工建筑物，如桥、磨坊、水坝、堤岸等。对河流、渠道、湖泊、池塘、水库等通常无特殊要求时均以岸边为界，如果要求测出水涯线(水面与地面的交线)、洪水位(历史上最高水位的位置)及平水位(常年一般水位的位置)时，应按要求在调查研究的基础上进行测绘。

自然河流的两岸一般不规则，在保证精度的前提下，对于小的弯曲和岸边不甚明显的地段可进行适当取舍。对于在图上只能以单线表示的小沟，只要测出其中心位置即可。渠道比较规则，有的两岸有堤，测绘时可以参照公路的测法。对田间临时性的小渠不必测出。当河流在图上的宽度小于 0.5mm、沟渠实际宽度小于 1m 时，以单线表示。

湖泊的边界经人工整理、筑堤、修有建筑物的地段是明显的，在自然地段大多不甚明显，测绘时要根据具体情况和用图单位的要求来确定以湖岸或水涯线为准。在不甚明显地段确定湖岸线时，可采用调查平水位的边界或根据农作物的种植位置等方法来定。

9.1.1.5 植被的测绘

植被是地面各类植物的总称，包括成片的森林和行树、苗圃、竹林、草地、独立树等。测绘植被是为了反映地面的植物覆盖情况，所以要测出各类植物的边界，用地类界符号表示其范围，再加注植物符号和说明。如果地类界与道路、河流、栏栅等重合时，则可不绘出地类界，但与境界、高压线等重合时，地类界应移位绘出。

耕地分为稻田、旱地、菜地、水生经济作物等，这些都要在地形图上表示，如图 9-3 所示。一年分几季种植作物的耕地，按夏季主要作物为准。

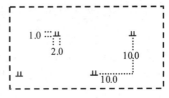

图 9-3 旱地的表示

在测绘地物的过程中，有时会发现图上绘出的地物与地面情况不符，例如，本应为直角的房屋拐角，在图上不成直角；在直线上的电杆，在图上不在直线上等情况。在外业要很好检查产生这种现象的原因，如果属于测量错误，则必须纠正。若不是观测错误，则可能是各种误差的积累所引起的，或在两个测站观测了同一个地物的不同部位所引起，当这些不符的现象在图上小于规范规定的地物误差时，则可以采用分配的办法予以消除，使图上地物与实地地物其形状相似。

9.1.2 地貌测绘

一般地貌是用等高线表示的，测绘等高线首先要确定地貌特征点，然后连接地性线，便得到地貌整个骨干的基本轮廓，按等高线的性质，对照实地情况就能描绘出等高线。

9.1.2.1 测定地貌特征点

地貌特征点是指山顶、鞍部点，山脊线、山谷线、山脚线等地性线的方向变换点和坡度变换点。为保证地貌的准确性，地貌点还要有一定的密度，地貌点在图上的间距一般不得大于 20~30mm。测出这些特征点的位置和高程，在图纸上平面位置用小点表示，高程注记在旁边。

9.1.2.2 绘制地性线

测定了地貌特征点后，不能马上描绘等高线，必须先连地性线。通常以实线连成山脊线，以虚线连成山谷线，如图 9-4 所示。地性线连接情况与实地是否相符，直接影响到描绘等高线的真实程度，必须予以充分注意。地性线应该随着特征点的陆续测定而随时连接，不要等到所有的特征点测完后再去连接地性线，以免发生连错点而使等高线不能如实地反映实地地貌的形态。地性线是辅助线，等高线绘好后要删除，因此不用绘的太重。

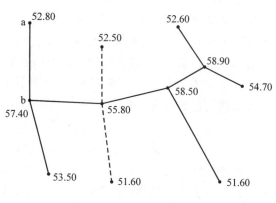

图 9-4 地性线的绘制

9.1.2.3 求等高线的通过点

完成地性线的连接之后，即可沿着地性线或同一坡度的两相邻点之间，内插出基本等高距整数倍高程的等高线通过点。如图 9-5 所示，在同一坡度上有相邻的 a，b 两点，其高程分别为 52.8m 和 57.4m，按 1m 的基本等高距勾绘等高线，从这两个点的高程值可以判定在 ab 连线上有 53m，54m，55m，56m，57m 等高线所通过的点。假设 ab 间的坡度是均匀的(若不均匀，则需在其坡度变化处还需要再测一个点)，根据 a 和 b 点间的高差为 4.6m (57.4m − 52.8m)，ab 线长(图上平距)为 21.0mm。

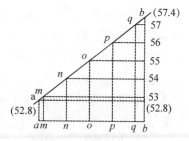

图 9-5 内插等高线原理

由 a 点到 53m 等高线的高差为 0.2m，则由 a 点到 53m 等高线的平面长度 am：

$$am = \frac{21.0 \times 0.2}{4.6} = 0.9 \text{mm}$$

由 b 点到 57m 等高线的高差为 0.4m，则由 b 点到 57m 等高线的平面长度 bq：

$$bq = \frac{21.0 \times 0.4}{4.6} = 1.8 \text{mm}$$

中间有 3 根高程为等高距整倍数的等高线 n，o，p，每根等高线间的平面长度（mn，no，op，pq）：$mn = no = op = pq = \dfrac{21.0 \times 1.0}{4.6} = 4.6 \text{mm}$

　　用同样的方法，可以截得其他在同一坡度上的相邻点间等高线的通过点，如图 9-6 所示。在碎部测图中，由于同一坡度的相邻两碎部点在图上的间隔比较近，所以也常用目估内插法来确定等高线通过的点，这样简单、方便、快捷，也能得到比较正确的位置。

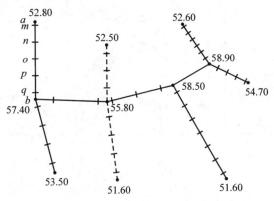

图 9-6　等高线通过点的求解

9. 1. 2. 4　勾绘等高线

　　在地性线上求得等高线的通过点以后，根据等高线的特性，将等高程的相邻点连接起来，即为等高线，如图 9-7 所示。

　　在两相邻地性线之间求出等高线通过点之后，根据地貌将同高的点用光滑的曲线连起来，不要等到把全部等高线通过点都求出后再勾绘等高线，应该一边求等高线通过点，一边勾绘等高线。勾绘时，要对照实地地貌来描绘等高线，这样才能真实地反映出地貌的形状。

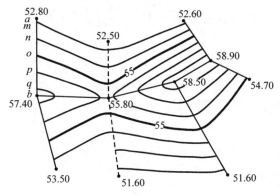

图 9-7　等高线的勾绘

9.1.2.5　各种地貌的测绘

（1）山顶

山顶是山的最高部分，有很好的控制作用和方位作用。因此，对山顶要按实地形状来描绘。山顶的形状很多，有尖山顶、圆山顶、平山顶等。不同形状的山顶，等高线的形态不一样，如图9-8所示。

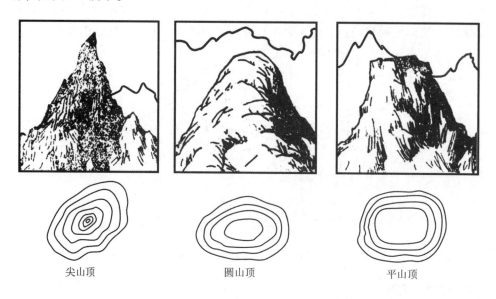

尖山顶　　　　　　　　圆山顶　　　　　　　　平山顶

图9-8　山顶的表示方法

在尖山顶的山顶附近倾斜比较一致，因此尖山顶的等高线之间的平距大体相等。测绘时标尺点除立在山顶外，其周围适当立一些就够了。在圆山顶的顶部坡度比较平缓，然后逐渐变陡，等高线之间的平距在离山顶较远的山坡部分较小，测绘时山顶最高点应立尺，在山顶附近坡度逐渐变化的地方也需要立尺。平山顶的顶部平坦，到一定范围时坡度突然变化。因此，等高线之间的平距，在山坡部分较小，但不是向山顶方向逐渐变化，而是到山顶时平距突然增大。测绘时必须特别注意在山顶坡度变化处立尺，否则地貌的真实性将受到显著影响。

（2）山脊

山脊是山体延伸的最高棱线，山脊的等高线均向下坡方向凸出，两侧基本对称，山脊的坡度变化反映了山脊纵断面的起伏状况，山脊等高线的尖圆程度反映了山脊横断面的形状。山地地貌显示得像不像，主要看山脊与山谷，如果山脊测绘得真实、形象，整个山形就较逼真。测绘山脊要真实地表现其坡度和走向，特别是大的分水线倾斜变换点和山脊、山谷转折点应形象地表示出来。

山脊的形状可分为尖山脊、圆山脊和台阶状山脊。它们都可通过等高线的弯曲程度表现出来。如图9-9所示，尖山脊的等高线依山脊延伸方向呈尖角状，圆山脊的等高线依山脊延伸方向呈圆弧形，台阶状山脊的等高线依山脊延伸方向呈疏密不同的方形。尖山脊的

尖山脊　　　　　　　　圆山脊　　　　　　　　台阶状山脊

图 9-9　山脊的表示方法

山脊线比较明显，测绘时，除在山脊线上立尺外，两侧山坡也应有适当的立尺点。圆山脊的脊部有一定的宽度，测绘时需特别注意正确确定山脊线的实地位置，然后立尺。此外对山脊两侧山坡也必须注意它的坡度的逐渐变化，恰如其分地选定立尺点。对于台阶状山脊应注意由脊部至两侧山坡坡度变化的位置，测绘时，应恰当地选择立尺点，才能控制山脊的宽度。不要把台阶状山脊的地貌测绘成圆山脊甚至尖山脊的地貌。

在实际地貌中，山脊往往有分歧脊，在一般情况下，分歧脊的大小与其分歧角的大小成反比，同时分歧点常隆起，如图 9-10（a）所示，AO 为主脊，主脊方向为 AOD，分歧脊为 OB，OC，若 $\angle BOD < \angle DOC$，则 OB 脊 $> OC$ 脊。

主脊大致水平的山脊，其所形成的分歧脊的方向与主脊方向略成直角状态，如图 9-10（b）所示。了解了这样的关系，才能较好地掌握山脊等高线的走向。测绘时，在山脊分歧处必须立尺，以保证分歧山脊的正确位置。

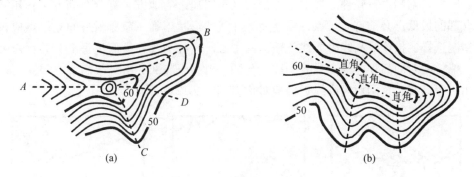

图 9-10　分歧脊的表示方法

（3）山谷

山谷等高线表示的特点与山脊等高线所表示的相反。山谷的形状也可分为尖底谷、圆底谷和平底谷。如图 9-11 所示，尖谷底是底部尖窄，等高线通过谷底时呈尖状；圆谷底是底部近于圆弧状，等高线通过谷底时呈圆弧状；平谷底是谷底较宽，底坡平缓，两侧较陡，等高线通过谷底时在其两侧近于直角状。

尖底谷的下部常常有小溪流，山谷线较明显，测绘时，标尺点应选择在等高线的转弯处。圆底谷的山谷线不太明显，所以测绘时，应注意山谷线的位置和谷底形成的地方。平底谷多系人工开辟耕地之后形成的，测绘时，标尺点应选择在山坡与谷底相交的地方，这

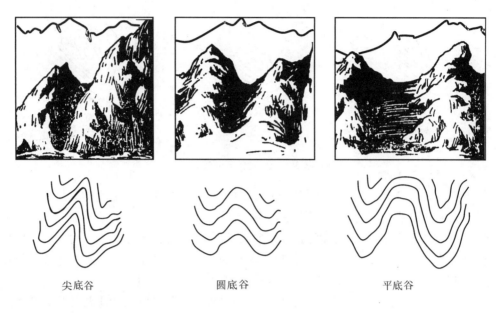

尖底谷　　　　　　　圆底谷　　　　　　　平底谷

图 9-11　山谷的表示方法

样才能控制住山谷的宽度和走向。

（4）鞍部

鞍部属于山脊上的一个特殊部位，是相邻两个山顶之间呈马鞍形的地方，可分为窄短鞍部、窄长鞍部和平宽鞍部。鞍部往往是山区道路通过的地方，有重要的方位作用。测绘时在鞍部的最低点必须有立尺点，以便使等高线的形状正确。鞍部附近的立尺点应视坡度变化情况选择，描绘等高线时要注意鞍部的中心位于分水线的最低位置上，并针对鞍部的特点，抓住两对同高程的等高线分别描绘，即一对高于鞍部的山脊等高线，另一对低于鞍部的山谷等高线，这两对等高线近似地对称，如图 9-12 所示。

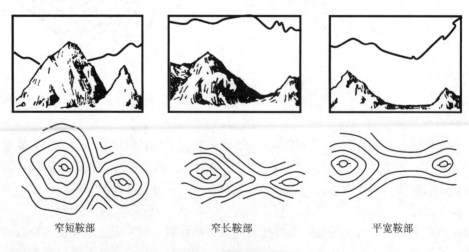

窄短鞍部　　　　　　窄长鞍部　　　　　　平宽鞍部

图 9-12　鞍部的表示方法

（5）盆地

盆地是中间低四周高的地形，其等高线的特点与山顶相似，但其高低相反，即外圈的等高线高于内圈的等高线。测绘时，除在盆底最低处立尺外，对于盆底四周及盆壁地形变化的地方均应适当选择立尺点，才能正确显示出盆地的地貌。

（6）山坡

在上述几种地貌形状之间都有山坡相连，山坡虽都是倾斜的面，但坡度并不是没有变化的。测绘时，标尺位置应选择在坡度变换的地方。坡面上的地形变化实际也就是一些不明显的小山脊、小山谷，等高线的弯曲也不大。因此，必须特别注意选择标尺点的位置，以显示出微小地貌。

（7）梯田

梯田是在高山上、山坡上及山谷中经人工改造了的地貌。梯田有水平梯田和倾斜梯田两种。梯田在地形图上一般以等高线、符号和高程注记（或比高注记）相结合的形式来表示。测绘时要沿田坎立标尺，注意等高线的进出点和田坎比高的注记。描绘时应先绘田坎符号，要对照地貌情况边测边绘等高线，以防错漏。梯田与等高线的表示如图9-13所示。

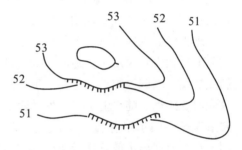

图9-13 梯田的表示

（8）不能用等高线表示的地貌

除了用等高线表示的地貌以外，还有些地貌如雨裂、冲沟、悬崖、陡壁、砂崩崖、土崩崖等都不能用等高线表示。对这些地貌，用测绘地物的方法，测绘出这些地貌的轮廓位置，用图式规定的符号表示。要注意这些符号与等高线的关系不要发生矛盾。

以上所述的是用等高线表示几种基本地貌的测绘方法，而实地的地貌是复杂的，它是各种地貌要素的综合体。因此，在测绘中必须区别对待，找出主要的地貌要素，运用等高线逼真地表示地貌。

为了使地形图能保持一定的精度要求，测绘时，立尺点的选择是十分重要的，在一个测站上要有统筹考虑，全盘计划。碎部点太密，会影响图面清晰，增加不必要的工作量。碎部点太稀，则不能真实地反映地貌形状。因此，在实际工作中，要经常总结，随时改进提高。

测绘地形图的工作是集体力量的表现，工作中的每一个环节都很重要，互相之间一定要配合好，立尺员和绘图员之间更要密切合作，每个立尺点的作用以及点子之间的联系，双方都要清楚，必要时，测绘一段时间之后立尺员要回到测站上向绘图员讲明情况，然后再继续工作。

9.1.3 碎部点的选择

测绘地物地貌时，碎部点应选择地物和地貌的特征点。特征点就是地物和地貌在平面上方向转折点和坡度变化点。把绘到图上的碎部点按实际地形连接起来，就得到地物和地貌的轮廓线，因此，在测绘地形图中正确选择地形特征点，对成图的质量和速度都有直接关系。如果点位选择合适，就可以真实地显示地形现状，保证测图精度，否则测出的地形图就会失真而影响使用。在实测中，应根据测量比例尺和实际地形情况，以表现地形全貌和主要特征为原则，对地形特征点进行综合取舍。

对地物点的选择，能用依比例符号表示的地物，主要是选择地物的轮廓线上的转折点，如房屋角点、道路、河流的起点终点、交叉点和拐弯点，森林农田边界的折角点。有些地物的形状极不规则，一般规定在图上凹凸小于0.4mm的转折点可以按直线测绘，但比例尺不同，0.4mm相应的实地距离也不相同，如测1:500比例尺图时，地物轮廓上离开直线部分0.2m的转折就需测出，而测1:1 000地形图时，0.4m的转折才需测出。不能按依比例符号表示的独立地物(如电线杆、水井等)，应选择地物的中心点。

地貌点的选择，可以把各种地貌看作是带有无数棱线的多面体，棱线如果能确定，则地貌的形状也就决定了。地面上主要的地性线是分水线(山脊线)、合水线(山谷线)及倾斜变换线。因此地貌点要选在山顶、山脊、鞍部、山脚、谷底、谷口等处的最高、最低点及倾斜变换点、陡壁上下点等处。除了测出坡度变化的地形点外，在坡度一致的线段，还要参考表9-1的规定间距，测定足够密度的地形点。如图9-14所示为一地物地貌的透视图，在图上标出了部分地段在现场实测选择碎部点的一般情况(图上画有尺子的地方就是立尺点)。

图9-14 选择碎部点

表9-1 城市测量碎部点的最大间距和最大视距

比例尺	地形点最大间距(m)	最大视距(m)	
		地物点	地貌点
1:500	15	40	70
1:1 000	30	80	120
1:2 000	50	150	200

在碎部测量中，立尺员要和测站配合好。在平坦地区跑尺，可由近及远，再由远至近地跑尺，立尺结束时处于测站附近。在地性线明显的地区，可沿山谷线、山脊线等地性线跑尺，也可大致沿等高线处跑尺。立尺点要分布均匀，一点多用。观测员应尽可能测完一个地物后再测另外一个地物，并立即绘出地物的轮廓线。地形特征点也应测一点连一点，测完后地性线也连出来了，这样才不会发生遗漏和弄错。

9.2 碎部点测量原理

测定碎部点的方法有极坐标法、直角坐标法和方向交会法。

9.2.1 极坐标法

极坐标法是根据测站点上的一个已知方向，测定已知方向与所求点方向间的角度和量测测站点至所求点的距离，以确定所求点位置的一种方法。

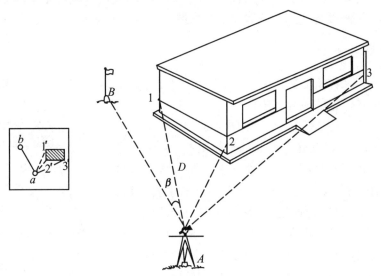

图9-15 极坐标法

在图9-15中，A，B为地面上两个已知控制点，在图上的相应点为a，b。欲将房屋测绘到图纸上，安置仪器(经纬仪、全站仪等)于A点上，经对中、整平，以AB进行定向后，用仪器瞄准房屋的房角1，测定测站点至定向点的方向与测站点至房角1方向之间的水平夹角β，在图纸上绘出$a1'$的方向线，用视距(或用钢尺、皮尺丈量、光电测距等)测出$A1$的水平距离D，根据所用的测图比例尺换算得图上长度为$a1'$，则地面上房角1在图上的位置为$1'$。用同样的方法在图上可测得房角$2'$和$3'$，根据房屋的形状，在图上连接$1'$，$2'$及$3'$各点便可得到房屋在图上的平面位置。其高程用碎部点的高程计算公式：

$$H_i = H_{测站} + D\tan\alpha + i - v \tag{9-1}$$

式中 D——测站点至碎部点的水平距离；

α——仪器照准碎部点标尺视线的竖直角；

i——仪器高;

v——标尺的中丝读数或棱镜高。

9.2.2 直角坐标法

直角坐标法的测量方法与极坐标法相同,主要体现在展点方法的不同。

根据读数可由式(9-2)计算出碎部点 i 的平面坐标 (x_i, y_i),其高程 H_i 可参照式(9-1)计算。

$$\left.\begin{array}{l} x_i = x_A + D_{Ai}\cos\alpha_{Ai} \\ y_i = y_A + D_{Ai}\sin\alpha_{Ai} \end{array}\right\} \tag{9-2}$$

式中 x_A, y_A——测站点的坐标;

α_{Ai}——方位角,采用方位角定向时,水平度盘读数就是 α_{Ai}。

以上计算,若用可编程的工程计算器(如 $fx-5800P$)编程计算则较简单且不容易出错。

根据计算出的碎部点的坐标和高程 (x_i, y_i, H_i),将其展绘到图纸上。展点时图上距离取至 0.1mm,同样要标注高程。若用专门的展点尺展点则较为方便。

9.2.3 方向交会法

方向交会法,又称角度交会法,是分别在两个已知测站点上对同一个碎部点进行方向交会以确定碎部点位置的一种方法。

如图 9-16 所示,从地面两个已知控制点 A,B 上,分别测得水平角 α,β,以此确定 C 点的平面位置。此方法常用于测绘易于瞄准目标的碎部点,如电杆、烟囱等,也可用于不易测量距离的地方,一般不作为测量的主要方法,而是作为前两种方法的一种补充。采用方向交会法时,交会角宜在 30°~120°。其高程的获得可通过测得的水平角 α,β 及两控制点之间的距离,根据正弦定理计算碎部点到一已知测站点的距离,参照极坐标法计算碎部点的高程。

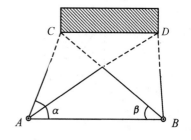

图 9-16 方向交会法

施测完碎部点的平面位置和高程以后,在图上标定碎部点位置的方法有两种:一种是在碎部点旁注记该碎部点的高程,如".53.2"".48.7"(高程以米为单位);另一种是以高程注记点的小数点位当做碎部点的点位,如"53.2""48.7"。这两种标定碎部点的方法都可使用,但必须指出,在一幅图中,应采用统一的方法,以免混淆。

9.3 模拟测图

在实地测量碎部点数据,在纸质介质上绘制地形图,称为模拟测图。模拟地形图测绘的方法有经纬仪测绘法、平板仪测绘法。

测图前应做好与测图相关的各项准备工作。主要包括野外实地踏勘了解测区的地形;抄录控制点的平面及高程成果并了解其完好情况;根据测图比例尺、测区地形起伏状况及所测地形图的使用要求确定等高距，并按测图技术规范要求进行测图技术设计，撰写测图技术说明书；准备工具、器材和材料；对测图用的仪器进行必要的检验和校正；拟订作业计划；根据测区"平面控制布置及分幅图"抄录各图幅内控制点的点号、坐标、控制点类型等级，用钢直尺以 0.1mm 的图上距离精度将控制点展绘在印制有坐标格网的聚酯薄膜测图纸上，展绘控制点应满足相邻控制点的图上间距与其实地水平距离的图上长度之较差不得超过 0.3mm 的精度要求。控制点的平面位置绘在图纸上后，按图式要求绘出相应控制点的符号，并标注点号和高程。高程注记到厘米(cm)。

9.3.1　经纬仪测绘法

经纬仪测绘法分为经纬仪配合量角器测量按极坐标法展点、经纬仪测量按直角坐标展点。两种测量的方法一样，计算和展点的方法有所不同。测图原理如图 9-17 所示，图中 A，B，C 为已知控制点，测量并展绘碎部点 1 的操作步骤如下：

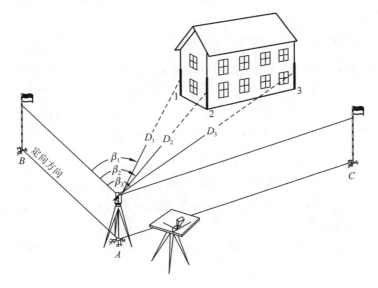

图 9-17　经纬仪测绘法原理

(1)安置仪器

在测站点 A 上对中、整平经纬仪，量取仪器高 i，记入表格。

(2)定向

盘左位置后视瞄准一个可通视的控制点 B 为定向方向(若有多个方向时，最好选择较长的边作为定向方向)，并将水平度盘调为 $0°00'00''$(若是用直角坐标法展点最好调成该边的方位角)。若用极坐标法展点则在图纸上用(大头)针将量角器中心固定在测站点 A 上，并绘出相应的定向方向线，如图 9-18 所示。

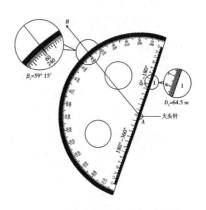

图 9-18　用量角器按极坐标法展点

（3）测前检查

①角度检查　选择另一个可通视的控制点 C 作为检查方向。瞄准 C 点，读出水平度盘的读数，即为 $\angle BAC$，与图上用量角器量取的 $\angle BAC$ 及图根控制测量测得的 $\angle BAC$ 容许较差为 $\pm 2'$。

②水平距离检查　选择 AC（也可选择 AB）作为检查的距离，在 C 点立标尺，按第（4）~（5）测量并计算 AC 的水平距离，与图上量取相应边的水平距离及图根控制测量时测得的相应边的水平距离容许较差为图上的 0.3mm。

③高程检查　计算出 C 点（或 B 点）的高程与图根控制测量计算得的高程之差容许差为 1/5 等高距。

④若用直角坐标展点，则测量计算 C 点的坐标和高程与已知数据比较，坐标容许差为图上的 0.3mm，高程检查同③。

以上检查，超过限差应查明原因并排除，否则不能开始测图。这个检查过程可以检查出图根控制测量计算、坐标格网、展点、实际测量计算的错误，对初学者特别重要。

（4）立尺观测读数

在碎部点上立标尺，用经纬仪的盘左位置瞄准，直接读取视距 S［为了直接读取视距，上下转动望远镜，将正像经纬仪的下十字丝或倒像经纬仪的上十字丝对准标尺整分米数分划（如 1m，1.5m 等），经纬仪上、下丝中的另一十字丝读数减去整分米数分划乘 100 即得视距 S］、中丝读数 v（估读至 0.01m）、水平盘读数 β（读至分）和竖盘读数 L（读至秒）。

（5）计算

绘图员根据观测数据，先用公式 $\alpha = 90° - L + x$（x 为顺时针刻划竖盘的指标差）计算出仪器视线的竖直角 α，再按公式 $D = S \times \cos^2 \alpha$ 计算出测站点至碎部点的水平距离 D，并根据式（9-1）计算出碎部点的高程。

如按直角坐标展点，定向时应采用方位角定向（照准后视点时将水平度盘读数调到测站点至后视点方向的方位角），根据式（9-2）和式（9-1）即可计算出碎部点的平面坐标和高程。

以上计算，若用可编程的工程计算器（如 fx – 5800P）则非常方便。

采用全站仪测量碎部点时，测站至碎部点水平距离、碎部点的平面坐标和高程可直接测出，无需再作计算。

（6）展绘碎部点与绘图

①极坐标法展点　转动测站定向时安置好的量角器，以水平度盘读数 β 对准定向方向线，用量角器的直线边量取测站点至碎部点之间经比例尺换算后的图上长度即为碎部点在图上的位置（图9-18），计算出的碎部点高程注记在点位右侧。

②直角坐标法展点　根据计算出的碎部点的平面坐标和高程，将其展绘到图纸上。展点时图上距离取至 0.1mm，若用专门的展点尺展点则较为方便。

③绘图　用相应的符号将地物或地貌绘制在图上。注意碎部点要随测随绘，以免出错。

(7)测后检查

在观测一段时间后或一站观测结束前,观测员应照准定向点进行归零检查,归零差或方位角定向的方位角较差应不大于4′;在不同测站测同一个碎部点的容许偏差为图上0.5mm;每测站工作结束时应检查地物地貌有无漏测或错测,若出现上述任何一种超限或漏测错测的情况,都应及时纠正。

同法测绘出图9-17中房屋另外两个角点2,3,在图纸上连接1,2,3点,通过推平行线即可将房屋在图上画出。测站上需观测的碎部点全部测完时即可搬站,直至外业测图工作结束。

若测站上需观测的地形碎部点因通视条件或距离超限而无法观测时,可采用经纬仪量距支导线、经纬仪视距支导线及全站仪光电支导线等方法加密图根点。加密的图根点在使用前应注意检核。

经纬仪测图法一般需要4人操作:1人观测,1人计算,1人绘图,1人立尺。

9.3.2　平板仪测绘法

平板仪是地形测图中常用的一种测绘仪器,是传统的大比例尺地形测量的主要方法之一,与经纬仪测绘法相比,其主要区别是将测站到碎部点的方向用图解法直接在图纸上画出来,常用于地势变化不大的农田等野外测图中。下面将利用平板仪进行碎部测图的步骤简单介绍。

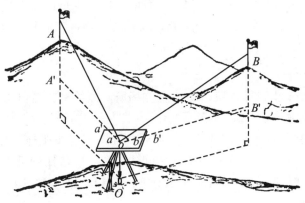

图9-19　平板仪测绘法原理

如图9-19所示,安置平板仪于测站上,进行对中、整平、定向及量仪器高后,用照准仪瞄准碎部点上的视距尺,使照准仪的直尺边正确地通过图板上测站点的刺孔,再利用照准仪的望远镜读取上下十字丝间隔、中丝读数,并在照准仪竖盘上读取竖直角,根据视距测量的公式计算测站点至碎部点的水平距离及高差主值,用卡规(或叫两脚规)在复式比例尺上(或三棱尺上)按所用的测图比例尺截取水平距离在图上的长度,沿照准仪的直尺边将卡规的一只脚对准测站点,另一只脚在图上刺孔,便获得所测碎部点在图上的位置,并注记其高程即可完成平板仪法测绘一个碎部点的工作。重复上述操作步骤,直到该测站上所要测的全部碎部点测完为止。当测定一些碎部点后,即可着手描绘地物、地貌。

平板仪测图法2人就可作业：观测、计算、绘图均由1人完成，另外1人立尺。

9.3.3　地形图绘制

9.3.3.1　地物的描绘

地物要按地形图图式规定的符号表示。对地物测绘的质量主要取决于是否正确合理地选择地物特征点，如房角、道路边线及河岸线的转折点、电杆的中心点等。主要特征点应独立测定，一些次要特征点可采用量距、角度交会、推平行线等几何作图的方法绘制。

房屋轮廓需用直线连接起来，而道路、河流的弯曲部分则是逐点连接成光滑曲线。不能依比例描绘的地物，应按规定的非比例符号表示。各类地物要素描绘的原则如下：

(1)测量控制点、独立地物的描绘

测量控制点是测绘地形图的基础，包括三角点、图根点、水准点和天文点。图形上属于独立符号。对这类符号，先绘定位点，后绘其余部分，点位误差为±0.1mm。描绘顺序依次为：天文点、三角点、图根点和水准点。当其他地物符号与它相遇时，则该地物符号可省略不绘；重合时，绘重合的那个地物符号，控制点符号可省略不绘，但要按控制点的注记格式进行注记。独立地物(如古塔、亭、纪念碑、风车、独立树等)是判别方位的重要地物，属独立符号，在大比例尺图上要详细表示。当它们相遇时，或移动次要的(以方位意义为准)，或略为缩小这两个符号的尺寸。有时，能按地形图比例尺表示出独立地物的轮廓图形，如变电所、气象站等，则在轮廓范围内绘上该地物的独立符号，以说明该轮廓范围内的性质。

(2)居民地的描绘

居民地是人们居住和进行各项活动的主要场所。测绘时，测出房屋轮廓点，各点相连，则为依比例的轮廓符号。如果该图形小于图式中所规定的最小尺寸(不依比例的独立房屋)，则用不依比例的或半依比例的房屋符号描绘。当房屋毗连成片或间隔很小(小于0.2mm)时则用街区图形表示。街区与街区之间的街道：能依比例尺表示时按实地宽度绘出；不能依比例表示时则按图式规定的街道宽度(有主要与次要之分)描绘。当街区的一边是空地，则应加绘街道线。

(3)道路的描绘

道路是人们进行联系往来的纽带。包括铁路、公路及一些附属建筑物，如车站、机车库、桥梁、涵洞、路堑、路堤、里程碑等。道路是一种线状延伸的物体。当其宽度能依比例表示时则按实宽描绘；当其图上宽度小于图式上道路符号的尺寸时则用图式中指定的半依比例符号表示。直的笔直，弯曲处应是圆滑的曲线。要注意道路与道路的相交情况；上下相交要绘出桥梁、路堑(或路堤)，各绘至桥梁处；

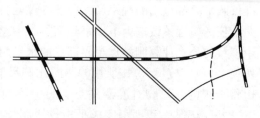

图 9-20　道路的描绘

平面相交要按级别进行描绘，如铁路与公路相遇，铁路符号完整，公路符号绘至铁路符号边；公路与公路相遇，则各自绘至符号边；单线路与双线路相遇，则单线路绘至双线路符号边缘，如图 9-20 所示。

(4) 境界、管线及垣栅的描绘

境界是指行政区划的界线，实地是根据界标、界桩及地物来定出界线的位置。描绘境界，由高级至低级进行，当两种界线重合时只绘高一级的界线，描绘境界要连续地全部绘出，当与线状符号相交时，在相交处间断境界符号，但与河流、运河相交则不间断。描绘管线时，要绘出有方位意义的电杆及电架。对管线要加注说明注记。描绘垣栅时一般先绘垣栅的主轴线，后绘其余部分。这三种符号都是半依比例符号，要精确按定位线位置进行描绘。

(5) 水系的描绘

先绘截断水涯线的符号，如桥、水闸、拦水坝等，然后绘海洋、湖泊、双线河、单线河等，最后绘水系的附属内容如岸堤、渡口、水流方向等。

(6) 植被的描绘

这类地物符号的范围，若界线明显者用地类界符号表示其轮廓，当地类界与其他地物如道路、河流、陡崖等重合时可省略，不绘地类界符号。界线不明确者则不绘出界线符号。有时，植被呈带状分布，宽度较小，只能用半依比例符号表示。在轮廓范围内除绘出相应的填绘符号外，有时还要加绘说明符号和注记。描绘顺序是先绘地类界，后绘填绘符号及说明符号与注记。

9.3.3.2　地貌的勾绘

关于用等高线表示地貌的问题已在前面有所叙述。但是，地貌的表示除用等高线外，还需辅以一些地貌符号，才能更加详细。干河床、山洞、滑坡、冲沟、陡石山等符号属于这一类。现将一些地貌表示问题叙述如下。

(1) 示坡线的应用

示坡线是表示斜坡降落的方向线，它的一端与等高线垂直相接，另一端指向斜坡低处。示坡线能帮助判读地形走向，是等高线表示地貌的补充说明。示坡线须加绘在地形不易判读的地方。

(2) 密集等高线的内插方法

坡度较陡的等齐坡，等高线密集而均匀分布，两计曲线间，首曲线可间隔内插。如两计曲线之间的空白间隔小于 1.5mm 时，各首曲线全部插入就很困难。处理的方法有两种：一是仍将首曲线全部插绘，空白间隔甚小时允许相邻等高线相遇或相重；另一种是合并内插，当两计曲线间的空白间隔为 1.2～1.5mm 时，将第 2，3（或 3，4）条首曲线合并，插入三条首曲线。空白间隔为 0.9～1.2mm 时，将第 1，2 条和 3，4 条等高线分别合并，插入两条首曲线。空白间隔为 0.5～0.9mm 时，合并四条首曲线，只插入一条首曲线。空白间隔小于 0.5mm 时则不插入首曲线，或用陡崖符号表示。

（3）变形地符号的描绘

变形地是指地形特殊变化的地段，如陡石山、陡崖、滑坡等。这类符号的纵短线和横短线的描绘均应根据光线法则，受光面疏些，背光面密些，而且受光面越高越细，背光面越高越粗。陡石山符号的各种线划应徒手按自然形态描绘。陡崖、崩崖、滑坡这类符号的描绘顺序是先绘出棱线，再根据其斜坡的水平投影宽度决定陡坡范围是以依比例还是以半依比例表示，再配绘填绘符号。

（4）冲沟符号的描绘

冲沟要以其在图上的宽度决定是用比例或半比例符号或在冲沟边缘加注陡崖符号表示。

（5）土质符号的描绘

土质符号属面积符号，包括沙地、戈壁、石块地、龟裂地等，描绘时主要注意点的大小、间隔、排列及先后次序即可。

9.3.4 地形图拼接、检查和整饰

9.3.4.1 地形图拼接

当测区面积较大，整个测区必须分为若干图幅施测，各图幅测完后，相邻图边要进行拼接。由于有测量误差的存在，使图幅相邻地方的地物轮廓和等高线不完全衔接。如图 9-21 所示，相邻图幅拼接处的小路、房屋、等高线都有可能不完全吻合。因此，为了保证相邻图幅的互相拼接，每一幅图的四边，一般均须测出图廓外 0.5～1cm，对地物应测完其主要角点，为了测出电杆等直线形地物的方向，应多测出一些距离。

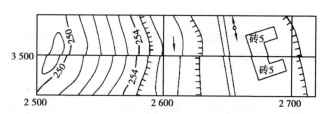

图 9-21 地形图拼接

当布设地形控制点时，应当考虑到图边测图的需要，如果图廓边没有足够的解析点，可增设图边公共测站点，利用公共点测图将有利于相邻图幅的拼接，并有利于图边的测图精度。完成图边测图后，模拟测图则需将图边蒙绘于透明纸上，一般每幅图仅描绘东、南两个图边，这就是接图边。如用聚酯薄膜测图，可以不用透明纸描绘图边，而直接将相邻图幅重叠对准方格网便可拼图。

在接图边上应绘出相应的图廓线及坐标格网线，并注出坐标数值，然后映绘图廓内外所有地物、地貌。图内绘出 1.0～1.5cm，图外则按图边规定的所测宽度，并注明相应图幅编号、接图日期。为了区分不同图幅的地物、地貌，透绘时可用不同的颜色。拼接时，检查相同地物和等高线的差异，两幅图接图的较差视地形图测绘精度的要求而异。各作业

规范对各种比例尺测图的地物和等高线的精度都有明确规定。一般规定明显地物(如房屋、道路等)的位置不得超过 2mm，非明显地物位置不得超过 3mm；同高程等高线平面位置在平地不得大于相邻等高线一个平距，在山地不得大于二个平距。如在接图限差以内，先在透明纸上按平均位置改正后，再改正相邻两图幅。

9.3.4.2　地形图检查

测绘工作是一项十分细致而复杂的工作。为了保证成果的质量，测量人员必须具有高度的责任感、严肃认真的工作态度和熟练的操作技术。同时还必须有合理的质量检查制度。测量人员除了平时对所有观测和计算工作作充分的检核外，还要在自我检查的基础上建立逐级检查制度。

（1）自检

自检是保证测绘质量的重要环节。测绘人员应经常检查自己的操作程序和作业方法。自检的内容包括：所使用的仪器工具是否定期检验并符合精度要求，地形控制测量的成果及计算是否充分可靠，图廓、坐标格网及控制点的展绘是否正确，以及控制点的高程是否与成果表相符等。测图开始前，应选择一个通视良好的测站点设站，先以一远处清晰目标定向，然后瞄准其他已知点来检查测站定向和已知点位置的正确性，控制点高程的检查也要符合要求。各项检查都满足要求后，方可测图。每站测完后，应对照实地地形，查看地物有无遗漏，地貌描绘是否与实地相像，符号应用是否恰当，线条是否清晰，注记是否齐全正确等。当确认图面完全正确无误后，再迁到下一站进行测绘。

（2）全面检查

测图结束后，先由作业员对地形图进行全面检查，而后组织互检和由上级领导组织的专人检查。检查的方法分室内检查、野外巡视检查及野外仪器检查。

室内检查首先是对所有地形控制资料作全面详细的检查，主要内容包括：观测和计算手簿的记载是否齐全、清楚和正确，各项限差是否符合规定。也可视实际情况重点抽查其中的某一部分。原图的室内检查，主要查看格网及控制点展绘是否合乎要求，图上控制点及埋石点数量是否满足测图要求，图面地形点数量及分布能否保证勾绘等高线的需要，等高线与地形点高程是否适应，综合取舍是否合理，符号应用是否合乎要求，图边是否接合等。室内检查可以用蒙在原图上的透明纸进行，并以此为根据决定野外检查的重点与巡视的线路。

野外巡视检查应根据室内检查的重点按预定的路线进行。检查时将原图与实地对照，查看原图上的综合取舍情况，地物、地貌有无遗漏，地貌的真实性及符号的运用，名称注记是否正确，等高线是否逼真合理等。巡视检查也要在图板上放一透明纸，以备修正和记载错误之用。

仪器检查是在内业检查和外业巡视检查的基础上进行的。除将以上发现的重点错误和遗漏进行补测和更正外，对发现的疑点也要进行仪器检查。仪器检查一般用散点法进行，即在测站周围选择一些地形点，测定其位置和高程，检查时除对本站所测地形点重新立尺进行检查外，并注意检查其他测站点所测地形点是否正确。还应利用方向法照准各突出目标,视其位置是否正确。仪器检查的另一种方法是断面法,它是沿测站的某一方向线进行,以测定该方向线上各地形特征点的平面位置和高程,然后再与地形图上相应地物点、等高线通过点进行比较。断面法测定点的位置和高程可仍用测图时相同的仪器,也可用钢尺量距,或直接用水准测量测定各断面点的高程。检查结果,各项误差应不超过规范所规定的要求。如检查方法与测图方法相同时,各项误差应不超过规定的最大误差$\sqrt{2}$倍。仪器检查量每幅图一般为10%左右。

在检查过程中对所发现的错误和缺点,应尽可能予以纠正。如错误较多,应按规定退回原测图小组予以补测或重测。

测绘资料经全面检查认为符合要求,即可予以验收,并按质量评定等级。

检查验收工作是对成果成图进行的最后鉴定。通过这项工作,不仅要评定其质量,更重要的是最后消除成图中可能存在的错误,保证各项测绘资料的正确、清晰、完整,真实地反映地物地貌,为各项工程的顺利进行提供正确的地面定位依据。

9.3.4.3 地形图整饰

地形图整饰目的是使图面更加合理、清晰、美观。整饰的顺序是先图内后图外;先地物后地貌;先注记后符号。地形图上的线条粗细、采用字体、注记大小等均按地形图图式规定。文字注记(如地名、河流名、道路去向和等高线高程等)应该在适当位置,既能说明注记的地物和地貌,又不遮盖符号,字头一般朝北。图上的注记、地物和地貌均按规定的符号进行注记和绘制,最后按图式要求写出图名、图号、比例尺、坐标系统及高程系统、施测单位、测绘人员及测绘日期等。

9.3.4.4 地形图测绘应提交资料

①图根控制点(坐标、高程)成果表,测量记录手薄及计算表格。
②地形原图、相邻图幅接合表、接边纸(用聚酯薄膜测图则不用),测图工作进程表。
③技术设计书、成果质量检查验收报告、精度统计表及技术总结等。

9.4 数字测图

数字测图包括全野外数字化测图(或称地面数字测图、内外一体化测图)、地图数字化成图、摄影测量和遥感数字测图,本节只介绍全野外数字化测图。

9.4.1 数字化测图的特点

与模拟测图相比,数字化测图具有明显的优势,是目前大比例尺测图的主要方法之一。特点如下:

(1)自动化程度高

模拟测图通常是外业直接成图,地图现场绘制,在图上手工量算所需要的坐标、距离和面积等。数字化测图的野外测量能自动记录、自动解算、处理、存储、清理、绘图,效率高,劳动强度小,出错几率小,绘制出的图纸精确、规范,并能向用图者提供数字化的地图数据，用户可以自动提取所需要的图、数信息。

（2）精度高

模拟测图除了重要的坐标点注记坐标外，其大量的碎部点坐标是不保留而直接绘制到图上的，其点位精度由测图比例尺决定，并受到绘制过程中人为因素如刺点、画线等的影响。数字化测图记录的是观测数据或坐标，在记录、存储、处理、成图过程中，数据自动传输并由计算机处理，不受测图比例尺和绘制过程中人为因素的影响，能完全体现外业测量的精度。

（3）现势性强

数字化测图克服了传统测图不能连续更新的困难。数字化测图的成果保存是将点的定位信息和属性信息存入计算机，当数据需要更新时，只需输入变化信息的坐标、代码，经过编辑处理，很快便可以得到更新的图形，而不需要重新绘制，从而可以确保地图的现势性和可靠性。

（4）易于保存

绘制在图纸上的地图信息随着时间的推移，会因图纸的变形而产生误差，图纸的保存也很不方便。数字测图的成果以数字信息保存，避免了对图纸的依赖，而且易于保存。

（5）不受图幅限制

模拟测图施测是以一幅图为基本单位，成果也是分幅存放。数字化测图在测区内部不受图幅限制，测区整体控制网建立后，可以在整个测区的任何位置进行测绘，成果在计算机上按要求分幅，消除了模拟测图接边的问题。

（6）使用方便

数字化测图分层存放，可使地面信息全面保留，不受图面负载量的限制，从而便于成果的深加工利用。例如，房屋、电力线、铁路、植被、道路、水系、地貌等均存于不同的层中，通过关闭层、打开层等操作来提取相关信息，即可方便地得到所需的测区内各类专题图、综合图，如路网图、电网图、管线图、地形图等。又如，在数字地籍图的基础上，可以综合相关内容，补充加工成不同用户所需要的城市规划用图、城市建设用图、房地产图以及各种管理用图和工程用图。数字化测图的成果以数据的形式存储，可方便地传输、处理和供多用户共享。数字地图不仅可以自动提取点位坐标、两点距离、方位以及地块面积等，还可以供工程、规划 CAD（计算机辅助设计）使用和供 GIS（地理信息系统）建数据库使用。数字地图的管理，既节省空间，操作又十分方便，可以根据用户的需要在一定范围内输出不同比例尺和不同图幅大小的图纸，也可以输出各种分层或叠加的专用地图。

9.4.2　数字化测图的作业流程

根据数字化测图的工作程序，数字化测图工作可分为：①野外数据采集；②内业编辑成图；③图面检查；④绘图打印输出与野外实地调绘检查；⑤根据调绘结果修改错误及图形整饰与分幅；⑥打印输出纸质图，或刻录数字图光盘等。

数字化测图总体上可以分为数据采集、数据处理和图形打印输出三个阶段。数据采集阶段是通过野外和室内电子测量与记录获取数据,并按照应用程序所规定的格式记录以便计算机能够接受;数据处理阶段是在人机交互方式下通过程序进行处理,如坐标转换、地图符号生成、注记配置、图廓生成等步骤,将采集的数据转换为地图数据;地图数据的输出则包括用绘图仪打印地形图、打印机输出报表和建立数据库。

9.4.2.1 野外数据采集

野外数据采集时,可将全站仪和 GPS RTK 结合使用。在开阔地段(主要是田野、公路、河流、沟、渠、塘等)可用 GPS RTK 进行数据采集;对于树木较多或房屋密集的村庄等可先用 GPS RTK 测定图根点,然后通过全站仪采集碎部点。

(1)野外数据采集的原理

①点的描述　传统的测图方法在外业只测得点的三维坐标,然后由绘图员按坐标(或角度与距离)将点展绘到图纸上,再根据测点与其他点的关系连线,按点(地物)的类别加绘图示符号,这样通过一点一点地测绘,生产出一幅幅地形图。数字化测图是将野外采集的成图信息通过计算机软件自动处理(自动识别、自动检索、自动连线、自动调用图示符号等),经过编辑,最后自动绘出所测的地形图。因此,对于点必须同时给出点位信息和图形信息,以便计算机识别和处理。数字化测图中的点测绘必须具备三类信息:

a. 测点的三维坐标信息;

b. 测点的属性信息,即点的特征信息(地物点、地貌点、…);

c. 测点的连接信息,即相关的点如何连成一个地物或地貌。

测点的三维坐标信息可使用测量仪器如全站仪、GPS RTK 得到,最终以 x, y, $z(H)$ 坐标表示。测点的属性信息是用编码表示的,通过编码就知道它是什么点,图式符号是什么。反之,外业测量时知道测的是什么点,就可以给出该点的编码并记录下来。因此,数字化测图软件必须建立一套完善的图式符号库,只要知道编码,就可以从库中调出相应图式符号并绘制成图。测点的连接信息,则是用连接点和连接线型表示的。

若在外业测量时,将上述三类信息都记录下来,经过计算机软件的处理(自动识别、检索、调用图式符号等)后,将自动绘出所测的地形图或地籍图。

②地形编码　计算机是通过测点的属性信息来识别测点是哪一类特征点,用什么符号表示。为此,在数字化测图系统中必须设计一套完整的地物编码来替代地物的名称和代表相应的图示符号,以表明测点的属性信息。

地形图的地形要素很多,《国家基本比例尺地图图式 第一部分 1:500　1:1 000　1:2 000 地形图图式》(GB/T 20257.1—2007)将它们总结归类,并规定出用以表达的图示符号。所公布的地形图图式符号约有 300 个,独立要素约有 400 个。对数字化测图软件来说,首先应考虑到外业的方便,以最少位数的数码来代表点的地形分类属性,以地形图图式作为地形点属性编码的依据是适宜的。因此,对每一个地形要素都应赋予一个编码,使编码和图式符号一一对应。

a. 地形编码设计应遵循的原则。地形编码设计应遵循一致性的原则,要求野外采集的数据或测算的碎部点坐标数据,在绘图时能唯一地确定一个点;符合国标图式分类,符合地形图绘图规则；尊重传统方法，简练，便于操作和记忆，比较符合测量员的习惯；编码结构充分灵活，适应多用途数字测图需要，便于在地理信息管理、规划设计等后续工作中能进一步扩展信息编码；并便于计算机处理。

b. 现有系统所采用的地形编码方案。一种方案是三位整数编码：三位整数是最少位数的地形编码，且三位整数足够对全部地形要素进行编码。它主要参考地形图图式符号，对地形要素进行分类、排序编码。

按照《国家基本比例尺地图图式 第一部分 1:500　1:1 000　1:2 000 地形图图式》，地形要素分为九大类：Ⅰ. 测量控制点；Ⅱ. 水系；Ⅲ. 居民地及设施；Ⅳ. 交通；Ⅴ. 管线；Ⅵ. 境界；Ⅶ. 地貌；Ⅷ. 植被与土质；Ⅸ. 注记。

在每一大类中又有许多地形元素，在设计三位整数编码时，第一位为类别号，代表上述大类，第二、三位为顺序号，即地物符号在某大类中的序号。例如，编码 101，1 为大类，即控制点类，01 为图式符号中顺序为 1 的控制点，即三角点，102 为小三角点。又如 301 为居民地类的单栋房屋。每一大类中的符号编码不能多于 99 个。通过统计，符号最多的是第 3 类(居民地及设施)，超过 99，有 112 个。符号最少的是第一类(控制点)，只有 8 个。此外，测图系统中，一些特殊的线、层等也需要设系统编码；一些制作符号的图元及线型(虚线、点划线等)也需要设编码。因此，在实际测图软件的编码系统中，为了用三位编码概括以上需要，在上述九大类的基础上作了适当的调整。由于以前编码没有统一标准，各系统详细的编码需参阅各自测图系统的编码表。

三位整数编码具有编码位数少，简单方便，操作人员易于记忆和输入；按图式符号分类，符合测图人员的习惯；与图式符号一一对应，编码带有图形信息；计算机可自动识别，自动绘图等优点。

另一种方案是无记忆编码：无记忆编码在数字化测图软件中应用得越来越广泛。在数字化测图软件中，将每一个地物编码和它的图式符号及汉字说明都编写在一个图块里，形成一个图式符号编码表，存储在计算机内，只要按一个键，编码表就可以显示出来。用户只要用光笔或鼠标点中所要的符号，其编码将自动送入测量记录中，无需记忆编码，随时可以查找，还可以对输入的实体的编码进行修改。而且在实际应用中，对于一些常用的编码，如导线点、图根点、一般房屋、界址点等，多用几次也就记熟了。

数字化测图的成果作为 GIS 的前端数据，3 位数编码远远不够，也不十分规则，一般需要 6 位，随着 GIS 的广泛建立，数字化测图的编码如何适应 GIS 的要求，如何形成统一的国标，还有待进一步的探讨。

③连接信息　连接信息可分解为连接点和连接线型。

当测点是独立地物时，只要用地形编码来表明它的属性，即可知道这个地物是什么，应该用什么样的符号来表示。但是，如果测的是一个线状或面状地物，就需要明确本测点与哪个点相连，以什么线型相连，才能形成一个地物。所谓线型是指直线、曲线或圆弧线等。如图 9-22 所示的大厅，测第 2 点，必须与 1 点以直线相连，3 点须与 2 点直线相连，4 点与 3 点、5 点

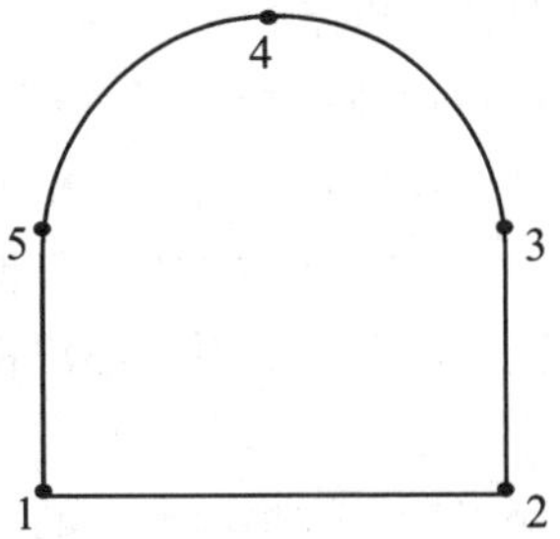

图 9-22　房屋大厅示意图

与4点则以圆弧相连,1点与5点以直线相连。有了点位、编码,再加上连接信息,就可以正确地绘出房屋大厅(地物)了。

综上所述,对每一个点来说,获取了描述点的3类信息,就具备了计算机自动成图的必要条件。

(2)野外数据采集的模式

野外数据采集的作业模式,取决于使用的仪器和数据的记录方式。目前,野外数据采集主要有两种模式:电子平板测绘模式和草图法数字测记模式。

①电子平板测绘模式　电子平板测绘模式是用笔记本电脑模拟测图平板,在野外直接将全站仪与装有测图软件的笔记本电脑连接在一起,测量数据实时传入笔记本电脑,现场加入地理属性和连接关系后直接成图。

电子平板测绘模式实现了数据采集、数据处理、图形编辑实时同步完成。这种作业模式的优点是精度高,可及时发现并纠正测量错误,外业工作完成,图也基本完成,从而实现了内外业一体化。缺点是由于全站仪测量测程较长,绘图员观察地形、地物和现场绘图都较困难,对作业员技术要求也较高。此外,笔记本电脑的性能和过重的外业工作负担可能是这种作业模式广泛推广的主要障碍。

目前,利用掌上电脑开发的野外采集成图软件,充分发挥了传统电子手簿的优点,并加入了实用的图形绘制与编辑功能,具有完整的图形符号库,独立地物、线状地物、面状地物都可以在屏幕上绘出,基本具备了电子平板的主要功能。利用掌上电脑和测图软件中的图形符号能够直接测绘地形图,不需要记忆和输入编码,能够完成大部分的成图工作,最后再将数据文件传入计算机,经过少量编辑处理即可生成数字化地形图。但掌上电脑体积小,虽然便于携带,显示屏幕范围却有限,在图形显示方面还不能满足用户的需要。

②草图法数字测记模式　草图法数字测记模式是一种野外测记、室内成图的数字测图方法,使用的仪器是带内存的全站仪、GPS RTK。当使用全站仪进行野外采集时,数据记录在全站仪的内存中,而当用GPS RTK进行野外采集时,数据记录在电子手簿上。两种方式在野外数据采集时都同时配画标注测点点号的工作草图(图9-23)。每天测完后,在室内通过通信电缆或PC卡将野外采集的数据传输到计算机,再结合工作草图利用数字化成图软件对数据进行处理,最后经人机交互编辑形成数字地图。这

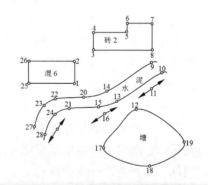

图9-23　外业测点属性及连接关系草图

种作业模式的特点是精度高、内外业分工明确,便于人员分配,从而提高工作效率。

数字化测图需对各地物特征点按一定的规则赋予编码。按采集数据时是否输入确定特征点间相互关系的编码将数据采集分为编码法和无码法两种方式。

编码法是通过约定的编码来表示地形实体的地理属性和测点的连接关系的方法。野外测量时,除将碎部点的坐标数据记录在全站仪的内存中或RTK的电子手簿中,还需人工输入对应的编码,数字化成图软件通过对编码的处理就能自动生成数字地形图。对于复杂

区域，还需绘制简易工作草图用于编辑时参考和内业处理后的图形检查。一般而言，如果观测人员经验丰富且能熟练地使用相应数字化成图系统的编码方法，适合采用编码法。

无码作业是用草图来描述测点的连接关系和实体的地理属性。野外测量时，仅将碎部点的坐标和点号数据记录，在工作草图（图 9-23）上绘制相应的比较详细的测点点号、测点间的连接关系和地物实体的属性，在内业工作中，结合工作草图利用数字化成图软件进行处理。无码作业采集数据比较方便、可靠，这是目前大多数数字化成图系统和作业单位的首选作业方式。

（3）全站仪采集碎部点的方法

使用全站仪进行数据采集，若采用草图法，则需要 1 人观测，1～2 人画草图（记录员），1～2 人立棱镜，同时，作业人员需随时用对讲机保持联系。全站仪采集碎部点的方法如下：

①安置全站仪　将全站仪安置在测站点上，对中、整平后量取仪器高。开机，在"数据采集"里新建工程文件或打开已有的工程文件。

②定向　输入测站点的点号、坐标、仪器高，后视点的点号、棱镜高，并照准后视点后输入后视点的坐标或测站点至后视点方向的坐标方位角。

③检核　可将棱镜立于第三个已知点进行测量，并和已知数据进行比对检查，若两者之间的较差满足要求即可进行下面的碎部点测量工作；否则，应检查原始数据，找出原因。也可在定向后测一次后视点的坐标并和已知数据进行比对检查。

④碎部点测量　全站仪数字化测图一般情况下采用的是极坐标法，其基本原理与模拟测图一样。碎部点测量时，观测员照准立于碎部点的棱镜，如果棱镜高改变，则重新输入棱镜高，在全站仪上按操作键完成测量及记录工作。记录员在棱镜处通过绘制草图的方法记录测点所测内容以及与其他碎部点之间的相互关系。

当记录员确定当前测站所能测得的点已全部测完后，通过观测员迁站，一个测站的工作结束。

由于全站仪在几百米距离内测距精度较高，因此，一般图根控制点的密度相对于模拟测图的要求大大减少。当在测量碎部点并不关心碎部点点号时，或者碎部点点号没有特定要求时，可以选择点号自动累计方式，这样可避免同一数据中出现重复点号；当不能采用自动累计方式时，可以采用点号手工输入方式。

除极坐标法外，数字化测图还提供丈量法测定碎部点。它能够根据外业所测的基本点及丈量的边长或观测方向，用解析法求出其他碎部点的坐标，并记入碎部点数据库。碎部测量时，许多隐蔽的点是无法利用极坐标法测量出来的，特别是在居民区，实际作业中很多点往往需要用丈量法计算出来。因此，丈量法在实际作业中显得非常重要。丈量法的方法主要包括：边长交会、直角折线、线上一点、矩形两点、矩形第四点、两点距离、垂线足点、两直线交点等。目前的测图软件都提供了多种丈量法。

丈量法应用举例：

直角折线（图 9-24）：已知起点 $A(x_A, y_A)$，止点 $B(x_B, y_B)$，A，B 两点间水平距离为 D_{AB}，野外测得过 B 的垂直距离 D，求 P 点坐标。

计算公式：

$$D_{AB} = \sqrt{(x_B - x_A)^2 + (y_B - y_A)^2}$$

$$x_P = x_B + \frac{D(y_B - y_A)}{D_{AB}}$$

$$y_P = y_B + \frac{D(x_B - x_A)}{D_{AB}}$$

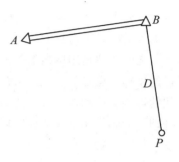

图 9-24　直角折线

为了提高作业效率，减少外业工作时间，个别局部区域的碎部测量可采用"自由设站"的作业方法。自由设站即为任意设站，以假定坐标系进行测量，然后通过两个以上的公共点（既有正确坐标，又有假定坐标），将任意设站测得的数据转换到正确的坐标系中。利用图形编辑软件中的转换功能可以很方便地解决这一问题。

（4）GPS RTK 野外数据采集

GPS RTK 主要在便于接收卫星信号的开阔地区使用。采用 GPS RTK 进行地形图测绘，可以不进行图根控制测量，它是利用分布在测区的一些（至少 2 个）基本控制点的坐标数据来校正 GPS RTK 流动站测得的 WGS84 坐标而获得各碎部点的所需的测量坐标。GPS RTK 的基准站可同时向在一定范围内的多个流动站发送差分信号。因此，GPS RTK 的多个流动站可同时进行碎部测量。GPS RTK 野外数据采集的过程如下：

①基准站设置　在进行作业前，首先要架立基准站并进行设置。GPS RTK 定位的数据处理过程是基准站和流动站之间的单基线处理过程，基准站和流动站的观测数据质量及无线电的信号传播质量对定位结果的影响很大。因此，基准站点位的选择就非常重要。基准站上空应尽量开阔，在基准站 GPS 天线的 5°~ 15°高度角以上不能有成片的障碍物；为减少各种电磁波对 GPS 卫星信号的干扰，在基准站周围约 200m 的范围内不能有强电磁波干扰源，如大功率无线电发射设施、高压输电线等；基准站应远离对电磁波信号反射强烈的地形、地物如高层建筑、成片水域等；为了提高 GPS 作业效率，基准站应选在交通便利、上点方便的地方；由于电台信号传播属于直线传播，所以为了基准站的信号（数据）能传输到较远距离的流动站，基准站应该选择在地势比较高的测点上。在 GPS RTK 采集碎部点数据的具体作业中，基准站点位应考虑

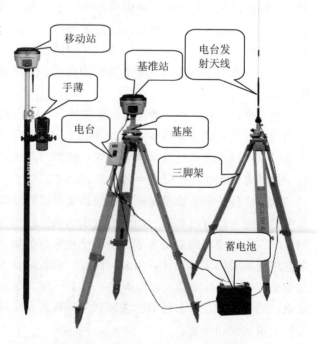

图 9-25　南方银河 1 一体化测量系统示意

到 GPS 电台的功率和覆盖能力，尽量使测区中的流动站都能接收到信号。基准站可以架设在已知点上，也可以架设在未知点上。南方银河 1 一体化测量系统的组成如图 9-25 所示。

　　基准站架设的具体方法为：首先在基准站点安置脚架并装上基座，再将装上连接器的基准站主机置于基座之上，对中整平，然后将电台与发射天线连接好，最后用电缆将电台、GPS 接收机和电瓶连接起来。接线时，应注意正负极。开机，如果数据链指示灯每 5 秒快闪 2 次且状态指示灯每秒闪 1 次，就表示此时正常发射差分信息并且动态数据链正常，否则，要检查设置是否正确。

　　②流动站设置　GPS RTK 流动站设置的具体方法为：连接碳纤对中杆、流动站主机和天线，完毕后开机。如果数据链指示灯每秒闪 1 次且状态指示灯每秒闪 1 次，就表示此时正常接收差分信息并且动态数据链正常。然后进行手簿和流动站 GPS 接收机的连接。打开 GPS 手簿，在主菜单中选择"工程"，进入子菜单，选择"新建工程"，在"新建工程"子菜单中建立工程文件，选择椭球系，进行投影参数设置，如果有四参数或七参数，可直接输入使用，如果没有，则先不用输入。工程文件建好后，选择"设置"主菜单，进入子菜单，选择"其他设置"，输入流动站天线高并选择直接显示实际高程。设置完成后，在手簿下方查看是否是固定解，如显示无数据，则在"设置"主菜单下选择"连接仪器"子菜单进行连接，直到显示为固定解即可。

　　由于 GPS 测量结果属于 WGS84 坐标系，而实际操作中，需要的是地方城市或国家平面坐标。因此，在测量前，必须进行坐标转换。坐标转换方式有四参数法和七参数法。四参数法主要包括 2 个平移参数，1 个旋转参数，1 个尺度参数。七参数法包括 3 个平移参数、3 个旋转参数和 1 个尺度参数。四参数至少需要 2 个已知控制点的坐标，七参数法至少需要 3 个已知控制点的坐标。数字测图一般用四参数法即可，在固定解状态下，先在已知平面坐标的 2 个控制点上测得 WGS84 坐标，然后在"设置"主菜单下选择子菜单"求转换参数"，输入 2 个控制点的已知平面坐标，并从坐标管理库中选择对应的 WGS84 坐标，即可求出四参数。流动站的各项设置正确后，就可进行野外数据采集。

　　③碎部点数据采集　进行碎部点数据采集时，测量人员只需在地形特征点上立流动站，当手簿显示为固定解时，按测量键并输入相应的点号、特征编码，保存数据。同时，另一测量人员画草图，以便内业编辑成图。

　　(5)野外数据采集注意事项

　　无论是全站仪采集碎部点还是 GPS RTK 采集碎部点，与传统方法一样，都是采集地物、地貌的特征点。另外，计算机编辑成图软件具有移动、旋转、镜像、复制、隔点正交闭合、属性匹配、微导等功能，因而可以灵活利用这些方法，处理具有相同形状或对称性的地物，从而有效地减少野外数据采集工作量，提高工作效率。对于规则地物(如建筑物)与平板测图一样，可以较多地利用丈量方法。由于绘图软件自动绘制等高线时先要根据高程点生成不规则三角网(TIN)，因此，当需要勾绘等高线的区域内有陡坎时，除坎上要采集高程点外，坎底也要采集高程点，或者量取坎高，在内业处理时输入。否则，坎上的点会和远离坎相对较为平缓处的点构成三角形边，使得等高线反映不出在陡坎处密集，其余地方较为稀疏的特征。

9. 4. 2. 2 数据处理

数据处理是数字化测图系统中的重要环节。因为数字化测图中数据类型涉及面广，信息编码复杂，其数据采集方式和通讯方式多样，坐标系统往往不一致，这对数据的应用和管理是不利的。因此，对数据进行加工处理，统一格式，统一坐标，形成结构合理、调用方便的分类数据文件，是数字化测图软件中不可缺少的组成部分。处理后的数据可以用于各种计算、分析，如 DTM 建模。

（1）数据预处理

数据预处理的目的主要是对所采集的数据进行各种限差检验，消除矛盾并统一坐标系统。其具体内容大体上包括以下三个部分：

①对采集并传输到计算机内的原始数据进行合理的筛选、分类处理，并对外业观测值的完整性以及各项限差进行检验。

②对于未经平差计算的外业成果实施平差计算，从而求出点位坐标。

③对于带高程的坐标数据进行过滤，剔除几乎重合的数据和粗差，进行必要的数据加密等。

预处理后的数据信息，将形成具有一定格式的数据文件如控制点文件、地物碎部点文件、界址点文件等。

（2）数据处理

经预处理之后的数据，已进行了分类，形成了各自的文件。但这些数据文件还不能直接用来绘图，真正可用来绘图的文件，尚需作进一步的处理。数据处理模块主要应包含以下三个部分：

①对碎部地物点数据文件作进一步处理，检验其地物信息编码的合法性和完整性，组成以地物号为序的新的数据文件，并对某些规则地物进行直角化处理，以方便图形数据文件的形成。

②对界址点数据文件作进一步处理，界址点测量的数据结构一般采用拓扑结构，界址点信息编码亦应按此结构的要求进行设计和输入。在数据处理时，软件首先应对信息编码的正确性进行检验，然后自动连接成界址链。这种数据结构，不仅体现了多边形的形状，而且便于根据观测数据计算出各宗地的面积，同时，通过输入界址链的左、右宗地号，可清楚地反映各宗地的毗邻关系。

③根据新组成的数据文件，由文件中的信息编码和定位坐标，再按照绘制各个矢量符号的程序，计算出自动绘制这些图形符号所需的全部绘图坐标（高斯直角坐标），最终形成图形数据文件。

（3）数字地面模型建立

数字高程模型（digital elevation model，DTM）最初是麻省理工学院 Miller 教授等于 1956 年提出来的。此后，它被用于各种线路的设计，各种工程面积、体积、坡度的计算，任意两点间可视性判断及绘制任意断面图。在测绘中被用于绘制等高线、坡度坡向图、立体透视图，制作正射影像图与地图的修测等。

DTM 是地形表面形态等多种信息的一个数字表示。严格地说，DTM 是定义在某一区域 D 上的 m 维向量有限序列：

$$\{V_i, i = 1, 2, \cdots, n\}$$

其向量 $V_i = (V_{i1}, V_{i2}, \cdots, V_{in})$ 的分量为地形 X_i，Y_i，Z_i，$((X_i, Y_i,) \in D)$、资源、环境、土地利用、人口分布等多种信息的定量或定性描述。DTM 是一个地理信息系统的基本内核，若只考虑 DTM 的地形分量，我们通常称其为 DEM，其定义如下：

DEM 是表示区域 D 上地形的三维向量有限序列，$\{V_i = (X_i, Y_i, Z_i), i = 1, 2, \cdots, n\}$，其中 $(X_i, Y_i,) \in D$ 是平面坐标，Z_i 是对应的高程。当该序列中各向量的平面点位呈规则格网排列时，则其平面坐标 (X_i, Y_i) 可省略，此时 DEM 就简化成一维向量序列 $\{Z_i, i = 1, 2, \cdots, n\}$。实际应用中常习惯将 DEM 称为 DTM，但二者并不完全相同。

建立 DTM 的方法是将采集的地物、地貌的三维坐标数据，由计算机识别碎部点的编码信息，将相应的地物点连接成地物轮廓线，地貌特征点连接成地性线，并组成规则矩形格网或不规则三角网等形式的 DTM，以便根据任一点的平面坐标来内插求得该点的高程，从而绘制等高线。

DTM 有多种表现形式，主要有规则矩形格网和不规则三角网 TIN 等。其中矩形格网 DTM 是将一系列高程采样点按一定格网形式有规则的排列。矩形格网存储量小，便于使用和管理，但有时不能准确地表示地形的结构和细部，导致基于 DTM 描绘的等高线不能准确表示地貌。不规则三角网 TIN 是直接利用测区的特征点，构造出邻接三角形组成的格网形结构，其优点是三角形格网的顶点全部为实测碎部点，插绘的等高线精度高，算法简单，减少了模型中错误的发生。

9.4.2.3　图形输出

绘制出清晰、准确的地图是数字化测图工作的主要目的之一，因此，图形的处理和输出模块也就成为数字化成图软件中不可缺少的重要组成部分。各种测量数据和属性数据，经过数据处理之后所形成的图形数据文件的数据是以高斯直角坐标形式存放的，而图形输出无论是在显示器上显示图形，还是在绘图仪上自动绘图，都需进行坐标的转换。另外，还有图形截幅、绘图比例尺确定、图式符号注记及图廓整饰等内容，都是计算机绘图不可缺少的内容，现简介如下：

（1）图形截幅

在数字化地形测量野外数据采集时，常采用全站仪等设备自动记录或手工输入实测数据，并未在现场成图，因此，对所采集的数据范围需要按照标准图幅的大小或用户确定的图幅尺寸进行截取，对自动成图来说，这项工作就称为图形截幅。也就是将图幅以外的数据内容截除，把图幅以内的数据保留，并考虑成图比例尺和图名图号等成图要素，按图幅分别形成新的图形数据文件。

图形截幅的基本思路是，首先根据四个图廓点的高斯直角坐标，确定图幅范围；然后对数据的坐标项进行判断，利用在图幅矩形框内的数据以及由其组成的线段或图形，组成该图幅相应的图形数据文件。而在图幅以外的数据及由其组成的线段或图形，则仍保留在原数据文件中，以供相邻图幅提取。图形截幅的原理和软件设计的方法很多，常用的有四位码判断截幅、二位码判断截幅和一位码判断截幅等方式。

（2）图形显示与编辑

要注意屏幕坐标与高斯直角坐标的差异。高斯直角坐标系 x 轴向北为正，y 轴向东为正，坐标系原点在左下角。

在屏幕上显示的图形可根据野外草图或原有地图进行检查，若发现问题，用程序可对其进行屏幕编辑和修改。经检查和编辑修改而准确无误的图形，软件自动将其图形定位点的屏幕坐标再转换成高斯坐标，连同相应的信息编码保存于图形数据文件中，或组成新的图形数据文件，供自动绘图时调用。

（3）绘图仪图形输出

数据经数据处理、图形截幅、屏幕编辑后即可利用绘图仪输出地形图。绘图仪输出打印同样存在坐标系的转换问题，一般绘图仪的原点在图板中央，横轴为 x 轴，纵轴为 y 轴。当绘图仪与微机连通后，用驱动程序启动绘图仪，再经初始化命令设置，其坐标原点和坐标单位将被确定。

实际绘图时，用户可通过软件自行定义并设置坐标原点和坐标单位，以实现高斯坐标系向绘图坐标系的转换，称为定比例。通过定比例操作，用户可根据实际需要来缩小或者扩大绘图坐标单位，以实现不同比例尺下不同大小图幅的打印输出。

9.4.3　CASS 作图示例

目前市场上有多种成熟的数字测图软件，其中南方测绘研发的"数字地形地籍成图系统" CASS 在目前的数字化测图生产中得到了广泛的应用。下面以 CASS7.0 作图方法来说明编辑地形图的过程。

CASS 作图之前，需将采集的数据转换成 CASS 数据格式"点号，编码，y，x，H"。

（1）定显示区

当测量范围较大时，计算机屏幕显示全图时局部不够清晰。为了编辑成图方便，可设定显示区，使计算机显示所设定的区域。当图幅面积不大时，此步骤可以省略。进入 CASS7.0 后移动鼠标至"绘图处理"项，选择子菜单"定显示区"，在弹出的对话窗中选择相应的文件即可。

（2）展点

该项工作是将测点展绘到计算机屏幕上以点号标注，作为屏幕绘图的定位依据。在主菜单"绘图处理"下选择子菜单"展野外测点点号"项，输入对应的坐标数据文件名后，便可在屏幕上展出野外测点的点号。

（3）设定定点方式

定点方式有两种："测点点号"和"坐标定位"方法。设定定点方式时，只需在屏幕菜单中选择"测点点号/坐标定位"选项即可。两者的差别在于，如果选择"坐标定位"，则通过屏幕鼠标定点，为了准确定点，这时可将对象捕捉打开，设定相应的捕捉方式；而选择

"测点点号"时，则通过键盘输入点号定点。这样，在测点不是很密集的情况下，可选择"坐标定位"，而当测点较密集时可选择"测点点号定位"。两种方式可以相互切换，如果选择"测点点号"方式，要转入"坐标定位"方式时，只需在命令行里键入"P"，就实现了切换。如果要再次切换到测点点号时，重复上述操作即可。

（4）绘平面图

如图 9-26 所示，92，45，46，13，47，48 号点是平行等外公路的一边，19 为公路对边上的一个测点。定点方式选择"点号定位"，绘制过程如下：

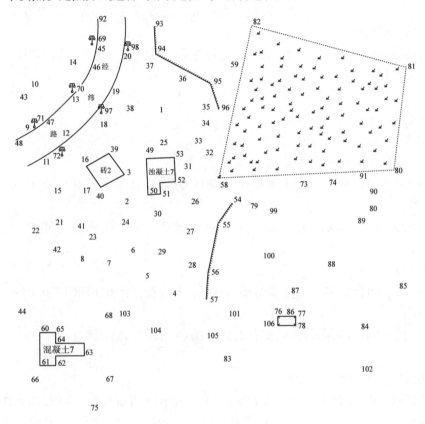

图 9-26　外业作业草图

在右侧屏幕菜单中选择交通设施，找到"平行等外公路"并选中，命令区提示：

绘图比例尺 1：输入 500，回车；

点 P/ < 点号 > 输入 92，回车；

点 P/ < 点号 > 输入 45，回车；

点 P/ < 点号 > 输入 46，回车；

点 P/ < 点号 > 输入 13，回车；

点 P/ < 点号 > 输入 47，回车；

点 P/ < 点号 > 输入 48，回车；

点 P/ < 点号 > 回车

拟合线 < N > ? 输入 Y, 回车。

说明: 输入 Y, 将该边拟合成光滑曲线; 输入 N(缺省为 N), 则不拟合该线。

1. 边点式/2. 边宽式 <1>: 回车(默认 1)

说明: 选 1(缺省为 1), 将要求输入公路对边上的一个测点; 选 2, 要求输入公路宽度。

对面一点

点 P < 点号 > 输入 19, 回车。这时平行等外公路就绘好了。

草图中 49, 50, 51, 52, 53, 为一层数为 7 的多点混凝土房屋, 定点方式为点号定位, 绘制过程如下:

选择右侧屏幕菜单的"居民地"选项, 也可在命令行里输入命令"ff", 选择"多点混凝土房屋"。命令区提示:

第一点:

点 P/ < 点号 > 输入 49, 回车;

指定点:

点 P/ < 点号 > 输入 50, 回车;

闭合 C/隔一闭合 G/隔一点 J/微导线 A/曲线 Q/边长交会 B/回退 U/点 P/ < 点号 > 输入 51, 回车;

闭合 C/隔一闭合 G/隔一点 J/微导线 A/曲线 Q/边长交会 B/回退 U/点 P/ < 点号 > 输入 J, 回车;

点 P/ < 点号 > 输入 52, 回车;

闭合 C/隔一闭合 G/隔一点 J/微导线 A/曲线 Q/边长交会 B/回退 U/点 P/ < 点号 > 输入 53, 回车;

闭合 C/隔一闭合 G/隔一点 J/微导线 A/曲线 Q/边长交会 B/回退 U/点 P/ < 点号 > 输入 C, 回车;

输入层数: <1> 输入 7, 回车。

当使用"隔一点"功能时, 可输入 J 命令, 该功能在于当输入下一点(如图 9-26 中的 52 号点) 后系统会自动算出一点, 使该点与前一点(如图 9-26 中的 51 号点) 及输入点(如图 9-26 中的 52 号点) 的连线构成直角。输入 C 时, 表示闭合。这时层数为 7 的多点混凝土房屋就绘好了。

"微导线"功能由用户输入当前点至前一点的连线与当前点至下一点连线的角(度) 和当前点至下一点的距离(米), 输入后软件将计算出下一点并连线。对于"微导线"功能来说, 要求输入角度时若输入 K, 则可直接输入转角; 若直接用鼠标点击, 则只可确定垂直和平行方向。该功能特别适合知道角度和距离但看不到点的位置的情况, 如房角点被树或路灯等障碍物遮挡时。

类似以上操作, 分别利用右侧屏幕菜单绘制其它地物。

在"居民地"菜单中, 用 3, 39, 16 三点完成利用三点绘制 2 层砖结构的四点房; 用 76, 77, 78 绘制四点棚房。

在"地貌土质"菜单中，用54，55，56，57绘制拟合的坎高为1米的陡坎；用93，94，95，96绘制不拟合的坎高为1米的加固陡坎。在测量中实际的坎并不都是一样高的，为保证后续等高线生成的正确性，要求在能够去的地方，坎上、坎下都要测量，此时不需输入坎高，而不能去的地方，应测量坎高并输入其值。

在"独立地物"菜单中，用69，70，71，72，97，98分别绘制路灯；在"植被园林"菜单中，用58，80，81，82绘制菜地，要求边界不拟合，并且保留边界。

为加快绘图速度，可使用一些快捷命令，如坎的快捷命令"K"，斜坡"XP"，反向"h"，"f"复制，"V"查询属性，"S"属性匹配，"per"垂直，"W"围墙，"J"接起等。

（5）绘等高线

平面图绘好后，即可绘制等高线。方法如下：

①选取主菜单"编辑"下的子菜单"删除"下的"删除实体所在图层"，在图面上点取任何一个点号的数字注记，所展点的注记将被删除。

②展高程点　选取主菜单"绘图处理"下的子菜单"展高程点"，在弹出的数据文件对话框中选择相应的文件，将高程点全部展出来。

③建立DTM　如果地貌有明显的山脊和山谷或变坡线，应根据所展的点用复合线将地性线画出。这样可以避免所建立的三角网在山谷处出现"悬空"或在山脊处出现"切割"的现象。选取主菜单"等高线"下的子菜单"建立DTM"，这时有两种建立DTM的方式，分别为由数据文件生成DTM和由图面高程点生成DTM。如果选择由数据文件生成，则在坐标数据文件名中选择坐标数据文件，此时如果数据量较大，计算机性能一般，则无法生成。如果选择由图面高程点生成，则在绘图区选择参加建立DTM的高程点，可用闭合的复合线确定建模范围。

选择好建立DTM的方式后，在结果显示栏里选择显示建三角网结果，并选择建模过程考虑陡坎（在建立DTM前系统自动沿着陡坎的方向插入坎底的点，这样新建的坎底点就参与三角网组网的计算）和建模过程考虑地性线。

④生成等高线　如图9-27所示，生成三角网后可根据现实地貌，进行三角形的删除、过滤以及增加等修改操作，并将修改结果存盘（使用主菜单"等高线"下的"修改结果存盘"）。之后就可以选取主菜单"等高线"下的"绘制等高线"，对等高距进行设置后便可生成等高线，然后删除三角网，生成的等高线如图9-28所示。

⑤等高线的修饰　在"等高线"菜单下的"等高线修剪"中有"批量修剪等高线""切除指定二线间等高线"和"切除指定区域内等高线"三个子菜单。可通过这几个菜单进行等高线的修剪。如可用"切除指定二线间等高线"切除等高线穿过道路的部分。等高线修剪完后，要对计曲线进行注记。方法是由低到高画一条复合线，然后使用"等高线注记"下的"沿直线高程注记"即可。

（6）加注记

通过屏幕菜单的"文字注记"项进行文字注记。

（7）加图框

首先在"文件"菜单下"CASS参数配置"中对图框进行设置，包括测绘单位、成图日期、坐标系、高程基准、图式、测量员、绘图员、检查员以及密级。然后在"绘图处理"菜单下选择相应的图幅，根据提示即可将图框绘出。

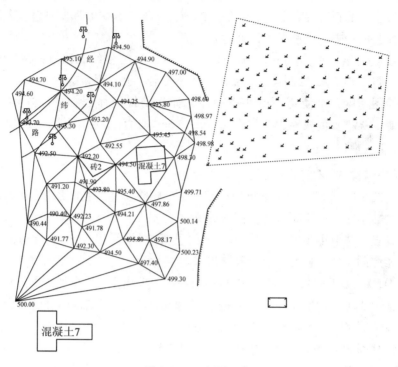

图 9-27　三角网示意

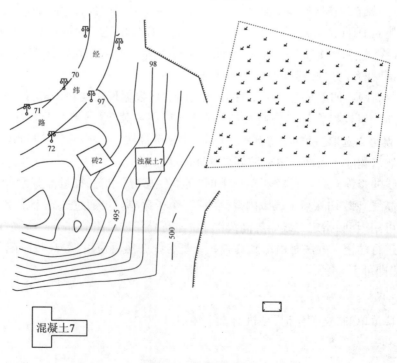

图 9-28　等高线示意

本章小结

大比例尺地形图测绘，就是根据工程建设的需要，对客观存在于地表的地物、地貌以模拟的方式测绘到纸质介质上或将采集的地形测量数据经数字测图系统软件计算机处理后形成的数字图形文件存储到计算机及其外部存储设备。其特点是：测区范围较小、测图比例尺大、精度要求较高。用于工程规划设计的1:500～1:5 000大比例尺地形图，可采用传统的模拟测图和目前生产上广泛使用的数字化测图。

地形图测绘的内容包括地物、地貌测绘两大部分。地物的测绘就是对反映地物占地轮廓形状特征的转折点、独立地物的中心点的位置进行测定，以面状、线状、点状形式的地物符号在图上表示出来。地物测绘的具体内容一般包括：以房屋为主的居民地测绘，包括铁路、公路、人行小路的道路测绘，地面上裸露的架空管线、管道的测绘，河流、渠道、湖泊、池塘、水库、泉及各种水工建筑物等水系的测绘，森林、行树、苗圃、竹林、草地、独立树等地面植被位置或其地类界线的测绘，反映社会经济要素的各级境界线的测绘。地貌测绘是通过测定反映地面坡度或方向发生变换的地貌特征点及构成地貌骨干的地性线（山脊线、山谷线），根据地貌特征点的高程、山脊线、山谷线的位置与走向，即可对照实地情况描绘出表示地貌的等高线。地貌测绘最重要的是山顶、山脊、山谷、鞍部、盆地、山坡、梯田等典型地貌的测绘。任何真实的地貌都是这些典型地貌的不同组合，只要掌握了典型地貌的等高线表示，在图上用等高线逼真地描绘实际地貌将不是一件难事。

地物、地貌的测绘是通过测量反映地物、地貌特征的碎部点来实现的。测定碎部点的方法有极坐标法、直角坐标法和方向交会法。极坐标法是根据测站点上的一个已知方向，测定已知方向与所求点方向间的角度和量测测站点至所求点的距离，以确定所求点位置的一种方法。直角坐标法的测量方法与极坐标法相同，主要体现在展点方法的不同。方向交会法，是分别在两个已知测站点上对同一个碎部点进行方向交会以确定碎部点位置的一种方法。传统的模拟测图通常采用极坐标法测定和展绘碎部点，也可以将极坐标法的测量数据转化成直角坐标进行图上碎部点展绘。数字化测图用全站仪、GPS RTK采集的都是碎部点的直角坐标数据。方向交会法在不便测定碎部点至测站点距离的情况下使用。

模拟测图是在实地测量碎部点数据，在纸质介质上绘制地形图。模拟地形图测绘的方法有经纬仪测绘法、平板仪测绘法。经纬仪测绘法是在控制点上安置仪器测定其附近的碎部点，测站旁边安置绘图板在测图纸上展绘碎部点。其具体操作有观测、计算、绘图、立尺四项工作，3～4人即可完成。平板仪测绘法是将测站到碎部点的方向用图解法直接在图纸上画出来，常用于地势变化不大的农田等野外测图中。平板仪测绘法的观测、计算、绘图1人就可完成。模拟地形图的绘制应满足《国家基本比例尺地图图式》规定的符号线型、大小规格及定位点位置要求，等高线的勾绘也要符合等高线的特性，分幅测绘的模拟地形图应按要求进行拼接。

全野外数字化测图就是将全站仪、GPS RTK采集的地形坐标数据，经过数字测图系统软件的计算机处理，获得以坐标数据形式表达与存储的地形图。数字化测图的工作程序分为数据采集、数据处理和图形打印输出三个阶段。野外数据采集一般采用草图法数字测记模式，根据全站仪、GPS RTK 手簿采集碎部点位置数据的点号，现场绘制供内业编辑的碎部点连接关系草图。数据处理首先对所采集的数据进行各种限差检验、消除矛盾并统一坐标系统的预处理；然后对预处理后碎部地物点数据文件作进一步处理，检验其地物信息编码的合法性和完整性，组成以地物号为序的新的数据文件，并对某些规则地物进行直角化处理，以方便图形数据文件的形成。在此基础上由文件中的信息编码和定位坐标，按照绘制各个矢量符号的程序，计算出自动绘制这些图形符号所需要的全部绘图坐标，以此形成图形数据文件。利用测区的地貌特征点构造不规则的三角网 TIN 可生成等高线。编辑完成后的图形数据按要求进行图形截幅后就能打印输出需要的图幅。

复习思考题

1. 名词解释

(1)地物特征点　(2)地貌特征点　(3)地性线　(4)DEM　(5)DTM

2. 单项选择题

(1)在地形测图中，为了测定山顶某一古塔的位置，当不便量距时，可采用(　　)。

A. 前方交会法　　B. 侧方交会法　　C. 后方交会法　　D. 极坐标法

(2)碎部测量时，对建筑物应测定其轮廓的转折点，建筑物凹凸部分在图上小于(　　)可按直线处理。

A. 0.4mm　　　　B. 0.5mm　　　　C. 0.6mm　　　　D. 0.7mm

(3)测绘 1:1 000 比例尺地形图时，距离测量误差不得大于(　　)。

A. 5cm　　　　　B. 0.5cm　　　　C. 10cm　　　　D. 20cm

(4)利用四参数法进行基准转换时，至少需要(　　)个公共点来确定转换参数。

A. 2　　　　　　B. 3　　　　　　C. 4　　　　　　D. 5

(5)利用七参数法进行基准转换时，至少需要(　　)个公共点来确定转换参数。

A. 7　　　　　　B. 3　　　　　　C. 4　　　　　　D. 5

3. 问答题

(1)地物测绘的具体内容有哪些?

(2)简述经纬仪测图法的步骤。

(3)简述地物描绘的原则。

(4)表示地貌的等高线的勾绘原理是什么?

(5)模拟测图如何进行地形图拼接、检查、整饰?

(6)简述数字化测图的作业流程。

(7)简述全站仪野外数据采集的工作程序。

(8)简述 GPS RTK 野外数据采集的方法步骤。

(9)简述用 CASS 编辑地形图的方法步骤。

4. 计算题

用竖直度盘为顺时针递增注记(盘左始读数为90°)的经纬仪进行碎部测量，其测量结果见表1，试计算测站至各碎部点的水平距离和各碎部点的高程。

表1 测站：A　　测站高程：$H_A = 94.05\text{m}$　　仪器高：$i = 1.37\text{m}$　　竖盘指标差：$x = 0$

点号	尺间隔 （m）	中丝读数 （m）	竖盘读数 （°　′　″）	竖直角 （°　′　″）	水平距离 （m）	高差 （m）	高程 （m）
1	0.647	1.53	84　17　12				
2	0.772	1.37	81　52　06				
3	0.396	2.37	93　55　18				
4	0.827	2.07	80　17　36				

本章推荐阅读书目

1. 同济大学，清华大学．测量学．北京：测绘出版社，1991.

2. 朱鸿禧，等．测量学．徐州：中国矿业大学出版社，1995.

3. 杨晓明，王军德，等．数字测图．北京：测绘出版社，2000.

4. 卞正富，等．测量学．北京：中国农业出版社，2002.

5. 潘正风，杨正尧，程效军，等．数字测图原理与方法．武汉：武汉大学出版社，2004.

6. 高井祥，肖本林，付培义，等．数字测图原理与方法．徐州：中国矿业大学出版社，2005.

7. 李玉宝，曹智翔，余代俊，等．大比例尺数字化测图技术．成都：西南交通大学出版社，2006.

第10章 施工测量

【本章学习目标】

1. 知识要求：

（1）了解施工测量的任务、原则及两种不同的精度要求；建筑变形测量和竣工测量的基本内容。

（2）掌握水平角、水平距离和高程测设的原理与方法，地面点平面位置测设的方法与技能，施工坐标系与测量坐标系相互转换的原理和方法，建立施工控制网的原理与方法，杯型基础放样测量和柱子安装测量的技术与方法，民用建筑施工测量的技术与方法，线路中线放样、平面曲线测设、线路纵断面测量、线路横断面测量、路基放样及竖曲线测设的方法与技能。

2. 技能要求：

（1）能根据施工现场的地形状况、待放样建（构）筑物总体布局情况、测量仪器设备条件等因素建立满足施工测量要求的场地施工控制网。

（2）能运用水平角、水平距离和高程的测设原理与方法进行民用建筑工程和线路工程施工中的各项测量工作。

10.1 概述

测图工作是以地面控制点为基础，测量出控制点至周围各地形特征点的距离、角度、高差等数据，并按一定比例尺将地形特征缩绘在图纸上，绘制成图；即测图是将地面已有的地物、地貌测绘到图纸上。

施工测量是根据图纸上建(构)筑物的设计尺寸，计算出各部分特征点与控制点之间的距离、角度、高差等放样数据，然后以地面控制点为基础，将建(构)筑物的特征点用测量放样的方法在实地标定出来，以便进行施工；与测图工作相反，施工测量是把图纸设计的建(构)筑物标定到实地。

施工测量贯穿于整个施工建设过程中，从建立施工控制网、场地平整、建(构)筑物定位、基础施工到建筑物构件与工业设备的安装，都需要进行测量，才能使建(构)筑物的尺寸、位置符合设计要求。有些工程项目，还需测绘竣工图，作为工程项目运营管理的基础技术资料。有些大型或特殊建(构)筑物在使用期间，还需定期地进行变形监测，为建(构)筑物的维护和安全提供可靠的数据保障。

施工测量也必须遵循"由整体到局部"的组织实施原则，以避免放样误差的积累。施工测量的精度包括两种不同的要求：第一种是各建(构)筑物主轴线相对于场地主轴线或它们相互之间位置的精度要求；第二种是建(构)筑物本身各细部之间或各细部对建(构)筑物主轴线相对位置的放样精度要求。一般来说第二种精度高于第一种精度要求，因为各建(构)筑物主轴线的误差只关系到整个建(构)筑物(群)的微小偏移，而建(构)筑物各部分之间的位置及尺寸，按照设计有严格要求，破坏了相对位置及尺寸会造成工程事故。

施工放样是在现场作业的，不仅要排除烟雾、粉尘、水汽、噪声、车来人往等的干扰，而且必须与很多工种密切配合，协同工作。对于施工测量人员而言，除了必须具备测量知识外，还要有工程施工方面的知识。

10.2 测设的基本工作

测设是施工测量的主要任务。测设的基本工作主要有水平角、水平距离和高程的测设。

10.2.1 水平角测设

测设某一已知水平角度，就是从一个确定的起始方向开始，按某一已知角值来测定另一方向，如图 10-1(a)所示，OA 为一个确定的起始方向，要在 O 点测设 β 角。方法是在 O 点安置经纬仪，以正镜(盘左)照准 A 点，将水平度盘读数配置为零，然后顺时针旋转照准部，使度盘读数为 β 时，在视线方向上定出 B' 点；然后用倒镜(盘右)同法定出另一点 B''。取 B' 与 B'' 的中点 B，则 $\angle AOB$ 为需测设的 β 角。

水平角测设根据给定的已知起始方向、测设角度 β 及待测设方向三者之间的关系可分为向左测设和向右测设两种情况。由已知起始方向逆时针旋转 β 角确定测设方向为向左测

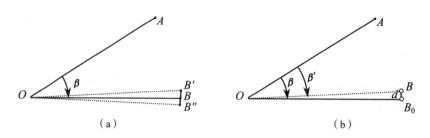

图 10-1　水平角测设的方法

设；反之为向右测设。图 10-1 为向右测设的情况。用光学经纬仪向左测设水平角照准已知起始方向水平度盘读数应设置为 β 值，转动照准部至水平度盘读数为 $0°00'00''$ 时望远镜视准轴照准的方向即为所测设的方向；向右测设水平角照准已知起始方向水平度盘读数应设置为 $0°00'00''$，转动照准部至水平度盘读数为 β 时望远镜视准轴照准的方向即为该测设的方向。用电子经纬仪或全站仪测设水平角时，向左测设水平度盘读数切换至 HL，向右测设水平度盘读数切换至 HR，照准已知起始方向将水平度盘读数 HL，HR 都设置为 $0°00'00''$，转动照准部至水平度盘读数为 β 时望远镜视准轴照准的方向即为所测设的方向。

如图 10-1(b)所示，若需精确测设水平角，在上述测设该角后，用精密方法(采用精密仪器、多个测回)测量计算得该角值为 β'，计算角差 $\Delta\beta = \beta - \beta'$。概量水平距离 D_{OB}，在 B 点上沿垂直 OB 方向 BB_0 量取距离 d：

$$d = D_{OB} \times \tan\Delta\beta \approx \frac{\Delta\beta}{206265''} \times D_{OB} \tag{10-1}$$

则 $\angle AOB_0$ 为精确测设的 β 角。当 $\Delta\beta > 0$ 时，向外量垂距 d；当 $\Delta\beta < 0$ 时，向内量垂距 d。水平角测设的精密方法也称为盘左盘右取中基础上的归化改正法。

为了检查所测设水平角是否满足所需要的精度要求，还应该对 $\angle AOB_0$ 进行检查测量，将测量结果与设计水平角 β 比较，若较差小于工程规范规定的限差，则认为所测设的水平角满足要求，否则，应重新作垂线改正 B_0 点的位置，直到满足要求为止。

10.2.2　水平距离测设

测设某一已经确定的水平距离，是从一点开始，按给定的方向和水平距离进行测距或量距，求得线段的另一端点。

(1)钢尺量距测设法

将经纬仪安置在直线的起点上并标定直线的方向，在该方向上打入尺段桩和终点桩，用钢尺量取各桩之间的距离。若测设的精度要求较高，应考虑钢尺量距精密方法的三项改正，根据丈量的结果与已知长度的差值 ΔD，在终点桩上修正初步标定的位置，若差值相差较大，则需换桩重新进行标定。最后一个尺段应量出的水平距离为 ΔD，在考虑钢尺量距三项改正的情况下，则在地面上应实际量出的距离为：

$$\Delta D_{应量} = \Delta D'(\Delta D_l + \Delta D_t + \Delta D_h) \tag{10-2}$$

式中　ΔD_l——尺长改正；

ΔD_t——温度改正；

ΔD_h——高差改正。

如图 10-2 所示，设给定地面两点的水平距离为 24.000m，所用钢尺的名义长度为 30m，该钢尺在 20℃ 的温度条件下检定获得的实际长度为 29.996m，钢尺的膨胀系数为 $1.25 \times 10^{-5}/℃$，用水准测量测得 AB 两点高差为 +1.2m，测设时的温度为 26℃。则用钢尺测设的三项改正数为：

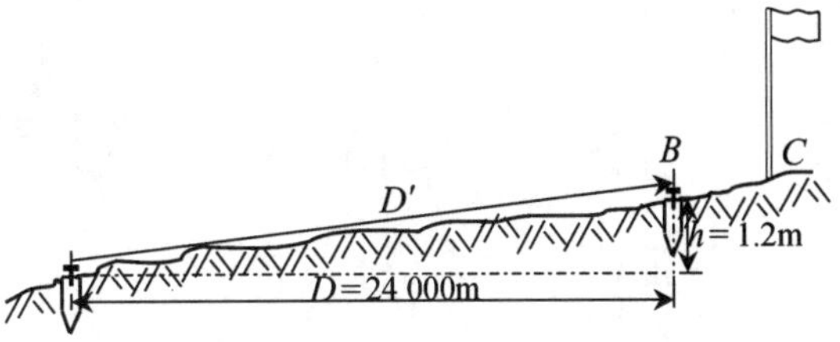

图 10-2 用钢尺丈量进行水平距离的测设

$$\Delta D_l = 24 \times \frac{29.996 - 30}{30} = -0.003\text{m}$$

$$\Delta D_t = 1.25 \times 10^{-5} \times (26 - 20) \times 24 = +0.002\text{m}$$

$$\Delta D_h = -\frac{1.2^2}{2 \times 24} = -0.030\text{m}$$

因此，地面上应实量的距离为：

$$\Delta D_{应量} = 24 - (-0.003 + 0.002 - 0.030) = 24.031\text{m}$$

（2）全站仪测设法

全站仪安置于待测设直线已知端点，并将全站仪望远镜瞄准待测设水平距离给定的方向，选择全站仪在距离测量模式下的"放样"选项，输入要测设的水平距离 D，反射棱镜立于全站仪望远镜瞄准的方向，观测员在竖直方向转动望远镜照准棱镜并指挥司镜员在望远镜视线方向前、后移动棱镜，直至距离差 Dd（已测设的水平距离 D' − D）等于零时棱镜所立点即为待放样直线的另一端点。Dd > 0 时，棱镜向测站方向移动；Dd < 0 时，棱镜向测站的反方向（远处）移动。若移动棱镜使 Dd 刚好为 0 有一定的难度，可在 Dd 接近于 0 时棱镜立两点，根据 Dd 的数值及符号用钢尺量距改正确定终点桩的位置。

10.2.3　高程测设

（1）给定点高程的测设

在施工测量中，经常要在地面上或建筑物上设置一些给定高程的点（或线）。如图 10-3 所示，设 A 为水准点，已知其高程为 H_A，今欲在墙上测设高程为 H_B 的 B 点。安置水准仪于 A，B 两点间，先在 A 点上立标尺，得后视读数为 a，然后按下式计算出前视读数 b：

$$b = H_A + a - H_B$$

标尺紧靠墙壁竖直上下移动标尺，前视读数等于 b 时，靠标尺底端在墙上画一横线，即为高程为 H_B 的标高线。

（2）高程的传递测设

当欲测设的已知高程点 B 在较深的基坑内时，可利用水准仪按图 10-4 所示的方法，根据地面水准点 A 的高程 H_A 及观测数据 a，b，c，d 测出基坑内 B 点高程 H_B：

$$H_B = H_A + a - (b - c) - d$$

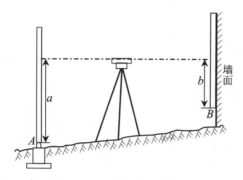

图 10-3　给定高程点的测设

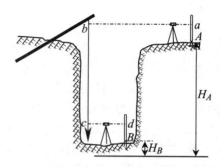

图 10-4　基坑内高程的测设

当需要向建筑物上部传递高程时，一般可沿柱子、墙边或从楼梯口用钢尺垂直向上量取高度，将高程传递上去。

当把地面上已知高程传递到基坑内或建筑物上部时，即可按给定点高程测设的方法测设基坑内的设计高程或建筑物上部的设计标高。

10.3　点的平面位置测设

测设点的平面位置的方法有多种，通常是通过角度和距离放样来实现的，测设时应根据控制网布设情况、放样的精度和施工场地的条件来选择。

10.3.1　直角坐标法

直角坐标法是根据直角坐标原理，利用纵横坐标之差测设点的平面位置。直角坐标法适用于已测设出建筑方格网或建筑基线的建筑施工场地放样。

如图 10-5 所示，OA，OB 为建筑物相互垂直的主轴线，它们的方向与建筑物相应的两轴线方向平行。根据设计图上给定一房屋角点 P，Q，R，S 位置及 S，Q 两点的坐标，可从 OA 或 OB 放样出 P，Q，R，S 各点的实地位置。

10.3.1.1　计算测设数据

根据 S，Q 两点的坐标及建筑物的墙轴线与坐标格网线平行的关系可得出建筑物长度为 $ab = y_Q - y_S = 100.000$m，宽度为 $x_S - x_Q = 50.000$m；$Oa = 75.000$m，$Ob = 175.000$m。

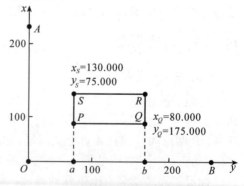

图 10-5　直角坐标法测设点的平面位置

10.3.1.2　点位的测设方法

①安置经纬仪于 O 点，照准 B，由 O 点沿视线方向测设水平距离 75.000m，定出 a 点，继续向前 100.000m，定出 b 点。

②安置经纬仪与 a 点，照准 B，向左测设(左拨)90°水平角，由 a 点沿视线方向测设

距离 80m，定出 P 点，再向前测设 50m，定出 S 点。

③安置经纬仪与 b 点，照准 B，可按上述同样的方法在实地定出 Q，R 点。

④检查 SR 和 PQ 的边长是否等于设计长度 100m，误差在规定的范围内（根据工程的性质不同，边长相对精度应满足 1/2 000 ~ 1/5 000）即可。

10.3.2　极坐标法

极坐标法是根据一个水平角和一个水平距离来测设点的平面位置。

如图 10-6 所示，已知控制点为 P，Q，在 P 点附近欲测设一点 A，P，Q 两点的坐标值分别为 (x_P, y_P)，(x_Q, y_Q)，待测设点 A 的设计坐标为 (x_A, y_A)。

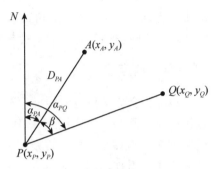

图 10-6　极坐标法测设点位

10.3.2.1　计算测设数据 β 及 D_{PA}

用第 6 章的式(6-5)可算出方位角 α_{PQ}，α_{PA} 和水平距离 D_{PA}，测设数据水平角 β 为：

$$\beta = \alpha_{PQ} - \alpha_{PA} \qquad (10\text{-}3)$$

10.3.2.2　测设方法

置经纬仪于 P 点，照准 Q 点，向左测设水平角 β 瞄准 PA 方向，在此方向上测设水平距离 D_{PA}，即可在实地定出 A 点。

10.3.3　全站仪测设法

全站仪配合微型棱镜测设点位精度高，操作方便、快捷，在工程中得到广泛应用。各厂家生产的全站仪在放样模式下进行点位测设的具体操作方法有所差异。下面以南方测绘仪器公司生产的 NTS – 310/330 系列全站仪为例介绍全站仪测设点位的方法步骤。

①在已知控制点上安置全站仪，进行对中、整平。如图 10-7 所示。

②按 ☆ 键后再按 $F3$ 输入测设时的温度、气压等气象参数。

③按 S. O(放样)键，在放样模式下输入测站点及后视点

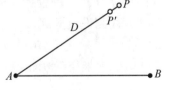

图 10-7　全站仪测设点位

（与测站点相通视的另一已知控制点）的坐标，屏幕显示"照准后视点及 HB"（HB 为测站点至后视点方向的方位角），此时需要将望远镜瞄准后视点后按 F4(是)即可完成用后视点坐标进行定向的工作。如已知的是测站点至后视点的方位角（而非后视点的坐标），则需按 F4 切换到"角度"后输入测站点至后视点的方位角 HR，再将望远镜瞄准后视点，接着按 ENT 和 F4(是)便可完成用方位角进行定向的工作。

④按 F3 输入放样点坐标，屏幕显示"放样参数计算 HR，HD(HR 为测站点至待放样点方向的方位角，HD 为测站点至待放样点间的水平距离)；按 F4(继续)，屏幕显示"角度差 dHR 调整为零"，此时应转动照准部将角度差 dHR 调整为零后固定照准部；司镜员

将反射棱镜立于望远镜瞄准的方向，观测员在竖直方向转动望远镜照准棱镜并指挥司镜员在望远镜视线方向前、后移动棱镜，按 F2(距离)，屏幕显示"dH"(dH 为测站点至立棱镜点与测站点至待放样点的水平距离之差，即 dH = $D_{AP'}$ − D_{AP})，若 dH > 0，表示棱镜应沿望远镜照准的方向向内移 dH 距离值(直到 dH 为 0)到达待放样点。若 dH < 0，表示棱镜应沿望远镜照准的方向向外移 dH 距离值到达待放样点。若通过移动棱镜使 dH 刚好为 0 有一定的难度，可在 dH 接近于 0 时棱镜立两点，然后用小钢卷尺在两点的连线上根据 dH 的正负改正立镜位置即可获得待放样点的点位。

(5)按 F4(换点)输入另一待放样点的坐标，按第 4 步方法放样即可。

10.3.4　角度交会法

角度交会法又称方向线交会法。当测设点位离控制点较远或不便测设距离时可采用此法。如图 10-8 所示，根据控制点 A，B，C 的坐标及 P 点的设计坐标，参照式(10-3)计算出现场测设数据 β_1，γ_1，β_2，γ_2 角值。然后将经纬仪分别安置在 A，B，C 三个控制点上测设 β_1，γ_1，β_2，γ_2 各角，方向线 AP，BP，CP 的交点即为所求的 P 点。

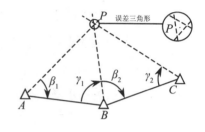

图 10-8　角度交会法测设点位

若三条方向线不相交于一点时，会形成一个三角形，称为误差三角形。当误差三角形的周长不超过精度要求范围时，可取误差三角形的重心作为 P 点的点位，否则应重新交会。

10.3.5　距离交会法

当地面平坦、量距方便，且待测设点离控制点的距离不超过一个尺段可采用此法。如图 10-9 所示，根据控制点 A，B 的坐标及 P 点的设计坐标，用坐标计算的反算式(6-5)计算出现场测设数据 D_{AP}，D_{BP}。然后使用两把钢尺，分别使尺的零刻度线对准 A，B 两点，同时拉紧、拉平钢尺，分别以 D_{AP}，D_{BP} 为半径在地面上画弧，两弧线的交点即为 P 点的实地位置。

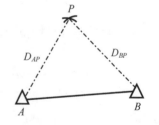

图 10-9　距离交会法测设点位

10.3.6　GPS RTK 放样点位

GPS RTK 定位技术不仅可以用来快速测定地面点的位置，而且在工程放样中也得到广泛的应用。利用 GPS RTK 定位技术测设地面点位置的具体方法如下：

① GPS 基准站工作以后，在 RTK 流动站的数据采集手簿中选择测量中的"点放样"，进入放样模式，在该模式下输入或调用已存储好的放样点坐标，按"确认键"便开始放样，手簿屏幕显示当前流动站立点与放样点之间的纵横坐标差 dx，dy。

② 根据纵横坐标差 dx，dy 来变动流动站位置。若 dx 显示为正时，RTK 流动站需要向

南移动，反之向北移动；若 dy 显示为正时，RTK 流动站需要向西移动，反之向东移动；当 dx 与 dy 同时都等于零或在规定的限差范围之内时，则 RTK 流动站所立点的位置即为待测设点实地位置。

10.4 建筑施工测量

10.4.1 施工控制网的建立

10.4.1.1 坐标系统

施工控制网的坐标系统是根据厂区总平面图所确定的独立坐标系统，其坐标轴的方向与建筑物主轴线的方向平行，坐标原点设在总平面图的西南角，使所有建筑物的设计坐标均为正值。因此，施工坐标系统与设计坐标系统是一致的。施工坐标系统与测量坐标系统之间的关系，通常由勘测设计单位给出关系数据或坐标转换公式。

10.4.1.2 厂区控制网

工业场地上的施工控制网一般分两级布设：厂区控制网和厂房矩形控制网。前者用来放样厂房轴线、皮带运输机和管道等，后者则用来放样建筑物的细部位置。

厂区控制网可采用不同的布网形式：对于地势平坦、建筑物布置规则而且密集的工业场地，采用建筑方格网，放样工作简单方便；对于地势平坦，建筑物布置不很规则的工业场地，一般采用导线布网，网点的布设灵活、方便；当建筑场地的地形起伏较大，在既无光电测距设备，又不便于采用丈量法量距时，则可考虑采用三角网。

建筑方格网是由正方形或矩形格网组成，适合于建立工业建设场地的施工控制网。建筑方格网的布设和测设方法如下：

（1）建筑方格网的布置和主轴线的选择

建筑方格网的布置是根据建筑设计总平面图上各建筑物、构筑物和各种管线的布设，结合现场的地形情况拟定的。布置时应先选定方格网的主轴线(图 10-10 中 *AOB* 段，*COD* 段)，然后再布置其他的方格点。格网可布置成正方形或矩形。当场地面积较大时，方格网常分两级布置，首级

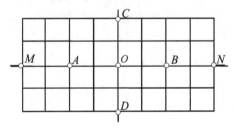

图 10-10 建筑方格网

为基本网，可采用"十"字形、"口"字形或"田"字形，然后再加密补充。当场地面积不大时，尽量布成全面格网。布网时应注意以下几点：

①方格网的主轴线应布设在整个厂区的中部，并与主要建筑物的基本轴线平行；

②方格网的转折角应严格成90°；

③方格网的边长一般为 100～200m，边长的相对精度依工程要求而定，一般为 1/10 000～1/20 000，个别的要求更高些。为了便于设计和使用，方格网的边长尽可能为 100m，50m 或 10m 的整倍数；

④相邻方格点间应保持通视，桩点位置要不受施工影响而能长期保存，为此各点应埋设固定的混凝土桩或石桩等。

场地较大、主轴线较长时，一般只测设其中的一段(如图10-10中 AOB 段)，A，O，B 是主轴线的定位点，称为主点。主点间的距离不宜过短，一般不小于400m，使主轴线的定向有足够的精度。

(2)施工坐标与测量坐标的换算

主点的施工坐标由设计单位提供或在总平面图上用图解法求得。当施工坐标和测量坐标系统不一致时，还要进行坐标换算，使坐标系统一致。

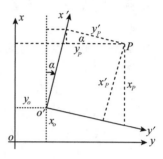

图 10-11　坐标换算

如图10-11所示，设已知 P 点的施工坐标为 $(x'_p，y'_p)$，如将其换算为测量坐标 $(x_p，y_p)$，可以按下式计算：

$$\left.\begin{array}{l} x_P = x_0 + x'_p\cos\alpha - y'_p\sin\alpha \\ y_P = y_0 + x'_p\sin\alpha + y'_p\cos\alpha \end{array}\right\} \qquad (10\text{-}4)$$

如果要将 P 点的测量坐标 $(x_p，y_p)$ 换算为施工坐标 $(x'_p，y'_p)$，则可按下式计算：

$$\left.\begin{array}{l} x'_P = (x_P - x_0)\cos\alpha + (y_P - y_0)\sin\alpha \\ y'_P = -(x_P - x_0)\sin\alpha + (y_P - y_0)\cos\alpha \end{array}\right\} \qquad (10\text{-}5)$$

(3)建筑方格网主轴线的测设

如图10-12(a)中 1，2，3 为测量控制点，A，O，B 为主轴线的主点。首先将 A，O，B 三点的施工坐标换算为测量坐标，再根据它们的坐标计算出放样数据 D_1，D_2，D_3 和 β_1，β_2，β_3，然后按极坐标法分别测设出 A，O，B 三个主点的概略位置，以 A'，O'，B' 表示，如图10-12(b)，并用混凝土桩把它们固定下来。桩的顶部常设置一块 10cm×10cm 的铁板供调整点位用。由于误差的原因，三个主点一般不在一条直线上，因此要在 O' 点上安置经纬仪，精确地测量 $A'O'B'$ 的角值。如果它和180°之差超过规定时，应进行调整。调整时 A'，O'，B' 点应进行微小的移动使成一直线。设三点都移动一个微小的距离 δ，δ 值可按下式计算：

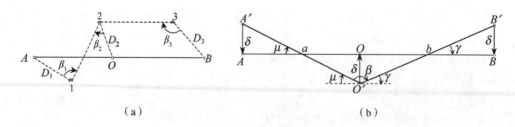

（a）　　　　　　　　　　　　　　　　　（b）

图 10-12　主轴线的测设

由于 $\quad \mu = \dfrac{2\times\delta}{a}\times\rho''，\quad \gamma = \dfrac{2\times\delta}{b}\times\rho''，\quad \dfrac{\gamma}{\mu} = \dfrac{a}{b}，\quad \dfrac{\gamma}{\mu+\gamma} = \dfrac{a}{a+b}，\quad \dfrac{\mu}{\mu+\gamma} = \dfrac{b}{a+b}$

而 $\qquad\qquad\qquad\qquad\qquad \mu + \gamma = 180° - \beta$

因此

$$\gamma = \frac{a}{a+b} \times (180° - \beta) = \frac{2 \times \delta}{b} \times \rho'', \qquad \mu = \frac{b}{a+b} \times (180° - \beta) = \frac{2 \times \delta}{a} \times \rho''$$

由以上任一式可得：

$$\delta = \frac{a \times b}{2 \times (a+b)} \times \frac{180° - \beta}{\rho''} \tag{10-6}$$

移动 A'，O'，B' 三点以后再测 $\angle A'O'B'$，如测得的结果与 $180°$ 之差仍然超过限差时，应再进行调整，直到误差在容许范围内为止。定好 A，O，B 三个主点后，将仪器安置在 O 点，再测设与 AOB 轴线相垂直的另一主轴线 COD（图 10-13）。先瞄准 A 点，分别向右、向左转 $90°$，在地上定出 C' 和 D' 点，再用多个测回法较精确地测出 $\angle AOC'$ 和 $\angle AOD'$，分别算出它们与 $90°$ 之差 ε_1，ε_2，并按下式计算出改正值 l_1，l_2。

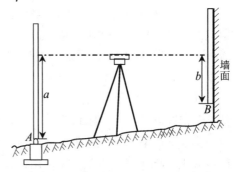

图 10-13　垂直轴线的测设

$$l_1 = d_1 \times \frac{\varepsilon''_1}{\rho''}, \qquad l_2 = d_2 \times \frac{\varepsilon''_2}{\rho''} \tag{10-7}$$

先用水平角精密测设的方法改正 C' 及 D' 可定出 C，D 两点。然后再实测改正后的 $\angle COD$，其角值与 $180°$ 之差不应超过规定的限差。

最后自 O 点起，用钢尺分别沿直线 OA，OC，OB 和 OD 量取主轴线的距离，丈量精度一般为 1/10 000 ~ 1/20 000，最后在桩顶的铁板上正式刻出 A，O，B，C，D 的点位。

（4）方格网的测设

在主轴线测定以后，接下去测设方格网。在主轴线的四个端点 A，B，C，D 上分别安置经纬仪（图 10-14），每次都以 O 点为起始方向，分别向左、右测设 $90°$ 角。这样就交会出方格网的四个角点 1，2，3，4。为了进行检核，还要量出 $A1$，$A4$，$D1$，$D2$，$B2$，$B3$，$C3$，$C4$ 各段的距离，并放样周边方格点。量距精度要求和主轴线相同。如果根据量距所得的角点位置和角度交会法所得的角点位置

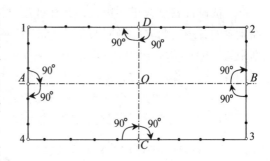

图 10-14　方格网的测设

不一致时，则可适当地进行调整，以确定 1，2，3，4 点的最后位置，并同样用混凝土桩标定。上述构成"田"字形的方格点，作为基本方格点。此后再以基本方格点为基础，加密方格网中其余各点，并用大木桩或混凝土桩标定。

（5）高程控制

在建筑场地上，一般用三、四等水准测量建立高程控制点。水准点的密度应尽可能满足安置一次仪器即可测设所需高程点。建筑方格网点一般也可兼做高程控制点，其中有选

择地将方格网的高程点组成水准线路,其余的点可作为支水准线路来测定。

此外,为了测设方便和减少误差,在厂房的内部或附近应专门设置设计标高为 ±0 的水准点(一般以底层建筑物的地坪标高为 ±0)。但要注意各建筑物的 ±0 标高不一定是统一的绝对高程,应严格加以区别。

10.4.1.3　厂房控制网

厂房柱列轴线的放样工作是在厂房控制网的基础上进行的。为此要先设计厂房控制网角点的坐标,再根据建筑方格网(图 10-15)用直角坐标法把厂房控制网测设在地面上,然后按照厂房跨距和柱子间距,在厂房控制网上定出柱列轴线,作为基坑放样和检查的依据。

如图 10-15 所示,先根据厂房四个角点的坐标,在基坑开挖线以外 1.5m 的距离设计厂房矩形控制网四个角点Ⅰ,Ⅱ,Ⅲ,Ⅳ的坐标。测设时安置经纬仪在方格点 E 上,瞄准另一方格点 F,用钢尺从 E 点沿 EF 方向精确测设一段距离等于Ⅰ,E 两点的横坐标差,定出 m 点。同样从 F 点测设一段距离等于 F,Ⅳ两点的横坐标差,定出 n 点。然后将仪器安置在 m 点,根据 mF 方向用正倒镜测设 270°角,定出 mⅡ方向,沿此方向精

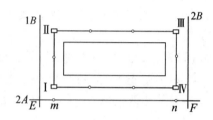

图 10-15　厂房控制网测设

确测设距离 mⅠ及 mⅡ,在地面上定出Ⅰ,Ⅱ两点,打入大木桩并在桩顶划"十"标明厂房控制网的两个角点。同法再安置仪器于 n 点,定出Ⅲ,Ⅳ两点。最后仔细丈量控制网各边的长度,检查其是否与设计长度相符。如果误差不超过 1/10 000,再检查∠ⅠⅢ,∠ⅡⅢⅣ是否为 90°,误差应不超过 ±10″。当检查符合精度要求后,则以ⅠⅡ,ⅠⅣ两方向为依据,按设计长度改正各边长,并在桩顶上钉小钉,标明四个角点的位置。然后用钢尺在控制网的各边上每隔柱子间距(一般 6m)的整倍数(如 24m,48m)钉出距离指标桩,最后根据距离指标桩按柱子间距或跨距定出柱列轴线桩(称为控制桩),在桩顶钉上小钉,标明柱列轴线方向,作为基坑放样的依据。定轴线控制桩时应当注意检核,避免出错。

上述方法一般用于小型或设备基础较简单的中型厂房。对于大型和设备基础复杂的中型厂房,则应先测设厂房控制网的主轴线,再根据主轴线测设厂房控制网。

10.4.2　杯型基础及柱子安装测量

10.4.2.1　基坑放样

在基坑开挖前,按照厂房基础平面图中所示的柱基位置,安置经纬仪在各控制桩上,依柱列轴线在地面上交会出有关的柱基定位点,然后按照基础施工放样图的有关尺寸,用特制角尺,根据定位轴线和定位点放出基坑开挖线,用白灰标明开挖范围,并在坑的四周设置四个定位小木桩,桩顶钉小钉作为修坑和立模的依据。

10.4.2.2　基坑操平

当基坑挖到一定深度后应在坑壁四周离坑底设计标高 0.3~0.5m 处设几个水平桩,作

为基坑修挖和清底的标高依据。此外，还应在基坑内测设出垫层的标高，即在坑底设置小木桩，桩顶等于垫层的设计标高。

10.4.2.3　基础模板的定位

垫层打好以后，根据坑边定位小桩用拉线的方法，吊垂球把柱基定位线投到垫层上，用墨斗弹出墨线，用红漆画出标记，作为柱基立模板和布置钢筋的依据。立模板时将模板底线对准垫层上的定位线，并用垂球检查模板是否竖直。最后将柱基顶面设计标高测设在模板内壁上。

10.4.2.4　柱子安装测量

柱子安装应满足以下设计要求：牛腿面标高必须等于它的设计标高，柱脚中心线必须对准柱列中心线，柱身必须竖直。

（1）吊装前的准备工作

柱子吊装以前，应根据轴线控制桩把定位轴线投测到杯形基础的顶面上，并用墨线标明。同时还要在杯口内壁测设一条标高线，使从该标高线起向下量取一个整分米数，即到杯底的设计标高。并在柱子的三个侧面弹出柱中心线，每一面又须作出小三角形标志，以便安装校正。

（2）安装柱子时的竖直校正

柱子插入杯口后则用楔子临时将其固定，首先使柱身基本垂直，然后再敲击楔子，使柱脚中心线对准杯形基础上所标的柱列中心线，偏差不超过中心线 5mm。柱脚位置确定后，接着进行柱子竖直校正，这时用两台经纬仪分别安置在互相垂直的两条柱列中心线上，离开柱子约为柱高的 1.5 倍处。先瞄准柱子下部的中心线，再抬高望远镜，看柱子上部中心线是否在同一竖直面内，如果不在，就由吊装人员进行校正，直到互相垂直的两个方向都符合要求为止。正镜观测柱子定位后，立即用倒镜检查，如有偏差，取其中数进行调整。柱子上下中心线偏差不超过柱高的 1/1 000。

基础中心线及标高测设的容许误差见表 10-1。

表 10-1　基础中心线及标高测设的容许误差　　　　　　　　　　　　　　mm

项　　目	基础定位	垫层面	模板	螺栓
中心线端点测设	5	2	1	1
中心线投点	10	5	3	2
标高测设	10	5	3	3

10.4.3　民用建筑施工测量

10.4.3.1　民用建筑主轴线测设

民用建筑主轴线是房屋放样的基本依据，如图 10-16 所示，根据施工场地的地形条件可布设成：(a)三点直线形；(b)三点直角形；(c)四点丁字形；(d)五点十字形。无论采用哪种形式，主轴线的点数不得少于三个。

（1）根据控制点测设主轴线

当建筑区有控制点时，可根据控制点和建筑物主轴线上各点的设计坐标用角度交会法或极坐标法，将主轴线测设于地面上。如果建筑区已有建筑方格网时，则利用方格网采用直角坐标法来测设主轴线更为方便。

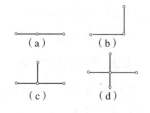

图 10-16　民用建筑主轴线测设

（2）根据"建筑红线"测设主轴线

在城镇建房要按照统一的规划进行。建筑用地的边界，要经城镇规划部门和设计部门共同商定，并由规划部门在现场直接放样出来。图 10-17 中的 Ⅰ，Ⅱ，Ⅲ 三点即为规划部门在地面上标定的三个边界点，其连线称为"建筑红线"。建筑物的主轴线，应根据红线来标定。此时可采用经纬仪测设直角配合量距（量取 d_1，d_2）的平行线推移法来确定主轴线上 A，O，B 三点的位置。再安置经纬仪于

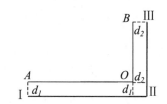

图 10-17　根据红线测设主轴线

O 点，检查 $\angle AOB$ 与 90°之差不得超过±20 ″，否则需要检查推平行线时的测量数据。

在建筑群内新建或扩建时，也可以根据原有建筑物的轴线，把它延长或配合放样直角和距离的方法确定新建筑物的位置。

10.4.3.2　房屋基础施工测量

如图 10-18 所示，根据主轴线 AOB 首先将房屋外墙轴线的交点测设于地面上，并用小木桩在其顶面钉一小钉作为标志。交点间的距离要用钢尺检测，其误差不得超过设计长度的 1/2 000。检查无误后，根据轴线用石灰在地面上撒出基槽开挖边线，以便开挖。为了给基槽开挖后提供恢复轴线的依据，还要在轴线的延长线上加打引桩。引桩应设在基槽开挖边线以外 2～4m 处。

当基槽开挖到接近设计深度时，为了控制槽底的标高，应利用水准仪在墙壁拐角处和每隔 3～5m 处测设一些同样标高的水平小木桩（图 10-18），作为在清理槽底和打基础垫层时的高程依据，其标高的容许误差为 10mm。

垫层打好后，根据龙门板上的轴线钉，用经纬仪或悬吊垂球的方法把轴线点投测到垫层上，经量距检查确认无误后，用墨线弹出中心线和基础边线，以便砌筑基础。

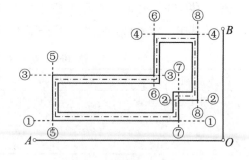

图 10-18　房屋基础施工测量

10.4.3.3　墙体施工测量

（1）墙板轴线及边线放样

根据轴线控制桩在基础上放样墙板纵横轴线、墙板两侧边线、门洞口位置线等，均用

墨线标出(图 10-19)。墙板纵横轴线的控制线,每栋建筑物不少于四条(图 10-20)。其他轴线可根据控制线用钢尺丈量来测定。当遇到障碍物或建筑物长度超过 50m 时,应增加辅助控制桩(图 10-20 中的 A,B,C)。中间各房间的尺寸,应按整尺中分,不要逐间丈量,以免误差积累。

①墙板中线
②墙板两侧边线
③墙板编号
④墙板端头线
⑤门洞口位置

图 10-19　墙板放样图　　　　**图 10-20　用控制线放样墙板图**

(2)高层轴线投测

当建筑物结构逐步升高时,须将轴线逐层向上投测,其精度必须保证高层结构的竖向偏差的容许值(高层升板结构各层为 6mm)以内。

①经纬仪投测法　一般可采用 J_6 级经纬仪进行投测,将高层建筑四廓的轴线,延长到建筑物的总高度以外,或附近建筑物顶面上,然后在延长的轴线上安置经纬仪,按正倒镜分中,向上逐层投测。

②垂线法　用直径 0.5~0.8mm 的钢丝悬吊 10~20kg 特别重锤,逐层将基础轴线向上引测。为防止风吹晃动可使用挡风屏。实践证明,这种方法精度比较可靠。

③激光铅垂仪法　激光铅垂仪是由氦氖激光管筒,悬挂在万向支架上构成。激光管可以自由摆动,静止时激光束处于铅垂方向。铅垂精度为 20″,即高度每 100m 的平面偏差为 10mm。在高层建筑的四个墙角外 1~2m 处的轴线延长线上安置激光铅垂仪用尾光对中后即可向上投出激光束,在施工层上的相应处设置接收靶,即可传递轴线或检查竖向偏差。对于电梯间、高烟囱和电视塔等施工,只需在构筑物底部的中心安置一台激光铅垂仪,并在施工层上相应的中心位置设置接收靶即可控制竖向偏差。

(3)标高传递及标高控制线放样

第一层标高应根据地面已知标高点来测定。墙板吊装前,在墙板两侧边线内的两端各铺一块灰饼(水泥砂浆),以控制标高。灰饼位置可与吊点位置相对应。灰饼厚度用水准仪操平来确定。注意墙板安装时,灰饼需有一定的强度,不致改变标高。

墙板安好一半以上时,即可开始进行楼板找平层施工,此时操平放样应紧密配合。找平层用 1:2.5 水泥砂浆,厚度超过 3cm 时,应改为碎石混凝土。抹找平层时可用靠尺,靠尺下端对准在墙板上顶部弹出的水平线,上端对准楼板底标高,用砂浆抹平。找平层的容许偏差不得超过 5mm。抹好的找平层要妥善保护,不准踩踏。

墙板吊装就位后,用间距尺杆测量顶部的开间距离,用靠尺测量墙板面和立缝的垂直度(图 10-21),并检验相邻两块墙板接缝处是否平整,如有误差,则调整临时固定器或用撬棍作少许调整。

两层以上的墙板轴线不得由下层用垂吊法引测，而必须用经纬仪由基础轴线桩直接往上引测，以避免误差积累。轴线偏差不得超过2mm。当遇有连续偏差时，应从建筑物中间一条轴线向两侧调整。二层以上的标高可由基础标高线沿墙角或从楼梯口、电梯间用钢尺直接丈量，把标高传递上去。每栋在相隔二至三层时应自基础标高线拉通尺复核一次楼层净高。为满足每层施工的需要，应利用水准仪测设出标高控制线，楼层传递水平线等，同时用墨线弹出施工部门要求的轻墙板线、楼梯控制线、阳台分户线、烟道线等。

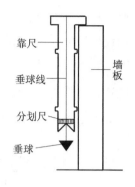

图 10-21　靠尺测量

10.5　线路测量

公路、城市道路等线形延伸的工程，平面线形均要受到地形、地物、水文、地质及其它因素的限制而改变线路方向。在直线转向处要用曲线连接起来，这种曲线称为平面曲线。线路测量包括线路中线测量、曲线测设、线路纵断面测量、线路横断面测量和线路施工测量等内容。

10.5.1　中线测量

10.5.1.1　交点和转点的测设

在进行线路中线测量时，应先定出线路的转折点，这些转折点称为交点，它是中线测量的控制点。交点的测设可采用现场标定的方法，即根据既定的技术标准，结合地形、地质等现场条件，定出线路交点的位置。这种方法不需测地形图，比较直观，但只适用于等级较低的公路。对于高等级公路或地形复杂、现场标定困难的地段，应采用图上定线的方法，先在实地布设沿着待施工线路的导线，测绘大比例尺地形图（通常为1：1 000 或1：2 000地形图），在图上定出线路走向，再到实地放线，把交点在实地标定下来。

线路测量中，当相邻两交点互不通视时，需要在其连线或延长线上定出一点或数点以供交点、测角、量距或延长直线时瞄准使用，这样的点称为转点。

10.5.1.2　转角的测定

在线路转折处，为了测设曲线，需要测定转角。所谓转角，是指线路由一个方向偏转至另一方向时，偏转后的方向与原方向间的夹角，以 α 表示。如图 10-22 所示，当偏转后的方向位于原方向左侧时，为左转角；当位于原方向右侧时，为右

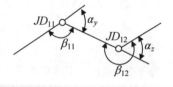

图 10-22　线路转角

转角。在线路测量中，转角通常是通过观测线路的右角 β 计算求得。当右角 $\beta < 180°$ 时，为右转角，此时：

$$\alpha_y = 180° - \beta \qquad (10\text{-}8)$$

当右角 $\beta > 180°$ 时，为左转角，此时：

$$\alpha_z = \beta - 180° \qquad (10\text{-}9)$$

10.5.1.3 里程桩的设置

在线路交点、转点及转角测定后,即可进行实地量距、设置里程桩并标定中线位置。里程桩亦称中桩,桩上写有桩号,表示该桩至线路起点的水平距离。如某桩距线路起点的水平距离为 1 234.56m,则桩号记为 K1 + 234.56。

里程桩分为整桩和加桩两类。整桩是按规定每隔 20m 或 50m,桩号为整数而设置的里程桩。百米桩和公里桩均属于整桩,一般情况下均应设置。加桩分为地形加桩、地物加桩、曲线加桩和关系加桩。地形加桩是于中线地形变化点设置的桩;地物加桩是在中线上桥梁、涵洞等人工构造物处,以及与公路、铁路交叉处设置的桩;曲线加桩是在曲线起点、中点、终点等设置的桩;关系加桩是在转点和交点上设置的桩。

定桩时,对起控制作用的交点桩、转点桩以及一些重要的地物加桩,如桥位桩、隧道定位桩等均应用方桩。在距方桩 20cm 左右设置指示桩,上面书写桩的名称和桩号。钉指示桩时要注意字面应朝向方桩,在直线上应打在线路的同一侧,在曲线上则应打在曲线的外侧。除此之外,其他的桩一般不设方桩,直接将指示桩打在点位上。

里程桩的设置是在中线丈量的基础上进行的,一般是边丈量边设置。丈量一般使用钢尺,简易公路可用皮尺或测绳。

10.5.2 曲线测设

因地形、地质、其他工程等条件的限制以及满足社会经济的要求,线路总是不断从一个方向转到另一个方向,为了工程能安全运营,在线路方向变换处必须用曲线连接,即线路中线由直线及曲线组成。曲线的形式较多,其中圆曲线和缓和曲线是最基本的平面曲线。圆曲线是有一定曲率半径的圆弧,直线和圆曲线之间是由曲率半径无穷大变化至圆曲线半径的缓和曲线来连接。在线路改变方向时,一般的地方支线及工矿专用线可只用圆曲线连接,国家干线应使用具有缓和曲线的圆曲线连接。

对于曲线的测设,只要解算出曲线上待测设点的测量坐标,就可以很方便地利用全站仪或 GNSS RTK 定位的放样功能在现场测设曲线。

10.5.2.1 圆曲线

(1)圆曲线的要素

如图 10-23 所示,直线与圆曲线的连接点称为直圆点(ZY);圆曲线的中间点为曲中点(QZ);圆曲线与直线的连接点称为圆直点(YZ)。线路转向角 α、圆曲线半径 R、圆曲线切线长 T、曲线长 L、外矢距 E 及切曲差 q 为圆曲线要素,根据交点 JD 的转向角为 α、圆曲线半径为 R,利用下式可计算出圆曲线的其他要素。

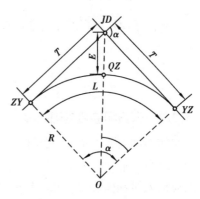

图 10-23 圆曲线要素

$$\left.\begin{aligned}
\text{切线长}: T &= R\tan\left(\frac{\alpha}{2}\right)\\[4pt]
\text{曲线长}: L &= R \times \alpha \times \frac{\pi}{180°}\\[4pt]
\text{外矢距}: E &= R\left(\sec\frac{\alpha}{2} - 1\right)\\[4pt]
\text{切曲差}: q &= 2 \times T - L
\end{aligned}\right\} \tag{10-10}$$

（2）圆曲线上待测设点测量坐标的推算

①圆曲线在切线直角坐标系中的坐标计算　如图 10-24 所示，建立以曲线起点 ZY 或终点 YZ 为坐标原点，切线方向为 x 轴，过原点的半径方向为 y 轴的坐标系，曲线半径为 R，距离原点弧长为 l_i 的待测设点 P_i 在此坐标系中的坐标为：

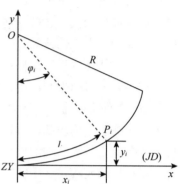

$$\left.\begin{aligned}
x_i &= R\sin\varphi_i\\
y_i &= R(1 - \cos\varphi_i)
\end{aligned}\right\} \tag{10-11}$$

式中　$\varphi_i = l_i/R \times 180°/\pi$，$i = 1, 2, 3, \cdots$。

图 10-24　圆曲线在切线直角坐标系中的坐标

将 φ_i 以弧度表示代入式（10-11）并对 $\sin(l_i/R)$ 及 $\cos(l_i/R)$ 进行台劳级数展开，略去高次项整理后得：

$$\left.\begin{aligned}
x_i &= l_i = -\frac{l_i^3}{6R^2} + \frac{l_i^5}{120R^4} + \frac{l_i^7}{5\,040R^6}\\[4pt]
y_i &= \frac{l_i^2}{2R} - \frac{l_i^4}{24R^3} + \frac{l_i^6}{720R^5} + \frac{l_i^8}{40\,320R^7}
\end{aligned}\right\} \tag{10-12}$$

②曲线的切线直角坐标转换到测量坐标系中的坐标　为了利用已知坐标的测量控制点进行曲线测设，必须将曲线上待测设点的切线直角坐标转换成测量坐标。根据 ZY 点切线方向坐标方位角 A 和 ZY 点的测量坐标为 X_{ZY} 和 Y_{ZY}，曲线位于 ZY 点切线的右侧（图 10-23）时，则曲线任意一点在测量坐标系中的坐标为：

$$\left.\begin{aligned}
X_i &= X_{ZY} + x_i\cos A - y_i\sin A\\
Y_i &= Y_{ZY} + x_i\sin A + y_i\cos A
\end{aligned}\right\} \tag{10-13}$$

曲线位于 ZY 点切线的左侧（图 10-24）时，则曲线上任意一点在测量坐标系中的坐标为：

$$\left.\begin{aligned}
X_i &= X_{ZY} + x_i\cos A + y_i\sin A\\
Y_i &= Y_{ZY} + x_i\sin A - y_i\cos A
\end{aligned}\right\} \tag{10-14}$$

10.5.2.2　有缓和曲线的圆曲线

车辆在圆曲线上行驶会产生离心力，为平衡离心力，可以通过升高道路外侧（称为超高）使车辆倾斜，而车辆在直线上行驶，道路外侧并没有超高，因此从直线到圆曲线之间一般应插入缓和曲线。缓和曲线的半径由 ∞ 渐变为圆曲线半径，超高由 0 渐变为圆曲线的设计超高。缓和曲线可用螺旋线、三次抛物线等空间曲线来设置。我国在道路设计中，一一般采用螺旋线作为缓和曲线。

（1）有缓和曲线的圆曲线要素

如图 10-25 所示，直线与缓和曲线的连接点称为直缓点（ZH）；缓和曲线与圆曲线的连接点为缓圆点（HY）；曲线的中间点称为曲中点（QZ）；圆曲线与缓和曲线的连接点称为圆缓点（YH）；缓和曲线与直线的连接点称为缓直点（HZ）。有缓和曲线的圆曲线要素有线路转向角 α、圆曲线半径 R、缓和曲线长度 l_0、曲线切线长 T、曲线长 L、外矢距 E 及切曲差 q。其中转向角 α、圆曲线半径 R、缓和曲线长度 l_0 为已知数据，其余要素可由下列关系式算出。

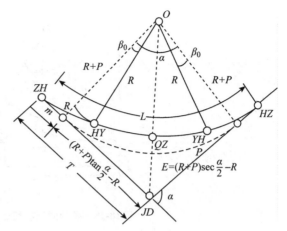

图 10-25　有缓和曲线的圆曲线要素

$$\left.\begin{array}{l} 切线长：T = m + (R + P) \times \tan\left(\dfrac{\alpha}{2}\right) \\[2mm] 曲线长：L = \dfrac{\pi R \times (\alpha - 2\beta_0)}{180°} + 2l_0 \\[2mm] 外矢距：E = (R + P) \times \sec\dfrac{\alpha}{2} - R \\[2mm] 切曲差：q = 2T - L \end{array}\right\} \quad (10\text{-}15)$$

式（10-15）中，m 为加设缓和曲线后使切线增长的距离，P 为加设缓和曲线后圆曲线相对于切线的内移量，β_0 为缓和曲线角度。m，P，β_0 称为缓和曲线参数，可按下式计算：

$$\left.\begin{array}{l} \beta_0 = \dfrac{l_0}{2R}\rho'' \\[2mm] m = \dfrac{l_0}{2} - \dfrac{l_0^3}{240R^2} \\[2mm] P = \dfrac{l_0^2}{24R} \end{array}\right\} \quad (10\text{-}16)$$

（2）曲线上待测设点测量坐标的推算

①直缓点 ZH 至缓圆点 HY 缓和曲线段在以 ZH 为原点的切线直角坐标系中的坐标计算

如图 10-26 所示，建立以直缓点 ZH 为原点，切线方向为 x 轴，过原点的半径方向为 y 轴的坐标系，距原点 ZH 缓和曲线长度为 l_i 的待测设点在此坐标系中的坐标按下式计算：

$$\left.\begin{array}{l} x_i = l_i - \dfrac{l_i^5}{40R^2 l_0^2} + \dfrac{l_i^9}{3456R^4 l_0^4} \\[2mm] y_i = \dfrac{l_i^3}{6Rl_0} - \dfrac{l_i^7}{336R^3 l_0^3} \end{array}\right\} \quad (10\text{-}17)$$

由式（10-17），当 $l_i = l_0$ 时，待测设点为缓圆点 HY，则 HY 点的坐标为：

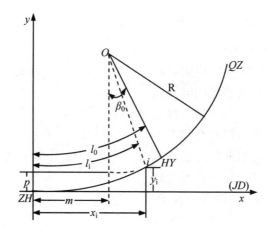

图 10-26　缓和曲线在切线直角坐标系中的坐标

$$\left.\begin{aligned} x_{HY} &= l_0 - \frac{l_0^3}{40R^2} + \frac{l_0^5}{3456R^4} \\ y_{HY} &= \frac{l_0^2}{6R} - \frac{l_0^4}{336R^3} \end{aligned}\right\}$$

②缓圆点 HY 至圆缓点 YH 圆曲线段在以 ZH 为原点的切线直角坐标系中的坐标计算。

如图 10-27 所示，仍采用以 ZH 为原点的切线直角坐标系，在圆曲线段距离原点 ZH 的曲线长度为 l_i 的待测设点坐标按下式计算。

$$\left.\begin{aligned} x_i &= l_i - 0.5l_0 - \frac{(l_i - 0.5l_0)^3}{6R^2} + m \\ y_i &= \frac{(l_i - 0.5l_0)^2}{2R} - \frac{(l_i - 0.5l_0)^4}{24R^3} + P \end{aligned}\right\} \qquad (10\text{-}18)$$

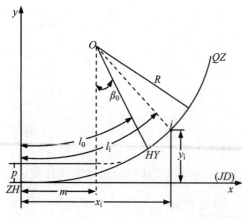

图 10-27　圆曲线在切线直角坐标系中的坐标

③圆缓点 YH 至缓直点 HZ 缓和曲线段在以 ZH 为原点的切线直角坐标系中的坐标计算。

先由式(10-17)算出圆缓点 YH 至缓直点 HZ 缓和曲线段上距缓直点 HZ 曲线长度为 l'_i 的待测设点在以 HZ 为原点的切线坐标系中的坐标 x'_i，y'_i，然后通过坐标转换将 x'_i，y'_i 统一为以直缓点 ZH 为原点的直角坐标系中的坐标 x_i，y_i。

如图 10-28 所示，HZ 点在以直缓点 ZH 为原点的切线直角坐标系中的坐标为：

$$\left.\begin{aligned} x_{HZ} &= T_1 + T_2\cos\alpha \\ y_{HZ} &= T_2\sin\alpha \end{aligned}\right\} \qquad (10\text{-}19)$$

由图 10-28 可得 x'_i，y'_i 转换为以直缓点 ZH 为原点的切线直角坐标 x_i，y_i 的关系式(10-20)。

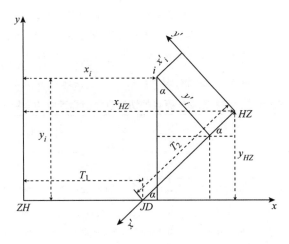

图 10-28 *HZ* 为原点的切线直角坐标转换成 *ZH*
为原点的切线直角坐标

$$\left.\begin{array}{l} x_i = x_{HZ} - x'_i\cos\alpha - y'_i\sin\alpha \\ y_i = y_{HZ} - x'_i\sin\alpha + y'_i\cos\alpha \end{array}\right\} \tag{10-20}$$

由式(10-17)、式(10-18)和式(10-20)分别算出 $ZH \sim HY$, $HY \sim YH$ 及 $YH \sim HZ$ 曲线段待测设点的切线直角坐标后，只需把式(10-13)及式(10-14)中的 X_{ZY}，Y_{ZY} 分别替换为 X_{ZH}，Y_{ZH} 即可将切线直角坐标转换为测量坐标。

例如，线路交点 *JD* 的里程为 $K5 + 330.20$，其测量坐标为 $X_{JD} = 3\ 088\ 379.848$m，$Y_{JD} = 66\ 839.458$m。曲线线路向右转角为 $10°18'20''$，圆曲线半径为 $1\ 000$m，缓和曲线长度为 80m，切线坐标方位角 $A_{JD \sim ZH} = 198°18'18''$。试计算曲线要素(切线长、曲线长、外矢距及切曲差)、曲线主点的里程以及曲线上每隔 20m 待测设点的测量坐标。

按公式(10-15)及(10-16)式计算切线长 $T_1 = T_2 = T = 130.198$m，曲线长度 $L = 259.866$m，外矢距 $E = 4.325$m，切曲差为 $q = 0.530$m，根据线路交点 *JD* 的里程和曲线元素切线长、曲线长度、切曲差可进行曲线主点里程计算(表 10-2)。

按曲线坐标计算公式(10-17) ~ 式(10-20)计算曲线主点和每隔 20m 的待测设曲线点在以直缓点 *ZH* 为原点的切线直角坐标系中的坐标 x_i，y_i。

根据线路交点 *JD* 的测量坐标 X_{JD}，Y_{JD}，切线坐标方位角 $A_{JD \sim ZH}$ 及切线长 *T* 可算出直缓点 *ZH* 的测量坐标

表 10-2 曲线主点里程计算

JD	$K5 + 330.200$
$-)\ T$	130.198
ZH	$K5 + 200.002$
$+)\ l_0$	80.000
HY	$K5 + 280.002$
ZH	$K5 + 200.002$
$+)\ L/2$	129.933
QZ	$K5 + 329.935$
$+)\ L/2$	129.933
HZ	$K5 + 459.868$
$-)\ l_0$	80.000
YH	$K5 + 379.868$
检核：*JD*	$K5 + 330.200$
$+)\ T$	130.198
	$K5 + 460.398$
$-)\ q$	0.530
HZ	$K5 + 459.868$

$$X_{ZH} = 3\,088\,379.848 + 130.198 \times \cos(198°18'18'') = 3\,088\,256.238\text{m}$$

$$Y_{ZH} = 66\,839.458 + 130.198 \times \sin(198°18'18'') = 66\,798.566\text{m}$$

再把 ZH 点切线方向坐标方位角 $A = 18°18'18''$ 及 X_{ZH}，Y_{ZH} 代入式(10-13)将切线直角坐标坐标 x_i，y_i 转换成测量坐标 X_i，Y_i(表10-3)。

表 10-3 曲线点在以直缓点 ZH 原点的切线直角坐标系中的坐标及测量坐标

点号	里程	直缓点 ZH 为原点的切线直角坐标		测量坐标		备注
		$x_i(\text{m})$	$y_i(\text{m})$	$X_i(\text{m})$	$Y_i(\text{m})$	
1	K5 + 200.002	0.000	0.000	3 088 256.238	66 798.566	ZH
2	K5 + 220.002	20.000	0.017	3 088 275.221	66 804.864	
3	K5 + 240.002	40.000	0.133	3 088 294.172	66 811.255	
4	K5 + 260.002	59.997	0.450	3 088 313.058	66 817.837	
5	K5 + 280.002	79.987	1.067	3 088 331.842	66 824.701	HY
6	K5 + 300.002	99.962	2.066	3 088 350.493	66 831.923	
7	K5 + 320.002	119.913	3.465	3 088 368.995	66 839.517	
8	K5 + 329.935	129.810	4.308	3 088 378.126	66 843.426	QZ
9	K5 + 339.868	139.698	5.249	3 088 387.218	66 847.425	
10	K5 + 359.868	159.577	7.442	3 088 405.403	66 855.751	
11	K5 + 379.868	179.408	10.032	3 088 423.417	66 864.438	YH
12	K5 + 399.868	199.186	13.001	3 088 441.262	66 873.469	
13	K5 + 419.868	218.917	16.267	3 088 458.968	66 882.766	
14	K5 + 439.868	238.616	19.731	3 088 476.583	66 892.242	
15	K5 + 459.868	258.296	23.292	3 088 494.148	66 901.804	HZ

表10-3 中，待测设曲线点 K5 +419.868 的测量坐标计算如下：

待测设曲线点 K5 +419.868 位于圆缓点 YH ~ 缓直点 HZ 之间，距 HZ 点的曲线长度 l_i' 为40m。K5 +419.868 在以 HZ 点为原点的切线直角坐标系的坐标为：

$$x_{K5+419.868}' = 40 - \frac{40^5}{40 \times 1\,000^2 \times 80^2} + \frac{40^9}{3\,456 \times 1\,000^4 \times 80^4} = 40.000$$

$$y_{K5+419.868}' = \frac{40^3}{6 \times 1\,000 \times 80} - \frac{40^7}{336 \times 1\,000^3 \times 80^3} = 0.133$$

HZ 在以 ZH 为原点的切线直角坐标系的坐标为：

$$x_{HZ} = 130.198 + 130.198 \times \cos 10°18'20'' = 258.296$$

$$y_{HZ} = 130.198 \times \sin 10°18'20'' = 23.292$$

K5 +419.868 在以 ZH 为原点的切线直角坐标系的坐标为：

$$x_{K5+419.868} = 258.296 - 40 \times \cos 10°18'20'' - 0.133 \times \sin 10°18'20'' = 218.917$$

$$y_{K5+419.868} = 23.292 - 40 \times \sin 10°18'20'' + 0.133 \times \cos 10°18'20'' = 16.267$$

K5 +419.868 的测量坐标为：

$$X_{K5+419.868} = 3\ 088\ 256.238 + 218.917 \times \cos18°18'18'' - 16.267 \times \sin18°18'18''$$
$$= 3\ 088\ 458.968$$

$$Y_{K5+419.868} = 66\ 798.566 + 218.917 \times \sin18°18'18'' + 16.267 \times \cos18°18'18'' = 66\ 882.766$$

10.5.3 线路纵断面测量

线路纵断面测量又称中线水准测量，它的任务是在道路中线测定之后，测定中线各里程桩的地面高程，绘制线路纵断面图，供线路纵坡设计之用。

为了提高测量精度和有效地进行成果检核，纵断面测量一般分为两步进行。第一步是沿线路方向设置水准点，建立线路的高程控制，称为基平测量；第二步是根据基平测量建立的水准点的高程，分段进行水准测量，测定各里程桩的地面高程，称为中平测量。

10.5.3.1 基平测量

水准点是线路高程测量的控制点，在勘测和施工阶段都要使用，因此根据需要和用途可布设永久性水准点和临时性水准点。在线路的起、终点、大桥两岸、隧道进出口以及一些需要长期观测高程的重点工程附近均应设置永久性水准点。在一般地区也应每隔5km设置一个永久性水准点。永久性水准点应埋设标石，也可设置在永久性建筑物上或用金属标志嵌在基岩上。为便于引测，还需沿线布设一定数量的临时性水准点，临时性水准点的布设密度应根据地形复杂情况和工程需要而定。重丘陵和山区每隔0.5~1km布设一点；平原和微丘陵区每隔1~2km布设一点；较短的线路和市政工程线路一般要求每300~500m左右留设一临时性水准点。水准点的位置应设在施工范围以外(一般距中线50~100m)，其标志应明显、牢固且使用方便。

基平测量时，首先应将起始水准点与附近国家水准点进行联测，以获取国家统一高程基准的高程。沿线途中，也应尽量与附近国家水准点进行联测。当线路附近没有国家水准点或引测困难时，则可参考地形图选定一个与实地高程接近的值作为起始水准点的假定高程。城市测量规范规定，市政工程线路基平水准测量采用视线长度不超过100m的单面单程观测，附合线路高差闭合差不超过$30mm\sqrt{L}$(L为附合线路长度，以km为单位)。

10.5.3.2 中平测量

中平测量一般是以基平测量的两相邻水准点为一测段，从一个水准点开始，逐个测定中桩的地面高程，直至附合于下一个水准点上(图10-29)。在每一个测站上，根据线路实地的起伏大小和测站至中桩的距离情况选定中桩作为传递高程的转点，线路起伏较大时还需临时增设传递高程的转点。图10-29中，与各测站实线连接的测点为前、后视转点，虚线连接测站的测点为前、后视两转点间所观测的中前视点(也称为中间点)。由于转点起着传递高程的作用，在测站上应先观测转点，后观测中间点。转点读数至mm，视线长不应大于150m，水准尺应立于临时增设转点的尺垫上或平地面稳固的桩顶上。中间点读数可至cm，视线也可适当放长，立尺应紧靠桩边的地面上。

中平测量只作单程观测。一测段观测结束后，应先计算相邻水准点测段高差。市政工程线路相邻水准点高差与中平测量检测的较差不得大于20mm；高速、一级公路测段高差

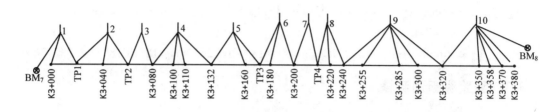

图 10-29　线路中平测量

闭合差 f_h 的绝对值不得超过 $30mm\sqrt{L}$；二级及以下公路测段高差闭合差 f_h 的绝对值不得超过 $50mm\sqrt{L}$；（L 为测段线路长度，以 km 为单位）。中平测量结果一般不需要进行测段闭合差调整，而以原计算的各中桩点高程作为绘制纵断面图的依据。

在每站计算各桩点高程时，应先计算视线高(后视点高程 + 后视读数)，再由视线高减去前视转点、中间点的标尺读数即可获得相应的前视转点和中间点的高程。中平测量的记录计算见表 10-4。

表 10-4　中平测量记录

测站	测点	读数（m）			视线高程（m）	高程（m）	备注
		后视	中视	前视			
1	BM_7	1.208				76.872	
	$K3+000$		0.40		78.080	77.68	
	$TP1$			2.684		75.396	
2	$TP1$	2.278				75.396	
	$K3+040$		2.69		77.674	74.98	
	$TP2$			0.306		77.368	已知水准点 BM_7，BM_8 水准尺应立于标志点上
3	$TP2$	2.596				77.368	$TP1 \sim TP4$ 为临时增设传递高
	$K3+080$			0.465	79.964	79.499	程的转点，标尺应立于尺垫上
4	$K3+080$	1.682				79.499	中桩 $K3+080$
	$K3+100$		1.16			80.02	$K3+132$
	$K3+110$		2.58		81.181	78.60	$K3+200$
	$K3+132$			2.449		78.732	$K3+240$
5	$K3+132$	2.657			81.389	78.732	$K3+320$
	$K3+160$		0.99			80.40	选定为传递高程的转点，标尺
	$TP3$			1.312		80.077	应立于平地面稳固的桩顶上
6	$TP3$	2.342				80.077	作为中前视点的其余中桩，立
	$K3+180$		0.44		82.419	81.98	尺应紧靠桩边的地面上
	$K3+200$			0.859		81.560	
7	$K3+200$	0.346			81.906	81.560	
	$TP4$			2.259		79.647	
8	$TP4$	1.233				79.647	
	$K3+220$		1.76		80.880	79.12	
	$K3+240$			1.679		79.201	

测站	测点	读数（m）			视线高程（m）	高程（m）	备注
		后视	中视	前视			
9	K3 +240	1.823			81.024	79.201	
	K3 +255		2.19			78.83	
	K3 +285		0.50			80.52	
	K3 +300		0.50			80.52	
	K3 +320			1.682		79.142	
10	K3 +320	0.438			79.580	79.142	
	K3 +350		2.36			77.22	
	K3 +358		1.80			77.78	
	K3 +370		1.75			77.83	
	K3 +380		2.52			77.06	
	BM_8			2.468		77.112	

注：水准点 BM_7，BM_8 的已知高程 $H_{BM7} = 76.872$m，$H_{BM8} = 77.126$m，两水准点的高差 $h = 77.126 - 76.872 = +0.254$m，中平测量检测两水准点的高差 $h = 77.112 - 76.872 = +0.240$m，其较差 $\Delta h = +0.240 - (+0.254) = -0.014 = -14$mm，满足 20mm 的限差要求。

10.5.3.3 纵断面图的绘制

纵断面图是线路设计和施工中的重要资料。它是根据中线测量和中平测量的数据，绘制的沿中线方向反映地面起伏形状的线状图。绘制时以线路里程为横坐标，高程为纵坐标，根据工程需要的比例尺，在毫米方格纸上进行绘制。在纵断面图中，常用的里程比例尺有 1∶5 000、1∶2 000、1∶1 000 几种。为了明显地表示地面起伏，一般将高程比例尺放大 10 倍或 20 倍。手工绘图时，纵断面图一般从左到右绘制在透明毫米方格纸的背面，以防修改时将方格擦掉。

如图 10-30 所示为一道路 K3 +000 ～ K3 +380 标段的纵断面图。图上半部绘制有两条线，细折线表示中线方向的实际地面线，是根据中平测量的中桩地面高程（表 10-4）绘制的；粗折线表示纵坡设计线。图上部还注有水准点的编号、位置与高程、竖曲线的示意图及其曲线元素。图下部绘制表格里面填写有关测量及坡度设计数据，包括桩号、坡度与距离、设计高程、地面高程、填挖高度、直线与曲线等内容。其绘制的具体方法如下：

①在横轴上按水平距离比例尺定出表 10-4 各里程桩和加桩的位置，并在栏内相应位置标注桩号。

②将表 10-4 各桩的实测高程填入高程栏，并按高程比例尺在纵轴上相应的位置标出定点位，再把这些点连成线，即为纵断面图。

③在直线与曲线一栏内，按照桩号标明线路的直线和曲线部分的示意图，即线路的中心线。其中曲线部分用直角折线表示，上凸表示路线右偏，下凸表示左偏，并注明交点号和曲线元素。在交角小于 5°用锐角折线表示。

④根据线路各桩点高程和线路实际控制点的位置，进行纵坡设计，并绘制设计坡度线。

⑤在坡度与距离一栏内用斜线表示两点间的坡度；用水平线表示平坡，线上方用百分数注明坡度，线下方注明两点间水平距离。

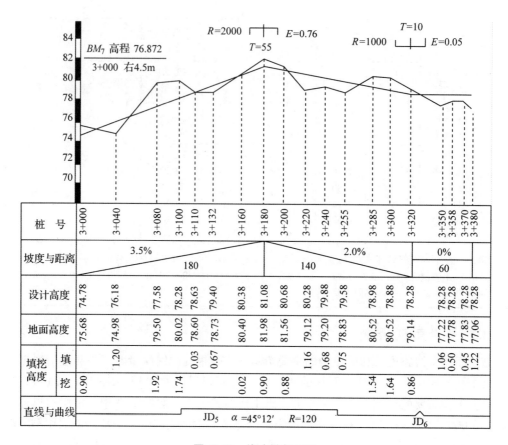

图 10-30　线路纵断面图

⑥根据设计坡度计算出设计高程。

⑦计算各桩点挖深和填高。同一桩号的地面高程与设计高程的挖填高度，其值为正表示挖深，为负表示填高。

10.5.4　线路横断面测量

横断面测量是测定中线各里程桩两侧垂直于中线的地面高程，绘制横断面图，供路基设计、计算土石方数量以及施工放边桩之用。

由于横断面测量是测定中桩两侧垂直于中线的地面线，因此首先要确定横断面的方向，然后在此方向上测定地面坡度变化点的距离和高差。横断面测量的宽度，应根据路基宽度、填挖尺寸、边坡大小、地形情况以及有关工程的特殊要求而定，一般要求中线两侧各测 10~50m。横断面测绘的密度，除各中桩应施测外，在大中桥头、隧道洞口、挡土墙等重点工程地段，可根据需要加密。

10.5.4.1　横断面方向的测定

（1）直线段横断面方向的确定

直线段横断面方向与线路中线垂直，一般采用方向架测定。如图 10-31 所示，将方向架置于桩点上，方向架上有两个相互垂直的固定片，用其中一个瞄准该直线上任一中桩，另一个所指方向即为该桩点的横断面方向。

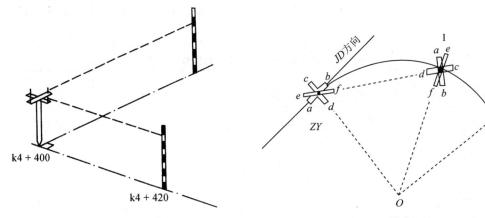

图 10-31　直线段横断面方向的确定　　　　图 10-32　圆曲线上横断面方向的确定

（2）圆曲线上横断面方向的确定

圆曲线上一点的横断面方向即是该点的半径方向。如图 10-32 所示，将求心方向架置于 ZY（或 YZ）点上，用固定片瞄准切线方向（如交点），则另一固定片 cd 所指方向即为 ZY（或 YZ）点的横断面方向，此时保持方向架不动，转动活动片 ef 瞄准 1 点，并将其固定，然后将方向架搬至 1 点，用固定片 cd 瞄准 ZY（或 YZ）点，则活动片 ef 所指方向即为 1 点的横断面方向。在测定 2 点的横断面方向时，以固定片 cd 瞄准 1 点，ab 片的方向即为切线方向。此后的操作与测定 1 点横断面方向时完全相同，保持方向架不动，用活动片 ef 瞄准 2 点并固定之。将方向架搬至 2 点，用固定片瞄准 1 点，活动片 ef 的方向即为 2 点的横断面方向。如圆曲线上桩距相同，在定出 1 点横断面方向后，保持活动片 ef 原来位置，将其搬至 2 点上，用固定片瞄准 1 点，活动片 ef 即为 2 点的横断面方向。

10.5.4.2　横断面的测量方法

横断面上中线桩的地面高程已在纵断面测量时测出，只要测量出各地形特征点相对于中线桩的平距和高差，就可以确定其点位和高程。平距和高差可用下述方法测定。

（1）水准仪法

此法适用于施测横断面较宽的平坦地区。如图 10-33 所示，安置水准仪后，以中线桩

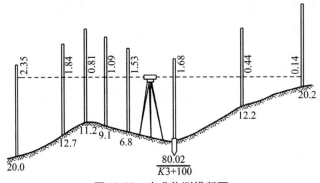

图 10-33　水准仪测横断面

$K3 + 100$ 地面高程点为后视，以中线桩两侧横断面方向的地形特征点为前视，标尺读数读至 cm。用皮尺或钢尺分别量出各特征点到中线桩的水平距离（量至 dm 即可）。按线路前进方向分左、右侧记录（表 10-5），以分式表示前视读数和水平距离。高差由后视读数减去前视读数求得。

表 10-5 水准仪法线路横断面的测量记录表

前视读数/高差		后视读数	前视读数/高差	
线路前进方向左侧断面点至中线桩的距离		中线桩桩号/高程	线路前进方向右侧断面点至中线桩的距离	
$\dfrac{1.53/ +0.15}{6.8}$	$\dfrac{1.09/ +0.59}{9.1}$		$\dfrac{0.44/ +1.24}{12.2}$	$\dfrac{0.14/ +1.54}{20.2}$
$\dfrac{0.81/ +0.87}{11.2}$	$\dfrac{1.84/ -0.16}{12.7}$	$\dfrac{1.68}{K3 + 100/80.02}$		
$\dfrac{2.35/ -0.67}{20.0}$				

（2）全站仪法

在地形复杂、山坡较陡的地段可采用全站仪施测。将全站仪安置在中桩上，照准横断面方向各变坡点竖立的棱镜，在距离测量模式下可直接测定各变坡点至中桩的水平距离，在坐标测量模式下输入仪器高、棱镜高和中桩的高程，可直接测得各变坡点的高程。

经纬仪视距测量的距离相对精度能达到 1/300，每 100m 视线长度的高差误差约 3cm。若经纬仪视距测量测得的水平距离和高差能满足横断面测量的精度要求，也可以在中桩上安置经纬仪，用视距法测出横断面方向各变坡点至中桩的水平距离和高差，由中桩的高程及相应的高差可获得各变坡点的高程。

10.5.4.3 横断面图的绘制

横断面图一般采用现场边测边绘的方法，以便及时对横断面进行核对。但也可在现场记录（表 10-5），回到室内绘图。绘图比例尺一般采用 1∶200 或 1∶100。图绘在毫米方格纸上。绘图时，先将中桩位置标出，然后分左、右两侧，按照变坡点至中桩的水平距离及变坡点与中桩的高差，逐一将变坡点标在图上，再用直线连接相邻各点，即得横断面地面线。

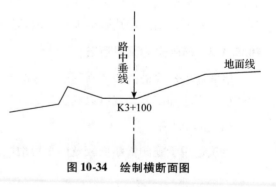

图 10-34 绘制横断面图

图 10-34 为表 10-5 测量记录数据的横断面图。

10.5.5 线路施工测量

线路施工测量包括恢复线路中线、路基边桩的测设、竖曲线的测设等工作。

10.5.5.1 线路中线的恢复

从线路勘测到开始施工期间，往往会有一些中桩丢失。在施工之前，应根据设计资料进行恢复工作，并对原来的中线进行复核，以保证线路中线位置准确可靠。恢复中线所采用的测量方法与线路中线测量方法基本相同。此外，对线路水准点也应进行复核，必要时还应增设一些水准点以满足施工需要。

10.5.5.2　路基边桩的测设

路基边桩测设就是在地面上将每一个横断面的路基边坡线与地面的交点用木桩标定出来。边桩的位置由两侧边桩至中桩的距离来确定。常用的边桩测设方法如下：

（1）图解法

直接在横断面图上量取中桩至边桩的距离，然后在实地用皮尺沿横断面方向测定其位置。当填挖方不很大时，采用此法较简便。

（2）解析法

①平坦地段路基边桩的测设　填方路基称为路堤，如图 10-35 所示，路堤边桩至中桩的距离为：

$$D = \frac{B}{2} + m \times h \tag{10-21}$$

挖方路基称为路堑，如图 10-36 所示，路堑边桩至中桩的距离为：

$$D = \frac{B}{2} + S + m \times h \tag{10-22}$$

式中　B——路基设计宽度；

　　　$1:m$——路基边坡坡度；

　　　h——填土高度或挖土深度；

　　　S——路堑边沟顶宽。

以上是断面位于直线段时求算 D 值的方法。若断面位于曲线上有加宽时，在以上述方法求出 D 值后，还应于曲线内侧的 D 值中加上加宽值。

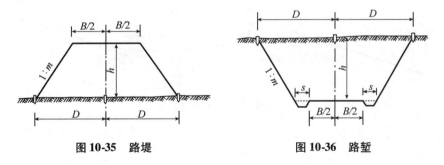

图 10-35　路堤　　　　　　　　　　图 10-36　路堑

②倾斜地段路基边桩的测设　在倾斜地段，边桩至中桩的距离随着地面坡度的变化而变化。如图 10-37 所示，路堤边桩至中桩的距离为：

$$\left.\begin{array}{l} 斜坡上侧：D_{上} = \dfrac{B}{2} + m \cdot (h_{中} - h_{上}) \\[2mm] 斜坡下侧：D_{下} = \dfrac{B}{2} + m \cdot (h_{中} + h_{下}) \end{array}\right\} \tag{10-23}$$

如图 10-38 所示, 路堑边桩至中桩的距离为:

$$\left. \begin{array}{l} 斜坡上侧: D_{上} = \dfrac{B}{2} + S + m \cdot (h_{中} + h_{上}) \\[3mm] 斜坡下侧: D_{下} = \dfrac{B}{2} + S + m \cdot (h_{中} - h_{下}) \end{array} \right\} \tag{10-24}$$

式中 B, S 和 m 为已知, $h_{中}$ 为中桩处的填挖高度, 亦为已知。$h_{上}$、$h_{下}$ 为斜坡上、下侧边桩与中桩的高差, 在边桩未定出之前则为未知数。因此在实际工作中采用逐渐趋近法测设边桩。先根据地面实际情况, 并参考路基横断面图, 估计边桩的位置。然后测出该估计位置与中桩的高差, 并以此作为 $h_{上}$、$h_{下}$, 代入式(10-23)或式(10-24)计算 $D_{上}$、$D_{下}$, 并据此在实地定出其位置。若估计位置与其相符, 即得边桩位置。否则应按实测资料重新估计边桩位置, 重复上述工作, 直至相符为止。

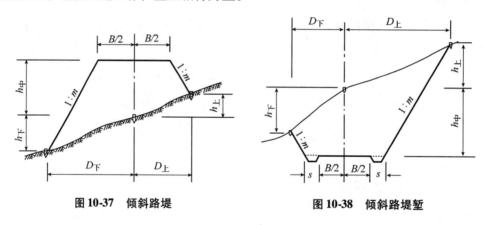

图 10-37 倾斜路堤　　　　图 10-38 倾斜路堤堑

10.5.5.3 竖曲线的测设

在线路纵坡改变处, 为了行车的平稳和行车视距的要求, 在竖直面内应以曲线衔接, 这种曲线称为竖曲线。竖曲线有凸形和凹形两种, 如图 10-39 所示。

图 10-39 竖曲线

竖曲线一般采用圆曲线, 这是因为在一般情况下, 相邻纵坡的坡度差都很小, 而选用的竖曲线半径都很大, 因此即使采用二次抛物线等其它曲线, 所得到的结果也与圆曲线十分近似。

对于竖曲线的测设, 只要解算出竖曲线上待测设点的设计高程, 即可按点高程测设的方法放样竖曲线。

如图 10-40 所示, 两相邻纵坡的坡度分别为 i_1, i_2, 竖曲线半径为 R, 则竖曲线长为 $L = R \times \alpha$。

由于竖曲线的转角 α 很小，故可认为 $\alpha = i_1 - i_2$。则曲线长：

$$L = R \times (i_1 - i_2) \tag{10-25}$$

切线长：$T = R \cdot \tan\dfrac{\alpha}{2}$，因 α 很小，$\tan\dfrac{\alpha}{2} = \dfrac{\alpha}{2}$，则：

$$T = R \times \frac{\alpha}{2} = \frac{L}{2} = \frac{1}{2}R(i_1 - i_2) \tag{10-26}$$

又因为 α 很小，可以认为 y 坐标方向 PN 与过 P 点的半径方向一致且 $PM = y$，还认为它是切线上与曲线上的高程差。由此得：

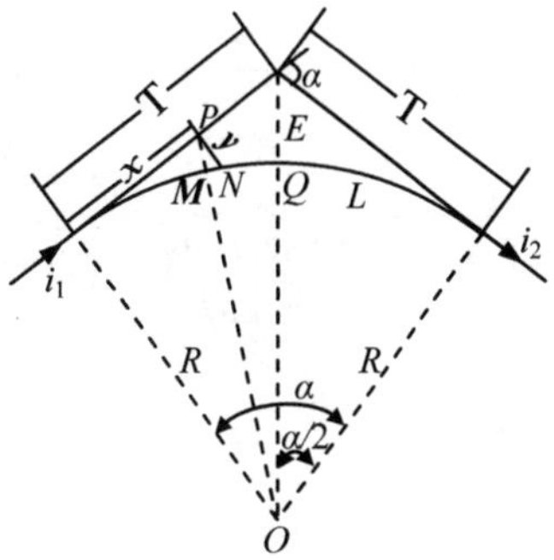

$$(R + y)^2 = R^2 + x^2, \quad 2Ry = x^2 - y^2$$

y^2 与 x^2 相比较，其值甚微，可略去不计。故有：

$$y = \frac{x^2}{2R} \tag{10-27}$$

图 10-40　竖曲线元素

式中　x——竖曲线上任一点 P 至竖曲线起点或终点的水平距离；

　　　y 值在凹形竖曲线中为正号，在凸形竖曲线中为负号。

算出高程差 y 值后，可根据变坡点的高程计算竖曲线上各点的设计高程 $H_{曲线点设}$。

$$H_{曲线点设} = H_{变坡点} + D \times i + y \tag{10-28}$$

式中　D——坡度线上各点至变坡点的水平距离（竖曲线各点与变坡点的里程差）；

　　　i——纵坡的坡度。

从图 10-40 中还可看出，$y_{max} \approx E$，故外矢距：

$$E = \frac{T^2}{2R} \tag{10-29}$$

【例 10-1】 一线路某处相邻坡段的坡度分别为 $+4‰$ 及 $-6‰$，变坡点的里程为 DK217 + 240，其高程为 418.69m，该坡段采用半径为 10 000m 的凸形竖曲线连接，试计算曲线上每隔 10m 设置一曲线点的设计高程。

曲线长：

$$L = 10\,000 \times (+4‰ - (-6‰)) = 100\text{m}$$

切线长：

$$T = L/2 = 50\text{m}$$

外矢距：

$$E = \frac{50^2}{2 \times 10000} = 0.125\text{m}$$

变坡点里程为 $DK217 + 240$，则竖曲线起点的里程为 $DK217 + 240 - L/2 = DK217 + 190$，竖曲线终点的里程为 $DK217 + 240 + L/2 = DK217 + 290$。由式（10-28）可计算出竖曲线上每隔 10m 设置一曲线点的设计高程（表 10-6）。

表 10-6　竖曲线设计高程计算表

点号	桩号	$x(\text{m})$	$y(\text{m})$	坡度线高程(m) ($H_{变坡点} + D \cdot i$)	设计高程(m)	备注
起点	$DK217+190$	0	0.00	418.49	418.49	
	+200	10	0.00	418.53	418.53	
	+210	20	−0.02	418.57	418.55	
	+220	30	−0.04	418.61	418.57	
	+230	40	−0.08	418.65	418.57	
变坡点	+240	50	−0.12	418.69	418.57	y 值在凸形竖曲线中取负号
	+250	40	−0.08	418.63	418.55	
	+260	30	−0.04	418.57	418.53	
	+270	20	−0.02	418.51	418.49	
	+280	10	0.00	418.45	418.45	
终点	$DK217+290$	0	0.00	418.39	418.39	

10.6　建筑变形测量

建筑变形包括沉降和位移。沉降观测是在高程控制网的基础上进行，位移观测是在平面控制网的基础上进行。建筑变形测量是每隔一定时期，对控制点和观测点进行重复测量，通过计算相邻两次测量的变形量及累积变形量来确定建筑物的变形值和分析变形规律。建筑变形测量应严格按照《建筑变形测量规范》(JGJ 8—2016)的规定进行。

10.6.1　沉降观测

在建筑物施工过程中，随着上部结构的逐步建成、地基荷载的逐步增加，将使建筑物产生下沉现象。建筑物的下沉是逐渐产生的，并将延续到竣工交付使用后的相当长一段时期。因此建筑物的沉降观测应按照沉降产生的规律进行。沉降观测在高程控制网的基础上进行。

在建筑物周围一定距离、基础稳固、便于观测的地方，布设一些专用水准点，在建筑物上能反映沉降情况的位置设置一些沉降观测点，根据上部荷载的加载情况，每隔一定时期观测一次水准点与沉降观测点之间的高差，据此计算与分析建筑物的沉降规律。

专用水准点分水准基点和工作基点。每一个测区的水准基点不应少于 3 个，对于小测区，当确认点位稳定可靠时可少于 3 个，但连同工作基点不得少于 2 个。工作基点与联系点布设的位置应视网需要确定。工作基点位置与邻近建筑物的距离不得小于建筑物基础深度的 1.5~2.0 倍。

在建筑物上布设一些能全面反映建筑物地基变形特征并结合地质情况及建筑结构特点的沉降观测点。

高差观测宜采用水准测量方法。一般应布设为闭合环、结点网或附合水准路线。水准测量的精度等级是根据建筑物最终沉降量的观测中误差来确定的。建筑物的沉降量分绝对

沉降量 s 和相对沉降量 Δs。绝对沉降的观测中误差 m_s，按低、中、高压缩性地基土的类别，分别选 0.5mm、1.0mm、2.5mm；相对沉降(如沉降差、基础倾斜、局部倾斜等)、局部地基沉降(如基础回弹、地基土分层沉降等)以及膨胀土地基变形等的观测中误差 $\Delta m_{\Delta s}$，Δ 均不应超过其变形允许值的 1/20，建筑物整体变形(如工程设施的整体垂直挠曲等)的观测中误差，不应超过其容许垂直偏差的 1/10，结构段变形(如平置构件挠度等)的观测中误差，不应超过其变形容许值的 1/6。

沉降观测成果处理的内容是，对水准网进行严密平差计算，求出观测点每期观测高程的平差值，计算相邻两次观测之间的沉降量和累积沉降量，分析沉降量与增加荷载的关系。

10. 6. 2　位移观测

建筑物的位移观测包括主体倾斜观测、水平位移观测、裂缝观测、挠度观测、日照变形观测、风振观测和场地滑坡观测。位移观测是在平面控制网的基础上进行，其坐标计算应采用严密平差法。

基准点、工作基点以及联系点、检核点和定向点，应根据不同布网方式与构形。每一测区的基准点不应少于 2 个，每一测区的工作基点亦不应少于 2 个。

平面控制网的精度等级是根据建筑物最终位移量的观测中误差来确定的。位移量分绝对位移量 s 和相对位移量 Δs。绝对位移观测中误差 m_s 一般是根据设计、施工要求，并参照同类或类似项目的经验选取。相对位移、局部地基位移的观测中误差 $m_{\Delta s}$，均不应超过其变形允许值分量的 1/20；建筑物整体性变形的观测中误差，不应超过其变形容许值分量的 1/10；结构段变形的观测中误差，不应超过其变形容许值分量的 1/6。

引起建筑物主体倾斜的主要原因是基础的不均匀沉降。主体倾斜观测是测定建筑物顶部相对于底部或各层间上层相对于下层的水平位移与高差，分别计算整体或分层的倾斜度、倾斜方向以及倾斜速度。对具有刚性建筑的整体倾斜，亦可通过测量顶面或基础的相对沉降间接确定。

裂缝观测是定期测定建筑物上裂缝的变化情况，产生裂缝的原因主要与建筑物的不均匀沉降有关，因此，裂缝观测通常与沉降观测同步进行，以便于综合分析，及时采取工程措施，确保建筑物的安全。当建构筑物多处产生裂缝时，应进行裂缝观测。裂缝观测应测定建筑物上的裂缝分布位置，裂缝的走向、长度、宽度及其变化程度。观测数量视需要而定，主要的或变化大的裂缝应进行观测。

变形观测的周期应视变形情况、变形速度而定。通常开始可半月测一次，以后一月左右测一次。当发现变形加大时，应增加观测次数，直至几天或逐日一次的连续观测。

10.7　竣工测量

竣工测量的目的是检验建筑物的平面位置与高程是否符合设计要求，作为工程验收及营运管理的基本依据。竣工测量的成果是竣工总图，其作用如下：

①将设计变更的实际情况测绘到竣工总图上，为工程验收提供基础资料。

②将地下管网等隐蔽工程测绘到竣工总图上，为日后的检查和维修工作提供准确的定位。

③为项目扩建提供原有各建筑物、构筑物、地上和地下各种管线及交通线路的坐标、高程等资料。

新建项目竣工总图的编绘，最好是随着工程的陆续竣工同步进行。一面竣工，一面利用竣工测量成果编绘竣工总图。如发现地下管线的位置有问题，应及时到现场查对，使竣工总图能真实地反映实际情况。竣工总图的编绘，包括室外实测和室内资料编绘两方面的内容。

10.7.1　竣工测量

在每个单项工程完成后，应由施工单位进行竣工测量，提出工程的竣工测量成果。其内容如下：

①工业厂房及一般建筑物　包括房角坐标，各种管线进出口的位置和高程，并附房屋编号、结构层数、面积和竣工时间等资料。

②铁路和公路　包括起止点、转折点、交叉点的坐标，曲线元素，桥涵等构筑物的位置和高程。

③地下管网　窨井、转折点的坐标，井盖、井底、沟槽和管顶等的高程，并附注管道及窨井的编号、名称、管径、管材、间距、坡度和流向。

④架空管网　包括转折点、结点、交叉点的坐标，支架间距，基础面高程。

⑤其他　竣工测量完成后，应提交完整的资料，包括工程的名称，施工依据，施工成果，作为编绘竣工总图的依据。

10.7.2　竣工总图的编绘

编绘竣工总平面图时，需要在施工过程中收集一切有关的资料，包括设计总平面图、系统工程平面图、纵横断面图及变更设计的资料、施工放样资料及施工检查测量与竣工测量资料等。编绘竣工总平面图的方法步骤如下：

10.7.2.1　编绘前的准备

①确定竣工总平面图的比例尺　在通常情况下，要求竣工总平面图的比例尺为1:500或1:1 000，但有时由于工程的性质及具体的特殊要求，也可采用更大或更小的比例尺。

②绘制底图　编绘时，先在图纸上精确绘制坐标方格网，再将设计总平面图上的图面内容，按其设计坐标用铅笔展绘在图纸上，以此为底图，用红色数字在图上表示出设计数据。

10.7.2.2　竣工总平面图的编绘

每项工程竣工后，根据竣工测量成果，用黑色在底图上绘出该工程的实际形状，并将其坐标和高程标注于图上。黑色与红色数据之差，即为施工与设计之差，随着施工的进展，在底图上将铅笔线都绘成黑色线。经过整饰和清绘，即成为完整的竣工总平面图。

竣工总平面图的符号应与原设计图的符号一致。原设计图上没有的图例符号，可使用新的图例符号。竣工总平面图上一般要用不同的颜色表示不同的工程对象。

厂区地上和地下的所有建筑物、构筑物绘在一张竣工总图上时，如果线条过于密集而不醒目，则可采用分类编图，如综合竣工总图、交通运输竣工总图和管线竣工总图等。

10.7.2.3 检查验收

竣工总平面图编绘完成后，应经原设计单位及施工单位技术负责人审核。

本章小结

各项工程的设计方案，需要通过精确实地放样，才能付诸实施。放样就是按照工程设计图的要求，将设计的各种建（构）筑物的平面及高程位置，以一定的精度在实地标定出来，其实质是由设计点的坐标数据在实地测设点位。测设点位与测量地面点坐标的工作恰好相反，它是在地面上尚无点的标志，而只有精确坐标设计数据的情况下，根据已知条件测出符合一定精度要求的实地标志的工作。测设应先求出设计建（构）筑物特征点与已知控制点或地面已有固定地物点之间的方向（由水平角确定）、水平距离、高程这些测设数据，然后在实地根据测设数据标定出设计建（构）筑物特征点的平面位置和设计标高位置。因此测设的基本工作有水平角的测设、水平距离的测设和高程的测设。

水平角的测设是根据设计角度值的已知方向确定其另一未知方向。水平角测设可采用盘左盘右测设取中的一般方法及在此方法基础上进行归化改正的精密方法。水平距离的测设是从一端点按给定的方向和水平距离进行测距或量距，以求得线段的另一端点。水平距离的测设可采用钢尺量距法和全站仪测设法。高程的测设是指在已知高程点附近，采用高程测量的方法将设计的高程标定到施工现场的作业面上。高程的测设采用水准尺法，若所测设的高程与已知点高程的高差超过水准仪1站能测得的最大高差，则先用水准尺与钢尺联合测设法将已知点高程传递到建（构）筑物的上部或较深的基坑内，然后再用水准尺法测设建（构）筑物上部的设计标高或基坑的设计高程。

点的平面位置的测设应根据工程施工场地的地形状况、控制点的布设情况和测量仪器设备条件，采用直角坐标法、极坐标法、角度交会法、距离交会法、全站仪测设法和GPS RTK定位法等。上述方法除GPS RTK定位法外，其他方法均是通过测设水平角、水平距离的方法来实现。

施工测量应先建立施工控制网，进行施工控制测量，以获得施工测量必需的控制点。施工平面控制网可根据施工场地的地形情况采用三角网、导线网、建筑基线或建筑方格网的形式。工业场地的建筑施工测量一般采用建筑方格网建立厂区控制网，在此基础上测设厂房控制网以定出厂房的柱列轴线，为杯型基础放样及柱子安装测量提供依据。民用建筑的施工测量，可先根据控制点采用极坐标法测设与建筑物主轴线相平行或垂直的建筑基线（三点直线形、三点直角形、四点丁字形、五点十字形等），再利用建筑基线或建筑红线测设各房屋的主轴线。根据房屋的主轴线可进行房屋基础施工测量和墙体施工测量。高程控制先用三、四等水准测量建立高程控制点，再以高程控制点为依据在厂房的内部或附近设

置设计标高为 ±0 的水准点(一般以底层建筑物的地坪标高为 ±0),为基坑深度放样或向楼层上部测设标高提供依据。

线路测量包括中线测量、平面曲线测设、线路纵、横断面测量及线路施工测量等测量工作。线路中线测量包括交点和转点的测设、线路转角的测定及里程桩的设置;线路平面曲线有常采用圆曲线和带缓和曲线的圆曲线两种类型,线路平面曲线的测设,只要解算出曲线上待测设里程桩的测量坐标,就可以很方便地利用全站仪或 GNSS RTK 定位的放样功能在现场测设曲线;线路纵断面测量包括沿线路建立高程控制点的基平测量和测量中线里程桩高程的中平测量,由中线里程桩高程绘制纵断面图,为线路纵坡设计提供依据;横断面测量是以中线里程桩高程为依据测定其两侧垂直于中线地面点的高程,并绘制横断面图,满足路基设计、计算土石方数量及施工放边桩的需要;线路施工测量包括线路中线的恢复、路基放样和竖曲线测设等测量工作。线路中线的恢复是指施工时对丢失的中桩进行重新标定及对原来的中线进行复核的工作;路基放样可根据线路横断面设计数据,沿线路横断面方向测设路基边桩的位置;对于竖曲线的测设,根据竖曲线的设计要求解算出竖曲线上待测设点的设计高程,采用高程测设的方法即可放样竖曲线。

建筑变形测量是每隔一定时期,对控制点和建筑物上选定的观测点进行重复测量,通过计算相邻两次测量的变形量及累积变形量来确定建筑物的变形值,以此分析其变形规律。建筑变形测量包括沉降观测和位移观测。

建筑工程竣工后,为检验建筑物的平面位置与高程是否符合设计要求,应进行竣工测量,并编绘竣工总平面图。

复习思考题

1. 填空题

(1)根据精度要求不同,水平角测设有_____法和_____法。

(2)点的平面位置测设可采用_____法、_____法、_____法、_____角度交会法、距离交会法和_____法。上述方法除_____外,其它方法均是通过测设水平角、水平距离的方法来实现。

(3)若测设出直角 AOB 后,精确测定其值为 $90°00'30''$,OB 的长度为 150m,则应在垂直于 OB 方向上将 B 点向_____移动_____m 进行改正点位。

(4)由高程为 69.214m 的水准点 A,测设 ±0 设计高程为 70.000m 的 B 点,若水准仪安置在 A,B 两点间,读取 A 点尺上读数为 1.873,则在 B 点尺上读数应为_____时,尺底高程才是所需测设的高程。

(5)线路纵断面测量包括建立高程控制点的_____和测量中桩高程的_____。

(6)线路施工测量包括_____、_____和_____等工作。

2. 问答题

(1)测设的基本工作有哪些?它和测量的基本工作有何区别?

(2)何谓厂房控制网和厂区控制网?它们有何区别?如何建立?

(3)建立方格控制网应依据哪些原则?

(4)线路中线测量的内容是什么?

(5)什么是线路的转角?如何确定转角是左转角还是右转角?

(6)里程桩应设置在中线的哪些地方?

(7)圆曲线的要素有哪些？圆曲线上待测设点的测量坐标如何计算？

(8)带缓和曲线的圆曲线的要素有哪些？如何计算带缓和曲线的圆曲线上待测设点的测量坐标？

(9)试述路基边桩的测设方法。

(10)什么是竖曲线？竖曲线的测设元素及竖曲线上桩点高程如何计算？

(11)建筑变形测量的目的是什么？主要包括哪些内容？

(12)编绘竣工总图的目的是什么？有何作用？

3. 计算题

(1)自 A 点沿 AC 方向的倾斜地面上测设一点 B，使其水平距离为 60m，设所用的 30m 钢尺在温度 t_0 =20℃时，检定的实际长度为 30.003m，钢尺的膨胀系数 $\alpha = 1.25 \times 10^{-5}/℃$，测设时的温度 $t_m = 4℃$，预先用钢尺概量 AB 长度得 B 点的概略位置后，用水准仪测得 AB 的高差 $h = +1.20m$，问测设时应实量距离为多少？

(2)设水准点 A 的高程 $H_A = 24.397m$，今欲测设 B 桩，使其高程 $H_B = 25.000m$，仪器安放在 A，B 两点之间，读得 A 尺上后视读数为 1.445m，B 桩上的前视读数应该是多少？

(3)根据 A，B 两个控制点，欲在 A 点用极坐标法测设 1 点的平面位置，已知坐标如下：$x_A = 500.000m$，$y_A = 1\,000.000m$，$x_B = 304.291m$，$y_B = 1\,247.210m$，$x_1 = 644.284m$，$y_1 = 1\,107.658m$。

试求：①按各点坐标绘出测设略图；②在 A 点测设 1 点的放样数据 β，D；③简述测设步骤。

(4)某项工程为开挖管槽(图 1)，已知 ±0.000 设计标高为 44.600m，槽底设计相对标高为 −1.700m。现根据水准点 $A(H_a = 44.039m)$测设距槽底 50cm 的水平桩 B，试求：

①B 点的绝对高程为多少？

②用视线高法测设 B 点时，B 尺的读数 b 应为多少？

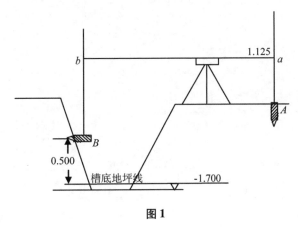

图 1

(5)由已知控制点测设主轴线上的三点 A，O，B(图 2)。为检查 A，O，B 三点是否满足共线要求，安置经纬仪 O 点，测得 $\angle AOB = 179°59'00''$。已知 $D_{AO} = 100m$，$D_{BO} = 200m$，

问 A，O，B 三点的调整量为多少时才能满足共线要求？

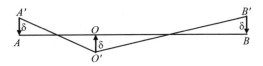

图 2

(6)某一线路的交点 JD_5 处右转角为 $\Delta = 65°18'48''$，其桩号为 $K9 + 396.14$，中线测量时确定圆曲线半径为 $R = 150m$，试计算圆曲线要 T，L，E，q，并求出三个主点桩号。切线方向坐标方位角 $A_{JD5-ZY} = 36°42'38''$ 和交点 JD_5 的测量坐标 $X_{JD5} = 3\,300\,871.536$，$Y_{JD5} = 636\,865.776$，试计算圆曲线上主点及每隔 10m 待测设点的测量坐标。

本章推荐阅读书目

1. 钟孝顺，聂让. 测量学. 北京：人民交通出版社，2000.

2. 合肥工业大学，重庆建筑大学，天津大学，等. 测量学. 北京：中国建筑工业出版社，1995.

3. 覃辉，等. 测量学. 北京：中国建筑工业出版社，2007.

4. 潘正风，等. 数字测图原理与方法. 武汉：武汉大学出版社，2004.

第 **11** 章

土地整治测量

【本章学习目标】

1. 知识要求：

（1）了解土地整治的作用和土地整治测量工作的具体内容。

（2）掌握合并田块平整设计高程的确定方法，方格水准测量法测算土方的具体实施步骤，梯田设计中的梯面宽、梯坎高和梯坎侧坡三者之间的关系，修筑梯田土石方量的计算方法和梯田放样测量的方法。

2. 技能要求：

（1）能运用方格水准测量法进行土地平整中的土方测算。

（2）能根据具体的条件要求进行梯面宽、梯坎高和梯坎侧坡的设计。

（3）在梯田修筑过程中能进行梯田的放样测量。

土地整治是增加耕地面积、改善农业生产基本条件并提高土地产出率的一项重要措施。土地整治中的测量工作称为土地整治测量，土地整治测量的内容主要有土地平整测量、坡改梯田测量及灌排设施的施工放样测量。本章主要介绍土地平整测量及坡改梯田测量，对于灌排设施的施工放样测量可参照第 10 章施工测量的方法进行。

11.1　土地平整测量

土地平整是土地整治工作中经常遇到的一个问题。土地平整是一项改善农业生产环境的措施，坡耕地经平整后具有保水、保土、保肥、防碱保苗、利于机械化耕作、充分利用灌排系统及更好轮作等优点。同时，土地平整也是土地开发工作中的一项重要内容，所谓的"三通一平"中的"一平"就是指土地平整，土地平整是土地增值的一个重要手段。

土地平整因地形、施工条件、规格及要求各异，其采用的方法也不尽相同。现介绍常用的土地平整方法。

11.1.1　合并田块的平整测算方法

为了便于机耕和灌溉，需将多个高程不同、面积不等的田块合并成一个大田块。如图 11-1 所示，5 个田块的面积分别为 S_1，S_2，S_3，S_4，S_5，其高程可用水准测量测出，田面比较平坦可只测地段中间有代表性一点，若田面有较均匀的坡度，可在田块两端各测一点取其高程平均值，作为代表本田块的高程，田块的高程可以是假定高程或联测附近水准点，经测得各田块代表高程分别为 H_1，H_2，H_3，H_4，H_5。设田块合并后的大田块高程为 H_m，这样各个田块挖(填)土方量分别为：

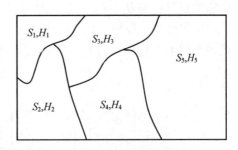

图 11-1　合并田块的平整

$$V_1 = S_1(H_1 - H_m)$$
$$V_2 = S_2(H_2 - H_m)$$
$$V_3 = S_3(H_3 - H_m)$$
$$V_4 = S_4(H_4 - H_m)$$
$$V_5 = S_5(H_5 - H_m)$$

根据挖填平衡(总挖填土方量相等)原则得：

$$V_1 + V_2 + V_3 + V_4 + V_5 = 0$$

即　$S_1(H_1 - H_m) + S_2(H_2 - H_m) + S_3(H_3 - H_m) + S_4(H_4 - H_m) + S_5(H_5 - H_m) = 0$

$$H_m = \frac{S_1H_1 + S_2H_2 + S_3H_3 + S_4H_4 + S_5H_5}{S_1 + S_2 + S_3 + S_4 + S_5} = \frac{\sum S \cdot H}{\sum S} \tag{11-1}$$

上式表明，为满足土方平衡条件，平整后的田面高程并不是各田块高程的简单算术平均值，而是根据田块面积取其带权平均值。

每块田的高程分别减去设计高程 H_m，即得每块田的挖方深度或填方高度，在每个田块里标明，作为施工的依据。

11.1.2 方格水准测量法计算土方

方格水准测量是在待平整的土地上先建立方格网，然后用水准测量测定各方格点的高程，进而计算设计高程与挖、填高，最后进行土方计算。该方法适用于地形复杂而地块面积较大的土地平整。现介绍其具体步骤是。

11.1.2.1 布设方格网

在地块边缘(渠道边或路边)用标杆定出一条基准线。根据地形起伏变化和对测量精度的要求，在基准线上每隔一定的距离(如5m，10m，20m，50m等)打上木桩。桩间距越短，量测土方量的精度越高，但测量计算工作量越大。在平整方案中根据需要合理选择桩距，然后用经纬仪或用皮尺按勾股定理在各木桩上作基准线的垂线，延长各垂线，再在各垂线上按规定的间距设点打入木桩，这样就在平整地块上构成了方格网。方格网横行各桩点用 A，B，C，…表示，方格网纵行各桩点用1，2，3，…表示，这样方格网每个桩点有确定的点号，如 B_4，D_6 等，如图11-2所示。

为了便于现场记录和室内计算，应按比例(1:2 000~1:500)绘一草图，在草图内应注明方格网中各桩位的编号、比例尺、指北方向及平整区域内的明显地物(如道路、电杆等)。

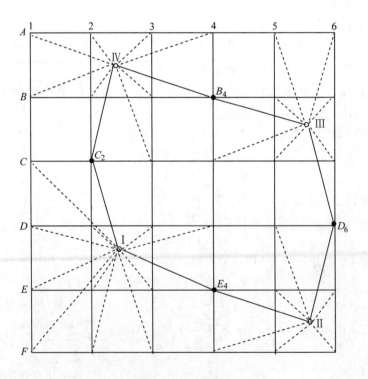

图11-2 方格网面水准测量

11. 1. 2. 2　方格网面水准测量

进行面水准测量前，首先要决定高程起算点。平整后的地面要求高程一定时，必须设法与测区附近的国家水准点联测，引接起算高程。平整后地面高程可以为任意时，可在测区附近设置一临时水准点或可利用方格网中任意一桩点，假设其高程，作为全测区统一高程的依据。

方格网范围不大，桩点间高差也不大时，水准仪安置于测区中心就能测量全方格网各桩点高程，测量工作较简单。如果桩点间高差较大或者测区范围宽广，可在方格网内测设一条闭合水准路线。如图 11-2 中的 Ⅰ，Ⅱ，Ⅲ，Ⅳ 为测站，一个测站可同时测定若干个桩点的高程。利用 C_2，E_4，D_6，B_4 等桩点作传递高程的转点构成闭合路线。根据需要引测国家水准点的高程到 C_2 桩位，或者假定 C_2 桩点为某一高程值。测量后按等外水准测量成果计算的方法推算 E_4，D_6，B_4 等转点的高程。然后将转点高程加上后视读数获得测站的视线高程，将每站视线高程减去各桩点的前视读数，即可获得该站各前视点的高程。

面水准测量读至厘米已足够，扶尺者若遇到方格网中个别桩点在局部凹凸处，可在附近高程有代表性的地面点立尺。尺子都竖立于桩点地面，当各木桩顶平地面时，才立尺于桩顶。

11. 1. 2. 3　计算设计高程

计算设计高程的方法有如下两种方法：

（1）算术平均值法

如图 11-3 所示，取各桩点高程平均值作为土地平整设计的高程。即：

$$H_{设} = \frac{[H]}{n} \tag{11-2}$$

式中　$H_{设}$——土地平整设计高程（土地平整后的高程）；

　　　$[H]$——各桩点高程总和；

　　　n——桩点的个数。

此法计算简便，但精度低。仅适用于地面坡度比较均匀的大面积方形或矩形地块。

（2）带权平均值法

带权平均值法的思路是先求方格网中每个方格的平均高程，然后将所有方格的平均高程再在整个方格网中取平均值即获得土地平整的设计高程 $H_{设}$。如图 11-3 所示，如将方格网各桩点分成转角上的点、边缘上的点、中间的点及拐角上的点，它们的高程分别为 $H_{角}$，$H_{边}$，$H_{中}$ 及 $H_{拐}$，按照上面的思路，则带权平均值法计算土地平整的设计高程的公式为：

$$H = \frac{1}{4N}\left(\sum H_{角} + 2\sum H_{边} + 3\sum H_{拐} + 4\sum H_{中} \right) \tag{11-3}$$

式中　N——方格网中方格的个数。

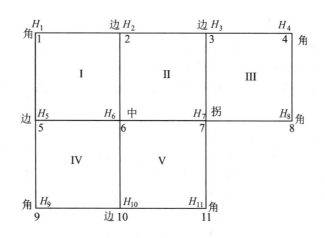

图 11-3　设计高程计算略图

11.1.2.4　计算施工高度

将地面各桩点的实测地面高程减去土地平整的设计高程即为施工高度，也称为挖填高度。即：

$$h = H_{地面} - H_{设} \tag{11-4}$$

式中　h——施工高度(挖填高)。

h 为正，表示挖深；h 为负，表示填高。

(1)平整成水平面施工高度计算法

当平整后地面为水平面时，按式(11-3)得出的设计高程就是土地平整后的地面高程。因此，平整成水平面的各桩点的施工高度很容易求出，因为设计高程是一个唯一的参照标准。

(2)平整成单向或双向斜平面施工高度计算法

当平整后地面为单向或双向斜平面时，设计高程(带权平均值)不是平整后整个方格网的地面高程，而是把它作为方格网中心位置的地面高程，这样做的优点是水平面向任何方向倾斜，挖、填土方仍可保持平衡。即使方格网中心位置无桩位，但仍应定为设计高程所在点。如图 11-4 所示，方格网边长为 20m，方格网中心的设计高程为 H_0。要求平整后的斜平面自西向东及由北向南双向倾斜，坡度都是 −1‰。由于该方格网中心无桩位，首先设法求出方格网中心附近桩位的设计高程。图中以 D_4 桩位为对象。中心点的设计高程向东移动 10m 到第 4 列方格线上，根据倾斜坡度，该点设计高程应为 H_0 减去 1cm；从这点向南移动 10m 到 D_4 桩位，其高程又需减去 1cm，则 D_4 桩位设计高程是 H_0 减去 2cm。已知方格边长 20m，相邻桩位高差 2cm。即从 D_4 桩位起，向西、向北到相邻桩位设计高程应增加 2cm；向东、向南至相邻桩，其设计高程应减少 2cm。依此类推，可算出每个桩位的设计高程。各桩位上的地面高程减去其相应的设计高程就是该桩位上的施工高度。

土地平整成单向或双向斜平面的测算工作比较繁琐，但其不仅满足了灌排要求，而且，各桩位上的施工高度因要求成斜平面都相应减小，工程量也随之减少，达到节省投资和缩短工期的目的。

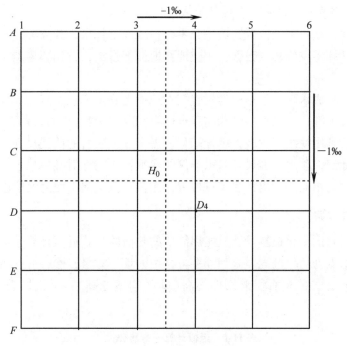

图 11-4　斜平面施工高度

11.1.2.5　计算零点位置和确定填挖边界

在相反符号施工高度的相邻桩位之间，必定有一个不挖不填的点称为"零点"。把相邻的零点连接起来，就是填挖分界线。

（1）在图纸上计算零点位置确定填挖边界

如图 11-5 所示，零点至填挖高桩位的距离 x 按下式计算：

$$x = \frac{Lh_1}{h_1 + h_2} \tag{11-5}$$

式中　h_1，h_2——桩位施工高度（均用绝对值）；

　　　L——方格边长。

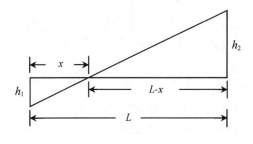

图 11-5　求零点位置

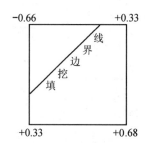

图 11-6　填挖边界线

把方格网内相邻零点用直线连接起来构成施工零线，即填挖边界线，如图 11-6 所示。

（2）在地面上确定零点位置和填挖边界线

为了施工方便，须将零点位置和填挖分界线在地面上标出，其方法有两种。

①根据图上计算零点位置的数据，相应地在地面上量出，将相邻零点之间用白灰撒接成填挖线。

②如果地面平整成水平面，用水准仪直接在地面上确定零点位置。具体做法：在方格网内适当位置安置水准仪，照准一已知高程点（可以是任一桩位点）读取后视读数，并计算其视线高程，然后利用视线高程减去设计高程，得出零点应有的前视尺面读数。在水准尺上该读数处做一标记，移动水准尺，当水准仪的水平视线正好对准标尺上标记时，此时立尺点即为零点位置。用此法找出许多零点位置，用白灰撒接起来便为填挖边界线。

11.1.2.6　土方量计算

由于地面高低起伏变化很复杂，只能用简单的几何体公式近似计算土方量。比较精确的算法是根据方格点处的填挖高，分别计算方格中的填挖方量，然后求总和。

计算土方量的公式是底面积乘以平均高（即平均填挖高），可根据表 11-1 所列公式进行。

表 11-1　近似计算土方量公式

底面积图形	体积图形	说明	土方计算方式
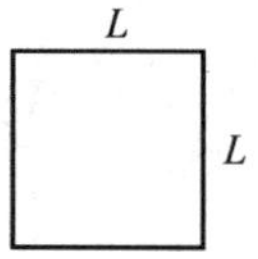	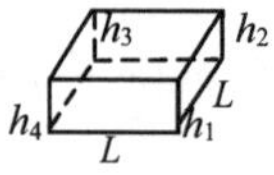	底面为正方形的四方棱柱体	$V = L^2 \dfrac{h_1 + h_2 + h_3 + h_4}{4}$
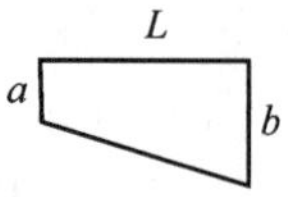	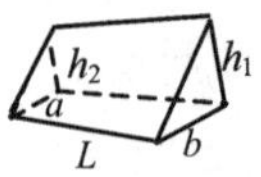	底面为直角梯形的截棱柱体	$V = \dfrac{a+b}{2} \times L \dfrac{h_1 + h_2}{4}$
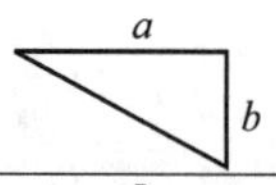	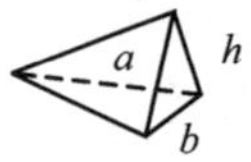	底面为直角三角形的锥体	$V = \dfrac{ab}{2} \times \dfrac{h}{3}$
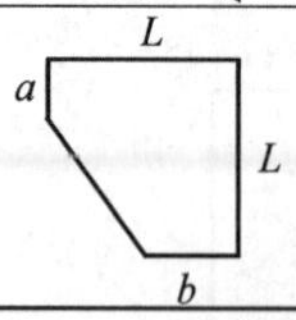	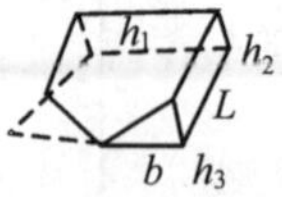	底面为直角五边形的截棱柱体	$V = \left[L^2 - \dfrac{(L-a)(L-b)}{2} \right] \times \dfrac{h_1 + h_2 + h_3}{3}$

按表 11-1 中的计算公式，可逐个计算出各个小方格内的填挖土方量。理论上讲，算出的总填方量和总挖方量应相等。但由于使用的公式是近似的，故一般有些出入。如果填挖方量相差较大，经复算又无误时，需要修正设计高程。修正后的设计高程 $H'_设$ 可由下式求得：

$$H'_{设} = H_{设} + \frac{V_{挖} - V_{填}}{S} \tag{11-6}$$

式中 $H_{设}$——第一次计算的设计高程；

$V_{挖}$——挖方总量；

$V_{填}$——填方总量(用绝对值)；

S——平整地块总面积。

用改正后的设计高程，重新确定填挖界线，再计算土方量，直到填、挖基本平衡为止。

【例 11-1】一地块已布设方格网，方格网边长为 20m，各网点高程已用水准仪测出，如图 11-7 所示。现将该地块平整成西低东高(坡度为 1‰)北低南高(坡度为 2‰)的双向斜面，试计算各桩点挖填高度和总土方量。

(1)计算设计高程

根据图 11-7 所示高程得：

$$\sum H_{角} = 8.46, \sum H_{边} = 16.59, \sum H_{拐} = 0, \sum H_{中} = 8.4$$

故 $$H_{设} = \frac{1}{4 \times 9}(8.46 + 2 \times 16.59 + 3 \times 0 + 4 \times 8.4) = 2.09m$$

(2)计算各桩点挖、填高度

该地块方格网中心为 P 点(实地无桩位)，该点的设计高程为 $H_{设}$(2.09m)，中心点 P 的设计高程向东移动 10m 到方格 Q 点，$H_{Q设} = 2.09 + 1/1\,000 \times 10 = 2.10m$，$Q$ 点沿方格线向南移到 C_3 桩位，则 $H_{C_3设} = 2.10 + 2/1\,000 \times 10 = 2.12m$。根据题意，南北相邻桩点高差为 $2/1\,000 \times 20 = 4cm$，由南向北相邻桩位高程递减 4cm；东西相邻桩位高差为 $1/1\,000 \times 20 = 2cm$，自西向东相邻桩点高程递增 2cm，再根据 C_3 桩点设计高程可推算出方格其余各桩点的设计高程，如图 11-7 所示。

将各桩点地面高程减去相应的设计高程即可得各桩点的挖、填高度，如图 11-8 所示。

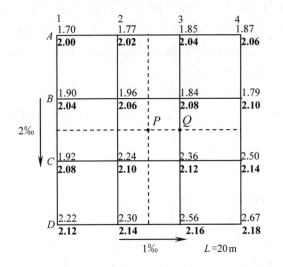

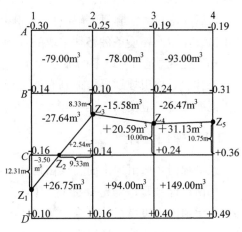

图 11-7 平整地块方格网桩点的地面高程与设计高程　　图 11-8 平整地块填挖边界线及填挖土方量

（3）计算零点位置确定填挖边界线

根据公式 $x = Lh_1 / (h_1 + h_2)$ 计算出挖填高符号相反的相邻桩点的零位置。如图11-8中的 Z_1，Z_2，Z_3，Z_4，Z_5 为零点，将 Z_1，Z_2，Z_3，Z_4，Z_5 连接起来即为填挖边界线。

（4）计算土方量

根据表11-1中的公式分别计算出每一方格填、挖土方量 $V_填$、$V_挖$。如 $C_1 C_2 D_2 D_1$ 方格的土方量计算如下：

$$V_填 = \frac{(20 - 9.33) \times 12.31}{2} \times \frac{-0.16}{3} = -3.50 \text{m}^3$$

$$V_挖 = \left(20 \times 20 - \frac{(20 - 9.33) \times 12.31}{2} \right) \times \frac{0.10 + 0.16 + 0.14}{5} = +26.75 \text{m}^3$$

其余方格填、挖土方量计算结果如图10-8所示。

（5）统计土方量

平整地块总填方量：

$$V_填 = -79.00 - 78.00 - 93.00 - 27.64 - 15.58 - 26.47 - 3.50 = -323.19 \text{m}^3$$

平整地块总挖方量：

$$V_挖 = 2.54 + 20.59 + 31.13 + 26.75 + 94.00 + 149.00 = 324.01 \text{m}^3$$

修正后的设计方程：

$$H'_设 = 2.09 + \frac{324.01 - 323.19}{9 \times 20 \times 20} = 2.09 \text{m}$$

通过计算表明，修正后的设计高程与原设计高程相等，说明该地块平整挖、填平衡符合要求。否则应按修正后的设计高程重新计算土方量。

11.2 坡改梯田测量

坡耕地虽然具有通风良好，光照充分的优越条件。但在坡面上不仅耕作不便，而且还存在由于受到降水的冲刷，水、土、肥流失严重，使本身就很瘠薄的土层被冲得越来越浅，最后无法耕种而弃耕。解决这一问题的最好方法是把坡耕地改造成水平梯田，它是改善山区农业生产环境条件必须采取的且行之有效的一项措施。

梯田应规划在15°以下的坡耕地上，大于15°的以上的坡地原则上应退耕还林，发展山区果林业。梯田规划要因地制宜地实行山、水、园、林、路、电统筹兼顾。为了耕作方便，能灌能排，应使梯田集中连片。

11.2.1 梯田设计

水平梯田主要由梯田面、梯田坎和梯坎侧坡三部分组成（图11-9）。

梯田设计主要是确定梯面宽、梯坎高和梯坎侧坡三个要素的规格。如图11-9所示，梯面宽指梯田内边缘至外边缘的宽度，也指从事耕作时人、畜、机械通行的有效宽度。梯坎高为上、下相邻的台梯田面的垂直距离。梯坎侧坡是指梯田坎的坡度，它的陡缓取决于土质情况和梯坎的高度。

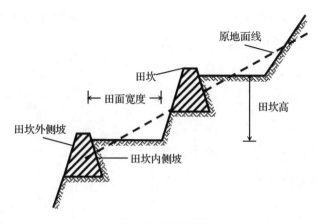

图 11-9 梯田结构

梯面宽、梯坎高及梯坎侧坡三者之间有着密切关系，如图 11-10 所示，设地面坡度为 $1:m$，梯壁坡度为 $1:n$，梯面宽为 B，梯坎高为 H，梯壁占地宽为 b，则它们之间有如下一些关系：

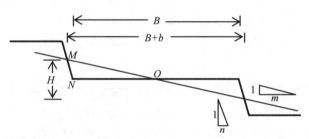

图 11-10 梯田结构关系

$B.$ 梯面净宽　$b.$ 梯壁占地宽　$H.$ 梯坎高　$m.$ 地面坡比系数
$n.$ 梯壁坡比系数　$B+b.$ 梯面毛宽

11.2.1.1 计算梯壁占地宽 b

$$H:b = 1:n$$
$$b = nH \tag{11-7}$$

若整治区域内的梯壁坡度不变，则全部梯壁占地宽则为：

$$\sum b = n\sum H \tag{11-8}$$

11.2.1.2 计算梯田面毛宽 $B+b$

$$H:(B+b) = 1:m$$
$$B+b = mH \tag{11-9}$$

由式(11-7)及式(11-9)得

$$\frac{b}{B+b} = \frac{nH}{mH} = \frac{n}{m} \tag{11-10}$$

上式表明，梯壁占地宽与梯面毛宽之比即梯壁占地率由梯壁坡度与地面坡度来确定。

11.2.1.3 计算梯田总面积的土地有效利用率

设梯田平均长度为 L，则梯壁占地面积为 bL，梯田总面积为 $(B+b)L$，由此可得梯壁占地率 F：

$$F = \frac{bL}{(B+b)L} = \frac{b}{B+b} = \frac{n}{m} \tag{11-11}$$

则 $1-F$ 即为梯田总面积的土地有效利用率。

11.2.1.4 计算梯面宽和梯坎高

在图 11-10 中 ΔMNO 有

$$1:m = H:(B+b)$$

将 $b=nH$ 代入上式得：

$$\left. \begin{array}{l} B = (m-n)H \\ H = \dfrac{B}{m-n} \end{array} \right\} \tag{11-12}$$

上式表明了梯坎高、梯面宽、地面坡度、梯壁坡度四者的关系。

根据式(11-12)可进行梯面宽、梯坎高与梯坎侧坡的选择与设计。

(1)确定梯面宽度

在一定坡度上的地面上修筑梯田，梯面宽是与梯坎高呈正比的。即梯面越宽、梯坎越高，梯田稳定性差且工作量也大。因此，在选择适宜的梯面宽时，应结合种植的作物和耕作对宽度的要求、地面坡度的陡缓、土层的厚度、土地有效利用率等因素综合考虑。

(2)梯坎高的选择

梯坎高与梯面宽、地面坡度密切相关。为取得较宽的梯面而需修筑较高的梯坎，通常采用半填半挖式的梯田的稳定性就会降低。如果考虑梯田稳定而修筑较低的梯坎，梯面宽就要受到约束。梯坎高度还受到地面坡度陡缓很大的影响。修筑梯坎的材料在一定程度也限制坎高。用土修建的梯坎高度一般不超过 2m，用石块垒砌的高度也不要超过 3m。

(3)梯坎侧坡的设计

设计梯坎的侧坡，应考虑土质情况、梯坎高、修筑材料和施工方法等因素。梯壁修筑陡缓直接影响梯田稳定性和梯壁占地多少。用石块垒砌的梯壁分内外侧坡。梯坎高在 3m 以下的，外侧坡坡度采用 $60°\sim75°$，在砂质或降水强度较大的地区，外侧坡坡度采用 $45°$ 左右为宜。为了防止梯坎崩塌，可在原地面开挖处设置一道宽为 $0.2\sim0.5m$ 的护坎，使梯壁稳固(图 11-11)。

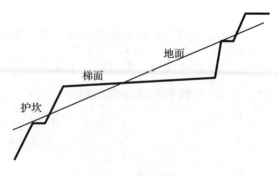

图 11-11 梯田护坎

11.2.2 计算土石方量

在修筑梯田前，应计算出工程的土石方量，为预算工程费用及制定施工计划提供依据。如图 11-12 所示，对于半填半挖式的梯田断面，填挖土方量大致相等，图中需填需挖的双方各形成一个面积相同的三角形。因挖方是工程中的主要工作量，估算土石方量一般都以挖方量为主。

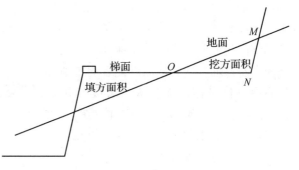

图 11-12　梯田挖填方断面

在图 11-12 中，挖方面积 $S_{\triangle MON}$ 乘以梯田长度 L 即为挖方量。即：

$$V = \frac{1}{2} \times \frac{1}{2}B \times \frac{1}{2}HL = \frac{1}{8}BHL \tag{11-13}$$

每亩梯田面积为 $B \times L$ 等于 666.7m^2，则：

$$B = \frac{666.7}{L}$$

将 B 值代入式(11-13)得出计算 V 值的公式：

$$V = 83.3H \tag{11-14}$$

上式表明，每亩(约 666.7m^2)半填半挖的梯田的挖方量是梯坎高的 83.3 倍。例如，梯坎高 1m，修建 $1hm^2$ 的半填半挖式梯田的挖方量约为 $1\,250\text{m}^3$。对石方需用量、田埂填方量及水沟挖方量等的方量计算方法同样是先求出横断面面积，再乘以梯田长度即得。

11.2.3 梯田放样

梯田放样就是用测量的方法，把表示梯面中点的线或者是表示梯坎中点的线标定到坡面上，并撒上白灰作标志。以梯面宽为依据的放样要求测设出梯面中点线；而以梯坎高为依据的放样是放出梯坎中点线。根据梯面中点线沿水平方向向上挖到梯面宽的一半为止；而根据梯坎中点线按设计的梯壁外侧坡坡度要求，向下开挖到满足梯坎高的一半为止。这两种线都是施工开挖线。梯面中点线要求梯面等宽；梯坎中点线则要求梯坎等高。具体选用哪种方法放样，要根据梯田的设计要求而定。施工人员按线开挖，局部地段因地形复杂变化较大可在施工时再作临时调整。

梯田以等高种植为主，不论放出哪一种中点线，其实质都是要求在坡面上有规则地出一条条等高线。因此，梯田放样的主要内容是测定基线和等高线。

11.2.3.1 测定基线

在耕作区内地面坡度一致的地方，基线可设在坡面的中部以便从基线向两侧测定等高线。如图 11-13 所示，基线的顶端与环山大道相连，下端直指山脚。在基线首末端插上标杆以便在测量基线时定向。根据设计的每级梯田总宽，从基线上端开始逐级向下用距离丈量或光电测距的方法测设水平距离为每级梯田毛面宽 $B+b$，以获得每级梯田的上、下两端点，即基点。基点应从上到下依次打桩编号。在基线上从上往下测设基点时，遇到局部凸起或凹下去的特殊地面，基点可略向左右移动，使其地面能代表周围地面的高程。若耕作区面积大，坡度变化复杂，用梯田毛面宽测设基点有困难时，可用梯田田坎高来测设基点，强调等高不等宽，可以很方便地解决这一问题。

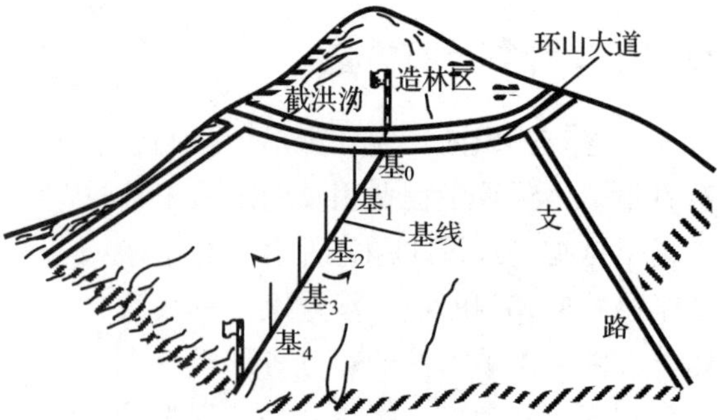

图 11-13　测定基线

11.2.3.2　测定等高线

测定等高线就是分别按各基点(基$_1$，基$_2$，…)的地面高程测设出每一耕作区坡地上等高的地面点，将这些点连接起来就成了一条等高线。测定等高线一般用水准仪进行高程点测设的方法进行，其步骤如下：

①如图 11-14 所示，已测设出基$_1$，基$_2$，基$_3$，…等基点后，在适当位置安置水准仪，整平后，照准立于基点上的标尺读数。如基$_1$上的标尺读数为 a_1。

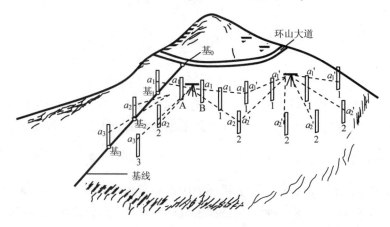

图 11-14　测设等高线

②移动标尺到离基点 10~15m 的 A 点处。标尺移动的距离视具体地形条件而定。如水准仪照准 A 点水准尺上的读数也为 a_1，则 A 点与基$_1$点等高，此时在立尺点上打木桩或用石灰作标记并编号。若所立的标尺读数大于 a_1，说明立尺点位置低，扶尺员应把标尺向上移动。反之，若标尺读数小于 a_1，立尺员应把标尺往下移动，直到中丝读数等于 a_1 为止。标尺应立于坡度均匀的地方，而不能立于土坑、土埂或高程突然变化的地方。

③再次移动标尺到相距 A 点 10~15m 的 B 处，同样的方法测设出等高点 B，并打桩编号，依次测设出其它等高点直到转点为止。

④若用 5m 塔尺测量，一个测站可以观测 3~4 个基点的等高线，只要使各个点与其相应的基点读数相同即可。如基$_2$的读数为 a_2，则该等高线的各等高点读数都是 a_2 即可。

⑤当标尺离仪器的距离较远读数有困难时，可将仪器搬到适当位置，安置整平仪器后，立尺于各个等高线转点处(即各条等高线最末的立尺点处)，读取尺上的读数。如基$_1$

的等高线搬站后转点上标尺读数为 a'_1，则可用 a'_1 来测设其它的等高线点，直到另一转点为止。

⑥用上述方法，从上到下测设整个耕作区所有基点的等高线上的等高点。

11.2.3.3　调整等高线

按照上述方法测出的等高线，因有些等高点受局部地形的影响，其高程失去代表性，使等高线过于弯曲形成一条折线而不是一条圆滑曲线。为了尽量使田面等宽，保证梯壁圆滑饱满，应调整等高点。如图 11-15 所示，a 为实测等高线，b 为调整后的等高线。把 b 中的局部凹处的等高点 B 向下移到 B'，将局部凸出的某高点 E 往上移至 E'，这样就使该等高线成为一条圆滑的等高线。

调整等高点的原则是大弯就势，小弯取直，不能把地势本身具有较大弯度的等高线强行拉直，造成大填方或大挖方的工程问题。在一般情况下，等高点向高处调整（挖进）比向低调整（填出）要好，梯壁更稳固。调整的等高点要少，高程变动要小，同一等高线上相邻几个等高点不宜一起调整。调整等高点时，还应考虑保持一致的梯面宽，即等高线间的水平距离要大致相等。

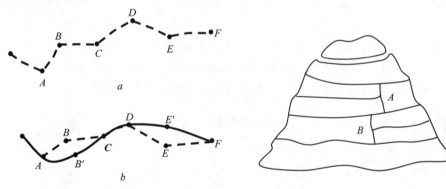

图 11-15　调整等高点　　　　　　图 11-16　调整等高线

尽管作了上述等高点的调整，但由于地形变化，在地面坡度突然变陡变缓的地方需要进行等高线的取舍。如图 11-16 所示，在 A 处地面坡度变陡，同样高的梯坎，梯田变窄，当其宽度小于相邻两基点的距离的一半时，则可舍去该段等高线，将该等高线的上、下相邻两级梯田合成一级，俗称"减行"。同样，在 B 处地面坡度变缓，等高的梯坎，使梯面变宽，若两相邻等高线距离超过两基点距离 1.5 倍时，此时，可内插一条等高线，将其分成两层梯田，俗称"加行"。

11.2.3.4　标定梯田开挖界线

调整后的等高线点，可连成圆滑的曲线。这些调整后的曲线就是梯田开挖界线。标定等高线的方法，是以小绳子沿梯田开挖线拉成圆滑的曲线，在绳子的位置上撒上石灰或锄成一条小土沟。开垦时按石灰线或小土沟线作为梯田田坎外侧坡的中点连线，即为上填下挖的分界线。

本章小结

土地整治是增加耕地面积、改善农业生产基本条件并提高土地产出率的一项重要措施。土地平整和坡改梯田是土地整治的两项重要措施,因此,土地平整测量和坡改梯田测量则为土地整治不可缺少的工作内容。

通过土地平整测量可测算土地平整施工的土方量,土地平整土方量测算的方法根据其地形条件分为合并田块的平整测算方法和方格水准测量法计算土方。土地平整在基于挖(填)土方量平衡的条件下确定其平整后的设计高程,进而计算挖(填)土方量。合并田块平整的设计高程为以田面积为权重的各田块高程的带权平均值,各田块的田面高程减去设计高程为该田块的施工高度(挖方深度或填方高度),作为施工或计算土方量的依据。方格水准测量法测算土方,其具体操作步骤:布设方格网→方格网面水准测量测地各方格点的地面高程→计算设计高程(方格网各方格平均高程的平均值)→计算零点位置并确定填挖边界→计算各方格的挖(填)土方量→土方量统计和修正后设计高程的计算。

坡改梯田测量包括梯田设计、计算土石方量和梯田放样三个环节。梯田设计根据地面坡度、修筑梯坎的材料、土地有效利用率等因素确定梯面宽、梯坎高和梯坎侧坡三要素的规格。在修筑梯田前,应计算出工程的土石方量,为预算工程费用及制订施工计划提供依据,经计算每亩半填半挖的梯田的挖方量是梯坎高的83.3倍;梯田放样就是用测量的方法,把表示梯面中点的线或者是表示梯坎中点的线标定到坡面上,并撒上白灰作标志。其具体步骤为:测定基线→测定等高线→调整等高线→标定梯田开挖线。

复习思考题

1. 名词解释

(1)施工高度　(2)施工零线　(3)梯田放样

2. 填空题

(1)平整土地进行高程测量时,首先要在地面上_____,其次_____。

(2)平整土地时,地面高程设计必须考虑_____;计算设计高程的方法有_____、_____两种方法。

(3)关于平整土地的地面设计高程公式中符号含义,其角点是指_____;边点是指_____;拐点是指_____;中点是指_____。

(4)梯田放样包括_____、_____、_____和_____四个工作步骤。

3. 判断题

(1)平整土地测量时,首先在测区测设方格网,方格网的边长依地形复杂程度和施工条件而定,一般在5~50m,桩间距越短,量测土方量的精度越高,但测量计算工作量越大。(　　)

(2)平整场地的零工作线,是指不填不挖边界线,它是根据地形人为选定的。(　　)

(3)在地形图上,要求按设计等高线将场地整理成倾斜面,则通过设计等高线与原地形图上同名等高线各交点连线,可得出填挖边界线。(　　)

(4)在地形图上,按设计要求将建筑场地平整成设计高程 $H_设$ 的水平面时,图上 $H_设$ 的等高线即为填挖边界线。(　　)

(5)利用地形图,将地面整理为一倾斜面时,图上任一点挖填高是该点地面的高程与设计等高线的

高程之差。 （　　）

（6）梯坎侧坡的设计主要考虑梯坎高和地面坡度两个因素。 （　　）

4. 单项选择题

（1）平整土地测量，对于较大面积，又无地形图时，一般应在实地布设方格网，然后进行面水准测量，即（　　）

A. 用水准仪直接测量方格顶点高程

B. 先布置闭合水准路线，后测量地面特征点

C. 用水准仪测量方格顶点间的高差

D. 先布置闭合水准路线进行测量，然后再测各方格顶点的高程

（2）平整土地时，设计高程是按下列方法计算：（　　）

A. 取各方格顶点高程的平均值

B. 各方格点高程按方格点的不同权数加权平均

C. 各方格点高程按其边长加权平均

D. 各方格点高程按方格面积加权平均

（3）在地形图上，要求将某地区整理成水平面，确定设计高程的主要原则是（　　）

A. 考虑原有地形条件 B. 考虑填挖方量基本平衡

C. 考虑工程的实际需要 D. 考虑整理区域的地质条件

5. 问答题

（1）简述利用地形图进行土地平整的工作步骤及内容。

（2）用水准测量测设梯田等高线，下一站的后视读数应与前一站的前视读数是否相等？

（3）等高点的调整和等高线的取舍应注意哪些问题？

6. 计算题

（1）合并田块平整土地测量时，当田块较平整时，各田块代表性的高程值 H_i 及面积 S_i 注于图上（图1）。试计算4个田块合并平整后田面的设计高程值 H_0。

（2）某地块建立方格网，方格边长为10m，测得各方格点的高程如图2所示（单位为m）。试求：

①平整土地设计高程；②在各方格点旁的括号内标出挖填高度；③在图上标出填挖分界线（注明它到方格顶点的距离）；④分别计算每个方格填挖的土方量及该地块总填挖土方量。

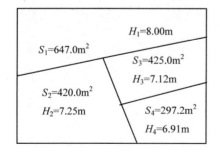

图1

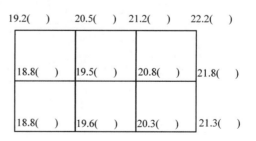

图2

（3）若把图3所示的地块，平整成西高东低，坡度为1/400的斜面，试求出各桩点的填（挖）高度和总土方量（图中标注高程单位为 m，方格边长为20m）。

（4）在坡度为10°的坡地上设计梯田面宽10m，田坎外侧坡为75°。试计算每级梯田田坎高和开垦前山坡的斜距，田坎外侧坡宽和田坎占地百分率。

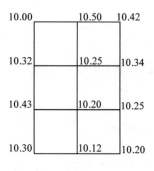

图 3

（5）在坡度为12°的坡地上开垦梯田，设计田坎高为2m，田坎外侧坡为65°，求开垦后梯田田面宽、田坎外侧坡宽和田坎占地百分率。

本章推荐阅读书目

1. 卡正富. 测量学. 北京：中国农业出版社，2002.
2. 河北农业大学. 测量学. 北京：中国农业出版社，1990.
3. 西南农业大学. 测量学. 北京：中国农业出版社，1984.